高职高专规划教材

建 筑 设 备

主　编　贾永康

副主编　张　炯

参　编　成素霞　张　宇　崔　毅

主　审　马志彪　谢社初

中国建筑工业出版社

图书在版编目（CIP）数据

建筑设备/贾永康主编. —北京：中国建筑工业出版
社，2009
（高职高专规划教材）
ISBN 978-7-112-11509-9

Ⅰ. 建… Ⅱ. 贾… Ⅲ. 房屋建筑设备 Ⅳ. TU8

中国版本图书馆 CIP 数据核字（2009）第 192275 号

责任编辑：齐庆梅
责任设计：赵明霞
责任校对：袁艳玲　王雪竹

高职高专规划教材
建　筑　设　备

主　编　贾永康
副主编　张　炯
参　编　成素霞　张　宇　崔　毅
主　审　马志彪　谢社初

中国建筑工业出版社出版、发行（北京西郊百万庄）
各地新华书店、建筑书店经销
霸州市顺浩图文科技发展有限公司制版
北京京华铭诚工贸有限公司印刷
＊
开本：787×1092 毫米　1/16　印张：17¾　字数：432 千字
2010 年 1 月第一版　　2020 年 7 月第十六次印刷
定价：29.00 元
ISBN 978-7-112-11509-9
（18737）

前　　言

建筑类院校通常要设置土建、电气、暖通、装饰、造价、物业管理等专业，原因是几乎每幢建筑物的构成及建造过程都要涉及这些专业。"建筑设备"这门课，主要是为建筑类高等职业技术院校非建筑设备类专业的学生扼要介绍建筑设备类专业的课程体系、主要的研究对象及研究方法、主干课程的内容及专业之间的配合要点的课程，使非建筑设备类专业的学生在很短的时间内获得较多的常识性、专业性知识，同时，有助于学生综合能力的提高。

"建筑设备"作为建筑类院校非设备类各专业的一门相关专业课程，在保证各门专业课所需基本理论深度、基本知识广度的前提下，为体现高职教育特点，在内容整合、章节编辑等方面力求简约、实用，重视与其他相关专业的横向和纵向的衔接与联系。并在直接将工程实际应用引入课程中来进行了尝试，以期使得课程内容更加贴近专业的需要。本书参照相关指导性教学文件进行编写，全书包括建筑暖卫设备和建筑电气设备两部分内容。本课程在适当介绍热工、流体力学泵与风机等基础知识后，在着重介绍供热工程、建筑给水排水工程、通风与空气调节工程等内容的基础上，对建筑设备常用的冷源与热源（制冷机房、采暖锅炉房）系统、室内燃气系统等内容也作了简单介绍。另外，建筑照明、建筑智能系统也是现代建筑设备不可或缺的内容，在本书中也作了必要的介绍。总学时按 76 学时考虑，基本可以满足高职层次非建筑设备类专业学生的教学需求。

本书可作为高职土建类非建筑设备类专业的教材，也可作为建筑工程从业人员的参考书和培训教材。

本书的绪论、第一章、第四章由山西建筑职业技术学院贾永康编写，第二章由山西建筑职业技术学院成素霞编写，第三章由山西建筑职业技术学院张炯编写，第五章由山西建筑职业技术学院崔毅编写，第六章、第七章由内蒙古建筑职业技术学院张宇编写，全书由贾永康统稿。

本书由内蒙古建筑职业技术学院马志彪（第一～五章）、湖南城市建筑职业技术学院谢社初（第六、七章）担任主审。

本书编写过程中参考了大量文献著作和相关教材，在此表示感谢！

由于作者的编写水平有限，书中缺点和不足之处请读者指教。

目　录

绪　　论

建筑类学校通常要设置土建、电气、暖通、装饰、造价、物业管理等专业，因为每幢建筑物的构成及建造过程都要涉及这些专业。现代建筑中建筑设备配置越来越多，比重越来越大，对于工程技术人员来说，各专业之间的相互了解、沟通、配合，无论是在工程的设计阶段、施工管理阶段，还是工程完成后的物业管理维护阶段，都是十分必要的。所以适当了解相关专业的课程体系、掌握必要的相关专业知识，既是圆满完成本专业工作之必需，也是实现专业配合，实现优良工程，实现优良服务之必需。

"建筑设备"这门课，主要是为土建类高等职业技术院校非建筑设备类专业的学生扼要介绍建筑设备类专业的课程体系、主要的研究对象及研究方法、主干课程的内容及专业之间的配合要点的课程，使非建筑设备类专业的学生在很短的时间内获得较多的常识性、专业性知识。同时，有助于学生综合能力的提高。

建筑设备类专业的课程体系与各专业类似，包括公共课（数学、计算机、外语等）、相关课（房屋构造、机械基础、工程识图等）、专业基础课（热工学、流体力学泵与风机）、专业课（供热工程、通风与空气调节工程、建筑给水排水工程、制冷技术、锅炉与锅炉房设备、施工技术、预算与组织管理等）。限于时间和篇幅，本课程在适当介绍热工、流体力学泵与风机等基础知识后，在着重介绍供热工程、建筑给水排水工程、通风与空气调节工程等内容的基础上，对建筑设备常涉及的冷源与热源（制冷机房、采暖锅炉房）系统、室内燃气系统等内容也作了简单介绍。

另外，建筑照明、建筑智能系统也是现代建筑设备不可或缺的内容，在本书中也作了必要的介绍。

本课程的主要内容包括以下几部分：

一、流体力学与热工学基础知识

建筑卫生设备工程中大量涉及、使用的工作介质是流体，如采暖工程中用到的热媒是热水或蒸汽，建筑给水排水工程中涉及的介质是液体，空调工程中主要用到的工作介质是空气及水，这些流体介质的性质、特点以及输送流体的机械——泵与风机的工作原理、构造组成，都是要学习、讨论的。

另外，热能的利用、转移及传递问题，也是工程中及日常生活中经常遇到的。热传递的基本方式、基本规律的研究，属于传热学范围；热能的利用和及转换，则属于工程热力学讨论的内容。传热学与工程热力学通常称为热工学。

二、建筑给水排水工程

水是生活、生产、消防中不可缺少的物质，是生命之源，随着人们生活质量的提高，人们对建筑给水系统的要求越来越高。以合理、经济、安全的方式向建筑物提供水质、水量、水压均满足要求的生活、生产、消防用水，安全有效地将各种污、废水排出建筑物并进行适当处理，这些都将在本课程中讨论。同时，将以一定的篇幅介绍工程中、生活中常遇到的各种管材、阀件、卫生器具及设备等内容。

三、供热工程

保护环境、减少能耗、消除污染,是目前人类遇到的最大挑战。我国北方地区冬季采暖耗煤量极大,能耗多,建设部提出在2010年全面实现采暖分户计量。以前的采暖系统与新的区域或集中分户热计量采暖系统有何区别、分户热源种类有哪些、各有何特点、怎样配合建筑特点选择采暖方式及散热设备、热源负荷如何确定,这些问题都将在本课程中予以简明扼要的讨论。

四、通风与空气调节工程

无论是舒适性空调,还是工艺性空调,都对由空气调节系统送入室内的空气的温度、速度、湿度、洁净度有一定的要求。使用什么方式,选择哪些设备,付出多大的代价来实现预期的空气调节的目的,常用的空气处理过程有哪些,各有何特点,都是本课程内容所要涉及的。

除了一般性的介绍暖通专业知识及有关施工图的识读方法外,针对不同专业的不同目的和要求而各有所强调,是编者竭力想在本教材中体现的,例如土建专业所关心的孔洞预留、金属件预埋及施工工序配合等问题;造价专业必定涉及的管材种类、管件规格、设备名称及保温结构等问题;电气专业的消防控制,火灾报警、设备功率等问题,以及装饰专业对管道走向、散热器和卫生设备的布置与处理等问题。这一点也希望学习者和讲授者予以注意。

五、燃气供应

在当前环境保护问题日益受到重视,燃气作为清洁能源,其使用日趋广泛。建筑燃气供应系统已是现代建筑设备不可或缺的组成部分。本书用较少的篇幅介绍了城市燃气的种类、特性、系统形式、常用燃气具安装、安全使用常识等内容。

六、建筑电气

对建筑用电工的基本知识作了必要的介绍后,重点介绍了建筑供配电、建筑照明、建筑智能化系统等内容。

不同专业的研究对象、研究方法都不尽相同,学习过程中,如果学习者注意到这一点的话,必定对读者综合能力和素质的提高大有帮助。另外,作为常识性问题,如家用分体空调器、家用电冰箱的构成、原理、性能,卫生器具种类、特点,燃气的安全使用等内容,在日常生活中也是常会涉及和需要了解的。

七、建筑设备工程施工图

专业之间的默契配合源于相互之间的沟通与了解,施工图作为工程语言,在初步学习了有关建筑设备工程的基本内容后,能够读懂有关的施工图纸,熟悉建筑设备施工图的组成及识读要点,就是这部分内容的目的所在。而浅显适用的例子,可以使学生举一反三。为了便于学习,这部分内容穿插于各章中分别进行介绍。但其识图要点都颇具共性。

第一章　基础理论知识

第一节　流体力学基本知识

一、描述流体性质的几个物理量及流体特性

（一）密度和重度

1. 密度

对于均质流体，单位体积的流体具有的质量称为密度。

其表达式为：
$$\rho = \frac{M}{V} \tag{1-1}$$

式中　ρ——流体的密度，kg/m^3；

　　M——流体的质量，kg；

　　V——流体的体积，m^3。

质量大的物体，其惯性也大，而密度在一定程度上就反映了流体的惯性特征。

2. 重度

重力场中，对于均质流体，单位体积的流体所受的重力（所具有的重量）称为重度。

其表达式为：
$$\gamma = \frac{G}{V} \tag{1-2}$$

式中　γ——流体的重度，N/m^3；

　　G——血流体的重量，N；

　　V——流体的体积，m^3。

按照牛顿第二定律，流体的重度和密度存在以下关系：
$$\gamma = \rho \cdot g \tag{1-3}$$

式中　g——重力加速度，取 $g = 9.81 m/s^2$。

可见，重力加速度 g 值取定后，ρ 与 γ 是一一对应的，只能算做一个独立参数。

另外，同一种流体，处于不同的温度和压力条件时，其密度（或重度）是变化的。如：在一个标准大气下，温度为 4℃时，水的密度具有最大值：$\rho = 1000 kg/m^3$，冬天气温在零度以下时，冰的密度比水的要小，这正是许多鱼类能够在冰下过冬的原因。另外，日常生活中我们能够利用燃烧的火焰将水壶中的水煮沸，也是借助于地球重力中温度差引起的重度差导致烟气及水的对流而实现的。在太空中，用传统方式要想把水加热是不可能的。

（二）压缩性与膨胀性

在一定的条件下，流体受压，体积缩小，密度增大的性质称为流体的压缩性。

3

在一定的条件下，流体的体积随温度的变化而变化的性质称为流体的膨胀性（一般情况下，温度升高，体积增大）。

液体的压缩性和膨胀性都很小，气体的压缩性和膨胀性都很大。这也是工程中多采用液体进行管道系统的强度试验而尽量不采用气体进行试压的原因之一。

（三）黏滞性

流体在外力作用下产生流动时，流体内部发生相对运动的各质点之间或各流层之间会同时产生内摩擦力（即流体的黏滞力）以反抗这种相对运动，这种性质即叫做流体的黏滞性。

关于流体的黏滞性，着重强调以下几点：

（1）不同的流体，其黏滞性的大小不同，如油和水。

（2）同一种流体，其黏滞性的大小随温度变化而变化。一般情况下，液体的黏滞性随温度升高（降低）而变小（增大）；气体的黏滞性随温度升高（降低）而增大（减小）。

（3）流体黏滞性大时，输送流体所付出的代价（机械能的损耗）也大，原油输送过程中通常要有伴热管，就是利用原油被加热后黏性降低来节省输送能耗的。

（4）通常用物性参数运动黏度 $\nu(\text{m}^2/\text{s})$ 或动力黏度 $\mu(\text{Pa} \cdot \text{s})$ 来定量反映流体黏性的大小，二者存在以下关系

$$\nu = \frac{\mu}{\rho} \tag{1-4}$$

式中 ρ——流体密度

（四）流体的基本特性

流体的流动性是流体的基本特征，其特性是由它的力学性质决定的。通常，固体都具有较好的抗压、抗拉、抗切的能力，而流体则大不相同。流体承受拉力和切力的能力极小，也就是说，即使在非常微小的切力作用下，流体各质点间也会发生相对运动，这正是流体极易流动的原因，也是流体便于用管道输送的原因。需要注意的是流体具有较好的抗压能力，特别是液体，具有很好的抗压性，以至于在许多工程实际中认为液体是不可压缩流体。另外，液体有相对固定的体积（即其体积受温度、压力、压强的影响很小），却没有固定的形状。气体既没有相对固定的体积（即其受温度、压力的影响很大），也没有固定的形状，所以，在使用体积来反映气体物量时，一定要注意指明其所处的状态（t、p），否则，体积量没有确切的意义。工程中所用的风机铭牌上标注的风量都是指在某一基准状态（t、p）下的体积流量。

二、流体的压强

（一）流体压强的概念

静止的和流动的流体中都具有一定的压强。一般情况下，垂直作用于单位面积上的流体压力称为压强。如果在面积为 A 的作用面上受到的流体压力为 P，则平均压强可表示为：

$$p = \frac{P}{A} \tag{1-5}$$

p 的单位为 N/m^2 或 Pa。

例如：地球表面存在有相当厚度的大气，在海平面上，每平方米的面积上产生的压力

（大气重力）约 101325N，则在海平面上的大气压强（标准大气压强）为：

$$p＝101325N/m^2＝101325Pa$$

（二）流体静压强的表示方法及量度单位

1. 流体静压强的表示方法

由于大气压强的存在，使得工程上通常使用的测压仪表（如弹簧式压力表）不能够直接测出流体的真实压强，只能测出相对于当地大压强的表压强，以致流体压强的表示出现了三种情况：

（1）流体的绝对压强

流体的绝对压强就是流体的真实压强，通常用符号 p_j 表示，是以绝对真空状态为零基准计算的，它的数值应大于等于零。通常，当 $p_j＞$ 当地大气压 B 时，称流体处于正压状态，表压强为相对压强。当 $p_j＜B$ 时，称流体处于负压状态或真空状态，表压强为真空度。

（2）流体的相对压强

以当地大气压强 B 为零基准计算的流体压强，称为相对压强，用符号 p_x 表示。主要用于正压状态下流体压强的表示。因直接由压力表测出的即是相对压强，故又称为表压强。

（3）真空度

当流体所处的绝对压强 $P_j＜$ 当地大气压 B 时，压力表只能测出流体的真实压强 P_j 不足于当地大气压 B 的那部分值，即 $P_j—B$ 是负的相对压强。为使用方便，将其取正，称为真空度，用 P_k 表示。

下面，用图说明一下 P_j、P_x 及 B 的关系。

如图 1-1 所示，以绝对真空状态 $O—O$ 为零基准的压强值为绝对压强 P_j，如点 A 的绝对压强值 $P_{Aj}＞B$，处于正压状态，而点 C 的绝对压强值 $P_{ci}＜B$，处于负压状态。以当地大气压 $B—B$ 为零基准向上算起时，为相对压强值；以当地大气压 $B—B$ 为零基准，向下算起时，为真空度值。显

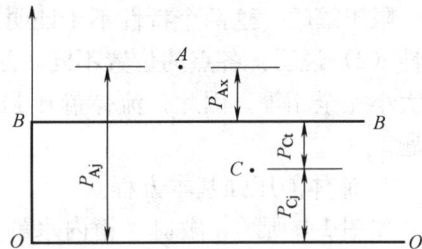

图 1-1 P_j、P_x 及 B 的关系

然，真空度 P_k 的最大值为 B，此时为绝对真空，即 $P_j＝O$，$P_k＝B$ 时，则 P_x 等于 $-B$，此时 $P_j=0$

正压状态下：　　　　　$P_j＞B$，则 $P_j＝P_x＋B$ 或 $P_x＝P_j－B$　　　　　　（1-6）

真空状态下：　　　　　$P_j＜B$，则 $P_j＝B－P_k$ 或 $P_k＝B－P_j$　　　　　　（1-7）

可见，相对压强 P_x 反映的是流体真实压强超出当地大气压 B 的那部分压强值，工程中通常涉及的容器承压等问题，主要考虑的就是相对压强值 P_x。而真空度 P_k 反映的是流体真实压强不足于当地大气压 B 的那部分压强值。P_x 与 P_k 都是相对于当地大气压 B 计算的表压值。

2. 流体压强的单位

流体压强的单位通常用以下三种方法来表示：

（1）按压强的定义，有 $p＝\dfrac{p}{A}$，单位为 N/m^2 或 Pa（帕斯卡）

$$1kPa=1000Pa, \quad 1MPa=10^6Pa。$$

（2）用液体的柱高表示

如：1）用水柱高度表示压强：$1mH_2O=9807Pa$；

2）用汞柱高度表示压强：$1mmHg=133.332Pa$。

也可以用其他种类的流体柱高表示压强

3）用大气压的倍数表示压强

如：标准大气压（物理大气压）的单位为 atm，$1atm=760mmHg=101325Pa=10.33mH_2O$。

（三）流体静压强基本方程式

1. 流体静压强的特性

静止流体产生的压强称为流体静压强，流体静压强有两个基本特性：

（1）流体静压强的方向垂直且指向作用面，如图 1-2 所示。

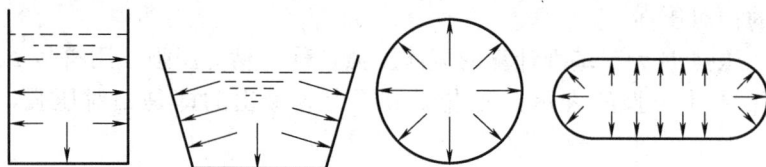

图 1-2　流体静压强方向

（2）静止流体中，任意一点的流体静压强的大小与方向无关，只与该点的位置有关。

限于篇幅，这两个特性不予证明。特性（1）实质上也是流体抗剪力极弱的反映，而特性（2）说明：各点的位置不同，压强可能不同，位置一定，则不论取哪个方向，压强的大小完全相等。因此，流体静压强的根本问题即是流体静压强在深度方向分布规律的问题。

2. 流体静压强基本方程式

如图 1-3 所示，敞口水箱内水的重度为 γ，且处于静止状态，其机械能只具有势能。

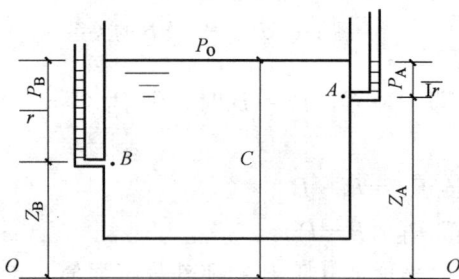

图 1-3　势能分析图

对任意一点 A 所具有的势能包括两部分：一部分是位置势能 Z_A，即相对于基准面 0-0 的高度，单位是 mH_2O；另一部分是压强势能 P_A/γ 了，单位也是 mH_2O。事实上，在与 A 点同高的壁面上开个孔，设置一个测管，如图所示，则 A 点的流体则会在测管中上升 P_A/γ 的高度而与水箱内水位同高。可见，在 A 点压强 P_A 的作用下，A 点处的流体具有上升 P_A/γ 高度的能力（即压强势能）。

同样，对另一点 B，也有 Z_B 和 P_B/γ，而且有

$$Z_B+P_B/\gamma=Z_A+P_A/\gamma=C$$

对水箱内任意一点，其位置势能为 Z，压强为 P，则有：

$$Z+\frac{P}{\gamma}=C \tag{1-8}$$

常数 C 为该敞口容器自由液面至基准面 O—O 的高度，可见基准面取定后，箱内任一点处均具有 $Z+p/\gamma=C$ 的势能。如果液面压强为 P_0，液面位置势能为 $Z_0=C$，则液面下任一点与液面上一点之间有：

$$z+\frac{P}{\gamma}=Z_0+\frac{P_0}{\gamma}，即\ p=P_0+(Z_0-Z)r$$

取 $(Z_0-Z)=h$，则液面下深度为 h 处的压强为：

$$p=p_0+\gamma h \tag{1-9}$$

公式（1-8）和公式（1-9）是流体静压强基本方程的两种表达形式，公式（1-8）反映了静止流体内部机械能守恒的规律，即是能量守恒与转换定律在流体静力学中的应用，因为在静止流体中机械能的存在形式只有势能（包括位置势能和压强势能）。而公式（1-9）则直观的反映出静止流体的压强分布规律，也称为流体静压强基本方程，在工程实际中应用很广。

应用公式（1-9）时要注意，如果液面压强 p_0 为相对压强时，则 p 为相对压强，p_0 为绝对压强时，p 亦为绝对压强。

[例 1-1] 图 1-4（a）为某密闭压力容器，已知压力表读数为 0.35MPa，当地大气压 B 为 0.1MPa。

问：（1）容器中液面绝对压强和相对压强为多少？

（2）如图 1-4（b）所示，假如在容器上开个测管，$h_1=1m$，问此管至少需设多高？

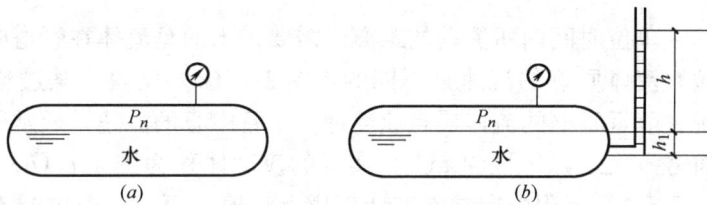

图 1-4　例题示意图

解：（1）$P_{ox}=0.35MPa$　$B=0.1MPa$

则：$P_{oj}=P_{ox}+B=0.45MPa$

（2）因容器内为水，取水的重度 $\gamma_{H_2O}=9810N/m^3$，

则：$h=(P_{ox}/\gamma)=0.35\times10^6\times\frac{1}{9810}=35.68mH_2O$

测管至少应为 $h+h_1=35.68+1=36.68m$ 高。实际中不会设此测管，但此例说明了压强势能与位置势能的等价性。此类测管工程中习惯称为测压管。

三、过流断面、水力半径、流速、流量

1. 过流断面与湿周

过流断面指的是与流速方向相垂直的流体截面积，用符号 A 表示，单位为 m²。如图 1-5 所示，（a）为管道中满管流动的过流断面积；（b）为管道中非满管流动的过流断面积，而且 h/D 称为充满度；（c）为明渠流动的过流断面积。

过流断面上，流动流体与壁面相接触的部分称为湿周，其长度用 x 表示，如图 1-6 所示。同样的过流断面积，如湿周越大，则管壁面对流体的阻碍作用也越大。

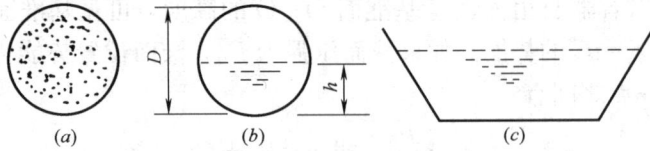

图 1-5　过流断面形式

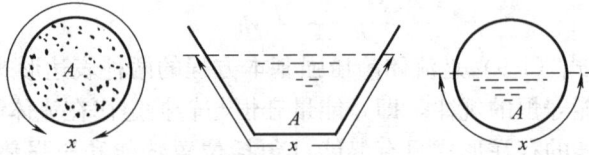

图 1-6　湿周说明

2. 水力半径

过流断面积 A 与湿周 x 的比值称作水力半径，用符号 R 表示，单位是 m。即 $R=A/X$。水力半径综合反映了过流断面积和断面形状（尺寸）对流动的影响，其他条件相同时，R 越大，流道的过水能力就越强，流动产生的阻力就越小；反之，水力半径 R 越小，流道的过水能力也就越差，对流体流动形成的阻力也越大。需要注意的是，水力半径 R 与管道的几何半径是两个完全不同的概念，如图 1-5（a）所示，水力半径 R 为圆管几何半径 r 的二分之一。

3. 流速

流速是指流体在单位时间内所流动的距离。需要指出的是流体在管道中流动时在整个过流断面上不同位置流体质点的流速是不同的，图 1-7（a）反映了某过流断面上各个质点流速分布的情况：靠近管壁的流体质点速度远低于管中心的流速。通常所说的流速是断面平均流速，用符号 v 表示，单位为 m/s，实际的流动体积为图 1-7（b），按平均流速 v 计算则相当于图 1-7（c）。工程中通常不需计算质点流速，而是用流体断面平均流速来计算流量。

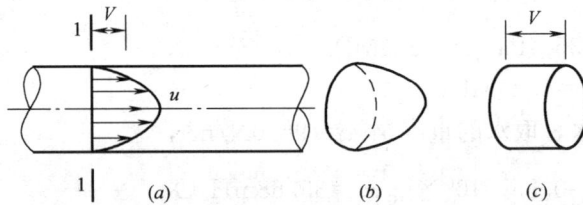

图 1-7　质点流速与平均流速及流量的关系

4. 流量

单位时间通过流体过流断面 A 的流体的量称为流量。根据流体物量不同，有三种流量单位：

（1）质量流量：用 M 表示，单位为 kg/s 或 kg/h，工程中水力计算时常用此单位；

（2）体积流量：用 Q 表示，单位为 m³/h 或 L/s，工程中水泵、风机流量常用此单位；

（3）重量流量：用 G 表示，单位为 N/s 或 kN/s。

三种流量单位之间存在以下换算关系

8

$$M = Q \cdot \rho \tag{1-10}$$

$$G = M \cdot g \tag{1-11}$$

式中　ρ——流体密度，kg/m^3；

　　　g——重力加速度，m/s^2。

四、流体的水头及水头损失

1. 水头

流体力学中习惯上将单位重量（1N）的流体（其质量为 $1/g$）所具有的机械能称为水头，单位是流体的柱高，如：米水柱（mH_2O）。前面讨论的静止流体的位置势能 Z，压强势能 P/γ，也可称作位置水头或压强水头。

对于流动的流体，所具有的机械能除上述两项势能外，单位重量流体还具有动能，即 $v^2/2g$，也就是流速水头。这样，单位重量的流动流体在某断面上具有的总水头（机械能）为：

$$H = z + \frac{p}{\gamma} + \frac{v^2}{2g} \tag{1-12}$$

2. 沿程阻力与沿程水头损失

流体流动时，由于流体内摩擦力及管壁粗糙度，在一定管段长度上对流体产生的阻力称作沿程阻力。单位重量流体克服沿程阻力而产生的机械能损失称为沿程水头损失，用符号 h_f 表示，单位是 m，并按下式计算：

$$h_f = \lambda \cdot \frac{L}{d} \cdot \frac{v^2}{2g} \tag{1-13}$$

式中　λ——沿程阻力系数，与流体种类（黏性）、管壁粗糙度等因素有关；

　　　L——计算管段长度，m；

　　　d——计算管段内径，m；

　　　v——计算管段断面平均流速，m/s；

　　　g——重力加速度，取 9.81m/s²。

在工程中上式通常整理为以下形式：

$$h_f = \lambda \cdot \frac{L}{d} \cdot \frac{v^2}{2g} = i \cdot L \tag{1-14}$$

式中，i 称作单位比摩阻，表示单位管长的沿程水头损失，而且 h_f 通常由水力计算表来确定 d、v、i 等值。对由若干个管段组成的一个管路系统，总沿程水头损失为各管段沿程水头损失的代数和：

$$H_f = \sum hf \tag{1-15}$$

3. 局部阻力与局部水头损失

流体通过阀门、弯头、三通等管件、附件时，流动状态非常紊乱，质点间相互碰撞，形成漩涡，故在这些点上产生较大阻力，称为局部阻力。相应的单位重量流体克服局部阻力所产生的机械能损失称为局部水头损失，用符号 h_j 表示，用下式计算：

$$h_j = \zeta \cdot \frac{v^2}{2g} \tag{1-16}$$

式中　ζ——局部阻力系数。

对整个串联管路系统，其总的局部水头损失为各个局部水头损失之和：

$$H_j = \sum h_j \tag{1-17}$$

在工程中，H_j 可通过查各种管道附件的 ζ 值由式（1-16）计算，有时也可按 H_f 来估算 H_j。例如室内采暖系统，H_f 与 H_j 可按 1：1 来估算。

如：H_f 计算结果为 5mH$_2$O，则取 $H_j=$5mH$_2$O，这样，室内采暖系统总的水头损失 ΔH 约为 10mH$_2$O。

4. 总水头损失

对于整个管路系统的总水头损失，就等于串联管段沿程水头损失与局部水头损失之和，即：

$$\Delta H = H_f + H_j = \sum h_j + \sum h_j \tag{1-18}$$

需要注意的是，这里说的由于流体内摩擦力及管壁与流体之间产生的摩擦所造成的水头损失（机械能损失），只是一种习惯说法，这种损失并非真正数量意义上的损失，而是能量形式的转换，即可用性极好的机械能转换为可用性极差的热能，使得能量的可用性大大降低。这种转换是不希望的，故称为机械能损失，其实质是能量可用性的损失。后面的学习内容将涉及大量有关能量的讨论。

五、离心水泵与风机

向流体提供机械能以期输送或提升流体的机械称为流体机械，包括泵与风机。事实上，前面提到的流体流动阻力就是由流体机械提供的机械能来克服的。

针对液体工作的流体机械通常称为泵，如：水泵、油泵、氨泵等；针对气体工作的流体机械通常称为风机，如：排烟风机、鼓风机等，但有时也称作泵，如：真空泵、气泵。

按照工作原理不同，常用流体机械有以下的分类：

容积型——往复式：如活塞式真空泵；

罗茨式：如罗茨风机。

速度型——离心式如离心水泵、离心风机（工程中使用最多）；

轴流式：如轴流风机、轴流水泵（如深井泵）；

混流式：如混流泵。

下面，简述一下常用的离心式水泵与风机的基本构造、原理及性能。

（一）离心式水泵

1. 离心式水泵的基本构造与工作原理

如图 1-8 所示，离心式水泵主要由叶轮、泵壳、泵轴、填料（密封函）等部件组成。

通常，在水泵的吸水管、压水管上要装压力表、阀门，工地上有"一泵三阀"之说，即水泵入口管段处设一个闸板阀，出口管段上设一个闸板阀、一个逆止阀。如图 1-9 所示，水泵工作时吸水管及泵体内必须充满水，而且水泵安装高度有一定的限制，不可太高。水泵工作时，叶轮内的水被叶轮沿径向快速甩出，流入泵壳并逐渐减速、增压（离心水泵和风机外壳所起的作用就是汇集流体并扩压，即将流速水头转换为压强水头），同时，在大气压强作用下（对于密闭系统，则有循环水及时流入吸水管），吸水管中的水沿水泵轴向进入叶轮，如此连续工作，将水增压或提升。

2. 离心式水泵常用类型及基本参数

（1）常用离心式水泵分类

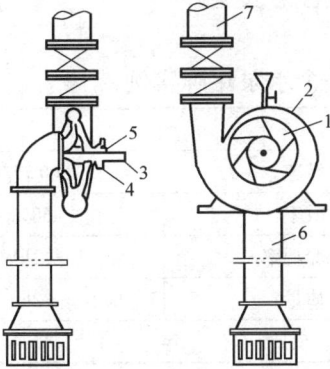

图 1-8　单级卧式离心水泵构造示意图
1—叶轮；2—泵壳；3—泵轴；4—轴承；
5—填料函；6—吸水管；7—压水管

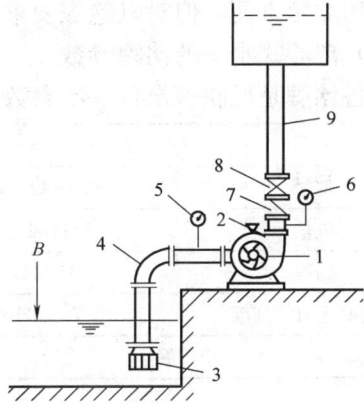

图 1-9　离心水泵工作原理示意图
1—水泵；2—注水漏斗；3—底阀；4—吸水管；5—真空
表；6—压力表；7—止回阀；8—闸阀；9—压水管

按泵轴的位置情况，离心式水泵可以分为卧式泵与立式泵，如图 1-10 所示。前者占地较大，后者维修不如卧式泵方便。

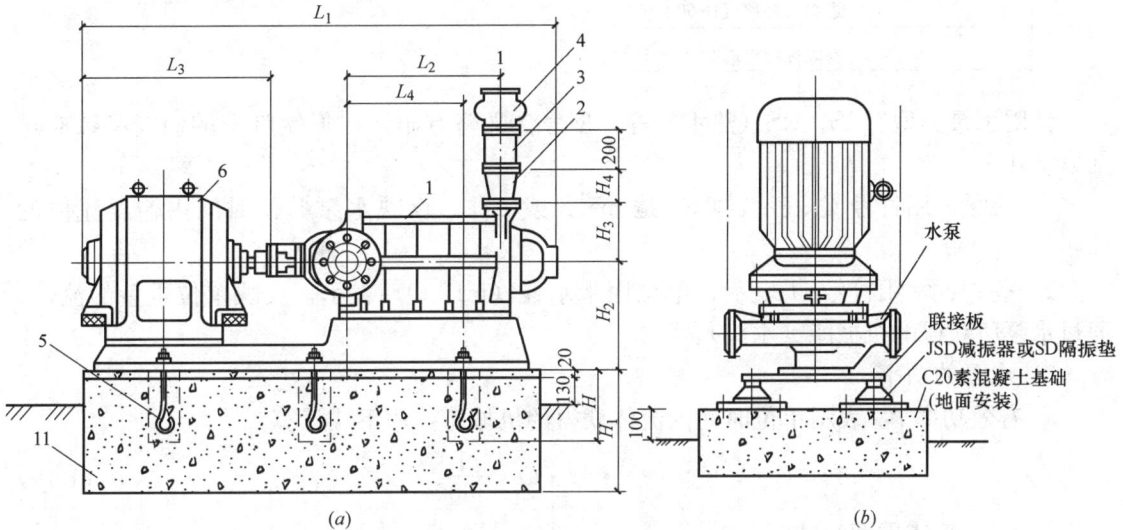

图 1-10　离心水泵类型
(a) 卧式多级水泵；(b) 立式单级水泵；
1—水泵；2—吐出锥管；3—短管；4—可曲挠接头；5—地脚螺栓；6—电机

按水泵叶轮个数不同，可分为单级泵（一个叶轮）与多级泵，如图 1-10 所示，后者产生的扬程较大。

按输送水质情况，可分为清水离心泵和污水离心泵。后者叶轮的叶片较少且较厚。

按照水进入叶轮的情况不同，可分为单吸泵与双吸泵，后者用于流量大的情况。

按照叶轮中叶片形状与转向的关系，可分为前向式叶轮与后向式叶轮，后向式叶轮运转平稳，效率高，水泵及大、中型风机均采用后向式叶轮。

另外，建筑工地上还多采用潜水泵，此类泵可直接放入水中工作，几乎没有汽蚀问题，使用非常方便，但对电绝缘要求高，使用时要特别注意安全。

（2）离心式水泵的铭牌参数

设备铭牌是反映该设备基本参数的牌子，下面是一个水泵铭牌实例：

离心式清水泵			
型号	IS50—32—125A	转速	2900 转/分
流量	11m³/h	效率	58%
扬程	15mH₂O	配套功率	1.1kW
允许吸上真空高度	7.2mH₂O	质量	32kg
出厂编号		出厂　　　年　　月　　日	

此例中水泵型号含义如下：

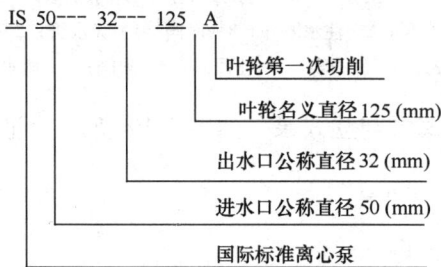

IS 50--- 32--- 125 A
- 叶轮第一次切削
- 叶轮名义直径 125 (mm)
- 出水口公称直径 32 (mm)
- 进水口公称直径 50 (mm)
- 国际标准离心泵

常用水泵类型有 IS、RS（热水）等，型号含义略有出入，但铭牌上的性能参数应包括以下几个：

1）流量：用符号 Q 表示，单位是 m³/h 或 L/h，反映水泵单位时间内输送流体的体积。

2）扬程：常用符号 H 表示，单位用米水柱（mH₂O）表示，反映单位重量的流体，通过水泵所获得的机械能（水头）。

3）水泵的功率

a. 有效功率 N_e 表示单位时间内流体获得的机械能，用下式计算

$$N_e = \gamma \cdot H \cdot Q \cdot \frac{1}{3600} \tag{1-19}$$

式中　γ——流体重度，N/m³；

　　　H——水泵扬程，mH₂O；

　　　Q——水泵流量，m³/h。

b. 轴功率 N 及水泵效率

轴功率表示外界通过泵轴输入的机械能，这部分机械能除大部分被流体获得（即有效功率 N_e）外，还有一部分消耗于水泵的机械磨擦、水力磨擦、泄漏等方面。所以，水泵的效率表示为

$$\eta = N_e/N \tag{1-20}$$

c. 配套电机功率 N_m

考虑到水泵使用过程中可能出现的超载等因素，水泵出厂时配用的电机功率常略大于其轴功率，备用系数取 1.15～1.4，则有：

$$N_{\mathrm{m}} = (1.1 \sim 1.4)N \qquad\qquad (1\text{-}21)$$

水泵铭牌上给出的多为配套功率。

4）转速

水泵转速用符号 n 表示，单位为转/分/（r/min）

5）允许吸上真空高度 H_s

也称作水泵的吸程，用 H_s 表示，单位是 mH_2O。表示在设计条件下（如标准的气压、20℃等）水泵入口处允许产生的最大真空度（真空度过大则产生汽蚀，水泵不能正常工作）。

关于水泵的铭牌参数，有几点需要注意：

第一，允许吸上真空度不是水泵的安装高度，水泵的安装高度不但与该水泵的允许吸上真空度 H_s 有关，还与水的温度、当地大气压等因素有关。

第二，水泵铭牌给出的流量、扬程，是该泵针对转速 n 时，在设计工况下的参数。图 1-11 是某水泵的性能曲线图，在工况点 A 处，效率 η 具有最大值，此点所对应的扬程 H、流量 Q 值即为铭牌所标参数。但水泵可以在 $Q\text{-}H$ 曲线上任意点工作，相应有不同的 Q 和 H 值。特别需要指出的是，在点 B 处流量 $Q=0$，而扬程 H 具有最大值，但功率 N 却有最小值，这时水泵出口阀门关闭，相当于水泵空载启动，这一概念在实际中多有涉及。

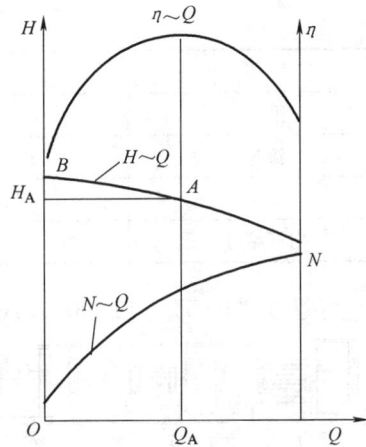

图 1-11　水泵的性能曲线图

3. 水泵的串联与并联

水泵的串联运行，就是将第一台泵的压水管与第二台泵的吸水管相连接，水由第一台泵吸入，立即转输给第二台泵，再由第二台泵输送到用水点，这种运行形式，称为水泵的串联。

水泵的串联运行可以提高扬程，以便使通过水泵的水的扬程或压力升得更高。目前，实际工程中多直接选用多级泵来满足系统中用户对扬程的使用要求，一般不串联使用。

水泵的并联运行，就是用两台或两台以上的水泵向同一压水管路供水。这种运行形式在同一扬程情况下，可获得比单台水泵工作时更大的流量，而且当系统中需要水量较小时，可以停开一台水泵，进行流量调节，使运行费用降低。水泵并联运行在实际中应用很多，如供热工程中的循环泵。

（二）风机

1. 离心风机基本构造及原理

离心式风机的工作原理与离心水泵相类似，其基本构造也类似。如图 1-12 所示，由吸入口、叶轮、机壳所组成，流体轴向进入叶轮，被叶轮高速沿径向甩入外形为渐扩线的机壳，实现动能向势能的转换，提高风压。

2. 离心风机的基本型号表示

下面是某种离心式通风机的铭牌示意。

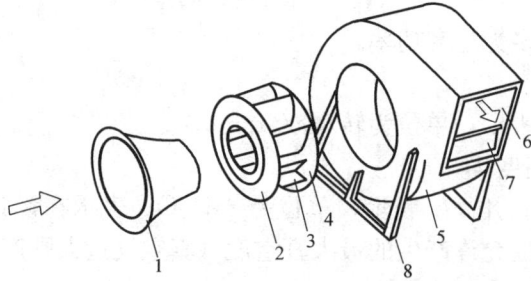

图 1-12　离心风机主要结构分解图

1—吸入口；2—叶轮前盘；3—叶片；4—后盘；5—机壳；

6—出口；7—截流板（风舌）；8—支架

离心式通风机		
型号	4-72-11　NO4.5A 右旋 90°	
流量	86000m³/h	功率	7.5kW
全压	2000Pa	转速	2900r/min
出厂编号		出厂日期	

其型号 "4—72—11 N04.5A 右旋 90" 的含意说明如下：

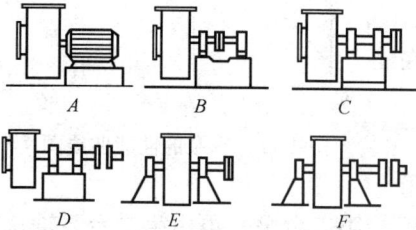

图 1-13　离心式风机六种传动方式

4——风压系数，p=0.4；

72——比转数 n_s=72

11——前面的 1 代表单侧进风（0 为双侧进风），后面的 1 代表设计序号；

N04.5 一机号，即风机叶轮直径 D_2=450mm；

A——传动方式，参见图 1-13；

右旋 90°——风机出口方向，参见图 1-14。

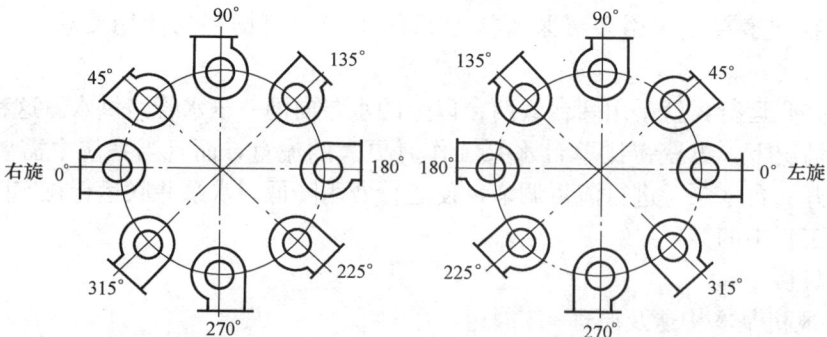

图 1-14　离心式风机的旋转方向及出风口位置

图 1-13 为离心风机的六种传动方式，图 1-14 为风机出风口的位置示意。工程中选用离心风机时，一定要确定风机的旋转方向和风口位置，否则无法定货。风机的旋转方向分为左旋和右旋两种，站在电机一侧，顺轴向看叶轮，如是顺时针转向，则为右旋，若为逆

时针旋转，则为左旋。

需要说明的是，风机流量的单位是 m^3/h，而前面讲过，气体的体积与质量之间的确切关系需由状态（t、P）来判定。故一般通风机标注流量系指 $t=20℃$、$P=101325Pa$ 状态下的流量，而锅炉用引风机其铭牌流量一般系指排烟温度为 $t=200℃$、$P=101325Pa$ 状态下的烟气流量。状态不同，其体积流量虽不变，但质量流量却不同，所需功率也不同，选用时一定要注意。

另外，常用风机还有轴流式（如家用电风扇）、贯流式（如家用排油烟机）等。

第二节　热工学基本知识

传热学是研究热量传递过程及其规律的一门科学。

能量的存在形式多种多样，如原子能、化学能、电能、机械能、热能等。这些能量形式在一定条件下可以相互转换，如上一节流体流动过程中一部分机械能就转化为了热能。为什么将机械能转化为热能称为损失呢？原因有两条：首先，流体机械所消耗的电能或机械能是用来输送流体的，不是用来加热流体的；其次，对于各种能量形式，热能的品位（可用性）几乎是最低的，别的能量形式在一定条件下几乎都可以百分之百的转化为热能，而热能要转化为其他形式的能量却效率极低（如火力发电效率约 40%～50%）。大气中、海洋中贮存着巨大数量的热能，但几乎无法加以利用。

日常生活中利用热能的情况很多，如电热器，是用电能转化为热能；如采暖锅炉房，通常是利用煤、燃油、燃气的燃烧使燃料的化学能转化为热能等等。

在转移或传递过程中的热能称为热量，也就是说，热量是热能伴随传递过程而存在的，是过程量。另外，热能只能自发的由高温物质传递给低温物质。要想将热能从低温物体转移给高温物体，则需要付出一定的代价，如制冷机可以将低温物体的热能转移给高温物体，但要额外消耗一定的电能、热能或机械能作为补偿。

一、传热的基本方式

热量传递有三种基本方式，即热传导（导热）、热对流及热辐射。

（一）导热

导热又称作热传导，其特点是导热过程中物质各部分没有相对位移。所以，在重力场中，纯导热现象只能发生在较密实的固体中，当热量传递发生在流体中时，将会由于温度差引起的密度差而产生热对流，即在流体中发生的热传导通常为非纯导热。

1. 导热系数 λ

物体导热性能可通过物性参数导热系数 λ 来表示，单位是 $W/(m·℃)$。表 1-1 中列出了一些工程中常用材料的导热系数值。工程中常将 $\lambda<0.14W/(m·℃)$ 的材料称作绝热保温材料。

从表中可以看出，用来做保温材料的物质均是较松软、空隙率较高的材料。这些材料如果受潮，其保温性能会大大下降，如干砖的导热系数为 $0.35W/(m·℃)$，水的导热系数为 $0.6W/(m·℃)$，而湿砖的导热系数可达到 $1.0W/(m·℃)$。所以，对建筑物或管道、设备的保温隔热层，都应采取防潮措施。

工程中常用材料的密度、导热系数及比热 表 1-1

材料名称	温度 t(℃)	密度 ρ(kg/m³)	导热系数 λ(W/(m·℃))	比热 c(kJ/(kg·℃))
钢 0.5%C	20	7833	54	0.465
1.5%C	20	7753	36	0.486
黄铜 30%Zn	20	8522	109	0.385
聚苯乙烯塑料	20	30	0.027	2.0
聚苯乙烯硬脂塑料	20	50	0.031	2.1
软木	20	230	0.057	1.84
玻璃	45	2500	0.65~0.71	
水垢	65		1.31~3.14	
冰	0	913	2.22	
泡沫混凝土	20	232	0.077	0.88
泡沫混凝土	20	627	0.29	1.59
钢筋混凝土	20	2400	1.54	0.84
碎石混凝土	20	2344	1.84	0.75
普通黏土砖	20	1800	0.81	0.88
红黏土砖	20	1668	0.43	0.75
水泥砂浆	20	1800	0.93	0.84
石灰砂浆	20	1600	0.81	0.84
黄土	20	880	0.94	1.17
砂土	12	1420	0.59	1.51
黏土	9.4	1850	1.41	1.84
水泥珍珠岩制品	20	200	0.058	0.75
水泥珍珠岩制品	20	1023	0.35	1.38
玻璃棉	20	100	0.058	0.75
石膏板	20	1100	0.41	0.84
矿渣棉	30	207	0.058	
水泥	30	1900	0.30	
石棉制品	20	80~150	0.035~0.038	

　　一般情况下，金属的导热系数最大，其次是固体、液体，而气体的导热系数最小。如空气的导热系数约 0.02~0.04W/(m·℃) 之间。在不产生对流的情况下，空气具有较好的保温性。

　　2. 平壁的稳定导热量计算

　　图 1-15 为单层平壁导热示意图，壁厚为 δ，可视为窗玻璃、外墙、屋面等围护结构，其导热系数 λ 取为定值（表 1-1），两侧的壁温 t_{w_1}、t_{w_2} 如不相等时，就有热流从高温侧向低温侧传递，如同电流在电势差作用下流动一样。当 t_{w_1}、t_{w_2} 及壁内各处温度均不随时间变化时，这种条件下的导热称为稳定导热，这时的热流量（单位时间、单位面积上的热传递量）可用下式计算：

$$q=\frac{\lambda}{\delta} \cdot (T_{w_1}-T_{w_2}) \qquad (1-22)$$

式中　　q——热流量，$J/(s \cdot m^2)$ 或 W/m^2；

　　　　λ——导热系数，$J/(S \cdot m \cdot ℃)$ 或 $W/m \cdot ℃$；

　　　　δ——壁厚，m；

T_{w_1}、T_{w_2}——壁面温度，℃。

令 $R=\delta/\lambda$，称作导热热阻，则 $q=\Delta t/R$，即热流量＝温度差/热阻。上式与电工学中欧姆定律完全类似：电流量＝电势差/电阻，$I=\Delta U/R$。

这样，电学中的串联电阻的关系，在多层平壁导热中就可表示为：

$$R=R_1+R_2+\cdots+R_n=\sum R_i=\sum_i^n \frac{\delta_i}{\lambda_i}$$

图 1-15　单层平壁的导热

多层平壁稳定导热的热流量为：

$$q=(t_{w_1}-t_{w_{n+1}})\Big/\sum_{i=1}^n \delta_i/\lambda_i=(t_{w_1}-t_{w_{n+1}})\Big/\sum_{i=1}^n R_i=(t_{w_1}-t_{w_{n+1}})/R=\Delta t/R \qquad (1-23)$$

式中，总热阻 R 为各层热阻之代数和。

[例 1-2]　某教室外墙由三层组成：内层为 $\delta_1=20mm$ 的抹灰，导热系数 $\lambda_1=0.81W/(m \cdot ℃)$；外层是 $\delta_3=30mm$ 厚的瓷砖贴面，导热系数 $\lambda_3=1.2W/(m \cdot ℃)$；中间是 $\delta_2=200mm$ 厚的泡沫混凝土墙，导热系数 $\lambda_2=0.29W/(m \cdot ℃)$。求：此外墙的总导热热阻。

解：$R_1=\delta_1/\lambda_1=0.02/0.81=0.02469m^2 \cdot ℃/W$

$R_2=\delta_2/\lambda_2=0.2/0.29=0.6897m^2 \cdot ℃/W$

$R_3=\delta_3/\lambda_2=0.03/1.2=0.025m^2 \cdot ℃/W$

总热阻　　　　　　　$R=R_1+R_2+R_3=0.739m^2 \cdot ℃/W$

（二）对流换热

在工程中，通常将流体与固体壁面之间的热传递过程称作对流换热，其特点是流体有相对位移。如教室中空气与散热器外表面之间、散热器中的热水与散热器内表面之间、空气与墙壁之间的换热均属于对流换热。

对流换热的热流量可按下式计算：

$$q=\alpha(t_W-t_f) \qquad (1-24)$$

式中　t_W——壁面温度，℃；

　　　t_f——流体温度，℃；

　　　α——对流换热系数，$W/(m^2 \cdot ℃)$。

[例 1-3]　已知，冬季室内温度 $t_n=18℃$，外墙内表面温度 $t_{w_1}=10℃$，内表面的对流换热系数为 $a_1=8.7W/(m^2 \cdot ℃)$，试求室内空气与外墙内壁面的对流换热量。

解：按公式（1-24），有 $t_f=t_n=18℃$

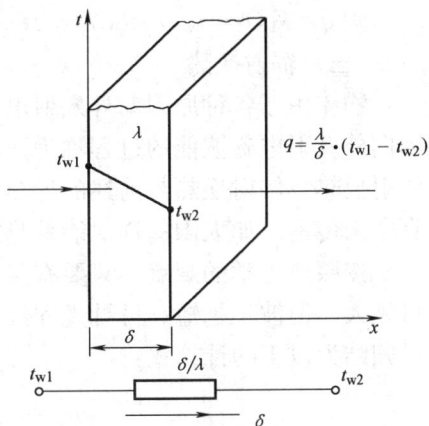

则 $q = \alpha_1(t_f - t_{w_1}) = 8.7 \times (18 - 10) = 69.6 \mathrm{W/m^2}$

（三）辐射换热

物体由于各种原因向外发射电磁波能的过程，称为辐射，物体因自身的温度或热的原因向外发射电磁波能的过程称为热辐射，物体与物体之间由于辐射产生热传递的过程称为辐射换热。辐射换热与前述的导热、对流换热不同，辐射换热是以光速来传递，并可通过真空来传递。如太阳的辐射能就是穿越太空而到达地球的。

按照热力学的观点，只要有温度的物体，就有热辐射，物体温度越高，则辐射出的能量越大，但波长越短。可见光和红外线范围的辐射热效应非常明显。两物体间的辐射换热量归结为以下的计算式：

$$q_{12} = C_{12}\left[(T_1/100)^4 - (T_2/100)^4\right] \tag{1-25}$$

式中　q_{12}——物体 1 与物体 2 之间的辐射换热量，$\mathrm{W/m^2}$；

　　　C_{12}——物体 1 与物体 2 之间的辐射系数，$\mathrm{W/(m^2 \cdot K^4)}$；

　　　T_1——物体 1 的绝对温度，K；

　　　T_2——物体 2 的绝对温度，K。

从上式可以看出，尽管物体间的热辐射是互动的，但终究是温度高的物体传热给温度低的物体。

需要指出的是，一般情况下当辐射换热量在整个换热过程中所占比例不大时，可不单独计算，而是归入对流计算公式中，即对流换热系数的测定、取值可包括辐射因素。例如，工程实际中的对流型散热器，其散热量已包括该散热器的辐射散热。

二、围护结构的稳定传热

（一）稳定传热的概念

通常，房屋的四壁、门、窗、地板、屋顶等称为房间的围护结构。

冬天，教室内的空气温度（t_n）高于室外气温（t_{wn}）时，便有热量传递出去。如图 1-16 所示，室内空气与墙内壁在温差 $t_n - t_{w_1}$ 作用下有对流换热量，墙内外表面在温差 $t_{w_1} - t_{w_2}$ 作用下有导热量，墙外壁与室外空气在温差 $t_{w_2} - t_{wn}$ 的作用下有对流换热量。与稳定导热类似，当壁两侧流体温度分布及壁面内温度分布均不随时间变化时，壁面两侧的流体之间在温差 t_n、t_{wn} 的作用下发生的热传递过程称为稳定传热。

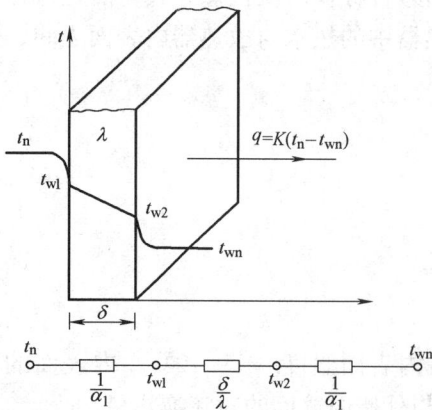

图 1-16　通过单层平壁的传热过程示意图

可见，传热过程较前述的基本热传递方式要复杂，通常是包括了三种基本热传递方式。同时，传热过程也更为普遍的用于实际传热计算中。

（二）通过平壁的传热计算

对于图 1-16，在室内外温差作用下，传热量可按下式计算：

$$Q = K \cdot (t_n - t_{wn}) \cdot F = q \cdot F \tag{1-26}$$

式中　q——单位面积的传热量，$\mathrm{W/m^2}$；

　　　Q——通过面积 F 的传热量，W；

　　　t_n——室内（热流体）温度，℃；

t_{wn}——室外（冷流体）温度，℃；

K——传热系数 W/(m²·℃)；

F——传热面积，m²。

对于单层平壁，其传热系数 K 可按下式计算：

$$K = \cfrac{1}{\cfrac{1}{\alpha_1} + \cfrac{\delta}{\lambda} + \cfrac{1}{\alpha_2}} \tag{1-27}$$

式中　α_1、α_2——平壁两侧的对流换热系数，W/(m²·℃)；

　　　　δ——壁厚，m；

　　　　λ——平导热系数，W/(m·℃)。

对于多层平壁的稳定传热，如 n 层，其传热系数 K_n 的计算式为

$$K_n = \cfrac{1}{\cfrac{1}{\alpha_1} + \sum\limits_{i=1}^{n} \cfrac{\delta_i}{\lambda_i} + \cfrac{1}{\alpha_2}} \tag{1-28}$$

（三）工程中传热系数的应用

实际工程中传热系数一般不需要具体计算，而是直接查用。表 1-2 摘自《公共建筑节能设计标准》（GB 50189—2005），表中体形系数 S 系指建筑物与室外大气接触的外表面积与其所包围的体积的比值，S 越大则该建筑的节能保温性越差，所以表中对相应围护结构的传热系数限值更小一些。

严寒地区 B 区围护结构传热系数限值　　　　　　　　　　表 1-2

维护结构部位		体形系数 $S \leqslant 0.3$ 传热系数 $K[\text{W}/(\text{m}^2 \cdot \text{K})]$	体形系数 $0.3 < S \leqslant 0.4$ 传热系数 $K[\text{W}/(\text{m}^2 \cdot \text{K})]$
屋面		$\leqslant 0.45$	$\leqslant 0.35$
外墙（包括非透明幕墙）		$\leqslant 0.5$	$\leqslant 0.45$
底面接触室外空气的架空或外挑楼		$\leqslant 0.5$	$\leqslant 0.45$
非采暖房间与采暖房间的隔墙或楼板		$\leqslant 0.80$	$\leqslant 0.8$
单一朝向外窗（包括透明幕墙）	窗墙面积比 $\leqslant 0.2$	$\leqslant 3.2$	$\leqslant 2.8$
	$0.2 <$ 窗墙面积比 $\leqslant 0.3$	$\leqslant 2.9$	$\leqslant 2.5$
	$0.3 <$ 窗墙面积比 $\leqslant 0.4$	$\leqslant 2.6$	$\leqslant 2.2$
	$0.4 <$ 窗墙面积比 $\leqslant 0.5$	$\leqslant 2.1$	$\leqslant 1.8$
	$0.5 <$ 窗墙面积比 $\leqslant 0.7$	$\leqslant 1.8$	$\leqslant 1.6$
屋顶透明部分		$\leqslant 2.6$	

表 1-3 摘自某省的地方标准《公共建筑节能设计标准》（DJ04-241—2006），表中给出了混凝土剪力墙外保温的几种做法及各种做法的传热热阻及传热系数值，供工程中直接查用。

构 造 示 意	墙体材料	保温材料	保温材料干密度（kg/m³）	保温材料导热系数 λ [W/(m·K)]	导热系数修正系数 α	保温材料厚度（mm）	热阻 R（m²·K/W）	传热系数 K [W/(m²·K)]
1. 外饰面层　2. 通风空气层　3. 保温层　4. 现浇混凝土剪力墙厚 200　5. 内墙面刮腻子厚 15	钢筋混凝土墙 200	玻璃棉板（矿棉、岩棉）	80～120	0.045	1.2	55	1.26	0.79
						80	1.72	0.58
						95	2.00	0.50
						110	2.28	0.44
						120	2.56	0.39
						130	2.75	0.36
		挤塑聚苯板（XPS）	30	0.03	1.1	40	1.38	0.72
						55	1.80	0.56
						65	2.07	0.48
						75	2.35	0.42
						85	2.63	0.38
						95	2.91	0.34
		硬泡聚氨酯	30	0.027	1.2	35	1.35	0.74
						45	1.66	0.60
						55	1.97	0.51
						60	2.12	0.47
						65	2.28	0.44
						70	2.43	0.41
		聚苯板（EPS）	18	0.042	1.2	60	1.49	0.67
						70	1.69	0.59
						80	1.90	0.53
						90	2.10	0.47
						100	2.30	0.43
						110	2.51	0.40

复习思考题

1. 结合自己所学专业，简述学习本课程的侧重点。

2. 流体压强为何有三种表示方法？三者各用于什么场合？有何关系？

3. 举例说明流体静压强分布规律在工程中的应用。

4. 流体流速、水力半径的大小与流动阻力有何关系？

5. 说明水头及水头损失含意。

6. 简述离心水泵的工作原理。

7. 水泵安装高度与哪些因素有关？为什么？

8. 说明水泵铭牌参数的含意及常用水泵类型。

9. 热传递的三种基本方式各有何特点？

10. 说明导热系数、传热系数的含意，举例工程中的实际应用。

11. 简述建筑节能与围护结构传热系数的关系。

12. 在以后各章节的学习过程中会不断涉及本章的基本概念，应及时加以总结。

第二章 建筑给水排水工程

第一节 室外给水排水概述

给水排水工程综述：给水排水工程是城市建设不可缺少的部分。由室外给水系统自水源取水，进行处理净化达到用水水质标准，再经过水泵加压用管网输送到各个给水区域，供城镇内各种用水（如市政消火栓、绿化用水、街道洒水、水景及建筑内生活、生产、消防用水）；给水送入建筑内各个用水点经使用后的污废水由建筑内的排水管道收集并排到室外排水管网；室外排水管网收集用户产生的污水送入污水处理厂处理达标后排入河道或进行农田灌溉；屋面雨水由雨水管道收集并排到地面或室外雨水管网。即：

水源→给水处理厂→市政给水管网→小区给水管网→室内给水管网→用水设备→室内排水管网→小区排水管网→市政排水管网→污水处理厂→排放。

一、室外给水系统概述

（一）给水分类及系统选择

室外给水系统一般由取水工程、净水工程和输配水工程（包括水泵、给水管网）三大部分组成。其中给水管网与室内给水密切相关。

给水按用途不同可分为生活、生产和消防给水。工程上常根据各用户对水质、水压和水量的不同要求经经济、技术比较后选择供水体系：可以设单用系统，即一种用水用户对一套管网体系，如生活给水系统、生产给水系统、消防给水系统，建筑物内供水多选用单用系统；也可以用一套管网体系输送两种或两种以上用水，称共用系统，一般企事业单位或生活小区的室外给水系统多用，其水质、水压均按最高用水要求供给；通常市政给水是三种用水用一套给水管网进行输送，称为统一给水系统。若选两套及两套以上给水体系供水，往往是根据水质或水压不同而设置分质或分压给水系统。

（二）室外给水管网及附属构筑物

室外给水管网包括输水管线、配水管网及其附属构筑物。它的任务是将净化后的水由输水管线送到配水管网，再由配水管网送到各用水地区和街道。因它直接服务于用户，直接和建筑内给水系统相连，因而对建筑给水系统设置有极其重要的影响。

1. 管网形式

室外给水管网的布置形式有树枝状、环状和混合状。

（1）树枝状管网

如图 2-1 （a）所示，其管线如树枝一样，由水源向用户伸展。它的优点是管线总长度较短，初期投资较省。但供水安全可靠性差，当某一管线发生故障时，其后面所有用户供水就全部中断。

（2）环状管网

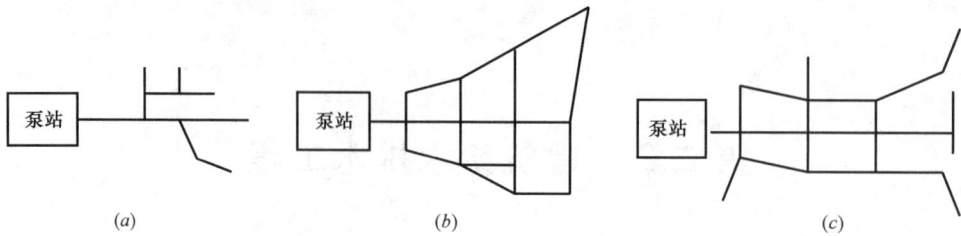

图 2-1　配水管网

(a) 树枝状管网；(b) 环状管网；(c) 混合状管网

如图 2-1 (b) 所示，它的优点是供水安全可靠，但管线总长度比树枝状管网长，管网中阀门多，基建投资相应增加。供消防用水的管网多用环状管网。

实际工程中，可根据具体情况，在主要给水区采用环状管网，在边远地区采用树枝状管网，称混合状管网，如图 2-1 (c) 所示。无论树枝状管网还是环状管网，都应将管网的主干管布置在两侧用水量较大的地区，并以最短的距离向最大的用水户供水。

2. 管道布置

(1) 布置位置

室外给水管线、排水管线、热力管线及燃气管线等，通常都是沿道路或平行于建筑物敷设在绿化带、人行道或慢车道下；各种地下管线之间、管线与建（构）筑物之间最小净距必须符合《城市工程管线综合规划规范》的要求。各种管线综合布置时，应遵循有压管让无压管、小管让大管的避让原则。

(2) 埋设深度

室外给水管道的覆土深度，应根据土壤冰冻深度、车辆荷载、管道材质及管道交叉等因素确定。管顶最小覆土深度不得小于当地土壤冰冻线以下 0.15m，行车道下的管线覆土深度不宜小于 0.7m。

3. 附属构筑物

(1) 阀门井

在室外给水管道上要设置各种阀门来调节水量或进行启闭控制，同时考虑管道打压、冲洗等要求，管线都设有一定的坡度与起伏，在管线低处设置排水阀以便泄水，在管线隆起处设有排气阀来排气，从而保证系统正常运行与维护。这些阀门通常都安装在阀门井内，阀门井的形式见图 2-2，做法可参照专门的阀门井施工安装图。另外，在北方地区，为防冻也常把室外消火栓、水表、室外给水栓等给水附件放在阀门井内，井盖上标有相应的附件名称，并在阀门、消火栓等部件下面设支墩支撑以使其稳固。

(2) 室外消火栓

室外消火栓是供消防车从室外给水管网取水的接口，设于靠近配水管网的路边、街口等便于发现和使用的地方，室外消火栓的安装有地上式和地下式（设在室外消火栓井内）两种。图 2-2 为室外消火栓的安装图与实物图。

(三) 管网的压力

室外给水管网的供水压力在不同的供水地点处不同，离加压泵站或水塔越近、地势越低处，供水压力越大；反之，越低。对某一地点来说，供水压力随用水情况而变化：用水

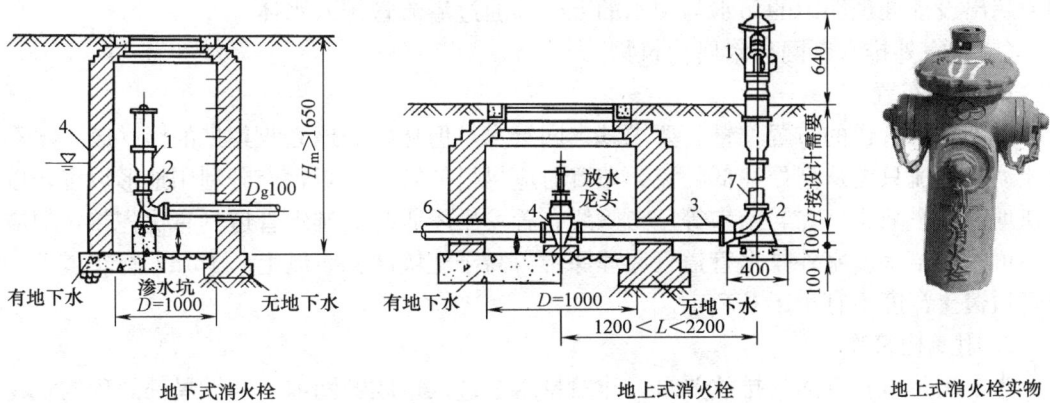

图 2-2　消火栓安装图及实物

高峰时，管网流量大，水头损失大，因而到达用水点的建筑物外的水压力就小了；反之，就高。室外给水管网的压力情况直接影响建筑物内的给水方式。

输送消防水的室外给水管网，其管道布置及水压要求均按消防管网考虑。室外消防管网按其供水压力不同分以下几种：（1）消防时室外消火栓处有不小于 0.1MPa（从地面算起）的供水压力，称为消防低压网；（2）若任何时间，管道的供水压力均能保证用水总量达到最大且水枪在任何建筑物的最高处的充实水柱仍不小于 10m，称为常高压网；（3）若平时是低压网，消防时启动消防水泵后，室外管网压力达消防高压网要求，则称为临时高压网。消防管网的水压高低直接影响室内的消防供水方式。

二、室外排水系统概述

（一）污水分类及排水体制选择

污水按其来源不同可分为生活排水、工业废水、雨（雪）水。

室外排水系统体制有分流制和合流制两种。把上述三种污（废）水分别采用两套及两套以上各自独立的排水系统进行排除的方式称为分流制排水系统。如图 2-3（a）所示，生活污水及工业废水由污水收集系统收集并输送到污水处理厂处理（实线所示）；雨水由雨水管渠收集并就近排入水体（虚线所示）。合流制排水系统是将各种污废水、雨水共用一套排水系统进行收集、处理或直接排入水体。根据我国国情，新建城镇宜设成分流制，已建合流制应随着城市规模的扩大改造成分流制。当改造成分流制确有困难时，可用截流式的合流制，如图 2-3（b）所示，在合流管道上设溢流井，截留一部分污水到污水处理厂处

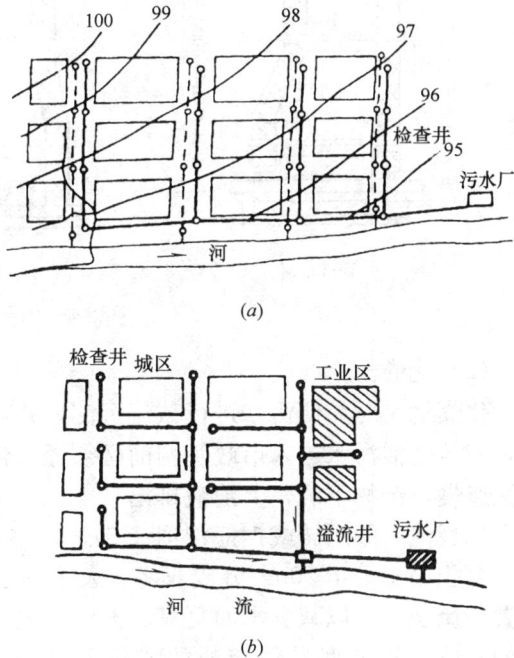

图 2-3　室外排水体制

（a）分流制排水系统；（b）截流式合流制排水系统

23

理，超出设计处理能力的污水与雨水的混合物通过溢流管排入水体。

（二）室外排水管网与附属构筑物

1. 管道布置

室外排水管道的布置位置、要求基本同给水，但从各个地方收集来的污（废）水靠重力流动，水流只能从高处往低处流，布置时应尽量使管线最短，充分利用地形坡度，以使管道埋深尽量减小，在与给水等压力管线布置发生矛盾时，排水管道具有优先权，但应考虑不可污染给水。室外排水管道管底埋深不得高于土壤冰冻线以上 0.15m，行车道下的管线管顶覆土深度不宜小于 0.7m。

2. 附属构筑物

为了满足市政管网的排放要求，建筑排水在进入市政管网前，常设局部处理构筑物对污水进行简单处理，如化粪池、隔油井、沉砂池、降温池等；为使排水畅通并考虑堵塞后检修需要，在室外排水管网上设有很多检查井。在此重点介绍检查井与化粪池。

（1）检查井

室外排水管道在转弯、变径、水流交汇、高程改变及直线管段每隔一定距离处，都要设排水检查井。它代替管件起着承上启下的作用，同时室外排水管中有可能有杂质沉积堵塞，需要疏通，设检查井可方便维护人员检查管道水流状况和进行管道疏通、检修。检查井的构造如图 2-4 所示。在检查井中上下游管道不直接相连，而是通过流槽连接，为保证水流畅通和减小管网整体埋深，常采用上下游管道管顶标高一致的管顶平接或水面标高一致的水面平接。建筑排出管的管顶标高不得低于室外接户管的管顶标高。所以从上游到下游，管道标高越来越低。

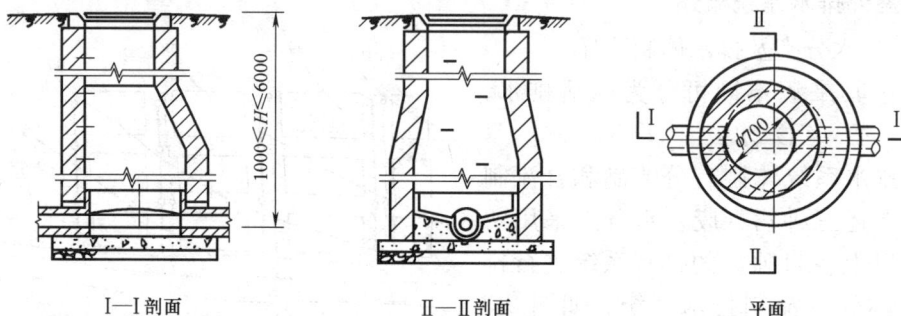

I—I 剖面　　　　　　II—II 剖面　　　　　　平面

图 2-4　室外排水检查井

（2）化粪池

化粪池是对粪便污水进行截流沉淀，并对沉淀物中的有机物进行厌氧酵化处理的构筑物，建筑生活污水进入市政管网前必须经过化粪池处理。它是利用沉淀原理，进入池中污水流速慢，杂物下沉，上清液排出。

化粪池一般用砖或钢筋混凝土砌筑，多为矩形，标准型号容积从 2～100m³ 共分 11 档，容积小于等于 20m³ 分成双格，大于等于 20m³ 分成三格。化粪池进水口、出水口应设置导流装置，以减少水面复氧。池壁和池底，应防止渗漏。图 2-5 所示为矩形双格化粪池的构造。各种型号化粪池的详细尺寸及具体做法可参见《05 系列建筑标准设计图集》05S7。

化粪池的容积，包括贮存沉淀污泥容积和满足沉淀需要的污水过流容积两部分，因此化粪池容积大小与通过化粪池的污水流量、污水停留时间、实际使用人数及每人每天产生污泥量、污泥清掏周期有关，实际工作中可查标准图集上的《化粪池选用表》来定。由于人们在不同的建筑物中使用化粪池的概率不同，查表时应注意实际使用人数与总人数的比例；对于粪便污水与生活废水合流排入化粪池的，污水流量和每人每天的用水量标准有关，查表时需注意，而粪便污水单独排入化粪池时则不考虑用水量大小。

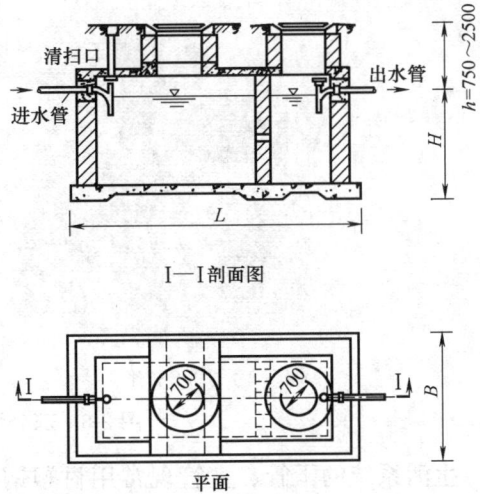

图 2-5　化粪池

化粪池宜设在室外，接户管的下游段，可以一幢建筑物设一个，也可几幢建筑物共设一个，其位置应尽量隐蔽，设在人员活动少但便于机动车清掏的地方。化粪池距建筑物的净距不小于 5m，距生活饮用贮水池不得小于 10m，距地下取水构筑物不得小于 30m。沉淀下来的污泥要定期清掏，清掏周期一般为 3～12 个月。

第二节　建筑给水系统常用管材、附件、设备

一、管材及连接配件

常用建筑给水管材有钢管及衬塑钢管、铸铁管、铜管、不锈钢管、塑料管及铝塑复合管等。通常生活给水系统多用塑料管、衬塑钢管；消火栓系统多用非镀锌钢管、铸铁管；自动喷淋系统多用镀锌钢管；热水供应系统多用塑料管、铜管；直饮水系统多用不锈钢管等。以下重点介绍在室内给水中应用广泛的塑料管与钢管。

1. 塑料管

塑料管耐腐蚀、卫生、水力条件好，但刚性差，易受温度影响。目前，建筑内常用给水塑料管有三型无规共聚聚丙烯（PP-R）管、交联聚乙烯（PE-X）管、聚丁烯（PB）管、硬聚氯乙烯（PVC-U）管、高密度聚乙烯（HDPE）管、丙烯腈—丁二烯—苯乙烯（ABS）管，其连接方式有热熔连接、承插粘接或胶圈连接、铜接头夹紧连接。PP-R、PVC-U、ABS 管刚性较好，可明装；PE-X、PB 管为"柔性管"，宜暗敷。另 PVC-U、ABS、PE 管仅能用于冷水管。部分塑料管材及连接件见图 2-6。塑料管常用外径 De 表示，规格见表 2-3。

2. 钢管

钢管按其构造特征分无缝钢管和焊接（有缝）钢管两类。无缝钢管承压高；焊接钢管承压低，故又称低压流体输送管。按其表面防腐处理情况可分为镀锌钢管和非镀锌钢管两种，镀锌钢管内外都有锌层保护，可防止管道锈蚀。焊接钢管规格用公称直径表示，具体见表 2-4。钢管的连接方式有螺纹连接、沟槽式卡箍连接、焊接和法兰连接。镀锌钢管不能焊接。螺纹连接时，镀锌管材要用镀锌管件。钢管最大的缺点是不耐腐蚀，易生水锈。

HDPE 管件   PB 管材及管件

图 2-6　部分塑料给水管材、管件

生活系统的干管、立管现常用衬塑钢管，即在钢管内表面衬一层塑料管，可螺纹连接、沟槽连接，但不允许焊接。钢管与衬塑钢管的连接及部分管件见图 2-7。

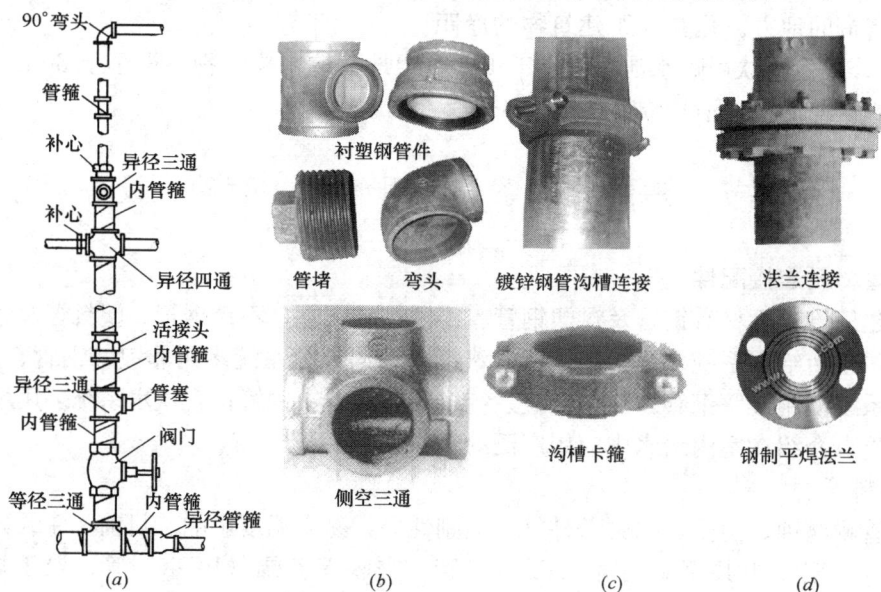

图 2-7　钢管管材、管件及连接方式
(a) 钢管螺纹连接；(b) 钢管件；(c) 钢管沟槽连接；(d) 钢管法兰连接

二、建筑给水附件

(一) 配水附件

指把水分配出去的装置，生活给水系统中主要指卫生器具的给水配件，如配水龙头、淋浴喷头等，见图 2-8。消防给水系统中主要指室内消火栓和自动喷水灭火系统中的各种喷头。

(二) 控制附件

指管道系统中调节水量、水压、控制水流方向和启闭水流的设备。

1. 常用阀门及功能介绍

常用阀门构造及实物如图 2-9 所示。

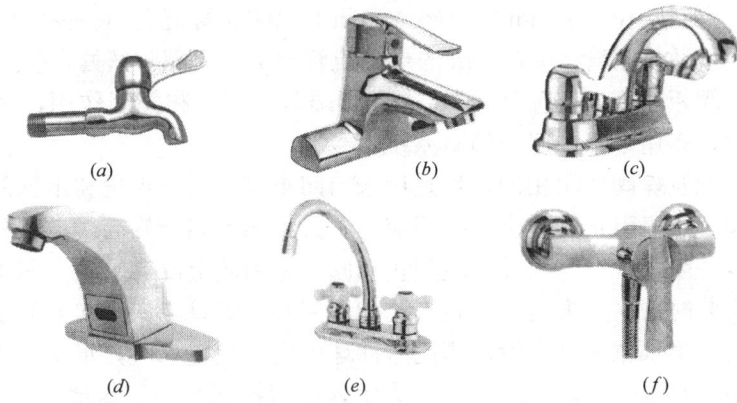

图 2-8　配水附件

(a) 旋塞式水龙头；(b) 单柄混合水龙头；(c) 双柄混合水龙头；(d) 红外感应
水龙头；(e) 双柄鹅颈龙头；(f) 浴盆用混合龙头

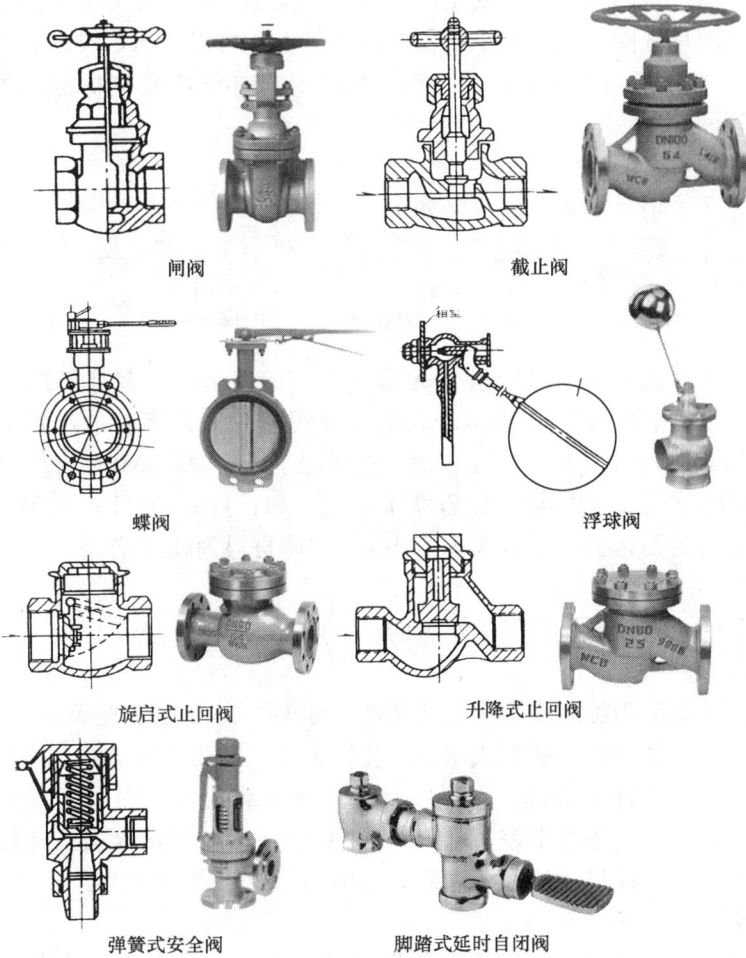

闸阀　　　　　　　　　　　　截止阀

蝶阀　　　　　　　　　　　　浮球阀

旋启式止回阀　　　　　　　升降式止回阀

弹簧式安全阀　　　　脚踏式延时自闭阀

图 2-9　常用阀门构造及实物图

（1）闸阀：宜在管径＞50mm的不经常启闭的双向流管道上用。便宜但占用空间大。

（2）截止阀：适用于管径≤50mm的单向流管道上及启闭频繁处，生活系统多用。

（3）蝶阀：阀板在90度范围内翻转，可起调节、节流和关闭作用，体积小，启闭方便。但价格较高。多用于水泵房和消防系统。

闸阀、截止阀及蝶阀作用相同，均是用来启闭水流、调节水量和水压的。

（4）止回阀：用以阻止管道中水往回流动。按结构不同分旋启式、升降式、梭式止回阀等。还有防止关闭太快产生水锤的缓闭止回阀。止回阀上没有手轮，靠水压启闭，阀体外标有箭头，安装时需注意方向。垂直安装的止回阀水流只能从下向上流动。

（5）浮球阀：当水位上升到设定高度时浮球浮起关闭进水口，水位下降时浮球下落开启进水口。即根据水位来自动控制水流的启闭，从而控制水箱、水池等贮水设备的水位，以免溢流。坐便器水箱多用浮球阀。

（6）液压水位控制阀：作用同浮球阀，克服了浮球阀浮球体积大、阀芯易卡住引起溢水的弊病。多用于控制水池水位。

（7）安全阀：也称限压阀。是为控制系统超压破坏而设的装置。容积式水加热器、锅炉、气压水罐、蒸汽管网等均应设安全阀。安全阀按限压原理分为弹簧式和杠杆式。

（8）延时自闭冲洗阀：用于大小便器的冲洗管上，可以手压、脚踏、红外控制打开阀门，延时冲洗2～15s后自动关闭，并进气到阀后、破坏管内真空状态，防止脏水被抽吸回去污染给水管网。

2. 阀门的型号表示

阀门型号由7个单元组成，其含义如下：

1 单元	2 单元	3 单元	4 单元	5 单元	6 单元	7 单元
阀门类型	驱动种类	连接形式	结构形式	密封面或衬里材料	公称压力	阀体材料

其中1、5、7单元通常以汉语拼音的第一个字母表示，若有重复则用第二个字母表示，如闸阀用Z，而止回阀用H表示；其他单元用阿拉伯数字表示，如法兰连接用4表示。手动驱动和自动阀门省去2单元，对于公称压力 $P_g \leq 1.6MPa$ 的灰铸铁阀体和公称压力 $P_g \geq 2.5MPa$ 的碳素钢阀体，则省略7单元。如：J11H-16C表示手动直通式内螺纹截止阀，不锈钢密封面，公称压力为1.6MPa，阀体材料为碳素钢。

（三）水表

水表是用来计量累计通过管段的水量的。

1. 水表的分类

常用水表按构造分为旋翼式和螺翼式两类，如图2-10所示。旋翼式水表水流阻力大，适用于小流量、小口径管段；螺翼式水表水流阻力小，适用于大流量、大口径管段。若水流量变化幅度较大，为计量准确，可采用旋翼式和螺翼式组合而成的复式水表，平行布置。水温≤40℃的管段上用冷水表，水温≤100℃的管段上用热水表。计数器浸没在被测水中的湿式水表只适于计量清洁水。因而，住宅的分户水表为湿式旋翼式水表。

2. 水表的设置

建筑物的引入管，住宅的入户管及公用建筑物内需计量水量的分支管上均应设置水表。水表的前、后均装设阀门以便检修，但住宅的分户水表可省去表后阀。水表前设过滤

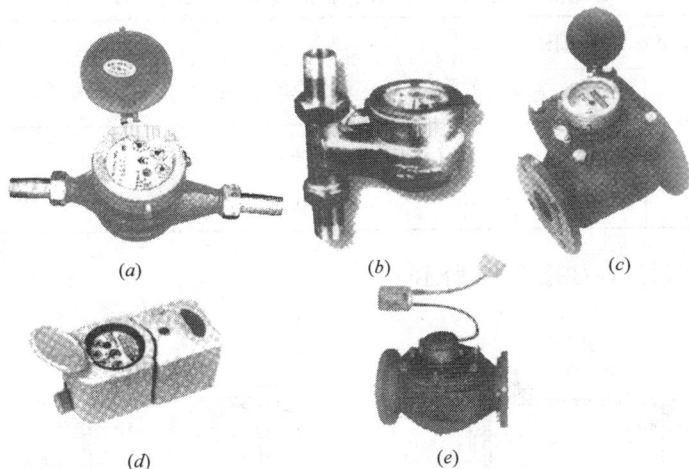

图 2-10　水表实物图

（a）卧式旋翼式水表；（b）立式旋翼式水表；（c）螺翼式水表；（d）IC卡式水表；（e）远传水表

器以防堵塞，表后设止回阀以阻止水倒流。引入管上水表与表后阀之间设泄水装置，以便系统泄空。当建筑物只有一条引入管时，水表应设旁通管。这套设施，南方地区可设于地面以上，北方地区可设在室外的水表井或室内采暖房间内。

现代建筑要求查表不进户，水表常集中设于管道井内或水表柜内。对设在户内的水表，宜采用远传水表或IC卡智能水表，见图2-10。远传水表比普通水表增加了一套信号发送系统，各户信号线路均接至楼宇的流量集算仪上，集中集算仪上显示各户累计使用的水量。

3. 水表的安装

水表应在土建工程完工和管道通水清洗后再安装，安装时应使水表外壳上的箭头方向和水流方向一致。水表应安装在查看及管理方便、不冻、不受污染和不易损坏的地方。

三、给水设备

（一）贮水设备

建筑物的贮水设备有水箱和贮水池。生活饮用水池（箱）应与其他用水的水池（箱）分开设置。

1. 水箱

水箱设在建筑物给水系统的最高处，它具有贮备水量、稳定压力和调节用水量的作用。其外形有圆形和矩形两种，圆形水箱结构上较为经济，矩形水箱便于布置。

水箱可由高强搪瓷钢板、不锈钢板、热镀锌钢板、玻璃钢板等材质制成。水箱一般设在顶层房间、闷顶或平屋顶上的水箱间、高层建筑的设备层。水箱间的净高不得低于2.2m，有良好的采光通风条件。大型公共建筑中高层建筑为避免因水箱清洗、检修时停水，高位水箱容量超过50m³，宜分成两格或分设两个。水箱与水箱之间、水箱与建筑结构之间的安装间距应符合表2-1的要求。水箱底距地面宜有不小于800mm的净距，以便于安装管道和进行检修。水箱常置于工字钢或混凝土支墩上，金属箱底与支墩接触面之间应衬橡胶板或塑料垫片等绝缘材料以防腐蚀。水箱有结冻、结露可能时，要采取保温措施。

水箱之间及水箱与建筑结构之间的最小距离 （m）　表 2-1

给水水箱形式	箱外壁至墙面的净距		水箱之间的距离	箱顶至建筑结构最低点的距离	人孔盖顶至房间顶板的距离	最低水位至水管上止回阀的距离
	有阀门一侧	无阀门一侧				
圆形	0.8	0.5	0.7	0.6	1.5	0.8
矩形	1.0	0.7	0.7	0.6	1.5	0.8

水箱上配管和附件，如图 2-11 所示。

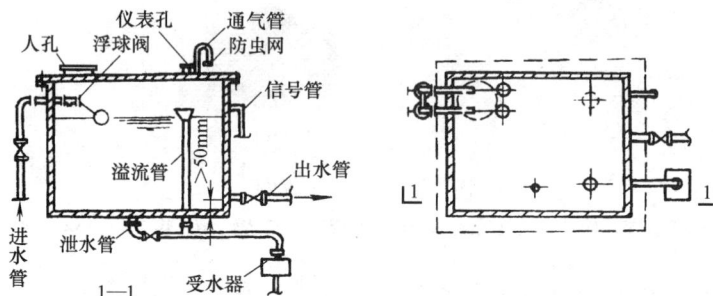

图 2-11　水箱配管、附件示意图

水箱利用市政管网进水时，进水管出口装设液压阀或浮球阀，浮球阀前设检修阀门；当水箱、水泵联合运行时，不设浮球阀，而配有一套检测水箱水位并自动控制水泵开、停的电气装置。

出水管可以与进水管分设两根管，也可共用一根管。分设时，进、出水管宜分设在水箱两侧；共用时，出水管上应设止回阀防止水从底部进入。

溢流管是进水事故时，把超出设计水位的水及时排除，因而溢流管上不允许设阀门。泄水管从箱底接出，用以检修或清洗水箱时泄水，管上应设阀门，阀门后的管道可与溢流管相连后用同一根管道排水。溢流管与泄水管不得与污水管道直接相连，应采用间接排水：可将溢流管、泄水管引至洗涤盆或盥洗槽等器具溢流水位以上；或在溢流管、泄水管下设接水漏斗，中间设空气隔断。溢流管、泄水管口应设铜丝或钢丝网罩，以防蚊虫等进入。

水位信号装置是反映水位控制阀失灵报警的装置。应有传送到监控中心的水位指示仪表。若水箱液位与水泵联动，则可在水箱侧壁或顶盖上安装液位继电器或信号器，采用自动水位报警装置。水箱高度大于等于 1.5m 时，设内外人梯。

2. 贮水池

贮水池可设于室外，也可设于室内，设于建筑物内的生活饮用水水池（箱）体，应采用独立结构形式，不得利用建筑物的本体结构作为水池（箱）的壁板、底板及顶盖。贮水池配有进水管、出水管、溢流管、泄水管和水位信号装置、人孔、通气管。人孔设在顶盖上，一般宜为 800～1000mm。出水管通常为水泵的吸水管，贮水池的设置高度应利于水泵自吸抽水，且宜设深度 ≥1m 的集水坑，以保证其有效容积和水泵的正常运行。贮水池一般宜分成容积基本相等的两格，以便清洗、检修时不中断供水。

生活饮用水水池（箱）与其他用水水池（箱）并列设置时，应有各自独立的分隔墙，不得共用一堵分隔墙，隔墙与隔墙之间应有排水措施。宜设在专用房间内，其上方的房间不应有厕所、浴室、盥洗室、厨房、污水处理间等。

生活饮用水水池进出水管布置不得产生水流短路，必要时应设导流装置，人孔、通气管、溢流管应有防止昆虫爬入水池的措施。不得接纳消防管道试压水、泄压水等回流水或溢流水，泄空管和溢流管的出口，不得直接与排水构筑物或排水管道相连接，应采取间接排水的方式。

水池（箱）材质、衬砌材料和内壁涂料，不得影响水质。

（二）增压设备——水泵

如第一章所述，水泵是提升和输送水的设备，建筑给水工程中常用离心式水泵。

1. 水泵机组的布置与安装

水泵机组是指水泵与电动机的联合体，或已安装在金属座架上的水泵组合体，常用水泵机组的布置如图 2-12 所示。

建筑物内设置的水泵机组可设置在地下室，吸水池的侧面或下方，也可设置在设备层或屋顶水箱间。离心泵按其充水方式分为吸入式和灌入式。泵轴高于水池最低设计水位为吸入式，为防止水泵吸不上水，吸入式要控制泵轴与最低吸水液面之间的

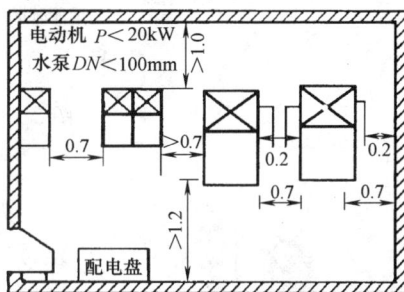

图 2-12　水泵机组的布置间距（m）

高差。泵轴低于水池最低设计水位为灌入式，灌入式可省去真空泵等灌水设备，启动速度快，建筑给水系统中所用的水泵多采用灌入式。

水泵一般安装在混凝土基础上，水泵基础高出地面的高度应便于水泵安装，不应小于 0.1m；基础的平面尺寸按水泵机组型号确定，基础侧边之间和至墙面距离不得小于0.7m。对于电机容量 $P{\leqslant}20kW$ 或吸水口 $DN{\leqslant}100mm$ 的水泵，也可两台同型号泵共用一个基础，基础的一侧与墙面之间可不留通道，但机组突出部分与墙壁间的净距及相邻两组的突出部分的净距不小于 0.2m。水泵机组的布置间距应满足检修、通行和设备搬运操作之需要。检修场地尺寸宜按水泵或电机外形尺寸四周有不小于0.7m 的通道确定，以便检修时在机组间能放置拆卸下来的电机和泵体。泵房内宜设置手动起重设备。

对于噪声控制要求严的建筑，机组安装尚应考虑减振措施，通常在水泵下设减振装置，在水泵的吸水管和压水管上设橡胶挠性接头隔振。管道支架、管道穿墙和穿楼板处均采取隔振防声传递措施，如图 2-13 所示。

2. 水泵房

设置水泵的房间应有排水措施，光线和通风应良好，并不得结冻。开窗总面积应不小于泵房地板面积的 1/6，靠近配电箱处不得开窗（可用固定窗）。泵房不应与有防振或对安静要求较高的房间上下左右相邻布置。必要时，泵房的墙壁和天花板应采取隔声吸声处理。泵房的门的宽度和高度，应根据设备运入的方便决定。消防水泵房，应设直通室外的安全出口，设在楼层上的消防水泵房应靠近安全出口。

（三）气压给水罐

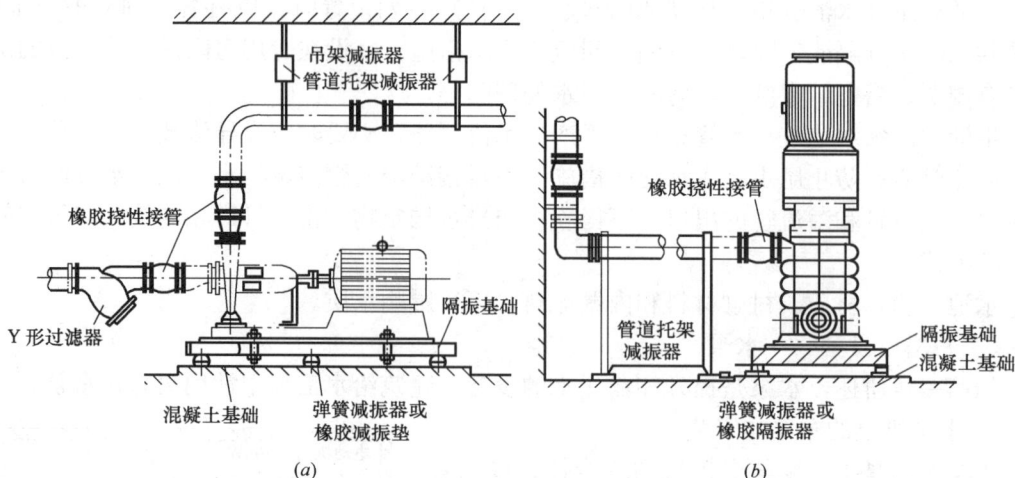

图 2-13　水泵隔振安装结构示意图

(a) 卧式水泵减振方法；(b) 立式水泵减振方法

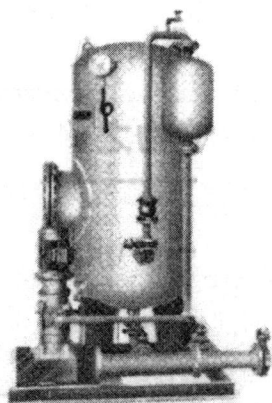

图 2-14　气压给水罐实物图

如图 2-14 所示，气压给水罐是一个密闭的钢罐，罐内充有一定质量的压缩空气，利用在一定温度下，空气的体积随压力成反比变化的性质，使气压罐具有贮水和调节水量的功能，并利用压缩空气对水提供能量。气压水罐配有一根进出水共用的管道，另设有压力继电器、液位信号器、压力调节阀、安全阀等。

气压给水罐宜布置在室内，可在建筑物的任何部位。气压给水罐的布置应满足下列要求：罐顶至建筑结构最低梁底距离不宜小于 1.0m；罐与罐之间及罐与墙面之间的净距不宜小于 0.7m；罐体应置于混凝土底基上，底座应高出地面不小于 0.1m，整体组装式气压给水设备采用金属框架支承时，可不设设备基础。

第三节　建筑生活给水

建筑内部给水系统是将室外给水管网的水引入室内，经室内给水设备和管道送至生活、生产和消防用水设备，并满足用水点对水质、水量和水压要求的一系列工程设施。

生活给水是供人们饮用、盥洗、沐浴、洗涤、烹饪等生活使用。根据使用水的水质不同，生活给水系统又可分为：普通生活饮用水系统，其水质应符合《生活饮用水卫生标准》的要求；管道直饮水系统，其水质要求高于上述标准，要求符合《饮用净水水质标准》；建筑中水系统，其水质介于"上水"和"下水"之间，只用于不与人体相接触的冲厕和绿化等。与生活给水共用的系统必须满足生活用水水质，并不得因设计、安装和使用不当而污染生活给水。

一、建筑给水系统组成

如图 2-15 所示，建筑给水系统组成可分为以下三部分：

给水管网：沿水流方向依次为引入管、水平干管、给水立管、支管、配水支管。

给水附件：包括控制附件（如阀门）、配水附件（如水龙头）、计量装置（如水表）等。

给水设备：包括水池、水箱、水泵、气压罐等。

二、建筑给水所需压力

建筑给水所需压力是引入管入口到最不利点的供水高度、配水出口要求的流出水头和从引入管入口到最不利点的管路损失及水表损失之和。层高 3m 左右的建筑内生活给水系统所需的压力（自室外地面算起），可用以下经验法估算：1 层为 $10mH_2O$，2 层为 $12mH_2O$，3层及以上每增加 1 层，增加 $4mH_2O$。

三、给水方式

给水方式是根据室外供水情况和建筑物对水压、供水安全性等需要而定的供水方案。

1. 直接给水方式

由室外给水管网直接供水，为最简单、经济的给水方式，如图 2-16（a）所示。适用于室外给水管网的水量、水压在一天内均能满足建筑物的用水要求，而建筑物无贮水或稳压的要求。

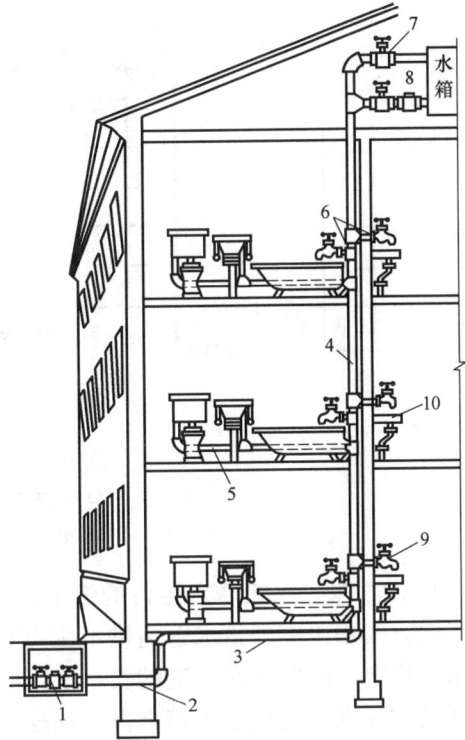

图 2-15　建筑给水系统的组成

1—水表井；2—引入管；3—水平干管；4—立管；
5—支管；6—配水支管；7—阀门；8—止回阀；
9—水龙头；10—洗涤盆

2. 设水箱的给水方式

当室外给水管网供水压力周期性不足，或供水要求压力稳定（如洗浴），或建筑物对供水安全性有要求（如消防）时，均可选用设水箱的给水方式。如图 2-16（b）所示，用水低峰时，可利用室外给水管网水压直接供水并向水箱存水；用水高峰时，室外管网水压不足，则由水箱向建筑给水系统供水。

3. 设水泵的给水方式

当室外给水管网的水压经常不足时，应采用设水泵的给水方式。通常，市政部门不允许水泵直接从室外管网吸水，室外给水管网的水要流入水池，水泵再重新从水池内抽水加压，向建筑供水，如图 2-16（c）所示，故该方式造成一定的能量浪费。当建筑内用水量大且较均匀时，可用恒速水泵（即普通水泵）供水；当建筑内用水不均匀时，宜采用一台或多台水泵组合变频调速供水。变频装置是一个电气设备，它可以通过一套自动监控系统，使水泵自动按建筑供水水压来调整自己的转速，从而改变水泵的出水量和出水水压，以满足建筑内供水的变化。这种方式可免去高位水箱，节省能耗，是目前高层建筑生活给水系统常用的方式。

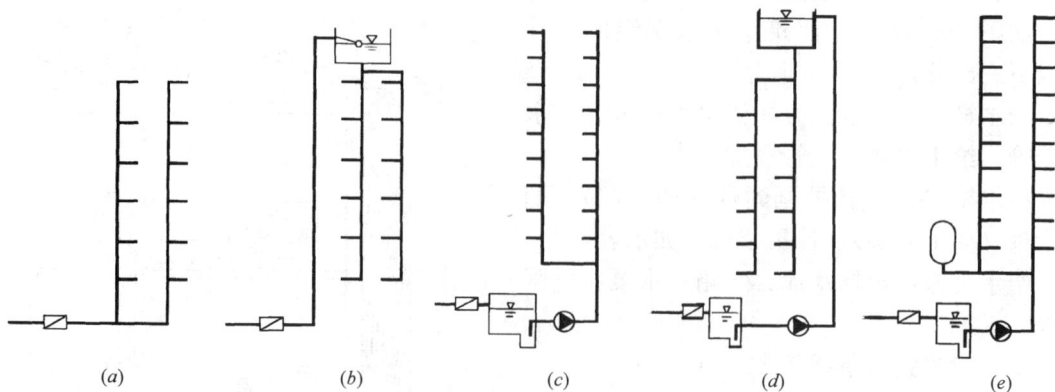

图 2-16　基本给水方式示意图
(a) 直接给水方式；(b) 设水箱的给水方式；(c) 设水池、水泵的给水方式；
(d) 设水泵、水箱联合运行的给水方式；(e) 气压给水方式

4. 设水泵、水箱联合运行的给水方式

此方式用于室外给水管网供水压力经常不满足室内用水需要，且室内用水不均匀或要求水压稳定，或要求有一定的安全贮水时，如图 2-16（d）所示。这种方式可把水泵、水箱联动，在水箱内设置水箱水位自动控制水泵开、停装置，实现水泵的自动化运行。其优点是水箱容积可降到最小，水泵保持在高效区内运行，但水泵每小时启动次数达 6～8 次之多。

5. 气压给水方式

如图 2-16（e）所示，气压给水系统由水泵机组、气压水罐、电控系统、管路系统等部分组成。当水泵向建筑供水时，管网压力高于罐内气体压力，水流入气压罐；当罐内的水充到一定值时，罐内气体压力升高，水泵在压力继电器的作用下停止工作，气压罐内的水在压缩空气的作用下向建筑供水。为了卫生，也为不使压缩空气溶入水中，常在水气之间设可变形的隔膜。气压给水装置可分为变压式和定压式两种，当用定压式时，还需要专设空气压缩机及压缩空气管道。

以上五种为基本供水方式，建筑物内各个独立给水系统均可根据本系统的情况选择适宜的给水方式。

6. 分区供水方式

在多层与高层建筑中，常把建筑物按垂直方向进行分区供水，把用水量大的洗衣房等设在建筑下部，利用城市管网中的水压直接供水，而上部再用水泵或调速水泵加压供水。高层建筑从节能、降噪、经济等方面考虑，垂直分区范围一般不超过45m。对于高度不超过100m的建筑，上部区与下部区之间可并联供水，如图2-17（a）所示，各区选择适合本区的供水方式；对于高度超过100m的建筑，区与区之间可串联供水。如图2-17（b）所示。

四、给水管道布置、敷设与安装

1. 布置形式

室内给水管网的布置形式有枝状管网和环状管网两种，环状管网又分为水平环与垂直环，消防系统多用；生活系统多用枝状管网，其按水平干管的敷设位置不同可分为下行上

给式（又称下分式）（图 2-16a）、上行下给式（又称上分式）（图 2-16b）和中分式三种形式。

2. 管道布置位置及敷设要求

给水管道的敷设方式有明装和暗装。明装指管道外露，管道安装要注意美观，横平竖直；暗装指把管道隐蔽起来，应注意在有阀门等设备处留出检修口和操作空间。管道布置不能影响开关门窗等建筑物正常使用功能，安装时其周围要留有一定的操作空间。架空布置的管道应考虑结露问题；埋地管道应防止被压坏、震坏。

（1）引入管一般只设一条，由建筑物用水量最大处引入；当用水点分散，用水量分布比较均匀时，从建筑物的中部引入。不允许间断供水的建筑，引入管不少于两条。引入管可埋地敷设，也可布置在管沟中，常与外墙垂直敷设。

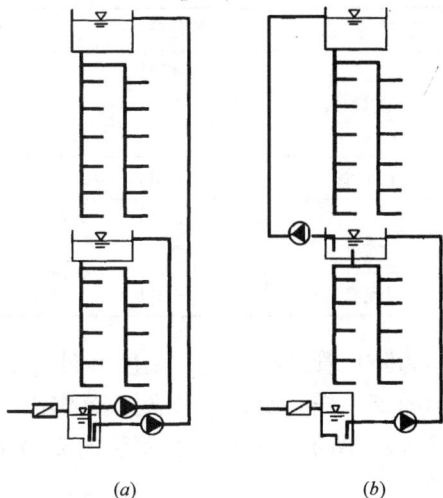

图 2-17　分区供水方式
(a) 并联分区给水方式；(b) 串联分区给水方式

引入管把水从室外引入室内，需穿越建筑物的承重墙或基础。为避免墙基下沉压坏管道，墙体应预留孔洞或预埋套管。在地下水位高的地区，引入管穿地下室外墙或基础时，应采取防水措施，如设防水套管。

（2）干管应布置在用水量大或不允许间断供水的配水点附近，下分式干管设在地下室、管沟中或直埋；中分式设在设备层中或悬吊在楼层梁下窗户上、吊顶内；上分时，布置在顶层梁下、吊顶内以及非冰冻地区的屋面上。直埋管道上的阀门要设阀门井或绕出地面明设；管沟中有阀门处要设活动盖板；吊顶内阀门处要留检修口。水平管道穿内墙和不得不穿结构的梁、柱和沉降缝、伸缩缝时，应预埋套管，套管内填柔性填料。埋地管不得穿设备基础，或易被压坏、冻坏、震坏的地段。

（3）立管可沿墙角、贴墙或柱明装；也可暗敷在专门的管道井或夹壁墙中；或将立管明立于墙角、柱边，再用建筑装饰包裹暗敷；也可将立管嵌入墙槽内。给水管道不宜穿橱窗、壁柜；不能穿烟道、风道、污水槽和大、小便槽。立管穿越楼面应预埋套管。

管道井是专门用来布置各种管线的，管道井的大小与管道数量、管径大小等因素有关，在有阀门和排水检查口的地方应设检修口或检修门，检修门应外开，需进人处应敷设脚踏板或铺踏板的支架，井中维修工作人员的通道净宽度不宜小于 0.6m。管道井应每隔 2～3 层设防火隔板。

（4）支管常贴墙水平明装或暗装在地面、楼面的找平层内，或嵌埋在墙槽内。

给水管道穿墙、楼板预留孔洞或嵌墙敷设预留墙槽尺寸，见表 2-2。

3. 敷设坡度

给水管道考虑冲洗、检修等需要在引入管的室外管段上设泄水装置泄空管网中水，考虑水力条件还要利用配水过程排气。所以管道敷设坡度是支管坡向立管，干管坡向引入管，引入管坡向室外泄水装置。横管坡度一般取 0.002～0.005。

五、管道固定及防护

1. 管道固定

管 道 名 称	管径(mm)	留孔尺寸(mm)长(高)×宽	墙槽尺寸(mm)宽×深
立管	≤25	100×100	130×130
	32～50	150×150	150×130
	70～100	200×200	200×200
2根立管	≤32	150×100	200×130
横支管	≤25	100×100	60×60
	32～40	150×130	150×100
引入管	≤100	300×200	

为防止管道在自重、温度和外力影响下产生弯曲、拽拉等位移，管道常用如图 2-18 所示的支、托架及管卡来支撑、固定。为防止固体传声，可采用橡胶垫式减振吊架，如图 2-18（d）所示。塑料管与钢管的支吊架间距要求分别见表 2-3、表 2-4。

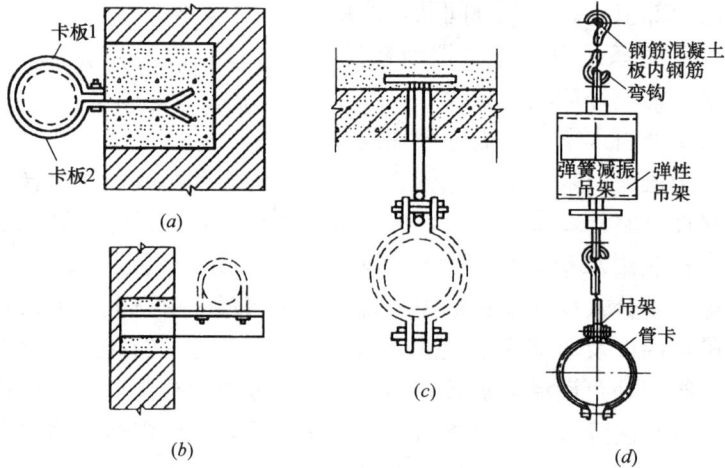

图 2-18　支、吊架

（a）管卡；（b）托架；（c）吊架；（d）弹性吊架

塑料管管道支架的最大间距（m）　　　　　　　　　　表 2-3

管径(mm)	12	14	16	18	20	25	32	40	50	63	75	90	110
立管	0.5	0.6	0.7	0.8	0.9	1.0	1.1	1.3	1.6	1.8	2.0	2.2	2.4
水平管	0.4	0.4	0.5	0.5	0.6	0.7	0.8	0.9	1.0	1.1	1.2	1.35	1.55

非沟槽连接钢管水平支架最大间距（m）　　　　　　　　表 2-4

公称直径(mm)	15	20	25	32	40	50	70	80	100	125	150	200	250	300
保温管	2	2.5	2.5	2.5	3	3	4	4	4.5	6	7	7	8	8.5
不保温管	2.5	3	3.25	4	4.5	5	6	6	6.5	7	8	9.5	11	12

2. 管道防护

（1）防腐

明装和暗装的金属管道都要采取防腐措施，通常的防腐做法是管道除锈后，在外壁刷涂防腐涂料。埋地管宜在管外壁刷冷底子油一道、石油沥青两道，有的还要加保护层，如防腐套管或防腐胶带。明装的热镀锌钢管应刷银粉两道或调和漆两道；明装铜管应刷防护漆。

（2）防冻、防结露

敷设在有可能结冻的房间、地下室及管井、管沟等地方的生活给水管道，应有防冻保温措施。常用的保温方法是在管道做完防腐后，用矿渣棉、玻璃棉等保温材料外包，最后外包玻璃布涂漆。

空气中的水蒸气碰到比较冷的器壁凝结成水附着在器壁上的现象称为结露。明装在温度较高、湿度较大的房间内的管道应采取防结露措施，其方法与保温方法相同。

3. 防振、防噪声

管道和设备在使用过程中常会产生噪声，噪声能沿着建筑和管道传播。为防止噪声的产生和传播，住宅建筑进户管的阀门后（沿水流方向），宜装设家用可曲挠橡胶接头进行隔振，如图 2-19 所示。并可在管支架、吊架内衬垫减振材料，如图 2-20 所示。或者配水支管与卫生器具配水件的连接采用软管连接。

图 2-19　可曲挠橡胶接头
1—可曲挠橡胶接头；2—特制法兰；
3—螺杆；4—普通法兰；5—管道

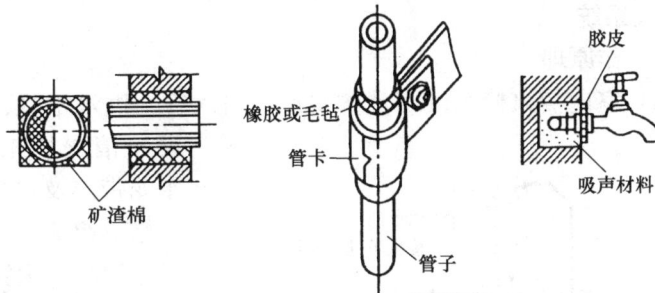

六、给水管道水力计算

建筑给水系统的水力计算是在绘出管道平面布置图和系统图后进行的，目的是确定管径和系统水压，是确定给水方式和设备选型的依据。

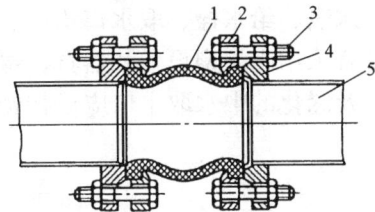

图 2-20　各种管道器材的防噪声措施

建筑生活给水的特点不是所有器具同时给水，而是根据人们使用情况不时变化的组合，因此通过管道的流量也在不停的变化。管段所带卫生器具最不利情况下组合出流时的瞬时高峰流量作为管段的设计秒流量。不同用途的建筑物，供水特点不同，各器具同时供水的概率不同，流量计算适用不同的方法。根据流量，参考一定流速范围就可定出管径。住宅内流速一般在 1m/s 左右，入户管径 20～25mm。器具配水管径为 15mm。不同的器具在正常使用时应达到的流量（称额定流量）不同，要求配水出口的最低工作压力也不同。大多配水龙头的额定流量为 0.15～0.2L/s，工作压力要求不小于 0.05MPa。

住宅生活给水设计流量还和地区气候、人们生活水平与习惯、卫生设备完善程度、有无集中热水供应等有关。

七、建筑中水系统介绍

中水是把各种建筑排水经过简单处理达到规定的水质标准，可在生活、市政、环境等范围内杂用的非饮用水。采用建筑中水回用，可减少城市生活用水，同时也减少污水的排放量。中水供应也是一种给水，管道布置与要求基本同前面所述。

中水系统由三大部分组成：中水原水的集水系统、中水处理系统、中水供应系统。中水原水多选建筑排水中水质较好的沐浴、盥洗、冷却、游泳、洗衣等排水。建筑排水时需把这部分水分流排到中水处理站。中水处理站可能设于建筑物的地下室，也可能设在建筑物外。中水的用途有冲厕、洗车、洒路、绿化、景观、消防等用水。

建筑内若设中水供应，则生活给水系统分两套管路系统（一套饮用水系统，一套杂用水系统），两套管路中水质不同，称为分质给水。为防止误饮、误用、误接，除卫生间外，中水管道不宜暗装于墙体内。明装的中水管道外壁均按规定涂色，中水水池、水箱、阀门、水表、给水栓、取水口均应有明显的"中水"标志。中水管道上不得装水龙头，便器冲洗宜采用密闭型设备和器具，绿化、浇洒、汽车冲洗宜采用壁式或地下式给水栓。公共场所及绿化的中水取水口应设带锁装置。中水管道严禁与生活饮用水管道直接连接。

第四节　建筑消防给水

消防给水是为扑灭火灾而设的给水系统，用水灭火仍是当今主要的灭火手段，常用系统类型有消火栓灭火系统、闭式自动喷水灭火系统、开式自动喷水灭火系统。对于不能用水灭火的场所可局部辅以二氧化碳、惰性气体等洁净气体灭火系统，或泡沫灭火系统。本节只介绍用水灭火的系统，即前三种。

一、消火栓灭火系统

1. 系统组成与工作原理

如图 2-21 所示，室内消火栓系统由消防水源、引入管、供水干管、消防立管、消火栓（设于消火栓箱内，箱内配有水枪、水龙带）及水泵接合器、消防水箱、水泵等组成。

工作原理：火灾时着火部位附近出 1 支或几支水枪灭火，由水箱重力供水，同时自动或远距离手动启动消防泵，由水泵从水池抽水加压送入消火栓系统。等消防队伍来了，消防车可从室外给水管网取水加压，通过水泵接合器打入室内灭火，也可在室外用车上水枪灭火。水箱、水泵、水泵接合器等系统水源入口处均设止回阀，以确保水进入消防系统和系统水压。

2. 消火栓系统设备

如图 2-22 所示：常用消防水枪为直流式，喷嘴口径有 13mm、16mm、19mm 三种；衬胶水龙带直径有 50mm、65mm 两种，长度有

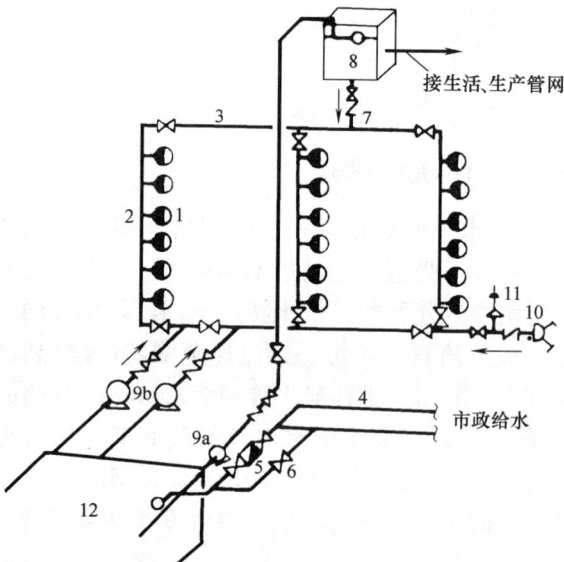

图 2-21　设有消防泵和水箱的室内消火栓给水系统

1—室内消火栓；2—消防立管；3—干管；4—进户管；5—水表；6—旁通管及阀门；7—止回阀；8—水箱；9a—生活、生产水泵；9b—消防泵；10—水泵接合器；11—安全阀；12—贮水池

15m、20m、25m 三种规格；消火栓是一个带有内扣式快速连接头的阀门，有单阀单出口、双阀双出口两种，出口直径有 SN50mm、SN65mm。

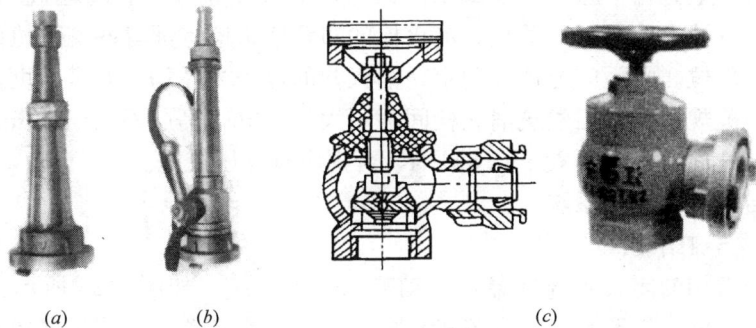

(a)　　　　　　(b)　　　　　　　　　　　　(c)

图 2-22　消防水枪及消火栓

(a) 直流水枪；(b) 直流开关水枪；(c) 直角单出口消火栓构造及实物图

通常室内水枪射流量不小于 5L/s，选用 SN65mm 的消火栓、DN65 的水带和 65mm×19mm 水枪。水枪、水龙带、消火栓均安装在消火栓箱内，箱内有时还配有直接启动消防水泵的按钮。在高层建筑中，为便于非消防人员自救，箱内还配有自救式消防卷盘，其栓口直径为 SN25mm，胶带内径有 19mm、25mm 两种，长度为 30m，配 Φ6mm 水枪。图 2-23 所示为消火栓安装图及实例。箱体可用铝合金、钢板或木材制作，外装玻璃门，门上有明显标志。为便于维护、管理和互为调用，同一建筑物内应选用同一规格的水枪，水带和消火栓。水泵接合器是供消防车往室内消防管网供水的接口，有地上式、地下式和墙壁式。水泵接合器应设置在室外便于消防车使用的地点，距室外消火栓或消防水池的距离宜为 15～40m。如图 2-24 所示，凡设水泵接合器均配有一套阀组。

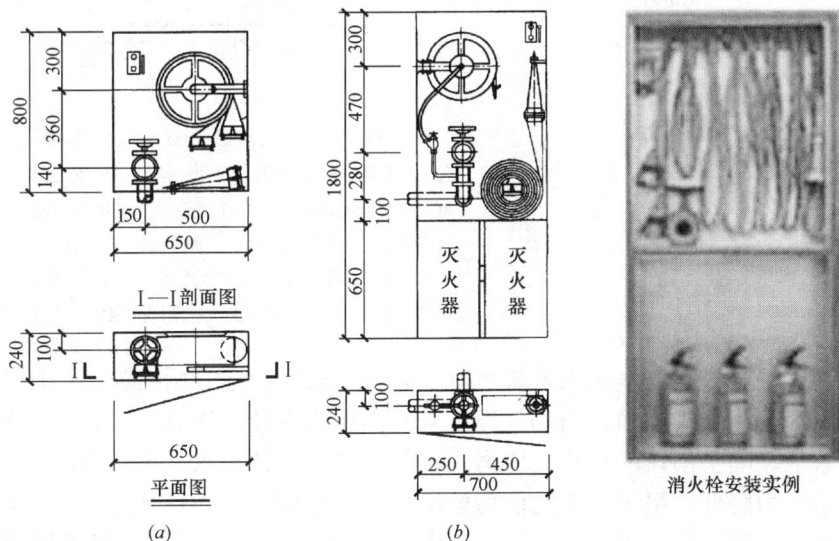

(a)　　　　　　　　　　(b)

图 2-23　消火栓安装图

(a) 单出口消火栓安装图；(b) 带消防卷盘的消火栓安装图

3. 室内消火栓的布置

室内消火栓多设在楼梯间、走廊、大厅、车间出入口、消防电梯前室等明显、易取用和经常有人出入的地方，平屋顶上设试压消火栓，消火栓栓口中心离地板 1.1m，出水方向宜向下或与布置消火栓的墙面垂直。消火栓的布置通常应保证有两支水枪的充实水柱同时到达室内任何部位。间距应经计算确定，消火栓的保护半径和水龙带长度、充实水柱长度有关。防火规范规定：多层建筑消火栓间距不大于 50m，高层不大于 30m。

消火栓栓口处出水压力不大于 0.5MPa，否则应有减压措施。

二、闭式自动喷水灭火系统

1. 系统组成与工作原理

建筑中最为常用的闭式系统是湿式自动喷水灭火系统。如图 2-25 所示，系统组成一般由闭式喷头、管网、报警阀组、水流指示器、末端试水装置、加压设备等与火灾探测自动报警电信号系统组成。

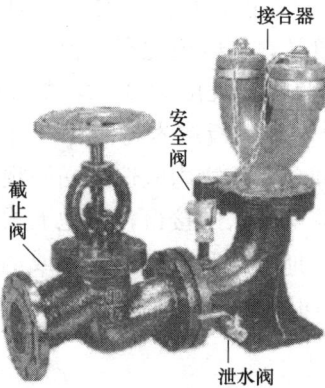

图 2-24　消防水泵接合器
连接阀组

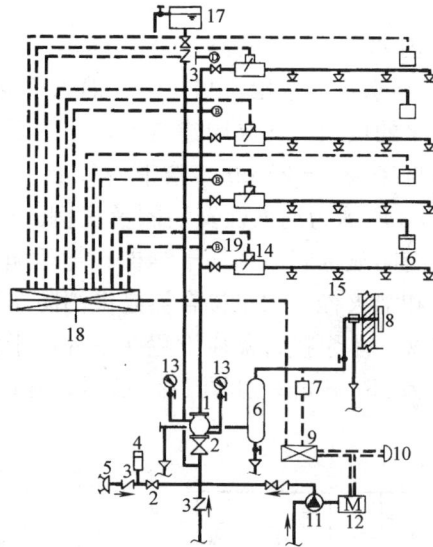

图 2-25　湿式自动喷水灭火系统

1—湿式报警阀；2—闸阀；3—止回阀；4—安全阀；5—水泵接合器；6—延迟器；7—压力开关（继电器）；8—水力警铃；9—自控箱；10—按钮；11—水泵；12—电机；13—压力表；14—水流指示器；15—闭式洒水喷头；16—感烟探测器；17—高位水箱；18—火灾控制台；19—报警按钮

工作原理：湿式自动喷水灭火系统平时（未失火时）喷水管网内就充满压力水，发生火灾时，烟气上升到喷头周围，当烟气温度升高到喷头设计动作温度时，闭式喷头上的闭锁装置自行脱落，喷头出口的阀片被压力水冲掉，喷头打开洒水灭火。同时，与喷头相连的管网内的水压力降低，报警阀在阀前后管网内压差作用下自动打开送水灭火，并通过水力警铃和水流指示器发出报警信号，压力开关启动相应给水管路上阀门和消防水泵组。

2. 分类

根据配水管网内所充介质与系统工作情况分：

(1) 湿式喷水灭火系统

如上所述，报警阀组为湿式报警阀组（包括延迟器、水力警铃、压力开关），喷水管网中经常充满压力水，作用速度快，适用于常年温度在 4～70℃的场所。

(2) 干式喷水灭火系统

该系统用干式报警阀代替湿式报警阀，在报警阀的上部充以有压气体，下部充满压力水。失火时，闭式喷头的闭锁装置熔化脱落，管网排气、充水灭火。该系统比湿式系统增加了一套压缩空气管和空气压缩机。适用于室温低于 4℃或高于 70℃的建筑物和场所。为加快排气，管网常增设排气加速器。

(3) 预作用自动喷水灭火系统

该系统不设报警阀，而设预作用阀，喷水管网中平时不充水，而充以有压或无压的气体。发生火灾时，由感烟（或感温、感光）火灾探测器报警，同时发出信息开启报警信号，报警信号延迟 30s 证实无误后，自动打开排气阀排气，同时打开预作用阀向喷水管网中自动充水，系统由干式系统变为湿式系统。当火灾温度继续升高，闭式喷头的闭锁装置脱落，喷头即自动喷水灭火。适用于室温低于 4℃或高于 70℃、或不允许有水渍损失的建筑物。

3. 主要组件

闭式喷头：如图 2-26 所示，按感温元件分有易熔合金锁片和玻璃瓶式两种。常用玻璃瓶式，其动作温度从 57～182℃分 6 个级别，分别用瓶内液体的不同颜色标志。按喷头的溅水盘形式分有直立型喷头、下垂型喷头、边墙型喷头、吊顶型喷头等，适于在不同场合布置。喷头常布置在顶板或吊顶下

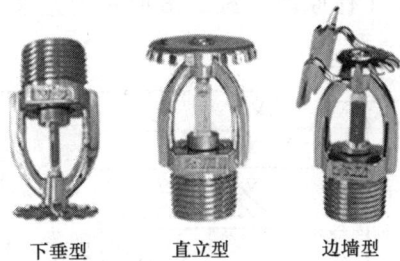

下垂型　　直立型　　边墙型

图 2-26　闭式喷头

易于接触到火灾热气流并有利于均匀布水的位置。距梁、顶板、墙的间距都有要求。

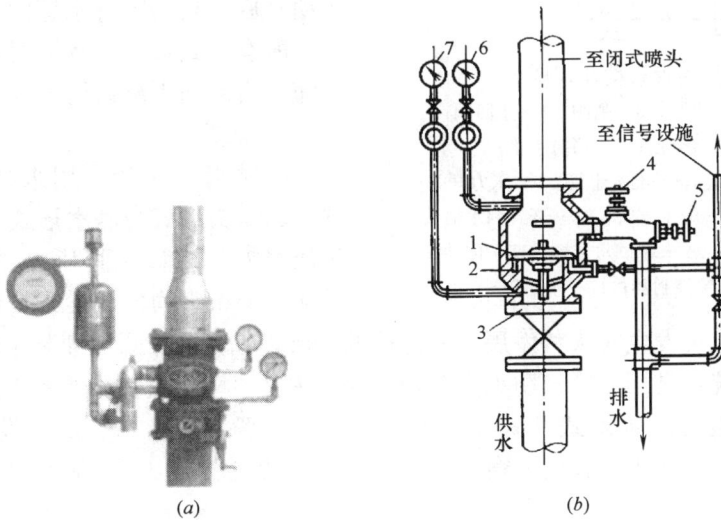

(a)　　　　　　　　　　　(b)

图 2-27　湿式报警阀

(a) 湿式报警阀组实物；(b) 湿式报警阀构造图；

1—报警阀及阀芯；2—阀座凹槽；3—控制阀；4—试铃阀；5—排水阀；6—阀后压力表；7—阀前压力表

报警阀：应设置在经常有人通行的地点，为便于维护和检修，阀前应有 1.2m 的空间、侧面有 0.6m 的间距、距地面高度宜为 1.2m，报警阀附近应有排水管道。其工作原理及实物图见图 2-27。

水流指示器：水流指示器的作用是将火灾发生的位置准确地传到消防控制中心，便于组织人员扑救，常用桨式水流指示器，当喷水管道内水流动，引起桨片动作，接通延时电路在预定的 15～20s 延时后和继电器触点吸合，发出电信号。

水力警铃：设在有人值班的地点附近与报警阀之间的连接管长不宜大于 20m。

末端试水装置：检验水压的装置，由压力表、阀门和试水接头组成。

三、开式自动喷水灭火系统

1. 系统组成与工作原理

开式自动喷水灭火系统由带开式喷头的淋水管网、雨淋报警阀组、火灾探测传动系统（有带闭式喷头的传动管网、传动阀、电磁阀、手动阀等）和配套使用的火灾自动报警电信号系统组成。

工作原理：图 2-28 所示为充水传动管启动的开式喷水系统。在平时，传动管中充满了与进水管中相同压力的水，雨淋阀由于传动管中的水压作用而紧闭着。失火时，闭式喷头受热打开（或火灾探测系统接到火灾信号后打开传动阀或电磁阀等）自动释放掉传动管中的有压水，使传动管中的水压骤然降低，由于传动管与进水管相连通的 $d=3mm$ 的小阀孔来不及向传动管中补水，于是在雨淋阀阀板前后产生压力差，使得雨淋阀在进水管水压推动下瞬间自动开启，自动向淋水管网中供水，雨淋阀后所有开式喷头一齐同时喷水灭火，水泵随之启动向雨淋系统供水。

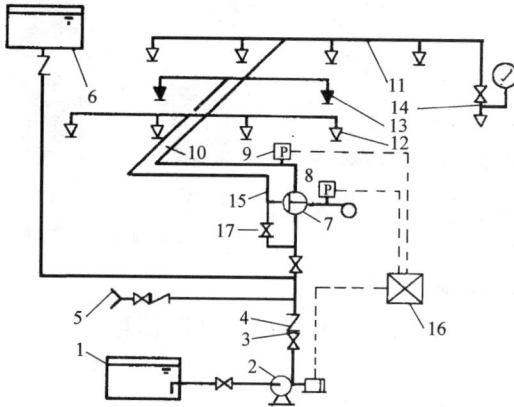

图 2-28　传动管启动开式喷水系统

1—水池；2—水泵；3—闸阀；4—止回阀；
5—水泵接合器；6—消防水箱；
7—雨淋报警阀组；8—配水干管；9—压力开关；
10—配水管；11—配水支管；12—开式洒水喷头；
13—闭式喷头；14—末端试水装置；15—传动管；
16—报警控制器；17—小孔阀

2. 分类

雨淋灭火系统：用来扑灭大面积火灾。其喷头形式与洒水形式均与闭式喷头相似（喷头出口无阀片），布置在顶板或吊顶下等布水均匀，梁或其他物品不影响布水处。适用于火灾发生时火势发展蔓延迅速的场所，如舞台、煤气灌装车间等。

水幕灭火系统：是用来冷却防火隔断物、隔离火区、阻止火势蔓延的灭火系统。喷头多用水幕喷头，也有用雨淋式开式喷头的。呈线型布置在舞台口、防火卷帘，以及门、窗、孔、洞等上方。把水洒在门、窗等上面，使其保持在燃点以下，阻止火势蔓延。

3. 主要组件

开式喷头：如图 2-29 所示。

雨淋阀：有隔膜式雨淋阀、双圆盘雨淋阀，见图 2-30，其启动方式有气控、水力控制和定温动作等。

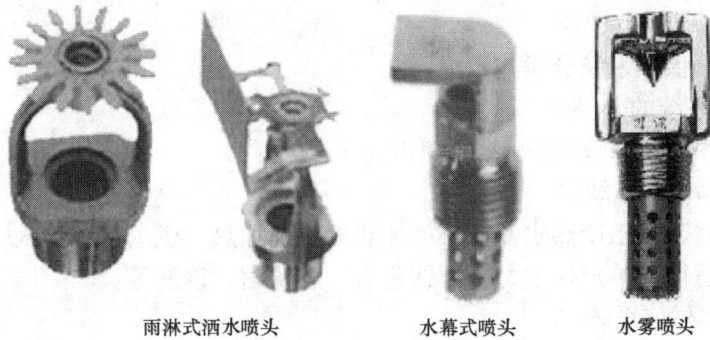

雨淋式洒水喷头　　　水幕式喷头　　　水雾喷头

图 2-29　开式喷头

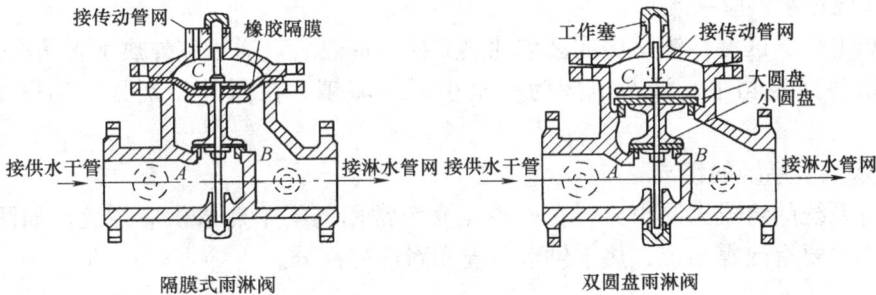

隔膜式雨淋阀　　　　　　双圆盘雨淋阀

图 2-30　雨淋阀

四、水喷雾灭火系统

1. 组成与工作原理

固定式水喷雾灭火自动控制系统，一般由火灾探测自动控制系统的高水压给水设备、雨淋阀、雾状水喷头等组成。

水喷雾灭火系统是利用高压水经过各种形式的雾化喷头，喷射出雾状水流；水雾在燃烧物上，一方面进行冷却，另一方面使燃烧物和空气隔绝，产生窒息而起到灭火作用。一般用于扑救固体火灾、闪点高于 60℃ 的液体火灾和电气火灾，并可用于扑救可燃气体火灾等。如燃油、燃气锅炉房，自备发电机房等。

2. 主要组件

水雾喷头：是一种开式喷头，将流经的高压水分散成为细小的水滴喷成雾状，按照一定的雾化角均匀喷射并覆盖在相应射程范围内的保护对象外表面上。见图 2-29。

第五节　建筑热水供应

人们在生活、工作中洗浴、洗碗等用水的加热、贮存和分配整个过程称热水供应系统。生活用热水的水质应符合《生活饮用水卫生标准》的要求，热水的供水温度宜为55～60℃，经与冷水混合达到使用要求，如洗澡用 37～40℃，洗脸用 30～35℃ 等。通常在配水设备处混合，如混合水龙头，个别浴室可采用在水箱处混合或直接制备满足使用水温的热水，单管供水。

一、建筑热水供应系统分类与组成

1. 热水供应系统的分类

建筑内部热水供应系统按热水供应范围，可分为：

（1）局部热水供应系统

采用电热水器、太阳能热水器等小型加热器就地加热，供局部范围内一个或几个配水点使用的系统，适用于单户住宅、小型饮食店、理发馆、诊所等。

（2）集中热水供应系统

在锅炉房、热交换站或加热间将水集中加热后，通过热水管网输送到整幢或几幢建筑的热水系统称集中热水供应系统。多用于标准较高的居住建筑、旅馆、公共浴室、医院、疗养院、体育馆、游泳池、大型饭店等。

（3）区域热水供应系统

水在热电厂、区域性锅炉房或区域性热交换站加热后，通过室外热水管网将热水供应到城市街道各建筑物中。涉及范围为一个小区或城镇。在国外特别是发达国家中应用较多。

2. 热水供应系统的组成

以上各系统的组成大同小异，在此重点介绍常用的集中热水供应系统。如图 2-31 所示，其组成主要有热媒系统、热水供水系统和附件三部分。

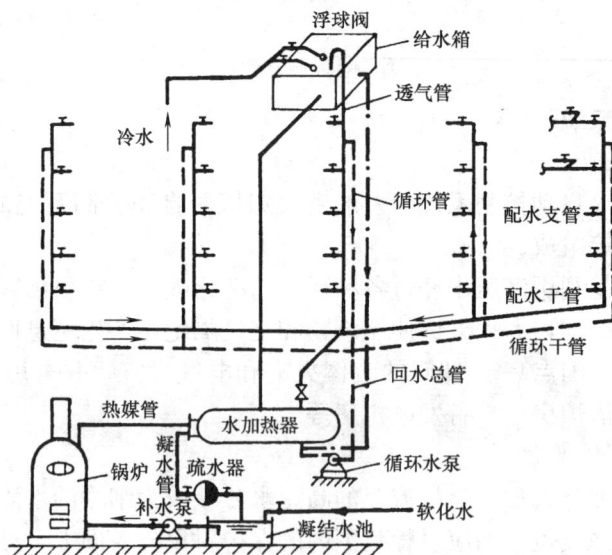

图 2-31　集中热水供应系统

（1）热媒系统（第一循环系统）

热媒系统由热源、水加热器和热媒管网组成。由锅炉生产的蒸汽（或高温热水）通过热媒管网送到水加热器加热冷水，经过热交换蒸汽变成冷凝水，靠余压经疏水器流到冷凝水池，冷凝水和新补充的软化水经冷凝循环泵再送回锅炉加热为蒸汽，如此循环完成热的传递作用。对于区域性热水系统不需设置锅炉，水加热器的热媒管道和冷凝水管道直接与热力管网连接。

（2）热水供水系统（第二循环系统）

热水供水系统由热水配水管网和回水管网组成。被加热到一定温度的热水从水加热器出来经配水管网送至各个热水配水点，而水加热器的冷水由高位水箱或给水管网补给。为保证各用水点随时都有规定水温的热水，在立管和水平干管甚至支管上设置回水管，使一定量的热水经过循环水泵流回水加热器以补充管网所散失的热量。

（3）附件

附件包括蒸汽、热水的控制附件及管道的连接附件，如温度自动调节器、闸阀、减压阀、安全阀、自动排气阀、膨胀管、管道伸缩器、疏水器、配水龙头等。

二、水的加热方式及加热设备

1. 加热方式

如图 2-32 所示，水加热方式有直接加热和间接加热两种。

直接加热是把热介质通入被加热水中，变为被加热水的一部分，其加热速度快，热利用率高，但以蒸汽作为热媒时，噪声大，软化水处理费用高。间接加热是热介质不与被加热水接触，只通过管道表面把热量传递给被加热水，其加热速度慢、热利用率低，但噪声小、卫生。

2. 加热设备

（1）热水锅炉：有燃油、燃气和燃煤等热水锅炉。

（2）加热水箱

加热水箱是一种简单的热交换设备，在水箱中安装蒸汽多孔管或蒸汽喷射器，可构成直接加热水箱。在水箱内安装排管或盘管即构成间接加热水箱。加热水箱适用于公共浴室等用水量大而均匀的定时热水供应系统。

（3）水加热器

集中热水供应系统中常用的水加热器有容积式水加热器、导流型容积式水加热器、快速式水加热器和半即热式水加热器等。在此重点介绍以下两种。

容积式水加热器属于间接加热，是一个内部设有热媒导管的热水贮存容器，具有加热冷水和贮存热水的功能，热媒为蒸汽或热水，有卧式和立式之分，图 2-33 所示为卧式实物图。它有外壳、加热盘管、冷热流体进出口等部分组成，同时还装有压力表、温度计和安全阀等。

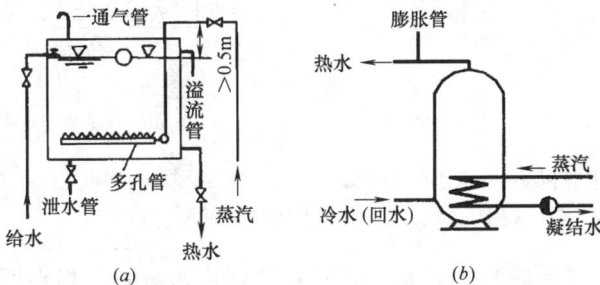

图 2-32　热水加热方式

（a）直接加热方式；（b）间接加热方式

图 2-33　容积式水加热器实物图

快速式水加热器中，热媒与冷水通过较高速度流动，提高了热媒对管壁及管壁对被加热水的传热系数，同时，也增大了热交换面积，故加热速度快。半即热式水加热器，是带有超前控制、具有少量贮水容积的快速式水加热器，如图 2-34 所示。加热时，螺旋形加热盘管自由伸缩并颤动，既能加快换热速度，还可自动除垢。目前被广泛应用。

快速式水加热器没有贮备的热水，半即热式水加热器只能贮备少量的热水，设这两种水加热器的热水供应系统若用水量不均匀，系统需另设热水贮水箱（罐），来调节制热与用热的不均衡。

三、热水供应系统的形式及工作原理

热水系统的管网形式按循环管道的设置情况分为全循环、半循环和无循环系统。如图 2-35（a），全循环是指循环管道的设置能保证热水配水管网的水平干管、立管、甚至支管内都有循环水流动，各配水龙头随时打开均能提供符合设计水温要求的热水；半循环是指仅热水干管设置循环管道，保持有热水循环，见图 2-35（b）；无循环是指在热水管网中不设任何循环管道，见图 2-35（c），

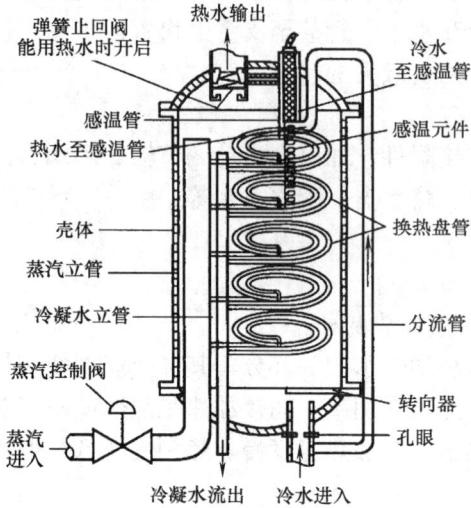

图 2-34 半即热式水加热器构造示意图

多用于使用要求不高的定时热水供应系统，如公共浴室、洗衣房等。对于设循环管道的系统，为了保证循环效果，实现节水节能，循环管道常布置成同程式（即水流通过不同环路的路程相同），并设循环水泵，采用机械循环。如图 2-35（a）所示。

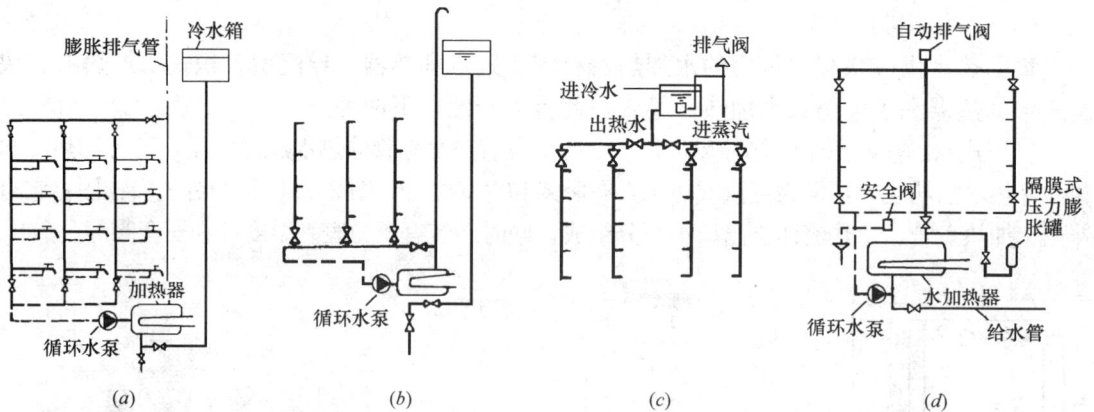

图 2-35 热水管网系统形式示意图
(a) 全循环系统；(b) 半循环系统；(c) 无循环系统；(d) 闭式热水供应系统

热水管网按压力工况不同又可分为开式系统与闭式系统。开式热水供水方式，指在所有配水点关闭后，系统内的水仍与大气相通，图 2-35 前三种所示各系统均为开式。该方式一般在管网顶部设有高位冷水箱和膨胀管或高位开式加热水箱，该系统水压稳定和供水

安全可靠。闭式热水供水方式，如图 2-35 （d）所示，由室外给水管网供水，即在所有配水点关闭后，整个系统与大气隔绝，形成密闭系统。现在家用电热水器大多为这种供水方式，该方式中应采用设有安全阀的承压水加热器，较大系统还要设压力膨胀罐，以确保系统安全运转。

四、热水管道的布置与敷设

热水管网的布置与敷设，基本与室内给（冷）水管道相同，高层建筑热水供应系统的竖向分区也与室内给水完全一致，并有相应的给水系统来供给。但要考虑由于水温变化带来的体积膨胀、管道伸缩补偿、保温和排气等问题，解决此类问题的基本方法同热水采暖系统，具体可参见第三章。

热水供应系统的阀门设置也基本同采暖系统，但在水加热器或贮水罐的冷水供水管上，机械循环的第二循环回水管上，冷热水混合器的冷热水进水管道上均应装设止回阀以防串水、混水产生热污染和安全事故等。

为计量热水总用水量，应在水加热设备的冷水管上装设冷水表；对成组和个别用水点可在其热水供水支管上装设热水水表。水表应安装在便于观察及维修的地方。

第六节　卫生器具、排水管材及附件

一、卫生器具及安装

卫生器具是用来满足日常生活中清洗、便溺等卫生要求而设的污废水收集器。按其功能大致可分为盥洗沐浴类、洗涤类和便溺类三类。

为防止较大杂物进入排水管道造成堵塞，除大便器以外的器具排水出口均需设排水栓。为防止排水管道内的腐臭之气窜入室内，同时又不影响排水，卫生器具排水均应考虑设水封。除坐便器、地漏等部分器具自身构造带水封外，其余器具均在器具排水管上设存水弯以形成水封。卫生器具安装有统一的标准图集，在此摘录部分以供学习。

（一）盥洗、沐浴类卫生器具

1. 洗脸盆

洗脸盆设置在卫生间、盥洗室、浴室及理发室内。有长方形、椭圆形、马蹄形和三角形，安装方式有挂式、立柱式和台式，图 2-36 为台式安装图，台式是在台面上挖一个孔洞，把洗脸盆安装进空洞中，台面可安装在墙上，也可做成柜子的柜面。洗脸盆的给水可冷热水管供水，设单手柄或双手柄混合龙头；也可单管供水，设普通龙头、延时自闭龙头、脚踏开关龙头、红外感应龙头、电热龙头等，在红外、电热龙头

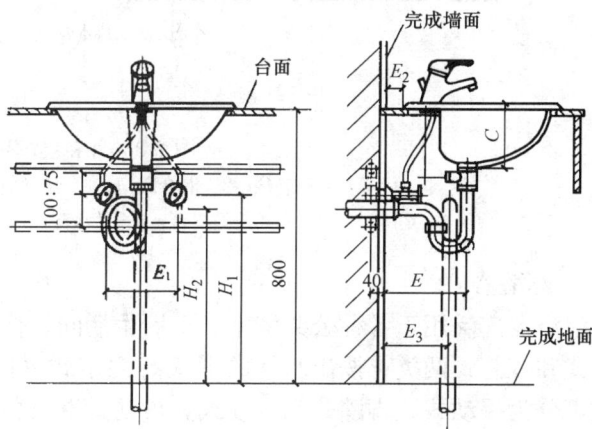

图 2-36　台式洗脸盆

47

下高出地面 300mm 处应设防水电源插座。

2. 盥洗槽

盥洗槽设在集体宿舍、车站候车室、工厂生活间等公共卫生间内，可供多人同时使用，见图 2-37。盥洗槽多为长方形布置，有单面、双面两种，一般为钢筋混凝土现场浇筑，水磨石或瓷砖贴面，也有不锈钢、搪瓷、玻璃钢等制品。槽长大于 3m 时设两个排水栓。

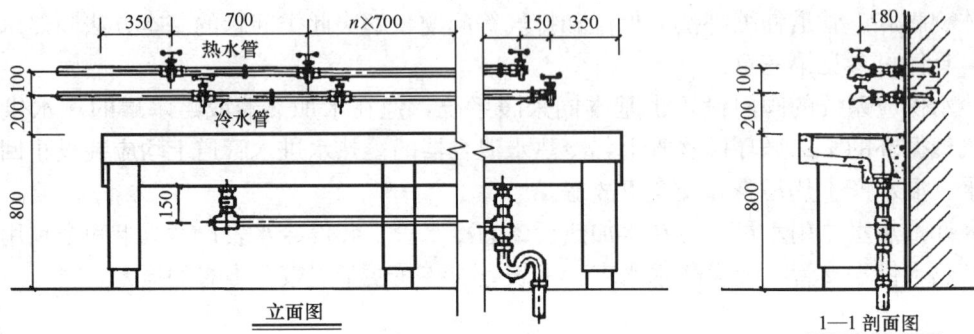

图 2-37 盥洗槽

3. 浴盆

浴盆设在住宅、宾馆等卫生间及公共浴室内。浴盆外形一般为长方形，有裙边式、坐泡式、按摩式和普通式（图 2-38）。

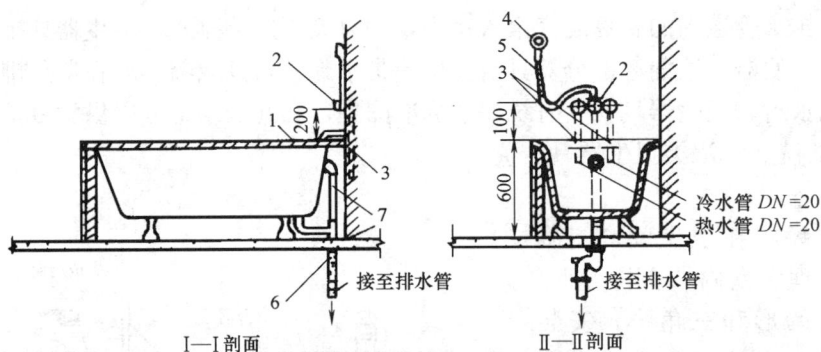

图 2-38 浴盆安装
1—浴盆；2—混合阀门；3—给水管；4—莲蓬头；
5—蛇皮管；6—存水弯；7—溢水管

4. 淋浴器

淋浴器广泛用于各种公共浴室、工厂生活间、住宅卫生间等。按供水方式，淋浴器有单管式和双管式两类；按出水管的形式有固定式（图 2-39）和软管式；按控制阀的控制方式可分为手动式、脚踏式和自动式。自动式淋浴器，是利用光电打出光束，使用时人体挡住光束，淋浴器即出水，人体离开时即停水。莲蓬头有分流式、充气式和按摩式等几种。其排水可以在地面上设地漏排水，也可设排水沟或淋浴盆集水排水。

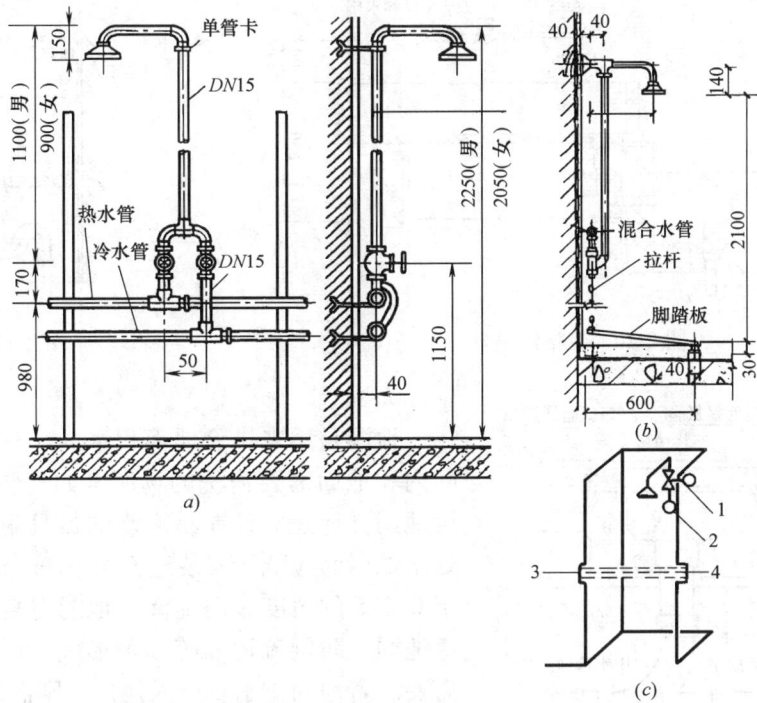

图 2-39　淋浴器

（a）双管双门手调式；（b）单管单门脚踏式；（c）光电淋浴器示意图

1—电磁阀；2—恒温水管；3—光源；4—接受器

5. 净身盆

净身盆是一种由坐式便器、喷头和冷热水混合阀等组成，供使用者冲洗下身用的卫生器具。有的还带喷头自动伸缩、热风吹干装置和电热坐圈等。通常设置在医院、疗养院和养老院中的公共浴室或高级住宅、宾馆的卫生间内。净身盆的尺寸与大便器基本相同，有立式和墙挂式两种。其外形及安装类似大便器，在此不作介绍。

（二）洗涤类卫生器具

用来洗涤食物、衣物、器皿等物品的卫生器具为洗涤类卫生器具。常用的有洗涤盆（池）、化验盆、污水盆（池）、洗碗机等几种。

1. 洗涤盆（池）

洗涤盆（池）装设在厨房或公共食堂内，用来洗涤餐具和食物等。分单格、双格和三格三种。有的还带搁板和背衬。有成品，也有现场建造的。图 2-40 为现场建造的双格洗涤池。家用洗涤盆的供水、安装及水龙头类似于洗脸盆，只是配水龙头多用鹅颈型的。

2. 污水盆（池）

污水盆设置在公共建筑的厕所、盥洗室内，供洗涤拖布、倾倒污水用。污水盆有现成的陶瓷和不锈钢产品，也可现场建造水磨石的。按设置高度，污水盆有落地式和挂墙式（图 2-41）两类。

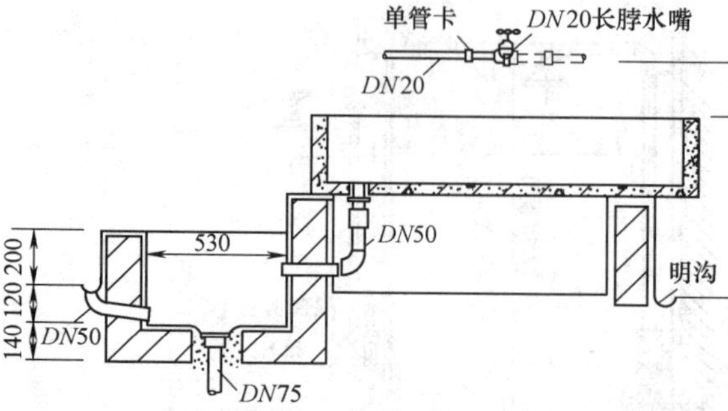

图 2-40 双格洗涤盆

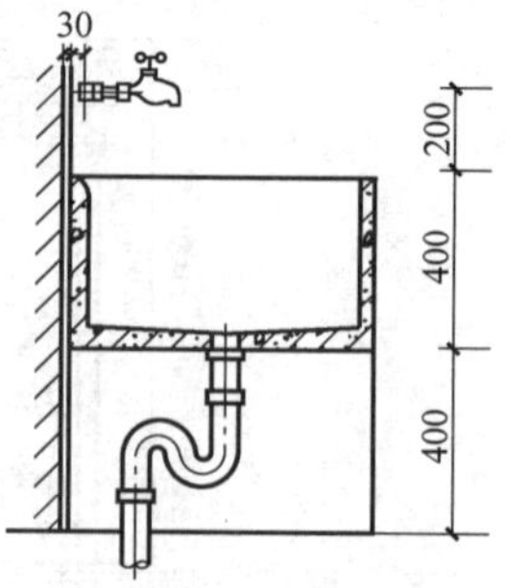

图 2-41 污水盆

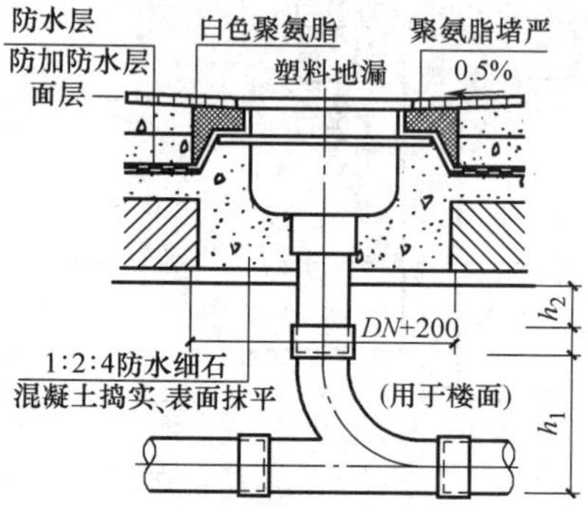

图 2-42 地漏安装

3. 地漏

地漏是用来排除地面积水的,有用水器具的房间内和地面需要清洗的场所(如食堂、餐厅)都应设地漏。地漏应设在易溅水的器具附近及地面最低处。地漏面应低于安装地面 5~10mm,地面有不小于 0.005 的坡度坡向地漏。地漏有普通地漏、多通道地漏、防倒流地漏等多种形式,适于不同场所的需要。若地面排水不进入他户,则需用侧出水地漏。普通地漏安装见图 2-42。

(三)便溺类卫生器具

便溺类卫生器具有大便器、大便槽、小便器、小便槽和倒便器 5 种类型。设置在卫生间和公共厕所内,包括便器和冲洗设备两部分。

1. 大便器

常用的大便器有坐式和蹲式两类。

坐式大便器简称坐便器,有多种类型。按安装方式分为落地式和壁挂式;按与冲洗水箱的关系有分体式和连体式;按排水出口位置有下出水和后出水。坐便器结构本身都带水封,故其器具排水管上不再设存水弯。图 2-43 为低水箱下出水连体式坐便器安装图。不同型号的连体式坐便器,其尺寸不同,图中括号外是最大尺寸,括号内是所有尺寸中最小尺寸。住宅支管不进入他户时,可用后出口坐便器;对于美观要求高的场所可用壁挂式坐

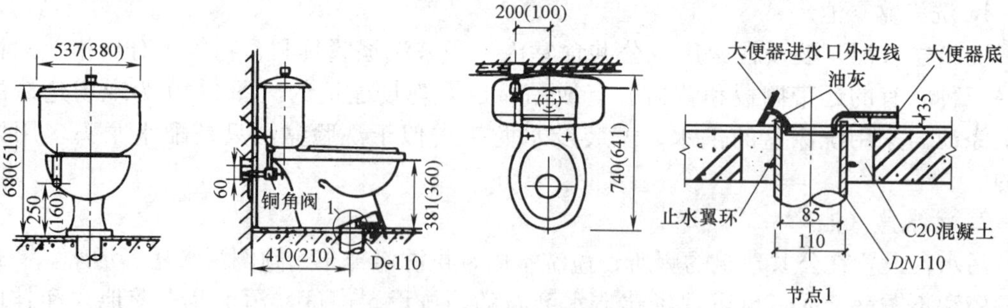

图 2-43 坐式大便器安装图

50

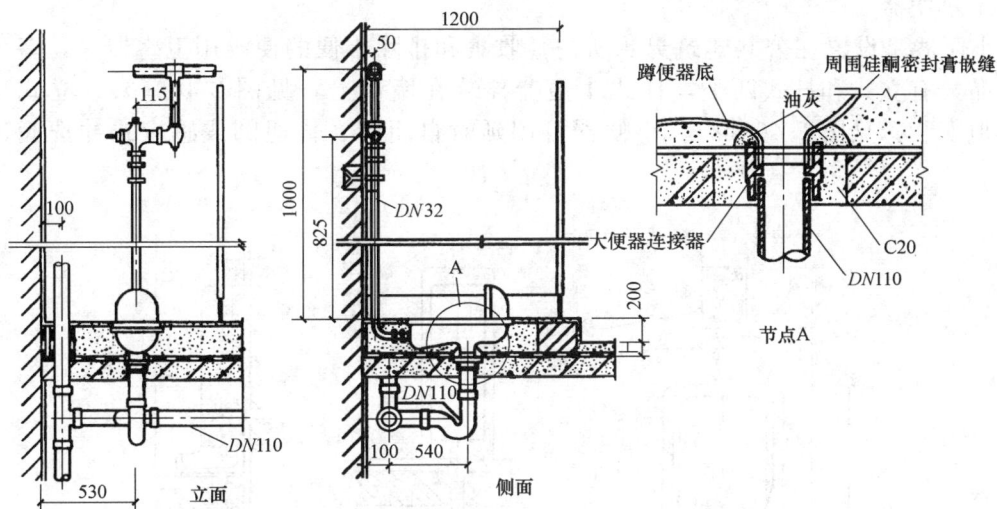

图 2-44　蹲式大便器安装图

便器（见图 2-45）。

蹲式大便器按结构有带水封和不带水封两种，按污水排出口的位置分为前出口和后出口。一般用于教学楼、集体宿舍等公共建筑物的公用厕所内，见图 2-44。成组布置时间距为 900mm。蹲式大便器安装在砖砌的坑台中，进水口和冲洗管之间用橡胶碗连接，橡胶碗大小两头均采用喉箍箍紧。橡胶碗及冲洗管四周与便器一起周围填上干沙或煤灰渣等，再用水泥砂浆抹面。不带水封的蹲便器具排水支管上必须设存水弯，通常楼层用 P 形存水弯，建筑物底层用 S 形存水弯。新型组合式蹲便器现在也越来越多地被人们采用，便器由两部分组合而成，下部可任意方向接出排水管（见图 2-45）。

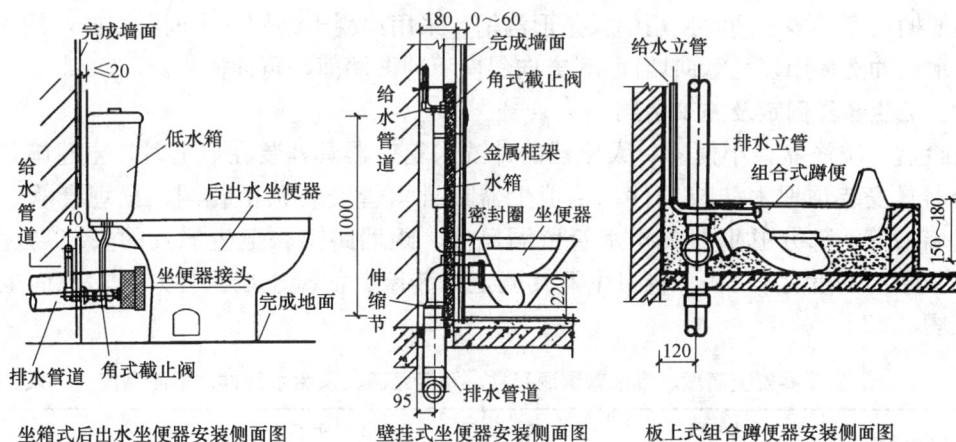

图 2-45　大便器安装图

2. 大便槽

大便槽是可供多人同时使用的长条形沟槽，用于建筑标准不高，使用人数多的公共建筑中，大便槽一般采用混凝土或钢筋混凝土浇筑而成，槽底有不小于 0.015 的坡度，坡向排出口。排出口设 DN150 的排水管带存水弯。其冲洗可用水箱自动冲洗。

3. 小便器

小便器是设置在公共建筑男厕所内，收集和排除小便的便溺用卫生器具，多为陶瓷制品，有立式和挂式两类，挂式小便器挂装在墙壁上，见图 2-46（a）；立式小便器落地安装，见图 2-46（b）。小便器可用延时自闭阀、普通阀或感应式冲洗阀进行冲洗。

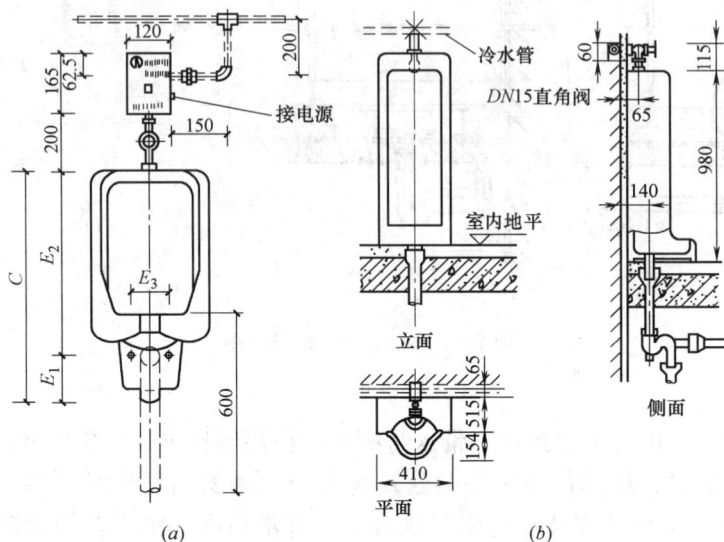

图 2-46 小便器安装
（a）光控自动冲洗壁挂式小便器安装；（b）立式小便器安装

4. 小便槽

小便槽是可供多人同时使用的长条形沟槽，采用混凝土结构，表面贴瓷砖，槽内设排水栓排水。冲洗多用多孔管向墙面 45°方向斜向下冲淋墙面，再冲槽内。

二、卫生器具固定及施工留洞

洗脸盆、洗涤盆、小便器、大便器的冲洗水箱等器具挂装在墙上时，土建施工时应注意给器具安装预埋木枋或钢件，给卫生器具排水管安装预留孔洞、预埋套管、给水管预留墙槽等。部分卫生器具排水管留洞尺寸、距墙距离、卫生器具的安装高度及给水配件距楼面高度见表 2-5。将卫生器具固定在砖墙、混凝土墙（柱）上、地面上部分做法见图 2-47。

卫生器具安装高度、排水管留洞尺寸、距墙距离、及给水配件据楼面高度　　　　表 2-5

卫生器具名称	排水管 距墙距离（mm）	排水管留 洞尺寸（mm）	器具沿面 距地高度（mm）	给水配件 距地高度（mm）
坐便器	192～500 不等	200×200	380～510 不等	低水箱 100～250
蹲便器	后 295、前 620	200×200	同台阶面平	自闭阀 1025
大便槽 DN150	420×670	300×300	同台阶面平	自动冲洗水箱 2804
普通浴盆	靠墙	100×100	—	（水嘴）冷 630、热 730

卫生器具名称	排水管距墙距离(mm)	排水管留洞尺寸(mm)	器具沿面距地高度(mm)	给水配件距地高度(mm)
高等裙边浴盆	靠墙洞边长 250	250×300	—	520～800 不等
洗脸盆	距墙 175 为圆心	150×150	800	冷热角阀 490
小便器	落地 150、挂式 70	150×150	挂式受水面 600	冲洗阀 1050～1300
小便槽	125	150×150	台阶面 200	阀 1300、水箱 2350
污水盆	以 250 为圆心	150×150	架空 800、落地 500	架空 1000、落地 800
洗涤盆	以 155～230 为圆心	150×150	800	脚踏调温阀 300
地漏	$DN50～75$ 留洞尺寸 200×200，$DN100$ 留洞尺寸 300×300			

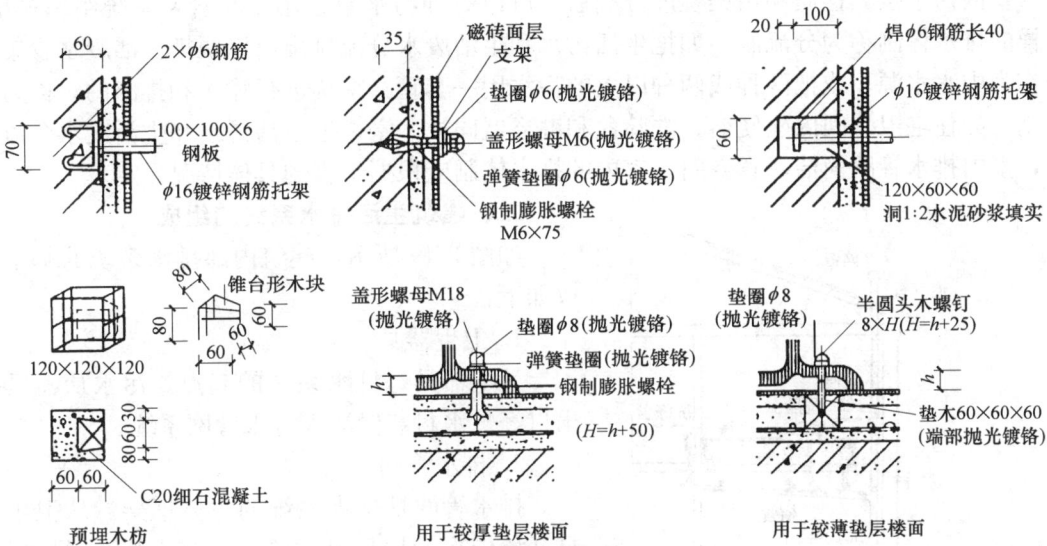

图 2-47 卫生器具固定方式

三、排水管材、管件及连接

建筑排水常用硬聚氯乙烯（UPVC）排水塑料管，粘结；高层常用柔性接口机制排水铸铁管，分无承口柔性接口铸铁管和承口柔性接口铸铁管两种，分别用卡箍式连接和法兰连接。管材不同，接口形式不同，但管配件的种类及形式基本相同，如图 2-48 所示。

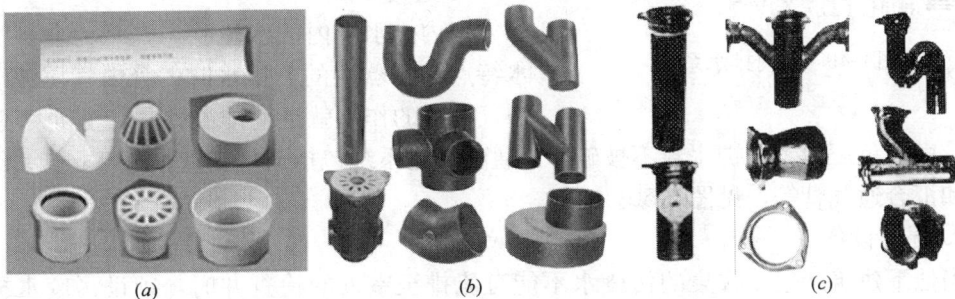

图 2-48 排水管材、管件及连接件

（a）UPVC 排水管材、管件；（b）无承口柔性接口铸铁管；（c）承口柔性接口铸铁管

第七节 建筑生活排水系统

一、污水的分类与排水体制

1. 污水的分类

污水按其来源分为：生活排水、工业废水、屋面雨水。把这三种污水按其污染程度分类，生活排水又可分为排除冲洗便器的生活污水和排除盥洗、洗涤废水的生活废水；工业废水可分为污染较重的生产污水和污染较轻的生产废水。生活废水、生产废水和屋面雨水可作为中水水源。

2. 排水体制

室内污水按其性质和污染程度分类后，可以每种污水单独用一套管路系统组织排出，这样的排水体制称为分流制，如把生活污水和生活废水分流排出，以便把生活废水收集起来作为中水水源；或把两种或两种以上的污水用一套管路系统进行输送和排出的，称为合流制。如住宅卫生间内坐便器、洗脸盆和淋浴器同放一室，把生活污水和生活废水合流排出，室内排水管路简洁，省空间。室内的排水体制应根据工程的具体情况而定。

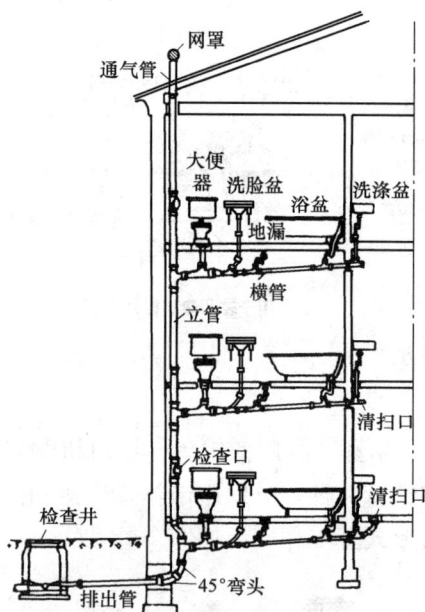

图 2-49 室内排水系统

二、建筑生活排水系统的组成

如图 2-49 所示，建筑内部排水系统的基本组成如下：

1. 卫生器具

卫生器具是排水系统的起点。污水从器具排出口经过水封装置流入排水管网系统。

2. 排水管网

排水管网是排水系统的主体框架。从卫生器具开始依次为器具排水管（含存水弯）、横支管、立管、横干管、排出管。

3. 清通设备

排水系统属于无压流，且水中有污染物，难免堵塞。清通设备是堵塞后的疏通口。有清扫口、检查口及带清扫口或检查口的管件。

4. 通气系统

室内排水管内的水流状态是重力非满流，排水特点是间歇性的，排水时，管内气压波动，设通气系统的作用就是使排水管内空气和大气相通，平衡管内正负压力，保护水封不被破坏。通气管道系统包括通气支管、通气立管、结合通气管和汇合通气管等，见图 2-50。

5. 提升设备

当地下建筑产生、收集的污废水不能自流排至室外的检查井时，须设污废水提升设备，如潜水排污泵、液下排水泵等。

6. 污水局部处理构筑物

54

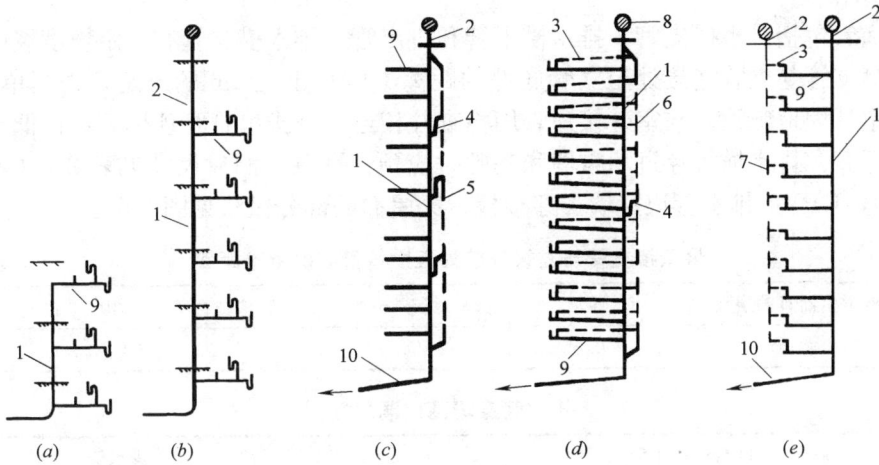

图 2-50 污废水排水系统类型

(a) 不通气系统；(b) 伸顶通气系统；(c) 专用通气系统；(d) 主通气系统；(e) 副通气系统

1—排水立管；2—伸顶通气管；3—环形通气管；4—结合通气管；5—专用通气立管；

6—主通气立管；7—副通气立管；8—通气帽；9—排水横支管；10—排出管

污废水的局部处理构筑物如前所述多设于室外，但也有设于室内的，如在厨房的排水支管上设隔油器。

三、建筑排水系统的形式

排水系统的形式因通气系统形式不同而不同，通常排水系统应设伸顶通气管，即将排水立管向上延伸，穿出屋面，顶端设通气帽与大气连通，如图 2-50（b）所示。若建筑物不允许每根通气管单独伸出屋面时，可将若干根通气立管在室内汇合，共设一根伸顶通气管。

底层或下部几层污水单独排放，或排水立管工作高度低、排水量小时，排水立管顶部可不与大气连通，如图 2-50（a）所示，为不通气的排水系统。多数建筑底层单独排水时用这种方式。

建筑标准要求较高的多层住宅和公共建筑、10 层及 10 层以上高层建筑的生活污水立管宜设置专用通气立管，并用结合通气管将污水立管和通气立管相连，如图 2-50（c）所示。排水横支管较长或连接卫生器具较多时，需设环形通气管对排水横支管通气。与环形通气管相连的通气立管为主通气立管或副通气立管，如图 2-50（d）、（e）所示。

四、排水管路的布置与敷设

排水管道的敷设方式及布置位置、要求基本同给水管道，但排水管道较粗，不宜布置在墙槽、地面找平层里，并因是重力流，水只能由高处向低处流动，横管要有坡度；管道容易淤积堵塞，要考虑清通。

1. 器具支管

器具支管通常穿越楼板进入下层，与悬吊在楼板下的横支管相连。器具构造不带水封时在器具支管上设存水弯。存水弯多用 P 型、S 型（见图 2-48）。住宅的器具支管不宜穿越楼板进入他户，一般将卫生间的楼板局部下降 300～400mm，做好防水后，再把做好的器具支管、存水弯、横支管填埋在干沙或煤渣中，再做防水，最后再做面层。

2. 排水横管

排水横管包括排水横支管、排水横干管和排出管。排水横支管有一定坡度坡向排水立管。最低横支管与立管连接处至立管底部的距离不应小于表 2-6 的规定，否则单独排出。排出管在室外埋地敷设，与室外接户管用检查井相连，且排出管管顶标高不得低于室外接户管管顶标高。排水横管穿过承重墙和基础时应预留孔洞。洞口尺寸见表 2-7（表中符号见图 2-51），UPVC 排水管道穿墙、穿楼板、穿屋面的部分做法见图 2-51。

最低横支管与立管连接处至立管管底的垂直距离　　　　　　表 2-6

立管连接卫生器具的层数	≤4	5～6	7～12	13～19	≥20
垂置距离(m)	0.45	0.75	1.2	3.0	6.0

排水管穿墙基留洞尺寸　　　　　　表 2-7

UPVC 排水管						铸铁排水管			
De	50	75	110	160	200	DN	50～100	120～150	200
$B×H$	180×240	240×240	240×370	370×370	450×400	混凝土墙洞	300×300	400×400	500×500
A	70	80	100	130	150	砖墙洞宽×高	240×240	360×360	490×490

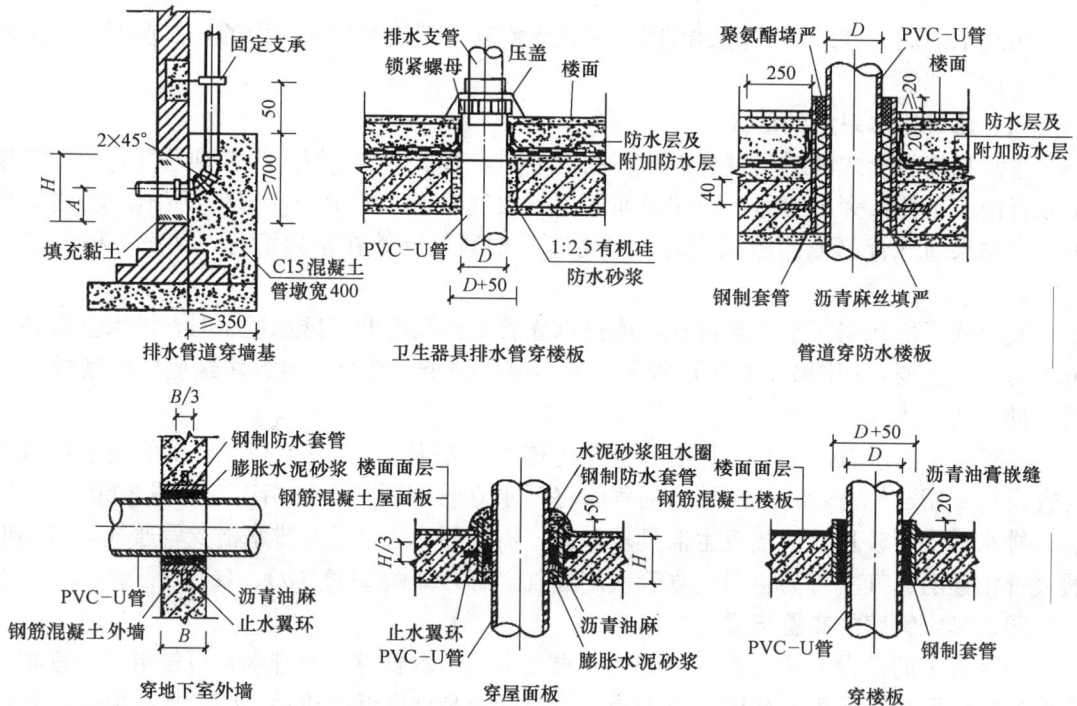

图 2-51　排水管道穿墙、穿楼板、穿屋面做法

排水横支管常在端部设清扫口，水流转角小于 135°的污水横管上及横管直线段一定长度处设清扫口或检查口。清扫口宜设置在楼板或地坪上，且与地面相平，如图 2-52(a) 所示。为便于清通，清扫口距与管道相垂直的墙面的距离不小于 0.15m；也可在污水管起点设置堵头或用带检查口的管件代替清扫口。暗装的清通设备（包括清扫口和检查

口）应考虑操作方便，如埋地横管上的检查口设在室内检查井内，见图 2-52 (b)。

3. 排水立管

排水立管宜靠近外墙，靠近排水量大、水中杂质多的卫生器具。排水立管不宜多转弯，故排水房间及器具宜上下对应布置。为考虑立管疏通，每隔一定间距在立管上设检查口，通常在最底层和设卫生器具层数高于 2 层的最高层必须设，乙字弯管上部要设，检查口中心距楼地面的高度一般为 1m，朝向应便于检修。排水立管穿过现浇楼板时应预留孔洞，留洞时注意使立管中心与墙面有一定的操作距离。立管中心与墙面距离及楼板留洞尺寸见表 2-8。排水立管底部的弯管处应设支墩或固定措施；塑料排水管道应远离温度高的设备和装置，在汇合配件（如三通）等处设置伸缩节，伸缩节在楼板处安装时要注意不可把伸缩段固定。每楼层设一个立管卡子，托在立管承口下面。金属排水管道上的吊钩或卡箍应固定在承重结构上。明装排水立管穿越楼板处应防水。

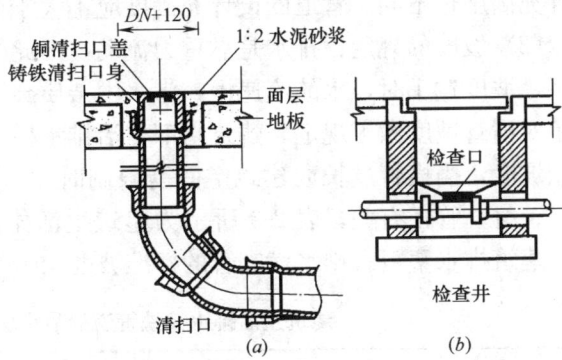

图 2-52　清通设备

排水立管中心与墙面距离及留洞尺寸　　　　　　　　表 2-8

管径(mm)	50	75	100	150
管轴中心线与墙面距离(mm)	100	110	130	150
楼板预留尺寸(mm×mm)	100×100	200×200		300×300

4. 通气管路的布置与敷设

通气立管不得接纳污、废水和雨水，不得与风道和烟道连接。通气立管下端在最底层排水横支管以下、结合通气管下端在楼层横支管以下与污废水立管以斜三通连接；伸出屋顶外的通气管，高出屋面不小于 0.3m，但应大于该地区最大积雪厚度；屋顶有人停留时，高度应大于 2.0m；并在其顶端装设风帽或网罩，以防杂物落入排水立管。通气管道的敷设位置同排水管道。

五、建筑排水系统水力计算

建筑排水系统的水力计算也同建筑给水一样，是在绘出管道平面布置图和系统图后进行的，目的是确定各管段管径、横管敷设坡度、通气管管径和各控制点标高。

排水管径、坡度大小取决于管段设计流量。建筑内部的排水设计秒流量为该管段的瞬时最大排水流量，它和建筑物的器具排水特点、计算管段所带卫生器具数量、同时排水概率等有关。

建筑排水系统的横管和立管水力计算方法不同。

1. 污废水在横管中的流动属于无压流，按无压流的计算公式计算，但考虑疏通、通气等问题应满足：

（1）最大设计充满度规定：排水管道中污水的充满程度用水深 h 与管径 d 的比值来表示，称为充满度。排水管道中留有一定空间的目的，一是为了横管中空气流通，避免水封破坏；二是为了容纳超出设计的高峰排水量。污废水性质不同、管径不同，要求的最大设计充满度也不同。管道的设计充满度应不大于允许的最大设计充满度。

（2）坡度的规定：排水是靠重力流动，因此横管中水的流速和横管坡度有非常密切的关系，坡度过小时，水的流速慢，污水中杂质会沉淀从而导致排水不畅和管道堵塞，为此规范对横管坡度做了规定。建筑内部生活排水横管有最小坡度和通用坡度两种，通常选用通用坡度，当横管过长或建筑空间受限制时，可采用最小坡度。最小坡度和污废水的性质、管材、管径有关，表 2-9 所示为建筑生活排水铸铁管道的最小坡度与最大设计充满度。建筑排水塑料管排水横支管的标准坡度均为 0.026。

建筑生活排水铸铁管道的最小坡度和最大设计充满度　　　　表 2-9

管径(mm)	50	75	100	125	150	200
通用坡度	0.035	0.025	0.020	0.015	0.010	0.008
最小坡度	0.025	0.015	0.012	0.010	0.007	0.005
最大设计充满度	0.5				0.6	

2. 排水立管水力计算方法

排水立管的管径按立管排水能力确定。生活排水立管的最大排水能力与管材、通气形式等有关。表 2-10 示意了设有通气管系的塑料排水立管最大排水能力。

设有通气管系的塑料排水立管最大排水能力　　　　表 2-10

排水立管管径(mm)		50	75	90	110	125	160
排水能力 (L/s)	仅设伸顶通气管	1.2	3.0	3.8	5.4	7.5	12.0
	有专用通气立管或主通气立管	—	—	—	10.0	16.0	28.0

3. 最小管径的规定

考虑到污水的性质和杂质尺寸等问题，对排水管径作了最小规定：

（1）大便器排水管最小管径不得小于 100mm。

（2）小便槽或连接 3 个及 3 个以上的小便器，其污水支管管径不宜小于 75mm。

（3）多层住宅厨房的立管管径不宜小于 75mm。

（4）公共食堂厨房内的污水采用管道排除时，其管径比计算管径大一级，但干管管径不得小于 100mm，支管管径不得小于 75mm。

（5）医院污物洗涤盆（池）和污水盆（池）的排水管管径，不得小于 75mm。

（6）浴池的泄水管管径宜采用 100mm。

（7）建筑物内排出管最小管径不得小于 50mm。

4. 通气管管径确定

通气管的管径，应根据排水能力、管道长度确定，但不宜小于排水管管径的 1/2，并满足通气管最小管径的规定。伸顶通气管管径宜与排水立管管径相同，但在最冷月平均气温低于－13℃的地区，应在室内平顶或吊顶下 0.3m 处将管径放大一级。通气立管长度在 50m 以上时，其管径应与排水立管管径相同。当两根或两根以上污水立管的通气管汇合连接时，其管径经计算确定。结合通气管的管径不宜小于通气立管管径。

第八节　屋面雨水排水系统

屋面雨水排水系统的任务是迅速、及时的将屋面雨水和融雪水排至地面或室外雨水管渠。其排除方式有以下几种。

一、水落管外排水

水落管外排水有檐沟外排水和无沟外排水两种。图2-53所示为檐沟外排水，降落到屋面的雨水沿屋面集流到檐沟，经雨水斗流进承雨斗，再流入立管（即水落管）排至室外的地面。无沟外排水不设檐沟和雨水斗，在女儿墙与屋面夹角集流处设弯管穿过女儿墙，把雨水引入承雨斗，女儿墙内侧设格栅拦截杂物。水落管外排水适用于普通住宅、一般的公共建筑和单跨工业厂房。水落管目前常采用 $DN75$ 和 $DN110$ 的 UPVC 塑料排水管，布置间距为 8～12m。

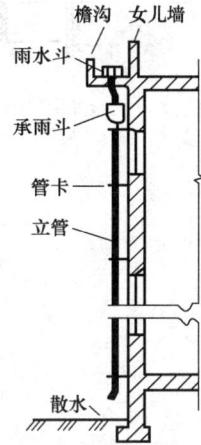

图 2-53　檐沟外排水

二、天沟外排水

在多跨工业厂房中，两跨之间的屋面连接处形成了一条天然的集水沟（即天沟），天沟以伸缩缝和沉降缝为分水线，以不小于3‰的坡度坡向两端，在伸出山墙的天沟末端或紧靠山墙的屋面处设雨水斗，立管连接雨水斗并沿外墙布置，见图2-54。天沟的断面形式多为矩形和梯形。天沟沟宽为 500～1000mm，沟深为 300～500mm。天沟在山墙、女儿墙处应设溢流口，以免天沟泛水。

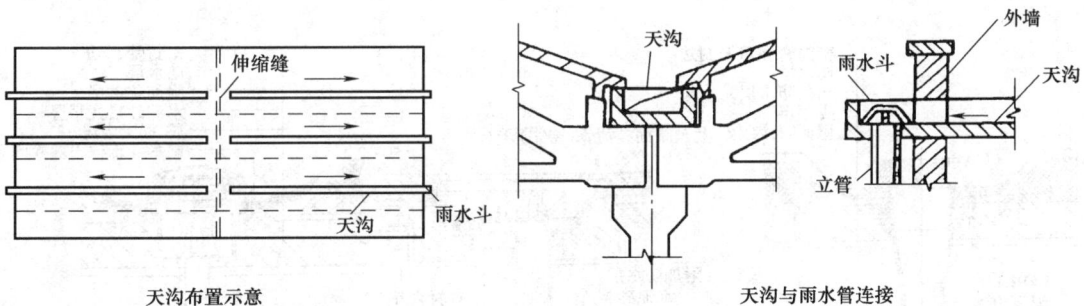

天沟布置示意　　　　　　　　天沟与雨水管连接

图 2-54　天沟外排水

三、内排水

当屋面有天窗或屋面为锯齿形、壳形以及长度超过100m的多跨工业厂房，设天沟有困难时；当屋面面积较大，雨水集到周边历时较长，屋面积水厚时；当建筑立面美观要求高或地处寒冷地区，不便在外墙布置雨水立管时，屋面雨水排水管道要穿过屋面在室内布置，这种系统称为雨水内排水系统。

如图2-55（a）所示，降落到屋面上的雨水沿屋面流入雨水斗，经连接管、悬吊管、流入立管，经排出管排至室外的排水管渠或地面散水；或由立管再经排出管流入室内雨水检查口井，经室内埋地干管排至室外雨水管道（图2-55b）。在检查口井中，排水管道之间

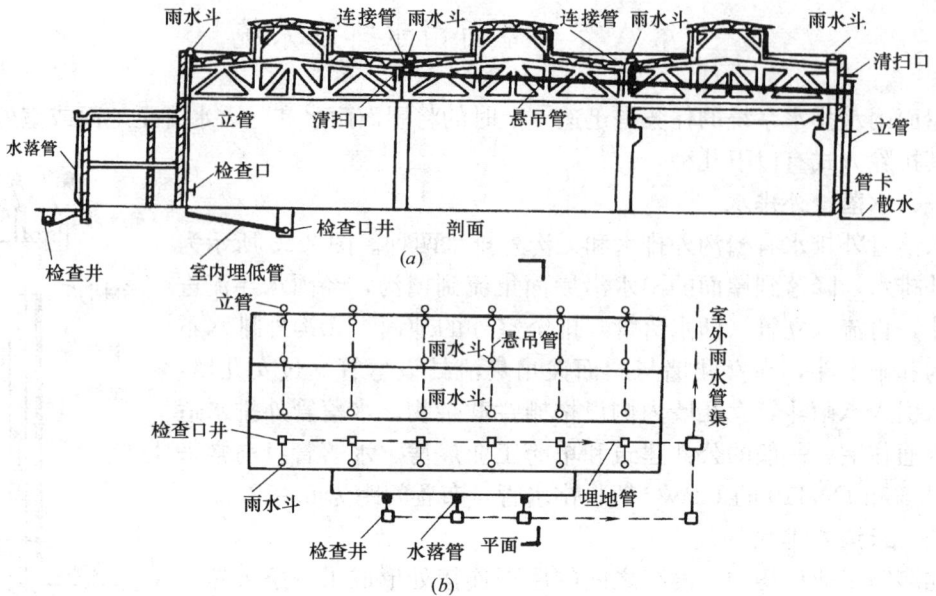

图 2-55 内排水系统

多用带检查口的密闭三通或检查口短管连接。

雨水斗的作用是迅速地排除屋面雨雪水，减少空气的掺入量，并能将粗大杂物拦阻下来，雨水斗边缘与屋面相连处应严密不漏水，如图 2-56 所示。雨水系统按水流设计流态分有重力流和压力流，重力流一般用普通雨水斗，有 65 型、87 型、79 型，压力流通常用虹吸式雨水斗。

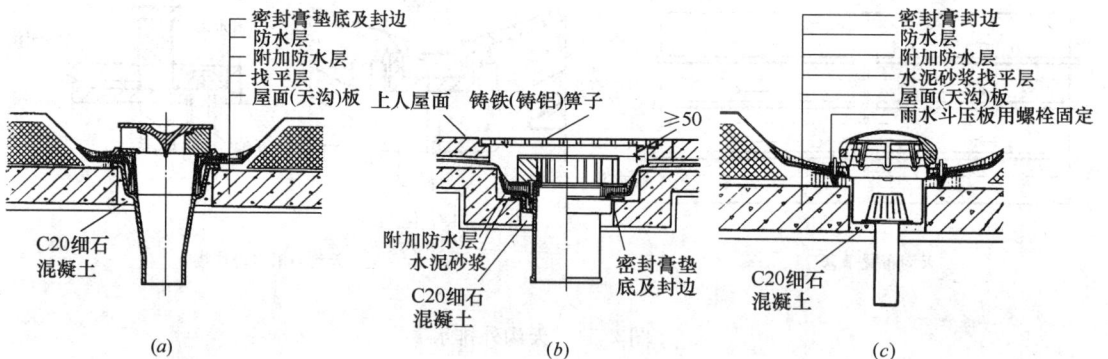

图 2-56 雨水斗

(a) 65 型雨水斗；(b) 87 型雨水斗；(c) 虹吸式雨水斗

雨水悬吊管悬吊在屋架、楼板和梁下或架空在柱上，长度大于 15m 的雨水悬吊管，应设清扫口，且应布置在便于维修操作处。立管宜沿墙、柱安装，可明装，也可暗装于管井中，有埋地排出管的屋面雨水排出管系，立管底部应设检查口。雨水系统的管径通常比较大，雨水管应牢固地固定在承重结构上。高层建筑裙房屋面的雨水应单独排放；阳台雨水排除应单设系统，且其立管底部应间接排水。

第九节　建筑给水排水工程施工图及识读

建筑给水排水工程施工图包括建筑给水（有冷水、热水、中水、直饮水、生产及消防给水）、建筑排水（污废水、雨水）工程施工图。

一、施工图组成及表示

（一）施工图的组成

室内给水排水工程施工图主要由首页、平面图、系统图、详图四部分组成。

1. 首页

首页一般由图纸目录、设计与施工总说明两部分内容。

（1）图纸目录：是将全部施工图纸按其编号（如水施—N）、图名，顺序填入图纸目录表格，同时在表头上标明建设单位、工程项目、分部工程名称、设计日期等，装订于封面。其作用是核对图纸数量，便于识图时查找。

（2）设计与施工总说明：一般用文字表明工程概况；复杂的工程有各系统情况简单介绍；设计中用图形无法表示的一些设计要求（如：管道材料及连接方式、防腐及涂色、保温材料及厚度、管道及设备的试压要求、管道的清洗与消毒要求、设备型号及安装要求等）以及施工中应遵循和采用的规范及标准图号、应特别注意的事宜等。

小型工程的图例、主要设备与材料明细表一般也放在首页上。

2. 系统平面图

平面图是在水平剖切后，自上而下垂直俯视的可见图形，又称俯视图。

平面图是最基本的施工图纸，其主要的作用是确定给水排水管道及设备的平面位置，为设备、管道安装定位。平面图的主要内容有建筑平面的形式；各用水设备及卫生器具的平面位置、类型；给水排水系统的出、入口位置及编号；地沟位置及尺寸；干管走向、立管位置及其编号；横支管走向、位置及管道安装方式（明装或暗装）等。

建筑给水排水平面图中建筑墙、柱等及卫生器具等用细线条表示，给水排水管线及设备用粗线条表示。平面图中的定位方法有：

（1）建筑轴线定位：这种方法是用建筑的某一轴线表明给水排水管道及设备的安装平面位置。

（2）尺寸定位：尺寸定位多用于水泵、水箱等设备安装的平面定位。

（3）图形定位：对于施工规范、操作规程已明确的常规安装方法，多用图形定位。如成排的大、小便器，盥洗槽成排安装的水龙头等。

通常，生活给水与排水平面图是绘制在一起的。自动喷淋系统单独绘制。消火栓系统视情况不同而不同：简单时与生活给、排水绘制在同一平面上，复杂时单独绘制。

3. 系统图与系统原理图

（1）系统图：给水排水系统图为各系统独立绘制，主要表示某一系统管道之间的连接关系与空间走向，以及管道上附设的阀门、水表等设备的类型和位置。卫生器具不在系统图上绘出，给水系统只绘出给卫生器具配水的水龙头、淋浴器喷头、冲洗水箱等，或仅绘制出与配水附件相连的阀门与短支管；排水系统只绘出卫生器具下的存水弯或排水支管。有时为了表达的要清楚，也会在卫生器具对应处标上卫生器具名称或代码。因此系统图的主要内容为各系统的编号及立管编号；管道系统及各个管段的标高、管径、坡度；设备的种类及其在管网中的位置；卫生器具的名称或代码。有时系统图中局部表达不清，设计人员可能用切断符号断开，用索引符号或索引线引出，另外绘制，识图时应注意。

系统图视其大小可能绘制在一张图纸上，也可能绘制在不同的图纸上。

（2）系统原理图：目前，为了施工看图方便，常将系统图简化成系统原理图，其内容基本与系统图相同，但不表现各连接管线的空间走向关系。管线的空间走向通过平面图来表达，如图 2-57 中给水系统原理图。有时，系统比较复杂，可用系统原理图表达系统主干部分（包括给水的引入管、干管、立管或排水的排出管、干管、立管），而用系统图表示细节部分，如图 2-58 中系统的表达。

4. 详图

详图有大样图、节点详图及标准图。详图可由设计人员在图纸上绘出，也可能引自有关安装图集。其目的是为了更清楚的表达前面各图表示不清的内容。

（1）节点详图：节点详图就是节点图，用来将工程中的某一关键部位，或某一连接较复杂处，在小比例的平面及系统图中无法更清楚表达的部位，单独编号绘出节点详图，以便清楚地表达设计意图，指示正确的施工。

（2）大样图：对设计采用的某些非标准化的加工件如管件、零部件、非标准设备等，应绘出加工件的大样图，且应采用较大比例的图形，如 1∶5、1∶10、1∶1 等比例，以满足加工、装配、安装的实际要求。

（3）标准图：标准图又称通用图。是为统一施工安装技术要求，具有一定法令性的图纸，设计人员不在设计图中重新绘出，只在图纸上标示出所选标准图号，施工中按照指定图号的图样进行施工安装。标准图可能采用三视图或二视图（如卫生器具的安装等）、轴测投影图（如供热系统的入口装置）、剖面图等图形类型绘制，可能按比例，也可能不按比例绘制。

节点图、大样图在给水排水工程中经常使用，如管沟内纵断面布置图，管道井内平面布置图等。各卫生器具、设备的安装标准图更是施工中必不可少的内容。为正确的理解给排水设计意图和准确无误的做好专业之间的配合协调施工，非水暖专业人士也应熟悉给排水施工中有哪些标准图集。

（二）施工图的表示

给水排水施工图是依照《给水排水制图标准》（GB/T 50106—2001）中的规定绘制的。

1. 比例

室内给水排水施工平面图常用 1∶100、1∶50 的比例，也有 1∶300、1∶200。

室内给水排水施工系统图常用 1∶100、1∶50 的比例，也可不按比例绘制。

2. 标高

给水排水施工图中标高均以"m"为单位，一般注写到小数点后第三位。一般室内管道用相对标高标注：压力管道标注管中心标高；重力管道（排水管道）标管内底标高；沟渠标注沟内底标高。室外管道用绝对标高标注。

3. 管径

管径尺寸以"mm"为单位。水煤气输送钢管、铸铁管，管径以公称直径 DN 表示

（如 $DN15$、$DN50$ 等）；无缝钢管、不锈钢管等管材，管径以外径 $D×$ 壁厚 δ 表示（如 $D108×4$、$D159×4.5$ 等）；钢筋混凝土（或混凝土）管、陶土管、耐酸陶瓷管、缸瓦管等管材，管径以内径 d 表示（如 $d230$、$d380$ 等）；塑料管材，管径按产品标注的方法表示。

4. 编号

（1）为便于使平面图与系统图对照起见，管道应按系统加以标记和编号。当建筑物的给水系统、排水系统不止一个时，宜进行系统编号。给水在引入管处，排水在排出管处。系统编号的标志是在直径为 12mm 的圆圈内过中心画一条水平线，水平线上面是用大写的汉语拼音字母表示管道的类别（给水用 J，排水用 w 或 P），下面用阿拉伯数字表示该系统的编号。

（2）给水排水立管在平面图上一般用小圆圈表示，建筑物内某类别的立管，其数量超过 1 根时，常进行立管编号。标注方法是管道类别代号-"编号"，如 3 号给水立管标记为JL-3，1 单元 2 号排水立管标记为 PL1-2。同一建筑同一类别的系统不论有几个，立管均统一编号。

（3）给水排水附属构筑物（如阀门井、水表井、检查井、化粪池）多于一个时，应进行构筑物编号，用构筑物代号后加阿拉伯数字的方法表示，如 1 号化粪池，标记为 HC-1。

（三）给水排水施工图常用图例

给水排水施工图图例，详见《给水排水制图标准》。现将常用图例摘录如表 2-11。

建筑给水排水常用图例　　　　　　　　　　　　　表 2-11

图　　例	名　　称	图　　例	名　　称
—— J ——	生活给水管		水龙头
—— W ——	污水管		地漏
—— RJ ——	热水给水管		存水弯
—— RH ——	热水回水管		排水漏斗
—— T ——	通气管		坐式大便器
—— Y ——	雨水管		蹲式大便器
XL-1 平面　　XL-1 系统 X:管道类别 L:立管 1:编号	管道立管		小便器
	刚/柔性防水套管		浴盆
	可曲挠橡胶接头		拖布池

续表

图 例	名 称	图 例	名 称
	立管检查口		洗面器
	清扫口		洗涤盆
钢丝球　　成品	通气帽		堵头
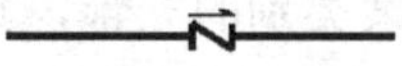	止回阀		水表
	截止阀		Y形过滤器
	闸板阀		压力表
	球阀		消火栓
	蝶阀		消防喷头（开式）
	浮球阀		消防喷头（闭式）
	弹簧安全阀		水流指示器
	自动排气阀		水泵接合器
	角阀		信号阀
	延时自闭阀		报警阀
	淋浴喷头		节流孔板

二、施工图识读方法与步骤

（1）了解建筑概况：如建筑面积、层数、建筑功能；相应的建筑构造：砖混还是框架结构。建筑布局，重点是用水房间或用水点的位置，用水设备及其位置，有无管道井及其位置在哪，泵房、水箱间位置等。

（2）看设计说明：通过说明知道该建筑给水排水方面设有哪些系统。通常都有给水、排水系统。看有无热水、消火栓、喷淋等系统。

（3）看图例：图例相当于文章里的文字，要看懂图纸，必须记住什么图例代表什么

64

东西。

（4）看系统图，因为系统图反映了工程的全貌，故应先看。但要注意，建筑给水排水包含的系统不止一种，更不止一个，识读时必须分清系统，一个一个系统去读，切不可各系统混读。

对于冷水、热水、消防、中水等给水系统，识读时先找系统的入口，然后沿水流方向，用"枝＋叶"的方法识读。由入口装置、干管、立管组成的系统框架，称为"枝"，识读时先沿水流方向读这一部分。各支管上内容多、繁杂，称为"叶"。等把"枝"部分内容识读懂了，再分立管去一个一个支管识读。

对于污废水及雨水排水系统，先找系统的排出口，逆水流方向，也用"枝＋叶"的方法识读。即先识读排出管、干管、立管组成的系统框架，再分立管去一个一个支管识读。

（5）看平面图：对照系统图，在相应的平面图上找对应管线。因为立管在平面图、系统图上都有，且编号一致，看平面图时，先找立管，然后再在对应层的平面图上找与该立管相连的管线。通常，给水入口（排水出口）、干管、对应地下室或底层平面图。支管对应标准层平面图或单元平面图、卫生间大样图等。因在系统图中不绘制卫生器具，故在看平面图中支管时，应找出支管上的每个器具支管对应的卫生器具或用水设备。不太清楚的地方，再辅以相应的详图。反复对照看图，以建立一个全面、完整、细致的工程形象。

（6）管道定位：在前面识图的基础上，加上标高、尺寸线、坡度等，最后，要确定每一条管线的具体的位置。系统图中每一条管线的位置只能是惟一的。

三、施工图识读示例

（一）施工图介绍

图 2-57 是太原市某办公楼的给排水施工图，本例图与采暖例图 3-54 为同一工程，各层建筑平面布局见图 3-54，此处为节约篇幅，只绘制了与给排水相关的部分内容，略去 C 轴线以南、3 轴线以东部分的建筑图。其比例也不代表实际比例。图 2-57（a）为一层给水排水平面图，图 2-57（b）为二、三层给水排水平面图，图 2-57（c）为给水系统原理图，图 2-57（d）为排水系统原理图。

鉴于此处只为学习方便，且本图图例均包含在表 2-11 中，所以省略本图图录、图例、图框等内容。其设计说明包含内容同图 2-58，此处只摘取部分与识图有关的内容：

1. 本工程为某办公用房，共 3 层，无地下室。建筑高度为 11.25m，室内外高差为 0.45m，层高 3.6m。

2. 本设计包括室内生活给水、污水的设计。

3. **系统介绍**：给水系统利用市政管网的水压直接供水；系统采用下行上给方式供水。污水系统采用污、废水合流制。重力流排至室外污水管网。排水系统均采用单立管伸顶透气立管系统。

4. 管材及连接

（1）生活给水系统均采用 PP-R 塑料管，热熔连接。工作压力为 1.0MPa。"De"表示外径。给水管道必须采用与管材相适应的管件。

（2）污水管采用 PVC-U 双壁中空内螺旋消声管，粘接连接。

（3）排水立管与排出管的连接采用两个45°或曲率半径不小于4倍管径的90°弯头。水平管道与水平管道，水平管道与立管的连接，应采用45°三通或45°四通和90°斜三通或90°斜四通。污水管每层设伸缩节，具体位置及做法详见05S1/310～313，立管检查口中心距地面1.0m。

5. 阀门及附件

（1）生活给水管上采用与管材相配套的截止阀，规格与管道相同，工作压力1.0MPa。

（2）地漏均为有水封地漏，规格均为De50。地漏及存水弯水封深度不得小于50mm。

6. 管道敷设

（1）套管：管道穿墙壁和楼板应做钢套管，套管直径比相应管道大2号。

（2）管道坡度：生活给水管道均以i＝0.002的坡度坡向立管或泄水装置；排水支管与排水横干管均采用标准坡度0.026。支管坡向立管，干管坡向室外。

7. 系统水压试验：给水管道安装符合规定后，应进行水压试验；污水管道做灌水、通球试验，管道畅通，无渗漏为合格。

8. 其他

（1）图中尺寸，标高以"m"计，其他皆以"mm"计。排水管道标高以管内底计，其余管道标高以管中心计。

（2）本说明未提及部分请严格按照现行有关规范及施工规程执行。

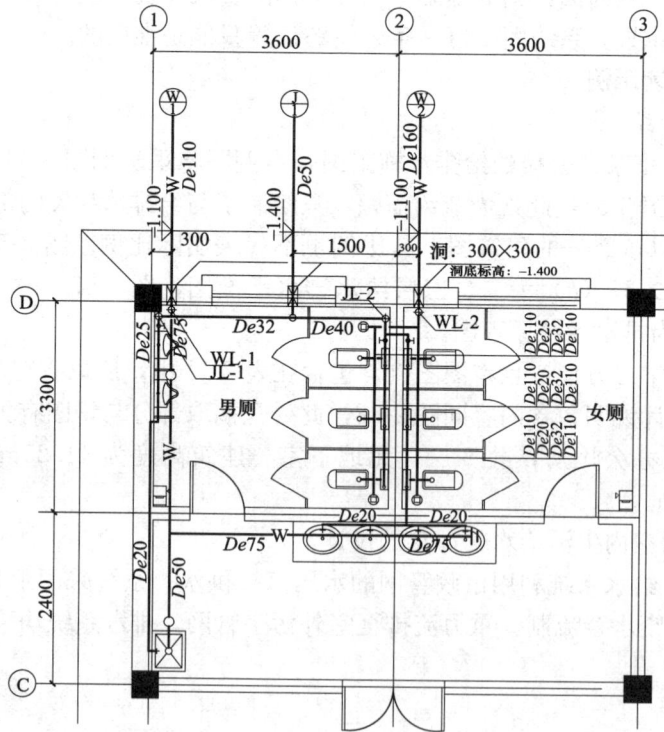

图 2-57（a） 一层给水排水平面图 1：100

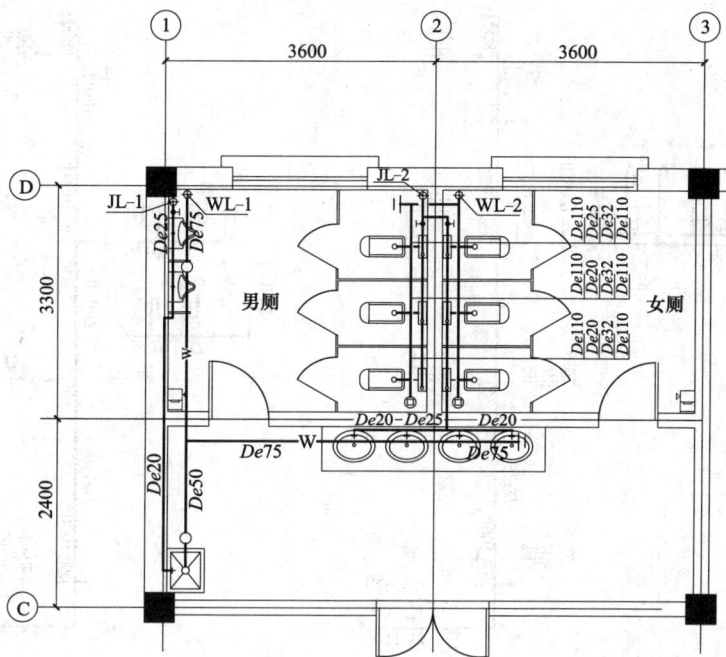

图 2-57（b） 二、三层给水排水平面图 1∶100

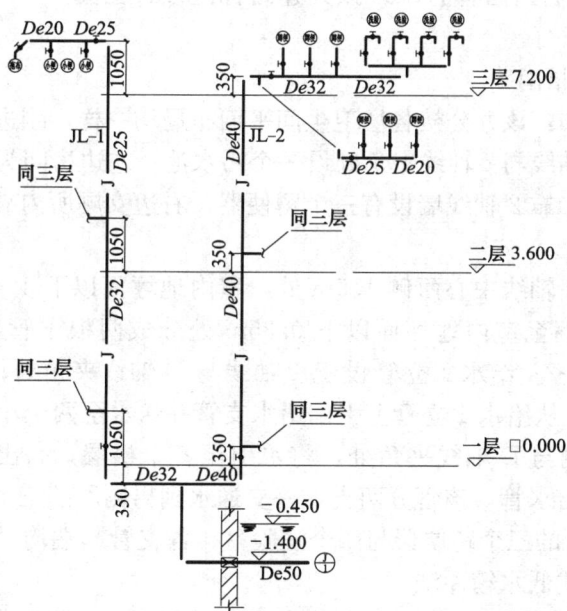

图 2-57（c） 给水系统原理图

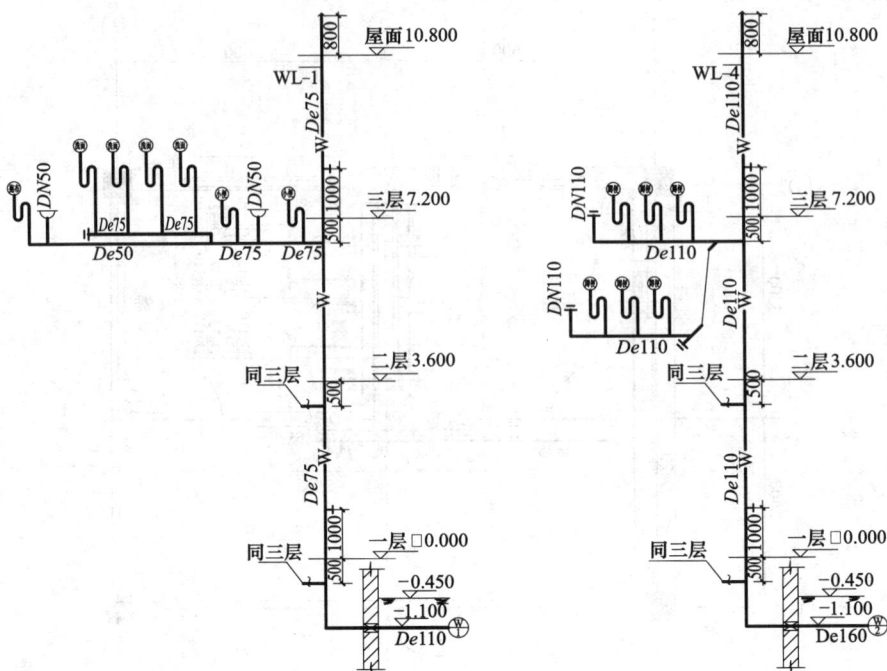

图 2-57（d） 排水系统原理图

本例图所采用的详图标准图号如下：蹲式大便器安装详见 05S1-130 页；小便器安装详见 05S1-157 页；洗脸盆安装详见 05S1-40 页；污水池安装详见 05S1-2 页；地漏安装详见 05S1-248 页；05S1 为山西省的《05 系列建筑标准设计图集》中"卫生设备安装工程"册的代号。

（二）施工图识读指南

从建筑平面图可知：该办公楼各层卫生间平面布局均一样，刚进门正对着一排四个洗脸盆；进门左侧即 1 轴线与 c 轴线夹角处设一个污水池；左边房间为男厕，内靠 1 轴线墙设有两个挂式小便器，靠 2 轴线墙设有三个蹲便器；右边女厕所内靠 2 轴线墙设有三个蹲便器。

给水引入管从距 2 轴线中心西侧 1.5m 处，室内地坪面以下 1.40m 处穿越 D 轴线墙进入，进入后即向上翻至室内地坪面以下 0.35m 处分成两根干管，分别将水送至 JL-1（即给水立管 1）与 JL-2；给水 1 立管设于 1 轴线与 D 轴线夹角处，将水引至各个楼层，高出每层地面 1m 处，从给水 1 立管上引出给水支管并送水至两个小便器与污水池；给水 2 立管设于 2 轴线西侧与 D 轴线夹角处，将水引至各个楼层，高出每层地面 0.35m 处，从给水 2 立管上引出给水管，该管分两支，一支送水到男厕所的三个蹲便器，另一支穿越 2 轴线墙送水至女厕所的三个蹲便器与四个洗脸盆。各支管起端均设有一个截止阀。蹲便器的冲洗均采用承压式低水箱冲洗。

排水设有两个系统，排水支管均悬吊在各层的楼板下，各卫生器具将水排入其下部的排水支管。各层 4 个洗脸盆下的排水支管与污水池及该处地漏的排水支管汇合后，收集两个小便器及此处地漏的污水排入 WL-1（即污水立管 1），立管下至室内地坪面以下 1.1m 处穿越 D 轴线墙出去，此为排水 1 系统。男、女厕所蹲便器的污水均排入悬吊在其楼板下的排水横支管，两个横支管的水汇合后排入 WL-2，2 立管下至室内地坪面以下 1.1m 处穿越 D 轴线墙出去，此为排水 2 系统。

为了使大家对给水排水施工图的内容及表示方法有一个更全面的认识，图 2-58 为一套完整的单元式住宅的给水排水施工图。请按照前述方法自行识读。

施工图设计说明

一、设计依据

　　1.《建筑给水排水设计规范》(GB 50015—2003)

　　2.《建筑给水排水及采暖工程施工质量验收规范》(GB 50242—2002)

　　3.《住宅设计规范》(GB 50096—1999) 2003 年版

　　4.《住宅建筑规范》(GB 50368—2005)

　　5.《建筑设计防火规范》(GB 50016—2006)

二、设计概述

　　本工程为某山庄 10 号住宅楼。共 6 层，总建筑面积为 3040.55m^2。建筑高度为 19.87 m，住宅室内外高差为 1.2m。地下室为非可燃储藏室，一～六层为住宅。其中，储藏室层高 2.7m，一～五层层高为 2.95m，六层层高为 3m。

三、设计范围

　　1. 本设计包括室内生活给水、污水的设计。

　　2. 本设计给水管道做到出外墙 2m 处，污水管道做到出外墙第一个检查井处。

四、节能

　　1. 本工程给水系统充分利用市政管网的水压直接供水。

　　2. 本工程生活热水采用太阳能热水器供应，每户设置一个，由用户自理。

　　3. 所有卫生洁具及给水配件均采用节水型产品，不得使用一次冲水量大于 6L 的坐便器。

五、管道系统

　　1. 生活给水系统

　　(1) 根据甲方提供的资料，市政自来水资用水头为 0.4MPa 且较稳定，能满足设计的水压、水量的要求。

　　(2) 生活冷水由市政管网供给，系统采用下行上给方式供水。最高日用水量为 27.45m^3，最高日最高时用水量为 2.86m^3。设计秒流量 J-1 系统为：$Q_g = 2.6$L/s，要求入口压力不低于 0.36MPa。

　　(3) 生活给水系统的水质，应符合现行的国家标准《生活饮用水卫生标准》的要求。楼内预留太阳能热水器进出水管。塑料给水管道与热水器连接时，应有不小于 400mm 长的金属管道过渡。

　　2. 生活污水系统

　　(1) 本工程污、废水采用合流制。重力流排至室外污水管网。

　　(2) 所有排水系统均采用单立管伸顶通气系统。

六、管材

1. 生活给水系统均采用 PP-R 塑料管，热熔连接。工作压力为 1.0MPa。"De"表示外径。给水管道必须采用与管材相适应的管件。生活给水系统所涉及的材料必须达到饮用水卫生标准。

2. 污水管采用 PVC-U 双壁中空内螺旋消音管，粘接连接。

3. 管道与器具、阀门、水表、水嘴连接时，应采用专用管件或法兰连接。

4. 采用的塑料管及管件必须使用同一厂家生产的管材和配套管件，并应具备质量检验部门的产品合格证和卫生部门的认证文件。

七、阀门及附件

1. 生活给水管应采用与管材相配套的阀门：$DN \leqslant 50mm$ 采用截止阀，$DN > 50mm$ 采用闸阀。工作压力 1.0MPa。

2. 地漏规格均为 $De50$。地漏及存水弯水封深度不得小于 50mm。

3. 所有卫生洁具及给水配件均采用节水型产品。水龙头采用陶瓷芯水龙头。规格均为 $DN15$。入户管水表采用湿式旋翼式水表，规格为 $DN20$。

八、管道敷设

1. 住宅每户内冷、热水支管敷设在住宅地面垫层内。

2. 管道穿墙壁和楼板应做钢套管，套管直径比相应管道大 2 号。安装在楼板内的套管，其顶部高出地面 20mm，安装在卫生间及厨房内的套管，其顶部高出装饰地面 50mm，底部应与楼板底面相平；安装在墙壁内的套管其两端与饰面相平。套管与管道之间缝隙应用阻燃密实材料和防水油膏填实。孔洞周边应采取密封隔声措施。

3. 管道坡度

（1）生活给水管道均以 $i = 0.002$ 的坡度坡向立管或泄水装置。

（2）排水横支管均采用标准坡度 0.026，排水横干管最小设计坡度分别为：$De110$，$i = 0.004$，$De160$，$i = 0.003$。支管坡向立管，干管坡向室外。排水管道坡度必须符合设计要求，严禁无坡或倒坡。

4. 污水管每层设伸缩节具体位置及做法详见 05S1/310～313。立管检查口中心距地面 1.0m。

5. 排水立管与排出管的连接采用两个 45°或曲率半径不小于 4 倍管径的 90°弯头。水平管道与水平管道，水平管道与立管的连接，应采用 45°三通或 45°四通和 90°斜三通或 90°斜四通。

6. 给水排水管道穿地下室外墙处均预埋柔性防水套管。

7. 敷设在楼板垫层的给水管道要严格按规范要求施工，地面宜有管道位置的临时标识。

九、系统水压试验

各种承压管道系统和设备应做水压试验，非承压管道系统和设备应做灌水试验。

1. 给水管道安装符合规定后，应进行水压试验。冷水管道的试验压力为 0.60MPa，在此压力下稳压 1h，压力降不得超过 0.05MPa。然后降至工作压力的 1.15 倍（0.46MPa）并稳压 2h，压力降不得超过 0.03MPa，同时检查各连接处不渗不漏为合格。

2. 污水管道按 GB 50242—2002 做灌水，通排水，通球试验。管道畅通，无渗漏为合格。隐蔽或埋地的排水管道在隐蔽前必须做灌水试验，其灌水高度应不低于底层卫生器具的上边缘或底层地面高度。满水 15min 水面下降后，再灌满观察 5min，液面不下降，管道及接口无渗漏为合格。

3. 水压试验的试验压力表应位于系统或试验部分的最低部位。

十、管道防腐与保温

1. 设于地下室，管井内的冷水管道及给水引入管均做 30mm 厚玻璃棉管壳防保温，外做复合铝箔保护层。详细做法参照 05S8-P2（5）

2. 保温层施工要在管道防腐和水压试验合格后进行。

十一、管道冲洗

1. 生活给水管道在交付前必须冲洗和消毒，要求以不小于 2m/s 的流速进行冲洗。并经有关部门取样检验，符合国家《生活饮用水标准》方可使用。

2. 排水管道冲洗以管道畅通为合格。

十二、其他

1. 图中尺寸，标高以"m"计，其他皆以"mm"计。排水管道标高以管内底计，其余管道标高以管中心计。

2. 本说明未提及部分请严格按照现行有关规范及施工规程执行。

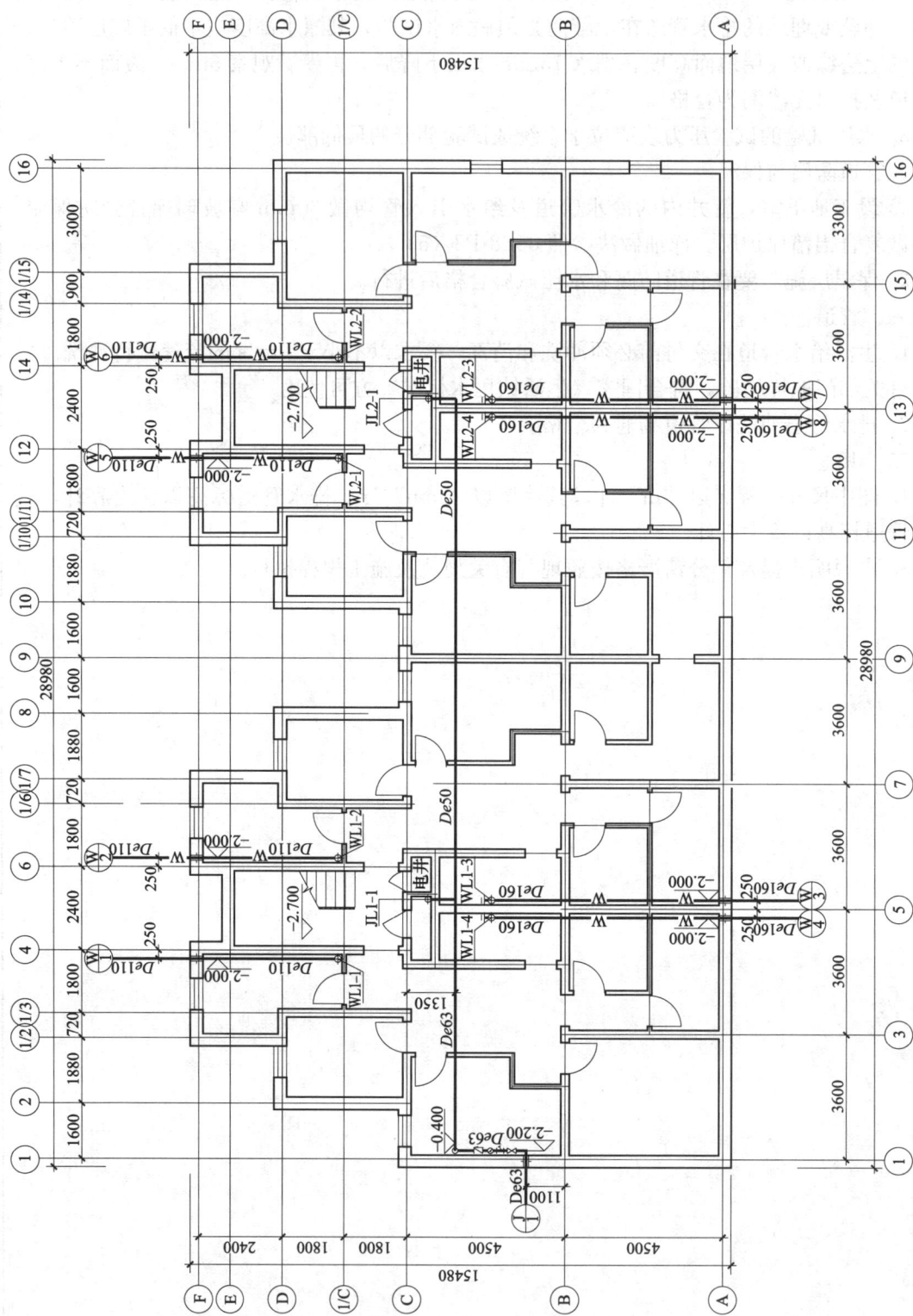

图 2-58 (a) 地下室给水排水平面图 1:100

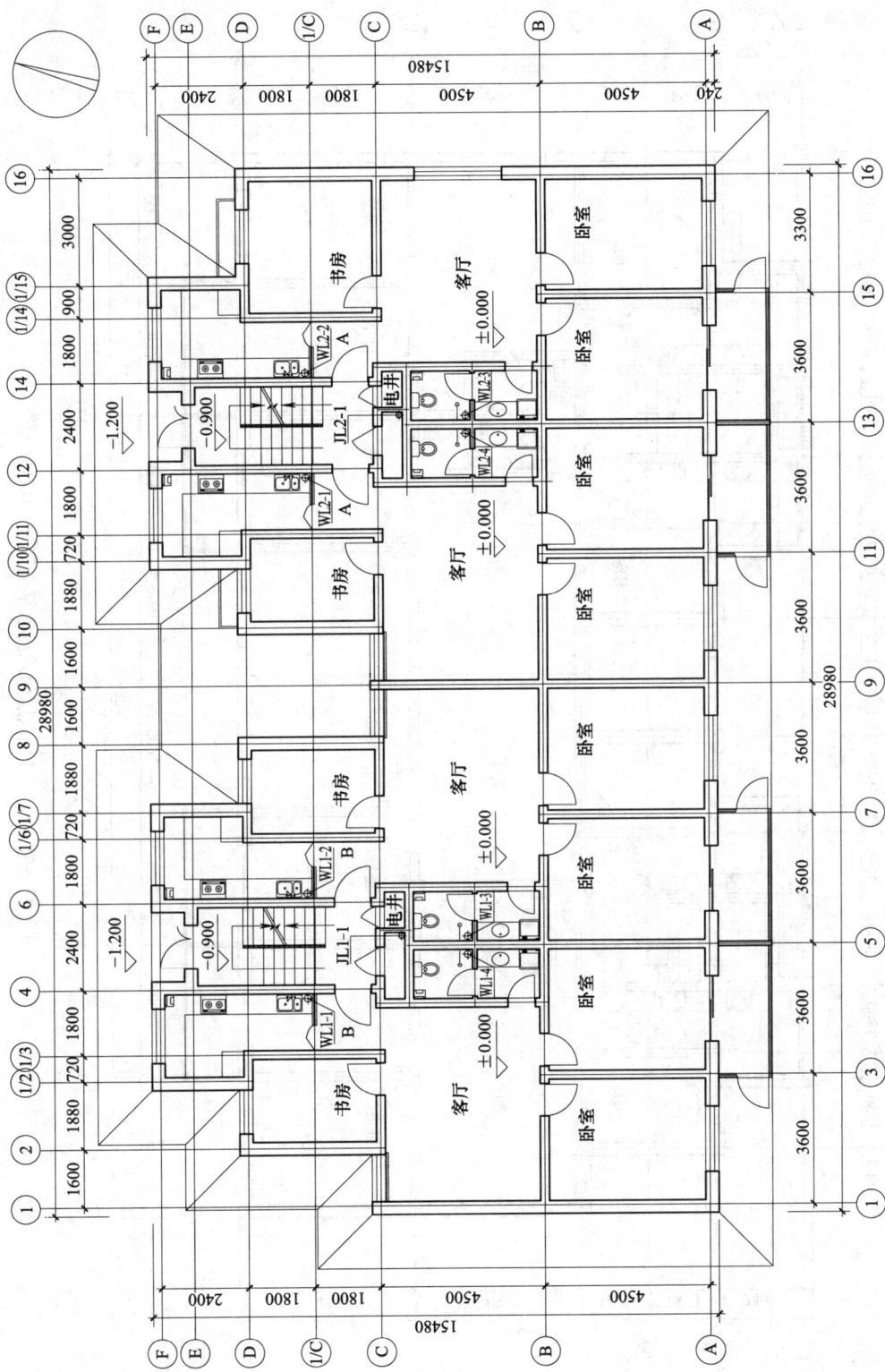

图 2-58 (b)　一层给水排水平面图 1：100

73

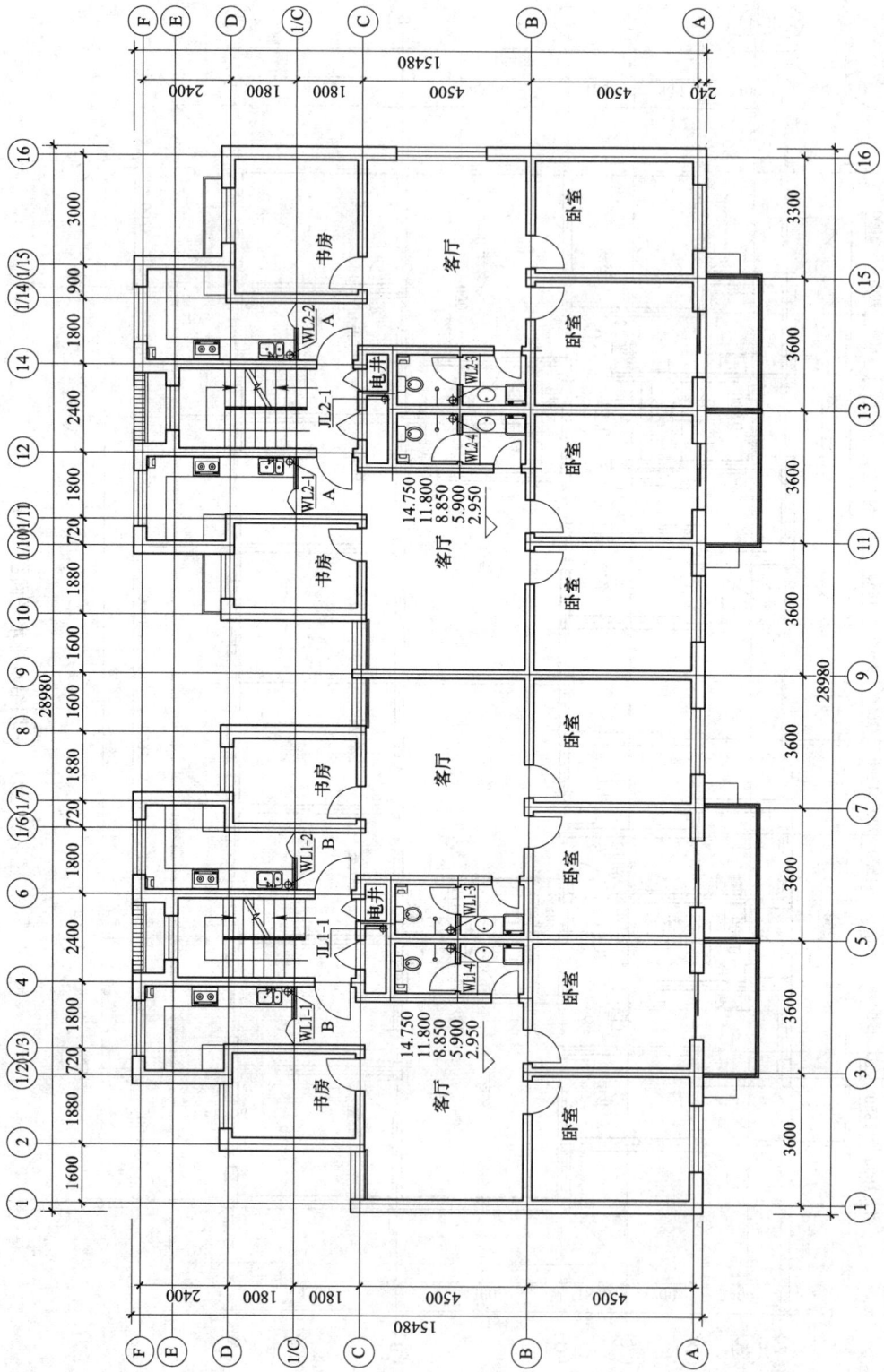

图 2-58 (c) 二～六层给水排水平面图 1：100

74

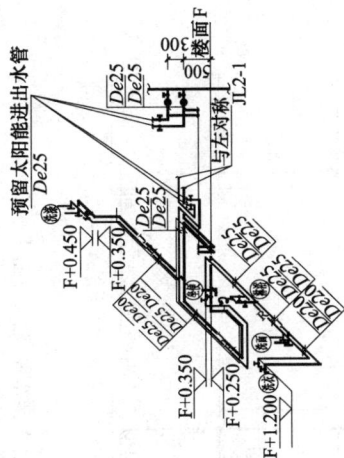

图 2-58 (e) 单元给水系统图 1:50

注：左右对称

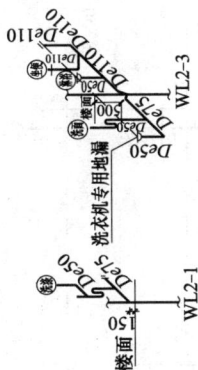

图 2-58 (f) 单元污水系统图 1:50

注：左右对称

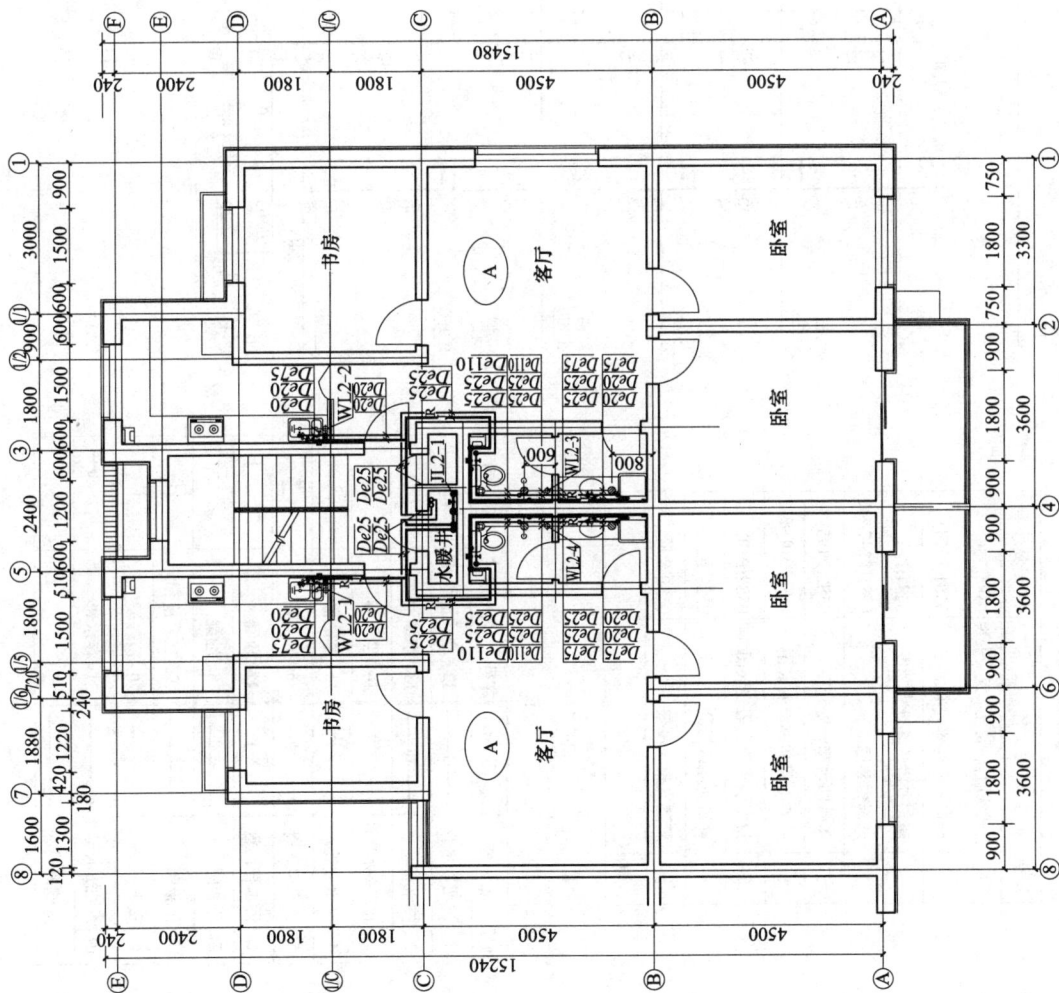

图 2-58 (d) 给水排水单元平面大样图 1:50

75

相关标准图

序号	图 名	图集号
1	台式洗脸盆-混合水龙头安装	05S1(P50)
2	坐箱式坐便器安装图	05S1(P114)
3	厨房双联洗涤盆安装图	05S1(P6)
4	地漏安装图	05S1(P247,248)
5	柔性防水套管安装图	05S2(P195)
6	PVC-U管伸缩节安装图	05S1(P310~313)
7	给水引入管水表安装图	05S2(P19)
8	管道防结露做法	05S8(P2)-5
9	管道支架、吊架	05S9全册
10		

图例

序号	名 称	图 例	序号	名 称	图 例
1	生活冷水管	—J—	12	台式洗脸盆	
2	排水管	—W—	13	洗涤池	
3	冷给水立管	JL-	14	坐便器	
4	排水立管	WL-	15	淋浴器	
5	给水引入管		16	洗衣机	
6	污水排出管	(W)	17	角阀	
7	截止阀		18	地漏	
8	闸板阀		19	立管检查口	
9	水表		20	通气帽	
10	柔性防水套管		21	存水弯	
11	过滤器				

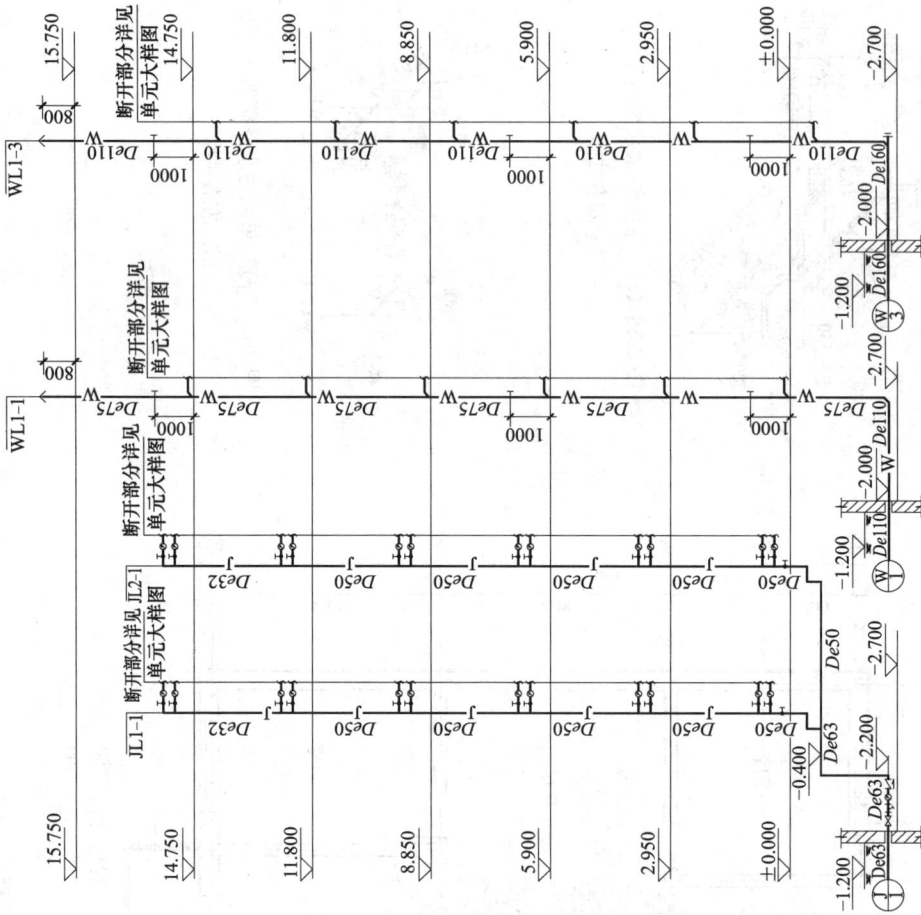

图 2-58 (g) 给水排水系统原理图 1:50
注：②④⑥⑧分别与①③对称或相同

WL1-3　WL1-1　JL1-1

15.750　14.750　11.800　8.850　5.900　2.950　±0.000　-2.700

断开部分详见单元大样图

De110　De75　De32　De50　De63

复习思考题

1. 给水按用途可分为哪几类？

2. 建筑给水系统由哪几部分组成？

3. 建筑给水的基本给水方式有哪几种？高层建筑给水采用竖向分区后，区与区之间的工作关系有哪几种？

4. 建筑给水管道的敷设方式有哪几种？管道敷设时主要应考虑哪些因素？

5. 从管道检修和防火角度写出对管道井的要求。

6. 何为结露？如何防结露？

7. 什么是中水？设建筑中水有何意义？

8. 消火栓系统哪些地方设有止回阀？其设置目的是什么？

9. 闭式自动喷水灭火系统有哪几种类型？其工作原理分别是什么？

10. 化粪池容积的选择和哪些因素有关？

11. 建筑排水系统由哪几部分组成？

12. 卫生器具泄出口都设排水栓吗？它有什么作用？

13. 卫生器具排水为何都要考虑设置水封？

14. 排水管路为何要设通气系统？

15. 什么是充满度？室内污废水排水系统规定横管的最大设计充满度的目的是什么？

16. 室外排水检查井的作用是什么？它在哪些地方设置？

17. 屋面雨水排水系统有哪几种？绘图说明各自的组成。

18. 你能利用学过的知识绘制一份你所在的教学楼厕所排水的系统图和平面图吗？请试一试。

第三章 供暖工程

第一节 供暖系统组成及分类

在冬季比较寒冷的地区，室外温度低于室内温度，房间内热量会通过围护结构（墙、门窗、屋顶、地面等）不断向室外传递，从而使室内温度下降，影响人们的正常生活和工作。为使室内保持所需要的温度，就必须向室内供给相应的热量，以补偿建筑物耗热量。这种用人工方法向室内供给热量以保持一定的室内温度，创造适宜的生活或工作条件的技术即为供暖工程，也称为采暖。向室内供给热量的工程设备，叫做供暖系统。

一、供暖系统组成

一个供暖系统包括热源、供热管网和散热设备三大部分。图 3-1 所示为供暖系统组成原理图。

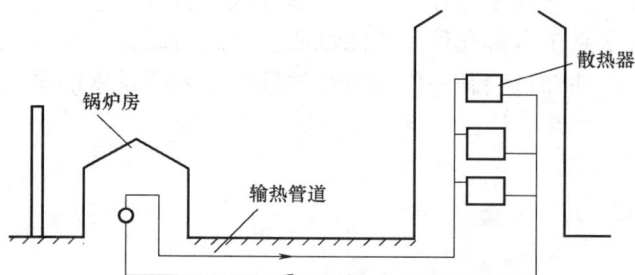

图 3-1　供暖系统基本组成原理图

（1）热源：指热媒的来源，即产生热能的场所。目前广泛采用的是供暖锅炉房、热电厂、换热站等。

（2）供热管网：输送热媒的室外供热管路系统称为供热管网，主要解决从热源到热用户之间热能的输配问题。

（3）热用户：指直接使用或消耗热能的室内用热系统，室内供暖系统的组成主要是管路系统、各种散热器、辐射板和暖风机等。

二、供暖系统分类

（一）根据供暖范围分

1. 局部供暖系统

将热源和散热设备合并成一个整体，分散设置在各个房间里，叫做局部供暖。如火炉供暖、电热供暖、燃气壁挂炉供暖等均属于局部供暖。此种供暖方式装置简单，容易实现，可作为集中供暖的补充形式，但一般能耗较大。

2. 集中供暖系统

热源和散热设备分别设置，热源通过热媒管道向各个房间或各个建筑物供给热量的供暖系统，称为集中式供暖系统。具有供热量大、节约燃料、卫生条件好、污染较轻、运行调节方便、费用较低等优点，目前在工业和民用建筑中已得到了普遍的应用。

3. 区域供暖系统

由区域锅炉房、换热站或热电厂提供热媒，热媒通过区域供热管网输送到城镇的某个区域的供暖系统。实质是集中供暖的一种形式，这种供暖方式作用范围大、节能、对环境污染小，是城市供暖的发展方向。

（二）根据供暖系统热媒不同分

热媒是在供暖系统用来传递热量的媒介物质。

1. 热水供暖系统

以热水作为热媒的供暖系统称为热水供暖系统。供水温度小于100℃的热水供暖系统称为低温水供暖系统；供水温度大于等于100℃的热水供暖系统称为高温水供暖系统。通常条件下，水在吸热与放热过程中伴随着温度的变化，热水供暖正是利用了水的温差散热的性质，放出显热。热水供暖系统热能利用率较高、输送时无效热损失较小、散热设备不宜腐蚀、使用周期长、散热设备表面温度低、卫生条件好，而且系统操作方便、运行安全、易于实现供水温度的集中调节、蓄热能力高、无忽冷忽热现象、散热均衡、适于远距离输送。因此，《采暖通风与空气调节设计规范》规定民用建筑应采用热水供暖系统。

2. 蒸汽供暖系统

以水蒸气作为热媒的供暖系统称为蒸汽供暖系统。系统起始供汽压力小于等于70kPa的蒸汽供暖系统称为低压蒸汽供暖系统；高于70kPa的蒸汽供暖系统称为高压蒸汽供暖系统。蒸汽供暖利用蒸汽的凝结放热性质，会发生相态变化，放出汽化潜热。蒸汽比容大，密度小，当用于高层建筑供暖时，不会像热水供暖那样，产生很大的水静压力，不致因底层散热器承受过高的静压而破裂。蒸汽供暖热惰性很小，加热和冷却速度都很快，当系统间歇运行时，房间温度变化幅度较大，比较适用于要求加热迅速、供暖时间集中而短暂的影剧院、礼堂、体育馆类的间歇供暖的建筑物中和有蒸汽源的工业建筑及其辅助建筑，对于人员长期停留的办公室、起居室、卧室是不适宜的。蒸汽供暖系统的散热器表面温度高，卫生效果较差，由于腐蚀严重，系统的使用年限较短。另外，在输送过程中常有跑、冒、滴、漏现象，其热损失相对热水供暖系统较大。

3. 热风供暖系统

以空气作为热媒的供暖系统称为热风供暖系统，即对空气进行加热处理，然后送入供暖房间放热，从而达到维持或提高室温的目的。热风供暖系统所用热媒可以是室外的新鲜空气，也可以是室内再循环空气，或者是两者的混合体。若热媒是室外新鲜空气，或是室内外空气的混合物时，热风供暖应与建筑通风统筹考虑。热风供暖具有热惰性小、升温快、室内温度分布均匀、温度梯度小、设备简单和投资省等优点，因而适用于耗热量大的高大空间建筑和间歇供暖的建筑。

供暖的效果和经济性与热媒有很大关系。热媒的选择应根据建筑物的用途、地区供热情况、当地气候特点，通过技术经济比较确定。以热水和蒸汽作为热媒的集中供暖系统可以较好地满足人们生活、工作以及生产对室内温度的要求，并且卫生条件好，减少了对环境的污染，广泛应用于建筑供暖工程。就集中供暖而言，以热水作为热媒最好。民用建筑应采用热水作热媒，高级居住建筑、办公、医疗卫生及托儿所、幼儿园等建筑宜采用低温水，其他民用建筑允许采用不超过130℃的高温水。当厂区热用户以生产工艺用蒸汽为主时，在不违反卫生、技术和节能要求的前提下，可采用蒸汽作热媒。

第二节 热水供暖系统

热水供暖系统根据水在系统中循环流动的动力不同分为自然循环热水供暖系统和机械循环热水供暖系统。

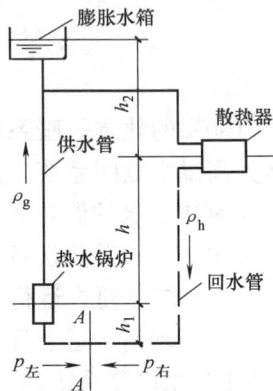

图 3-2　自然循环热水供暖
系统工作原理图

一、自然循环热水供暖系统

自然循环热水供暖系统是由热源、输送管道、散热器以及膨胀水箱等辅助设备和部件所组成。图 3-2 是自然循环系统工作原理图。系统运行前，先将系统充满水，水在锅炉中被加热，其密度减小，热水在散热器内散热后温度降低，密度增大，冷热水密度形成一个差值，该密度差致使热水沿着供水管路上升流入散热器，在散热器中散热后温度降低了的冷却水沿着回水管路返回锅炉被加热，加热后的热水再次流入散热器，如此循环往复。这种依靠供回水密度差产生循环动力保持循环流动的系统称为自然循环热水供暖系统，亦称重力循环。下面分析自然循环的作用压力。

假定水温只在锅炉内上升和散热器中下降，忽略水在管道中的冷却，在循环管路的最低断面 A—A 两侧的水柱压力差就是推动水在系统中循环流动的自然循环作用压力。

断面 A—A 右侧压力　　$P_1 = g(h_1\rho_h + h\rho_h + h_2\rho_g)$　　　　　(3-1)

断面 A—A 左侧压力　　$P_2 = g(h_1\rho_h + h\rho_g + h_2\rho_g)$　　　　　(3-2)

系统的作用压力为：

$$\Delta P = P_1 - P_2 = gh(\rho_h - \rho_g)\qquad\qquad(3-3)$$

式中　ΔP——自然循环系统的作用压力，Pa；

　　　h——冷却中心至加热中心的垂直距离，m；

　　　g——重力加速度，m/s²；

　　　ρ_h——回水密度，kg/m³；

　　　ρ_g——供水密度，kg/m³。

从公式可知，自然循环系统的作用压力与供回水的密度差及散热器和锅炉间的垂直距离有关。为提高系统循环作用压力，应尽量增大锅炉与散热设备之间的垂直距离，但自然循环系统作用压力不大，作用半径一般不宜超过50m。自然循环系统比较简单，不消耗电能，水的流速小，无噪声，运行和维护管理方便。

二、机械循环热水供暖系统

图 3-3 所示为机械循环热水供暖系统原理图。这种系统由热水锅炉、供水管路、散热器、回水管路、循环水泵、排气装置、控制附件等组成。系统运行前先充水，此时系统内

的空气从排气装置排出，充满水后开始加热，利用循环水泵提供的动力，热媒在不断的循环流动，从锅炉吸收热量，在散热器中将热量散出，向房间供暖。为了便于调节和维修，系统中还装有各种阀门。

机械循环热水供暖系统作用半径大，供热范围大，管道中水的流速大，管径较小，启动容易，应用范围较广，但系统运行需消耗电能，维修量也较大。

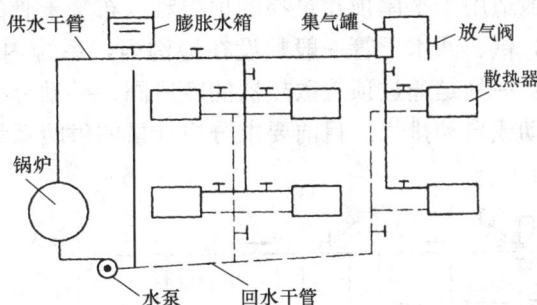

图 3-3　机械循环热水供暖系统工作原理图

三、机械循环系统与自然循环系统的区别

1. 循环动力不同

自然循环系统靠供回水密度差产生的循环动力保持循环流动，机械循环系统由水泵提供动力，强制水在系统中循环流动。机械循环系统循环水泵一般设在锅炉入口前的回水干管上，该处水温较低，可避免水泵出现气蚀现象。

2. 膨胀水箱连接点不同

膨胀水箱通常设在系统的最高处，自然循环系统膨胀水箱接在供水总立管上，机械循环系统膨胀水箱接在循环水泵吸入口前回水干管上。

3. 排气方法与装置有所不同

自然循环系统一般通过膨胀水箱即可排除系统中空气，而机械循环系统中的水流速度常超过从水中分离出来的空气气泡的浮升速度，为了使气泡不被带入立管，不允许水和气泡逆向流动。因此，供水干管上应按水流方向设上升坡度，使气泡随水流方向汇集到系统最高点，通过设在最高点的专用排气装置，将空气排出系统外。

四、供暖系统的形式

供暖系统的形式较多，按照系统布置方式可分为垂直式与水平式；按照散热设备与立管的连接方式可分为单管系统和双管系统；按照供回水干管的敷设位置来分，供水有上供式、下供式、中供式；回水有下回式、上回式。实际的供暖系统往往是以上各种形式的组合，以下介绍几种主要系统形式。

（一）垂直式系统

垂直式是指将垂直位置相同的各个散热器用立管进行连接的方式。

1. 上供下回式系统

图 3-4 为机械循环上供下回式热水供暖系统示意图。供水干管位于顶层散热器之上，回水干管位于底层散热器之下，通常敷设于地下室或地沟中。图中立管Ⅰ、Ⅱ为双管式，各组散热器均为并联连接，每组散热器可进行单独调节；立管Ⅲ为单管顺流式，热水顺序流经各组散热器，不能单独对每组散热器进行流量调节；立管Ⅳ为单管跨越式，可通过跨越管阀门调节进入散热器的流量；立管Ⅴ为顺流、跨越组合式，即上面几层是跨越式，下面是顺流式。上供下回式单管系统管道布置合理，是较为常用的一种布置形式。

2. 下供下回式系统

图 3-5 所示为下供下回式系统示意图。系统的供回水干管都敷设在底层散热器下面，

一般适用于平屋顶建筑物的顶层难以布置干管的场合，以及有地下室的建筑。当无地下室时，供、回水干管一般敷设在地沟内，系统内空气的排除较为困难。排气方法主要有两种：一种是通过顶层散热器的冷风阀，手动分散排气；另一种是通过专设的空气管，集中手动或自动排气。目前要求分户计量的供暖系统常采用此种系统形式。

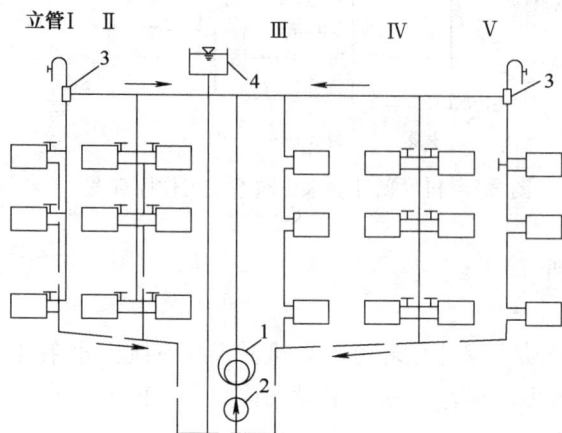

图 3-4　上供下回式系统
1—热水锅炉；2—循环水泵；3—排气装置；
4—膨胀水箱

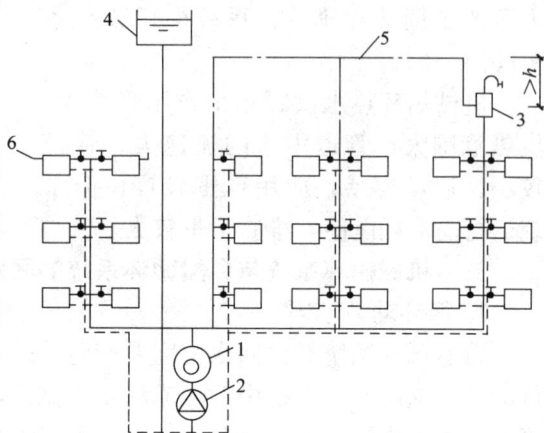

图 3-5　下供下回式系统
1—热水锅炉；2—循环水泵；3—排气装置；
4—膨胀水箱；5—空气管；6—冷风阀

3. 下供上回式系统

图 3-6 所示为下供上回式系统示意图。系统的供水干管设在底层散热器下面，回水干管设在顶层散热器上面，立管布置常采用单管顺流式。这种系统立管中水流方向与空气浮升方向一致，都是由下而上，有利于空气排除。当热媒为高温水时，底层散热器供水温度高，水静压力也大，有利于防止水的汽化。

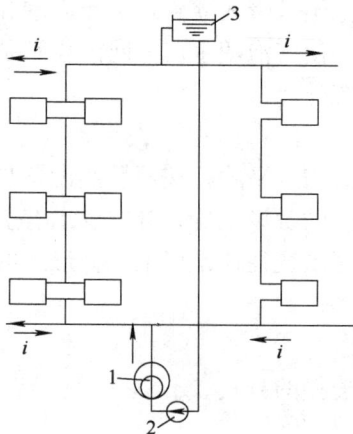

图 3-6　下供上回式（倒流式）系统
1—热水锅炉；2—循环水泵；3—膨胀水箱

4. 上供上回式系统

图 3-7 所示为上供上回式系统示意图。供回水干管均位于系统最上面，供暖管道不与地面设备及其他管道发生矛盾，但要注意解决好上部排气、下部泄水的问题。这种系统主要用于设备和工艺管道较多、沿地面布置干管困难的工厂车间。

5. 中供式系统

图 3-8 所示为中供式系统示意图。水平供水干管敷设在系统的中部，上部系统可采用上供下回式，也可采用下供下回式，下部系统则用上供下回式。中供式系统减轻了上供下回式楼层过多而易出现垂直失调的现象，同时可避免顶层梁底高度过低致使供水干管遮挡顶层窗户的弊端。

（二）水平式系统

水平式系统是指将同一楼层的散热器用水平管线连接的方式。水平式系统可分为顺流

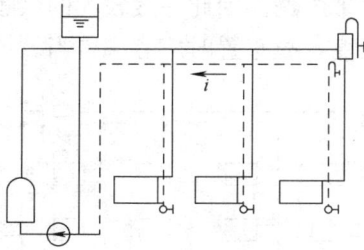

图 3-7 上供上回式系统

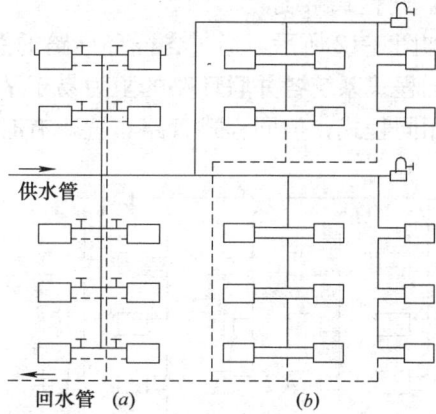

图 3-8 中供式系统

（a）双管；（b）单管

式和跨越式两种。

1. 水平顺流式

图 3-9 为水平顺流式，也叫水平串联式。它是用一条水平管把同一楼层的各组散热器串联在一起，热水按先后顺序流经各组散热器，水温由近及远逐渐降低，不能对散热器进行个体调节。

2. 水平跨越式

图 3-10 为水平跨越式，也叫水平并联式。它是用水平管把同一楼层的各组散热器并联在一起，可通过设在每组散热器上的阀门调节进入散热器的流量。

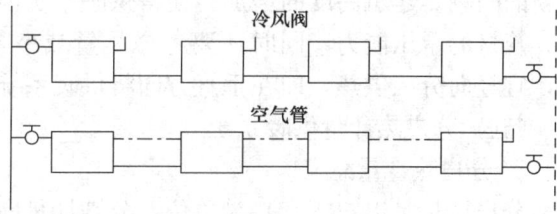

图 3-9 水平顺流式系统

水平式系统管路简单，节省管材，穿楼板管道少，施工容易，沿墙没有立管，不影响室内美观，但排气困难，需要在散热器上设冷风阀手动分散排气或通过专设的空气管集中排气。水平式系统常用于公共建筑楼堂馆所等建筑物，用于住宅时便于设计成分户热计量的系统形式。

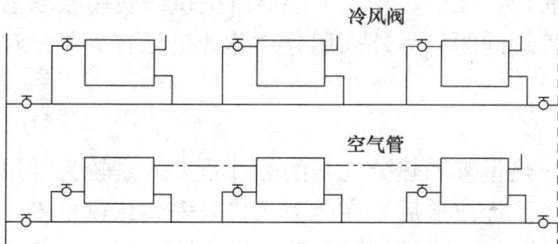

图 3-10 水平跨越式系统

（三）异程式系统和同程式系统

按各个并联环路水的流程，可将供暖系统分为异程式系统和同程式系统。

从流体力学可知，管道对流体产生的阻力与流体流经的管道长度成正比，管道长度越长，流体阻力也越大。因此，如果各循环环路的长度相差很大，就容易造成近热远冷的水平失调现象，即环路短的阻力小，流量大，散热多，房间过热；环路长的阻力大，流量小，散热少，房间过冷。

1. 异程式系统

如图 3-11 所示，通过各循环环路的总长度不相等，这种布置形式称为异程式系统。

2. 同程式系统

如图 3-12 所示，通过各循环环路的总长度基本都相等，这种布置形式称为同程式系统。同程式系统各并联环路的阻力易于平衡，可避免水平失调。因此一般较大的供暖系统宜采用同程式，但同程式管路布置，有时会增加干管长度，故布置时应考虑得当。

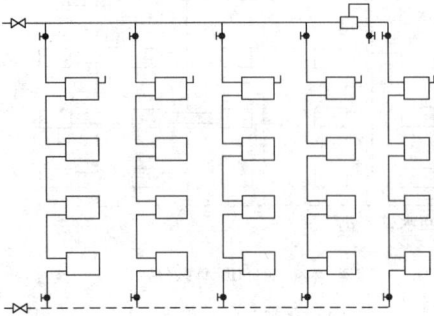

图 3-11　异程式系统

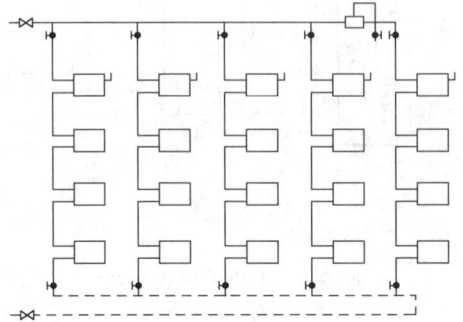

图 3-12　同程式系统

（四）高层建筑供暖系统

随着城市建设的发展，高层建筑越来越多，建筑高度也越来越高，给供暖系统带来一些新的问题。建筑高度的增加，使得供暖系统内水静压力随之上升，这就需要考虑散热设备、管材的承压能力，同时还要考虑尽量减小系统的垂直失调。当建筑物高度超过 50m 时，宜竖向分区供热，即在垂直方向将供暖系统分成两个或两个以上相互独立的系统。

（五）分户热计量供暖系统

1. 分户热计量意义

分户计量是以户（套）为单位，分别计量向户内供给的热量。

分户计量都具有室温调控功能，可由用户自主决定每天的供暖时间及室内温度，有利于用户按照自己的需要控制和调节用热量，可以提高热舒适性，大大降低建筑能耗，改善热网供热质量。其次，分户计量系统在热量表前装有锁闭阀，对于不按时付费的用户可以通过停止供热来督促其交费而不影响其他住户，在一定程度上能够解决供暖费用收取老大难的问题，大大方便了物业公司的收费和管理问题。另外采用分户热计量后有关单位对各用户的用暖收费也将更趋公平和透明。

2. 分户热计量形式

分户热计量有多种形式，目前采用分户热量表和热分配表的热计量方式是较为常用的做法。对既有住宅的单、双管垂直式供暖系统经改造后，在热力入口处安装总热量表，在热用户每组散热器上安装热分配表，根据热分配表分摊总热量表热量，如图 3-13 所示。对新建住宅建筑，采用共用立管分户独立供暖系统形式，按户分环，一户一表直接测量供热系统供给用户的热量，如图 3-14 所示。户内所有散热器串联或并联成环行布置，常用系统形式包括下分式双管系统、下分式单管跨越式系统、上分式双管系统等。图 3-14 所示为目前较为常用的下分式双管系统。

（六）低温热水地板辐射供暖系统

以不高于 60℃ 的热水作热媒，将加热管埋设在地板中的供暖称为低温热水地板辐射供暖，如图 3-15 所示。低温热水地板辐射供暖系统通常由热源、供回水管道、过滤器、

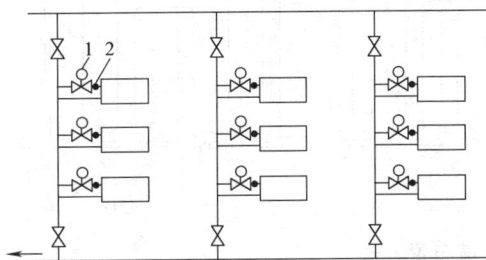

图 3-13　热分配表热计量系统示意图
1—温控阀；2—热量分配表

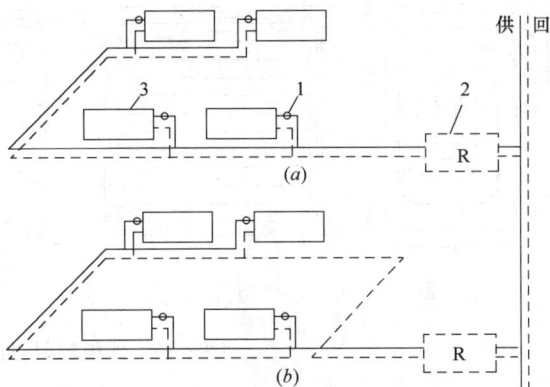

图 3-14　分户热量表热计量系统示意图
（a）下分式双管异程式系统；（b）下分式双管同程式系统
1—温控阀；2—户内热力入口；3—散热器

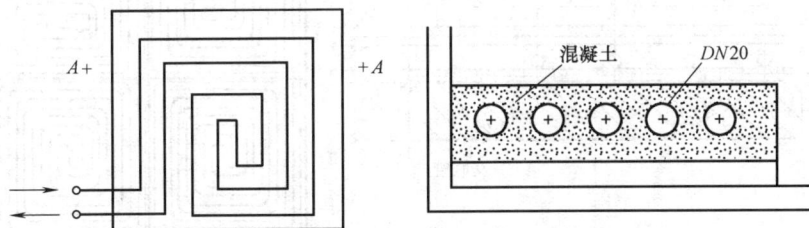

图 3-15　低温热水地板辐射供暖示意图

分集水器、地板辐射管组成。

1. 低温热水地板辐射供暖的特点

低温热水地板辐射供暖的室内空气温度可比对流供暖时低 2～3℃，温度梯度小，房间无效热损失小，可减少能耗；舒适性较好；不需在室内布置散热器，可节省室内有效空间；使用寿命长；维护简便、热源使用灵活；但由于要埋设加热管，要求建筑层高增加 6～8cm，管道安装需与土建施工同步进行，对施工要求较高。

2. 加热管的材料与布置方式

（1）加热管的材料

敷设与地面填充层内的加热管，应选择抗老化、耐高温、易弯曲、耐腐蚀、不结垢、水利条件好的管材。根据耐热年限、热媒温度和工作压力、系统水质、施工技术和投资费用等因素来选择管材。目前国内常用有交联铝塑复合管（XPAP）、聚丁烯管（PB）、交联聚乙烯管（PE-X）、无规共聚聚丙烯管（PP-R）。

（2）加热管的布置方式

加热管的布置应考虑输送温度高的热水管道尽量先往窗下、外墙处布置，这样有利于室内温度的均匀性。一般有以下几种布置方式，如图 3-16 所示。

3. 地板辐射供暖的技术措施

图 3-17 所示为低温热水地板辐射供暖施工示意图，地板辐射供暖的设置应满足以下技术要求：

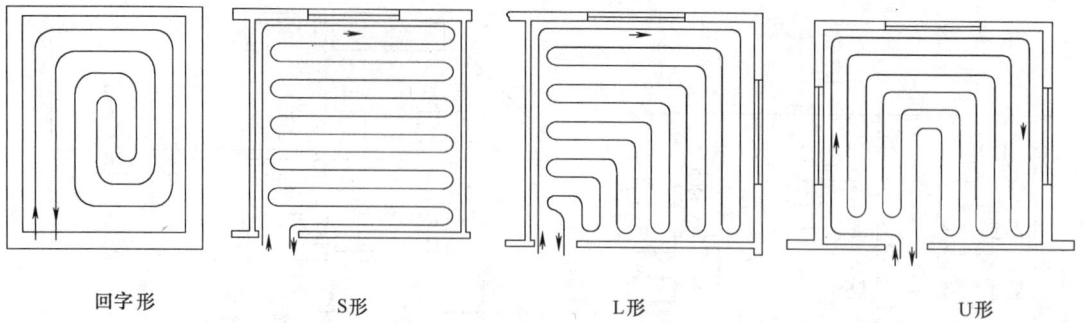

回字形　　　　　S形　　　　　L形　　　　　U形

图 3-16　地板辐射供暖管道布置方式

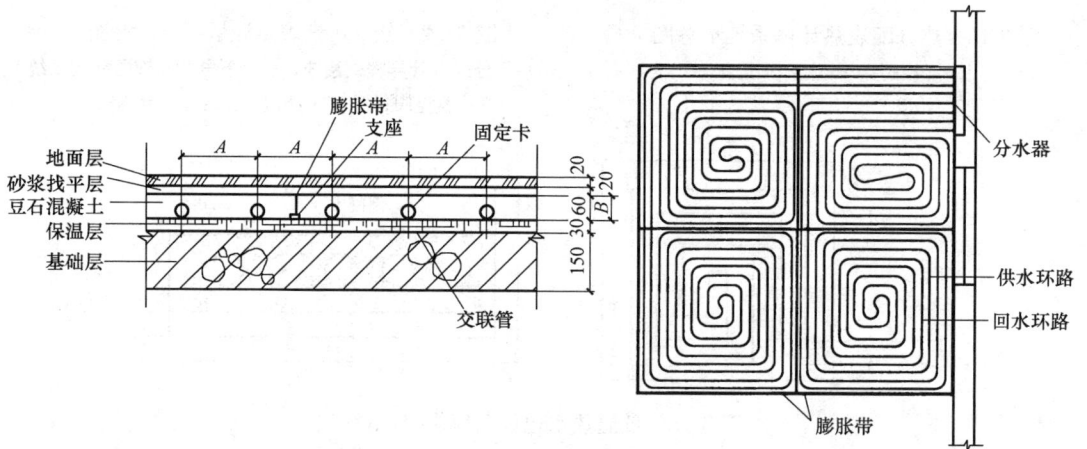

图 3-17　低温热水地板辐射供暖施工示意图

（1）每组加热盘管的供、回水应分别与分（集）水器相连接。每组加热盘管回路的总长度不宜超过 120m，同一集配装置的每个环路加热管长度应尽量接近，每个环路的阻力不宜超过 30kPa，每套分（集）水器连接的加热盘管管段不宜超过 8 组。

（2）地板辐射供暖的加热管及其覆盖层与外墙、楼板结构层间应设绝热层。当使用条件允许楼板双向传热时，覆盖层与楼板结构层间可不设绝热层。

（3）低温热水地板辐射供暖系统敷设加热管的覆盖层厚度不宜小于 50mm。覆盖层应设伸缩缝，加热管穿过伸缩缝时，宜设长度不小于 100mm 的柔性套管。

（4）低温热水地板辐射供暖系统的工作压力不宜大于 0.6MPa；当超过上述压力时，应采取相应的措施。

（5）低温热水地板辐射供暖绝热层敷设在土壤上时，绝热层下应做防潮层。在潮湿房间（如卫生间、厨房等）敷设地板辐射供暖系统时，加热管覆盖层上应做防水层。

（6）加热盘管出地面与分（集）水器连接的管段，穿过地面构造层部分外部应加装硬质套管。

（7）细石混凝土填充层的混凝土强度等级，不应低于 C15，浇捣时应掺入适量防止混凝土龟裂的添加剂，细石的粒径不应大于 12mm。

（8）细石混凝土的浇捣，必须在加热盘管试压合格后进行，浇捣混凝土时，加热盘管内应保持不低于 0.4MPa 的压力，待大于 48 小时后方能卸压。

第三节　供暖系统常用管材及散热设备

一、供暖系统常用管材

管道工程中的各类管道系统主要由管材和管路附件组成。国家有关部门对管材与管路附件的生产和安装制定了统一的技术标准，使之标准化、规范化和系统化，便于管材和管路附件在使用中实现互换和通用。在这些标准中，公称通径标准和公称压力标准是两个最基本的标准。为了使管材和管路附件同设备的进出口能够相互连接，在连接处的口径应保持一致，这种能相互连接的口径就称为公称通径。它既不是管材或管件的外径，也不是其内径，因此，又叫做名义直径或公称直径。国际通用代号为 DN。管材和管件在使用过程中受到工作介质的压力和温度的共同作用，温度升高，材料的强度要下降。同一制品在不同温度下具有不同的耐压强度。所以必须以某一温度下，制品所允许承受的工作压力作为耐压强度的判别标准，这个温度称为基准温度。制品在基准温度下的耐压强度称为公称压力，用符号 PN 表示。除公称压力外，工程上还有两个重要的压力指标，即试验压力和工作压力。制品试验压力是管材、管件在出厂前，生产厂家为了检查制品的机械强度和密封性，进行压力试验的压力值，用 Ps 表示。在工程中应注意不要将制品试验压力与管路系统交工验收时系统试验压力相混淆。工作压力是管材、管件实际工作时的压力，用 P 表示。

目前供暖系统常用管材主要有钢管、塑料管和复合管三大类。

1. 钢管

钢管按照制造工艺不同可分为焊接钢管和无缝钢管；按照表面是否镀锌可分为镀锌钢管和非镀锌钢管。焊接钢管的规格以公称直径表示，无缝钢管的规格以外径×壁厚表示。当系统工作压力低时采用有缝钢管，压力高时采用无缝钢管。钢管强度高，韧性强，加工安装容易，但其抗腐蚀性差。钢管连接方法有螺纹连接、焊接、法兰连接。一般 $DN \leqslant$ 32mm 时螺纹连接；$DN > 32$mm 时焊接，镀锌钢管不允许焊接。

2. 塑料管

供暖系统常用塑料管有 PP-R 管（无规共聚聚丙烯管）、PB 管（聚丁烯管）和 PE-X 管（交联聚乙烯管）。

3. 复合管

供暖系统采用的复合管通常是 XPAP 管（交联铝塑复合管）。

塑料管和复合管与钢管相比，卫生、无毒、耐腐蚀、不结垢，避免因管道锈蚀引起的黄斑锈迹之忧，可免除管道腐蚀结垢所引起的堵塞，外形美观，产品内外壁光滑，流体阻力小，色泽柔和，造型美观，安装方便，安全可靠。

二、散热器

在供暖系统中，散热器是常用的散热设备，它的作用是将具有一定温度的热媒所携带的热量不断地传给室内空气，热量通过散热器壁面以对流、辐射方式传递给室内，补偿房间的热损耗，使室内保持需要的温度，以达到供暖的目的。

（一）散热器的类型与性能

目前国内生产的散热器种类繁多，按其使用材质不同，主要有铸铁散热器、钢制散热器、铝合金散热器、铜铝等复合型散热器四大类；按其构造不同分为柱形、翼形、管形、板形等；按传热方式不同分为对流型和辐射型。

1. 铸铁散热器

由于铸铁散热器具有耐腐蚀、使用寿命长、热稳定性好，以及结构比较简单等优点，长期以来被广泛应用。但其承压能力低、金属耗量大、单片出厂，需现场组装，安装和运输繁重。目前工程中常用的铸铁散热器有翼形和柱形两大类。

（1）翼形散热器

翼形散热器分为圆翼形和长翼形，翼形散热器铸造工艺简单，外表面有许多肋片，易积灰，难清扫，外形不够美观，单片散热面积大，不易组成所需散热面积，不节能。适用于散发腐蚀性气体的厂房和湿度较大的房间，以及工厂中面积大而又少尘的车间。

（2）柱形散热器

柱形散热器主要有二柱、四柱、五柱等几种类型，如图 3-18 所示。柱形散热器是呈柱状的单片散热器，每片各有几个中空的立柱相互连通。根据散热面积的需要，可把各个单片组合在一起形成一组散热器。但每组片数不宜过多，一般二柱不超过 20 片，四柱不超过 25 片。柱形散热器有带足和不带足两种片型，便于落地或挂墙安装。柱形散热器和翼形散热器相比，它的传热系数高，外形也较美观，占地较少，每片散热面积少，容易组对成所需的散热面积，无肋片，表面光滑积灰易清扫。目前被广泛用于住宅和公共建筑中。图 3-19 所示为铸铁辐射对流散热器，表 3-1 为其规格及主要技术性能参数表（摘自山西省 05 系列建筑标准设计图集-采暖工程），其余类型散热器也可查阅相关图集。

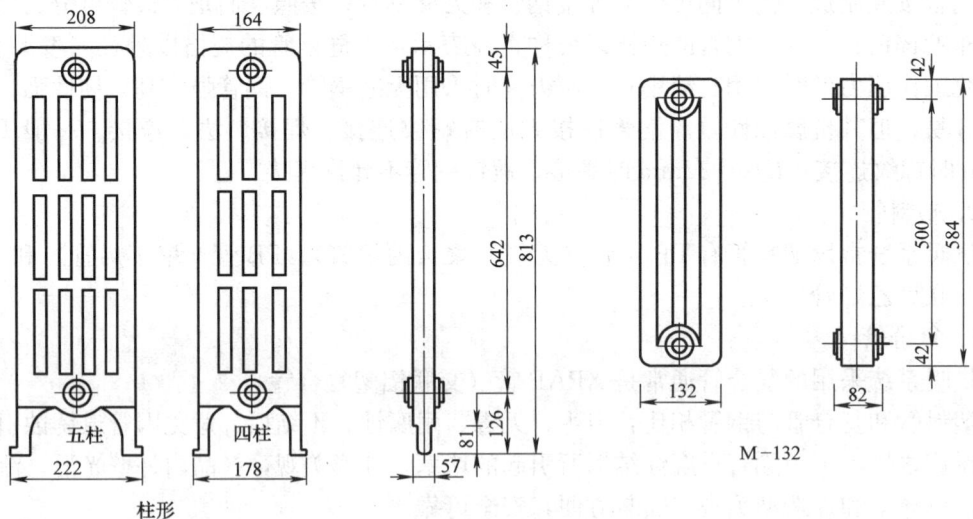

图 3-18　铸铁柱形散热器

2. 钢制散热器

钢制散热器金属耗量少，外形美观整洁，大多数由薄钢板压制焊接而成，耐压强度高，占地较少，便于布置，但容易被腐蚀，使用寿命较短，在蒸汽供暖系统中及较潮湿的地区不宜使用。钢制散热器主要有钢串片式、板式、柱形及扁管形四大类。

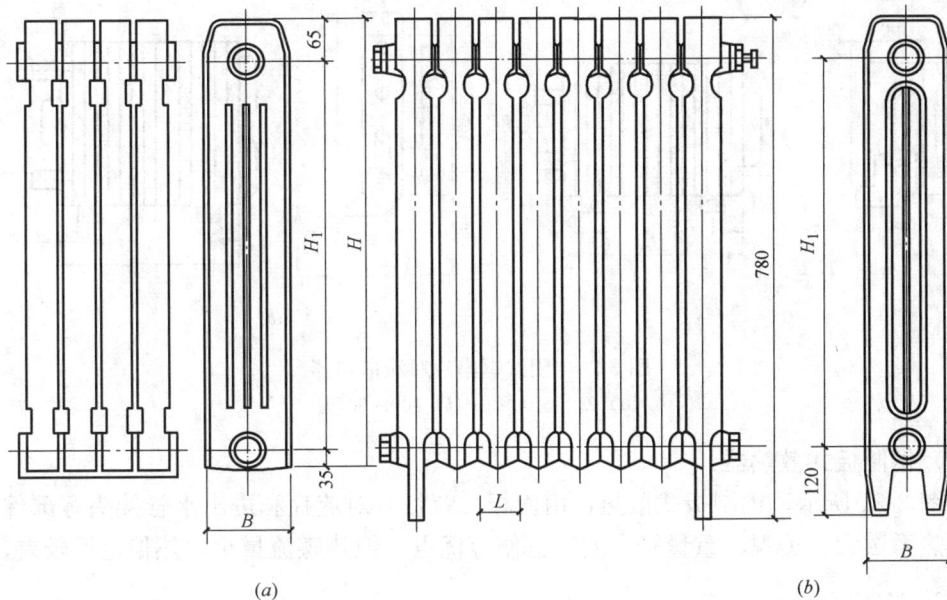

图 3-19　铸铁辐射对流散热器

(a) 单水道；(b) 双水道

辐射对流散热器规格及主要技术性能参数表　　　　　　　表 3-1

项目	单位	TFD$_1$(I)-0.9/6-6	TFD$_1$(II)-0.9/6-6	TFD$_1$(III)-1.0/6-6	TFD$_2$(IV)-1.2/6-6
进出水口中心距(H_1)	mm	600	600	600	600
高度(H)	mm	700	700	700	700
宽度(B)	mm	90	90	100	120
长度(L)	mm	60	75	65	65
重量	kg/片	6.6	7.5	6.3	6.2
水容量	L/片	0.67	0.85	0.84	0.75
散热面积	m²	0.355	0.422	0.420	0.340
标准散热量	W/片	144	179	168	178

适用压力			
材　质	工作压力(MPa)		试验压力(MPa)
	低于130℃热水	蒸汽	
普通灰铸铁	0.6	0.2	0.9
稀土灰铸铁	0.8	0.2	1.2

（1）闭式钢串片式散热器

如图 3-20 所示，闭式钢串片式散热器由钢管、钢串片、联箱及管接头组成，钢片串在钢管外面，两端折边 90°形成封闭的竖直空气通道，具有较强的对流散热能力，但使用时间长会出现串在钢片与钢管连接不紧或松动，影响传热效果。闭式钢串片式散热器以"高×宽"表示，长度可按设计要求制作。

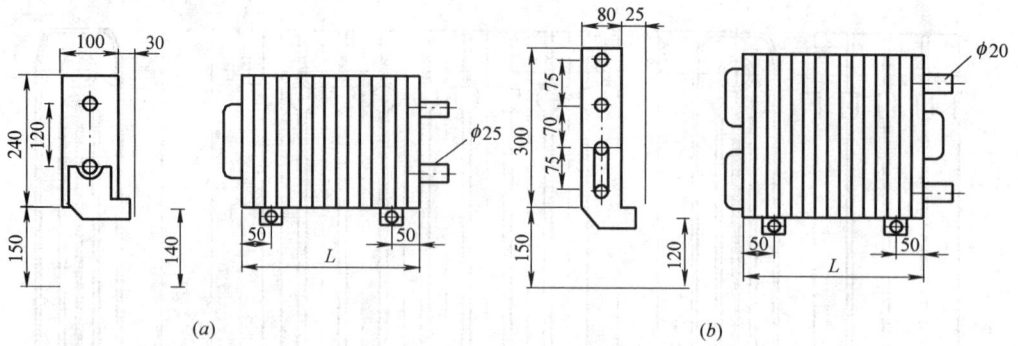

图 3-20　闭式钢串片对流散热器

(a) 240×100 型；(b) 300×80 型

（2）钢制板式散热器

如图 3-21 所示，钢制板式散热器由面板、背板、对流片和进出水管接头等部件组成。具有传热系数大、美观、重量轻、安装方便等优点，但热媒流量小，热稳定性较差、耐腐蚀性差。

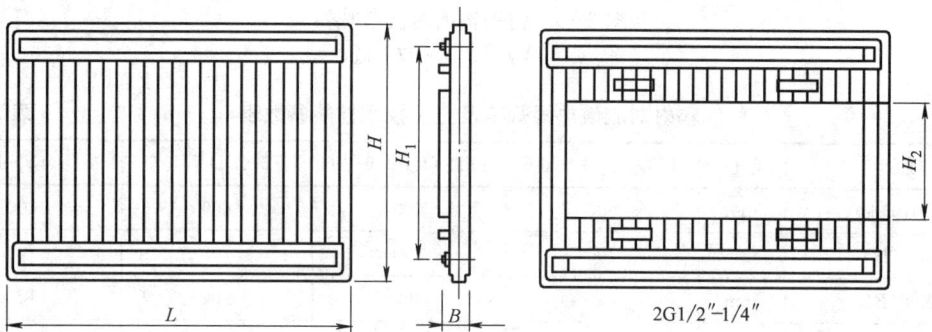

2G1/2″–1/4″

图 3-21　钢制板式散热器

（3）钢制柱形散热器

如图 3-22 所示，钢制柱形散热器用冷轧钢板经冲压加工焊接制成。这种散热器水容量大，热稳定性好，积灰易于清扫，但造价高，金属热强度低。

（4）钢制扁管形散热器

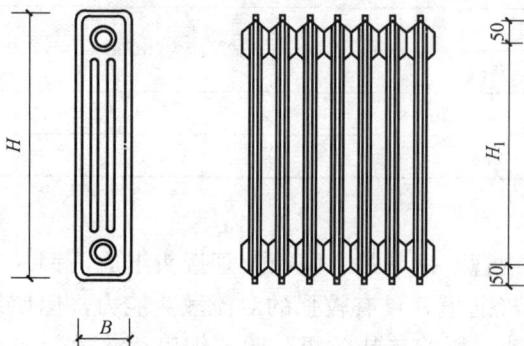

图 3-22　钢制柱形散热器

如图 3-23 所示，钢制扁管形散热器由数根 52mm×11mm×1.5mm（宽×高×厚）的矩形扁管叠加焊接在一起，两端加上联箱制成，有单板、双板、单板带对流片、双板带对流片四种结构形式。这种散热器水容量大，有较多辐射热，热稳定性好，积灰易于清扫，但金属热强度低。

3. 铝合金散热器

铝合金散热器材质为耐腐蚀的铝合金，经过特殊的内防腐处理，采用焊接连接形

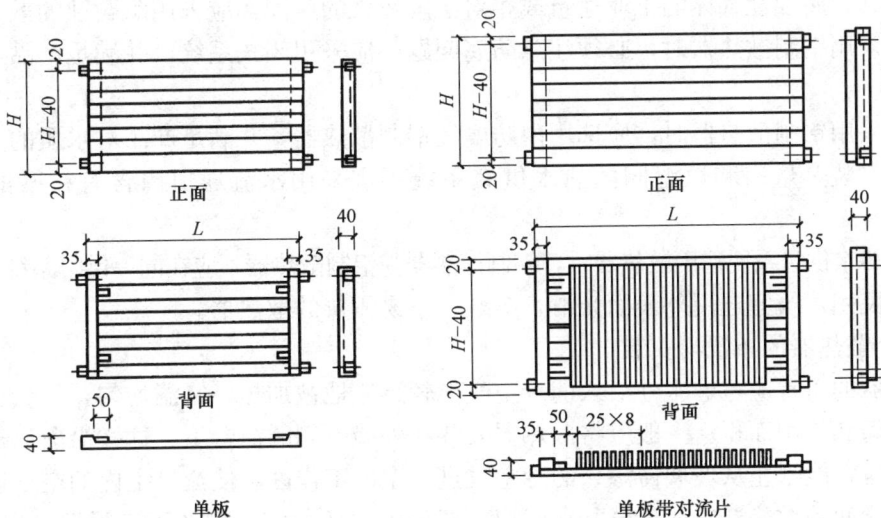

图 3-23 钢制扁管形散热器

式加工而成。铝制散热器重量轻，热工性能好，使用寿命长，可根据用户要求任意改变宽度和长度，外形美观大方，造型多变，易于室内装饰相协调。采用铝制散热器时不宜在强碱条件下长期使用，因为铝是两性金属，对酸碱都很活跃，在强碱条件下防腐涂料会加速老化，一旦涂层被破坏，铝很快被腐蚀，造成穿孔，因此铝制散热器对供暖系统水质要求较高。另外注意铝制散热器与系统连接时，需采用配套的专用非金属或不发生电化学腐蚀的金属管件，不得使用铝制螺纹直接与钢管连接，否则容易造成腐蚀。

4. 铜铝复合散热器

铜铝复合散热器将铜的防腐性能和铝的高效传热性能结合起来，采用先进的液压涨管技术将里面的铜管与外部的铝合金紧密连接起来制造而成。这种散热器热工性能好，耐腐蚀，使用寿命长，外形美观，高效节能，但造价较高。

（二）对散热器要求

（1）热工性能好。散热器的传热系数是衡量热工性能好坏的指标，因此要求散热器的传热系数要高。可以采用增加外壁散热面积（在外壁上加肋片），提高散热器周围空气流动速度和增加散热器向外辐射强度等的措施来提高散热器的散热量，增大散热器的传热系数。

（2）金属热强度大。金属热强度是衡量同一材质散热器的金属耗量、成本高低的指标。金属热强度越大，说明散出同样热量时消耗的金属耗量越少，成本越低。

（3）具有一定机械强度和承压能力，耐腐蚀，使用寿命长，价格便宜。

（4）规格尺寸多样化，能适用不同类型建筑物使用，结构形式便于组对成所需散热面积。

（5）卫生美观，不易积灰，易清扫，易于室内装饰相协调。

（三）散热器的选择

散热器应根据实际情况，选择经济、适用、耐久、美观的散热器。设计或选择散热器时，应符合下列原则性的规定：

（1）具有腐蚀性气体的工业建筑或相对湿度较大的房间，应采用耐腐蚀的散热器。

（2）采用钢制散热器时，必须注意防腐问题。应采用闭式系统，并满足产品对水质的要求。

（3）采用铝制散热器时，应选用内防腐性铝制散热器，并满足产品对水质的要求。

（4）安装热量表和恒温阀的热水供暖系统不宜采用水流通道内含有粘砂的铸铁散热器。

（5）热水供暖系统选用散热器时，钢制散热器与铝制散热器不应在同一供暖系统中使用。

（6）民用建筑宜选用外表面光滑、美观、不易积灰的散热器。

（四）散热器的布置与安装

散热器的布置应考虑室外渗入的冷空气能较迅速地被加热，室温均匀，尽量少占用房间有效空间和使用面积。一般应将散热器安装在外墙一侧的窗台下，这样沿散热器上升的对流热气流，能阻止从玻璃窗渗入的冷空气进入室内工作区，使流经室内的空气比较暖和舒适。楼梯间的散热器应尽量分配在底层。双层外门的外室、门斗不宜设置，以防冻裂。散热器宜明装，这样利于散热器散热。装饰要求较高的民用建筑可用暗装，托儿所、幼儿园必须暗装，可用挡板、格栅等加以围挡，但要设有便于空气对流的通道。散热器可落地安装，也可以挂装，有足片的散热器可落地安装，无足片的可用专门的拖架挂在墙上，若在墙内预埋拖架，应与土建平行作业。散热器的一些安装方式如图 3-24 所示。

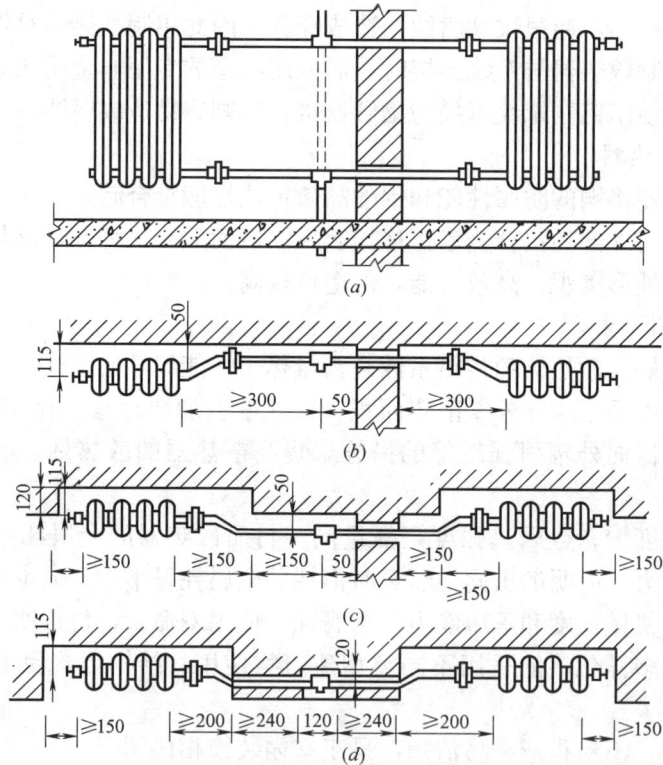

图 3-24　散热器安装示意图

（a）散热器立、支管连接平面图；（b）明管、散热器明装平面图；

（c）明管、散热器半暗装平面图；（d）暗管、散热器暗装平面图

三、暖风机

暖风机是热风供暖系统常用设备，是由空气加热器、通风机和电动机组合而成。暖风机根据其使用热媒的不同有蒸汽暖风机、热水暖风机、蒸汽热水两用暖风机、冷热水两用暖风机等多种形式；根据构造不同可分为轴流式和离心式两种类型。图 3-25 所示为 NA 型轴流暖风机外形图，它是用蒸汽或热水来加热空气。暖风机可以直接装在供暖房间内，蒸汽或热水通过供热管道输送到暖风机内部的空气加热器中，加热由通风机加压循环的室内空气，被加热后的空气从暖风机出口处的百叶孔板向室内空间送出，空气量的大小及流向可由导向板来调节。

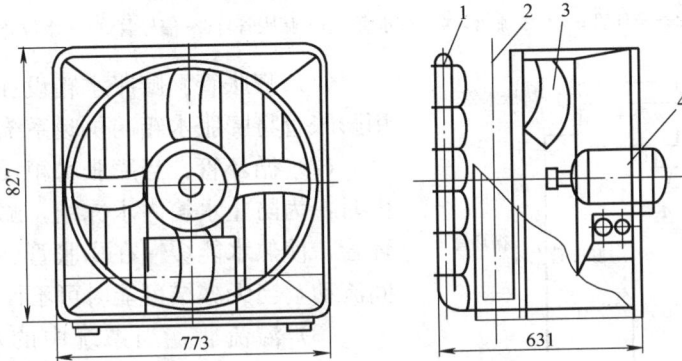

图 3-25　NA 型暖风机外形图
1—导向板；2—空气加热器；3—轴流风机；4—电动机

暖风机的安装台数应根据建筑物热负荷和暖风机实际散热量计算确定，布置安装时应满足下列要求：

(1) 多台布置时应使暖风机的射流互相衔接，使供暖房间形成一个总的空气环流；

(2) 暖风机不宜靠近人体或者直接吹向人体；

(3) 暖风机应沿车间的长度方向布置，射程内不应有高大设备或障碍物阻挡空气流动；

(4) 暖风机的安装高度应考虑对吸风口和出风口的要求。

第四节　供暖系统主要设备及附件

一、膨胀水箱

(一) 膨胀水箱作用

膨胀水箱的作用是容纳水受热膨胀而增加的体积。在自然循环上供下回式热水供暖系统中，膨胀水箱连接在供水总立管最高处，还起着排气作用。在机械循环热水供暖系统中，膨胀水箱连接在循环水泵吸入口前回水干管上，可以恒定供暖系统的压力。

(二) 膨胀水箱构造

膨胀水箱一般由薄钢板焊接而成，有圆形和矩形两种形式。箱上设有膨胀管、循环管、信号管、溢流管、排水管等配管。图 3-26 所示是方形膨胀水箱的构造与配管图，图 3-27 所示是膨胀水箱与机械循环热水供暖系统的连接方式图。

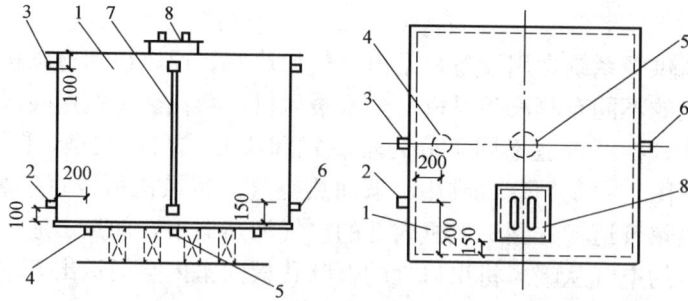

图 3-26 方形膨胀水箱构造与配管图

1—箱体；2—循环管；3—溢流管；4—排水管；5—膨胀管；6—信号管；7—水位计；8—人孔

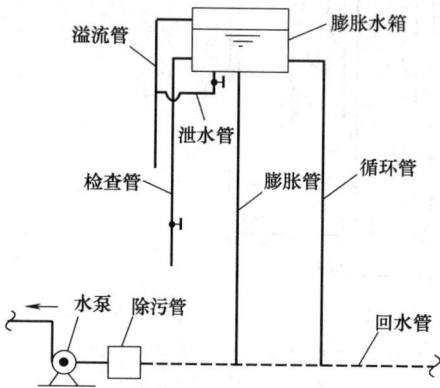

图 3-27 膨胀水箱与系统连接示意图

（1）膨胀管：膨胀水箱设在系统最高处，利用膨胀管将膨胀水箱与供暖系统相连接。

（2）循环管：当膨胀水箱设在不供暖的房间内时，为防止水箱内水冻结，膨胀水箱需设置循环管，使热水能缓慢在膨胀管、循环管和水箱之间流动，当无冻结可能时可不设。

（3）溢流管：当系统中的水位超过溢水管时，通过溢流管将水自动溢流排出，控制水箱最高水位。

（4）信号管：也叫检查管，用来检查膨胀水箱水位，控制水箱最低水位。一般应引到管理人员容易观察到的地方（接回锅炉房或建筑物的卫生间、值班室）。

（5）排水管：用来清洗、检修水箱时放空存水和污垢，它可与溢流管一起就近接到附近排水设施。膨胀管、循环管、溢流管上均不得装设阀门。

二、排气装置

供暖系统中空气主要来自两个方面，一是在向系统充水时残留的部分空气，二是系统运行时随水温升高和沿途压力下降空气从水中不断析出。在供暖系统中，如散热器内存在空气，将会影响散热效果。空气如积聚在管道中，就会形成气塞，堵塞管道，破坏正常循环。为保证供暖系统正常工作，就必须及时将空气排除。目前常用的排气装置主要有集气罐、自动排气阀和手动排气阀（散热器冷风阀）。

（一）集气罐

集气罐一般用直径 100～250mm 的无缝钢管焊制而成，有立式和卧式两种，如图3-28所示。集气罐一般应设于系统的最高处，并使水平干管逆坡（即管道坡度与水流方向相反）以使水流方向与空气泡浮升方向一致，这样有利于排气。集气罐顶部接出的排气管管径，一般采用 DN15mm，在排气管上应设阀门，阀门设在便于操作的地方，排气管可引向附近有排水设施的地方。

（二）自动排气阀

自动排气阀的工作大都是依靠水对浮体的浮力，通过杠杆机构的传动，使排气孔自动

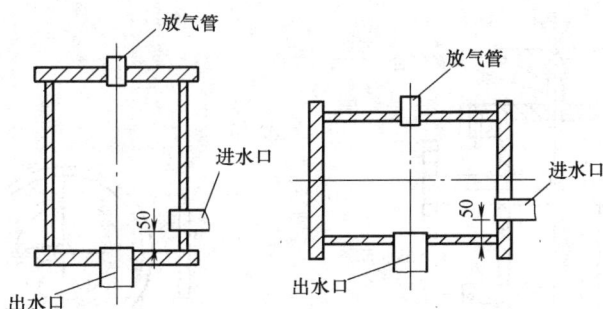

图 3-28 集气罐
(a) 立式集气罐；(b) 卧式集气罐

启闭，达到自动阻水排气的目的。如图 3-29 所示，当罐内无空气时，系统中的水流入将浮体浮起，通过耐热橡皮垫将排气孔关闭；当系统中有空气流入时，空气浮于水面上将水面标高降低，浮力减小后浮体下落，排气孔开启排气，排气结束后浮体又重新上升关闭阀孔，如此反复工作。自动排气阀安装检修简便、节约能源、外形美观，近年来应用较广。

（三）手动排气阀（散热器冷风阀）

手动排气阀适用于公称压力不大于 600kPa，工作温度小于 100℃的热水或蒸汽供暖系统的散热器上，如图 3-30 所示。手动排气阀（散热器冷风阀）多用于水平式和下供下回系统中，以手动方式排除空气。

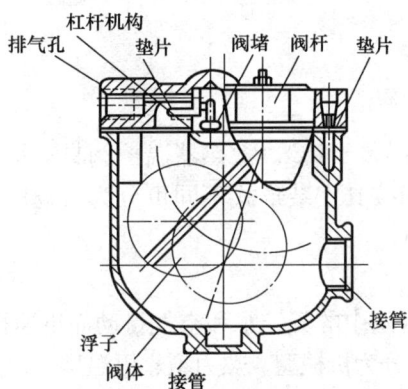

图 3-29 自动排气阀

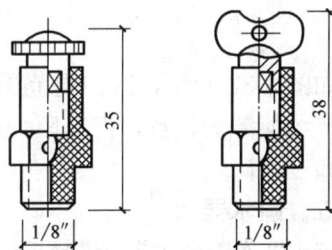

图 3-30 手动排气阀

三、除污器

除污器作用是截流、过滤管路中杂质和污物，保证系统中水质洁净，减少阻力，防止管路堵塞。除污器一般设置在供暖系统用户引入口的供水管道上、循环水泵的吸入管段上、热交换设备进水管段、调压板前等位置，其型号根据接管直径大小选定。除污器构造如图 3-31 所示，是圆筒形钢制筒体，有立式和卧式两种。工作原理是利用水进入除污器的流速减小，使水中污物沉降到筒底，较清洁的水由带有大量小孔的出水管流出。

四、散热器温控阀

散热器温控阀用来控制散热器散热量，从而控制室内空气温度，有手动和自动两种。自动温控阀是一种自动控制散热器热媒流量的设备，由阀体部分和感温元件控制部分组

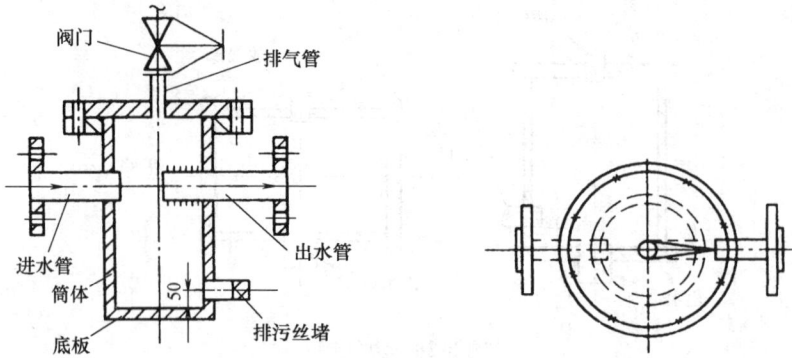

图 3-31　立式除污器

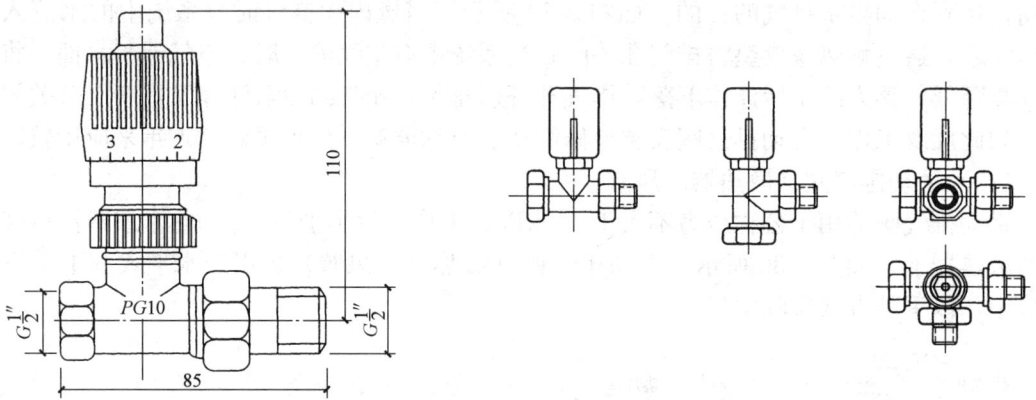

图 3-32　散热器温控阀

成，如图 3-32 所示，其控温范围为 13～28℃，控温误差±1℃。散热器温控阀具有恒定室温、节约能源等优点，但其阻力较大。散热器温控阀按其安装形式不同可分为直通阀、角通阀和三通阀。

五、疏水器

疏水器作用是在蒸汽供暖系统中，将散热设备及管网中的凝结水和空气自动而迅速排出，同时阻止蒸汽逸漏。疏水器种类繁多，按其工作原理可分为机械型、热力型、恒温型三种。

机械型疏水器是依靠蒸汽和凝结水的密度差，利用凝结水的液位进行工作。热力型疏水器是利用蒸汽和凝结水的热动力学特性来工作的，机械型和热力型疏水器均属高压疏水器。恒温型疏水器是利用蒸汽和凝结水的温度差引起恒温元件变形而工作的，具有工作性能好，使用寿命长的特点，适用于低压蒸汽供暖系统。

六、热量表

热量表是测量用户消耗热量的仪表，根据热量表上显示的数据可对供暖用户进行计量收费。目前使用较多的热量表是根据管路中的供、回水温度及热水流量，确定仪表的采样时间，进而得出供给建筑物的热量。热量表构造如图 3-33 所示，由一个热水流量计、一对温度传感器和一个积算仪三部分组成。热水流量计用来测量经过的热水流量；一对温度传感器分别测量供水温度和回水温度，进而确定供、回水温差；积算仪（也叫积分仪）可以通过与其相连的流量计和温度传感器提供的流量及温度数据，计算得出用户获得的热量。

七、补偿器

供暖管道随着所输送热媒温度的升高，将出现热伸长现象。如果这个热伸长不能得到补偿，将会使管道承受巨大的应力，甚至使管道破裂。管道受热伸长的自由伸长量按下式计算：

$$\Delta l = \alpha(t_1 - t_2)L \qquad (3\text{-}4)$$

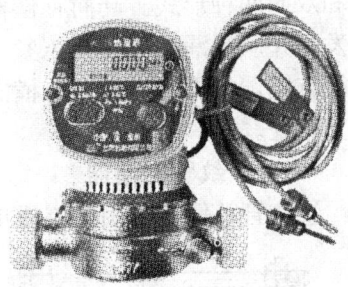

图 3-33 热量表外观图

式中 Δl——循环环路或分支环路的作用压力；

α——管道的线膨胀系数，mm/(m·℃)；

t_1——管壁最高温度，可取热媒的最高温度，℃；

t_2——管道安装时的温度，℃；

L——计算管段的长度，m。

为了使管道不会由于温度变化所引起的应力而破坏，就必须在管道上设置补偿器，以吸收管道的热伸长从而减弱或消除因热膨胀而产生的应力。补偿器分为自然补偿器和专用补偿器两大类，其中专用补偿器常用的有方形补偿器、套筒补偿器、波纹管补偿器和球形补偿器。

（一）自然补偿器

自然补偿器是利用管道自然转弯构成的几何形状所具有的弹性来补偿管道的热膨胀，使管道应力得以减小，常见的自然补偿器有 L 形和 Z 形。自然补偿是一种最简便、最经济的补偿方式，供暖水平管道的伸缩，应尽量利用系统的弯曲管段进行自然补偿。自然补偿的缺点是管道变形时会产生横向位移，而且补偿管段不能很长。当不能满足要求时，应设置专用补偿器。

（二）方形补偿器

方形补偿器通常是由钢管制成 4 个 90°煨弯或机制弯头构成的 U 形补偿器，依靠弯管的变形来补偿管道的热膨胀，如图 3-34 所示，方形补偿器制造安装方便，不需要经常维修，补偿能力大，作用在固定点上推力较小，可用于各种压力和温度条件，缺点是补偿器外形尺寸大，占地面积多。

（三）套筒补偿器

套筒补偿器是由填料密封的套管和外壳管组成，两者同心套装并可轴向补偿，如图 3-35 所示。有单

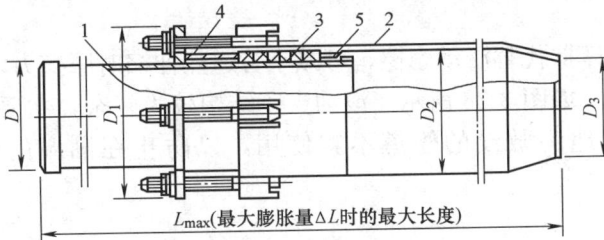

图 3-34 方形补偿器

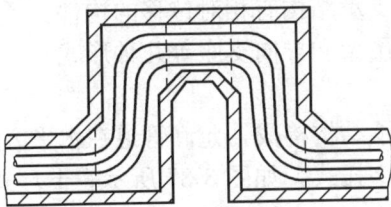

L_{max}（最大膨胀量ΔL时的最大长度）

图 3-35 套筒补偿器

1—芯管；2—壳体；3—填料圈；4—前压兰；5—后压兰

向和双向两种形式。套筒补偿器补偿能力大，占地少，介质流动阻力小，但轴向推力大，易发生介质渗漏，而且其压紧、补充和更换填料的维修工作量大，管道在地下敷设时要增设检查室，如果管道变形有横向位移时，易造成填料圈卡住。套筒补偿器应安装在靠近固定支架处。

（四）波纹管补偿器

波纹管补偿器是用多层或单层薄壁金属管制成的具有轴向波纹的管状补偿设备，工作时利用波纹变形进行管道热补偿，如图 3-36 所示。供暖管道上使用的波纹管多由不锈钢制造。波纹管补偿器补偿体积小，质量轻，占地面积和占用空间小，易于布置，安装方便，具有良好的密封性能，不需要经常维修，承压能力和工作温度较高，但其补偿能力小，价格较高。

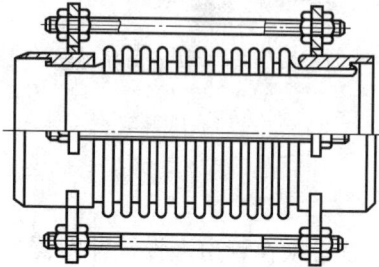

图 3-36　波纹管补偿器

（五）球形补偿器

球形补偿器靠一组两个或三个球形接头的灵活转动及其所构成的相应角度变化来补偿管道的热膨胀。球形补偿器具有很好的耐压和耐高温性能，使用寿命长，运行可靠，占地面积小，基本上无需维修，补偿能力大。工作时变形应力小，减少了对支座的要求。

八、管道支座

供暖管道的支座是位于支承结构和管道之间的主要构件，它支承管道或限制管道产生形变和位移，与所坐落的支承结构构成支架。支座承受管道重力以及由内压、外载和温度变化引起的作用力，并将这些力传递到支承结构上，管道支座对供暖管道的安全运行有着重要影响。

根据支座对管道位移的限制情况，分为活动支座和固定支座两大类。

（一）活动支座

活动支座是保证管道发生温度变形时，允许管道和支承结构有相对位移的构件。活动支座按其构造和功能不同分为滑动支座、滚动支座、悬吊架和导向支座等几种形式。

1. 滑动支座

滑动支座是由安装在管子上的钢制管托与下面的支承结构构成，允许管道在水平方向滑动位移。常用的有卡环式、弧形板式、曲面槽式和丁字托式，如图 3-37 所示。卡环式、弧形板式属于低支座，一般用在非保温管道上；曲面槽式、丁字托式属于高支座，一般用于保温管道上。

2. 滚动支座

滚动支座以滚动摩擦代替滑动摩擦，可减小管道热伸缩时摩擦力，其结构形式有滚轴支座和滚柱支座两种，如图 3-38 所示。滚动支座结构较为复杂，主要用在管径较大而无横向位移的管道上，地沟敷设的管道不宜使用，以防止在潮湿的环境中锈蚀，影响使用。

3. 悬吊架

悬吊架用抱箍、吊杆等构件悬吊在承力下面，如图 3-39 所示是几种常见的悬吊架。悬吊架构造简单，管道伸缩阻力小，但管道位移时吊杆会发生摆动，易产生扭曲。

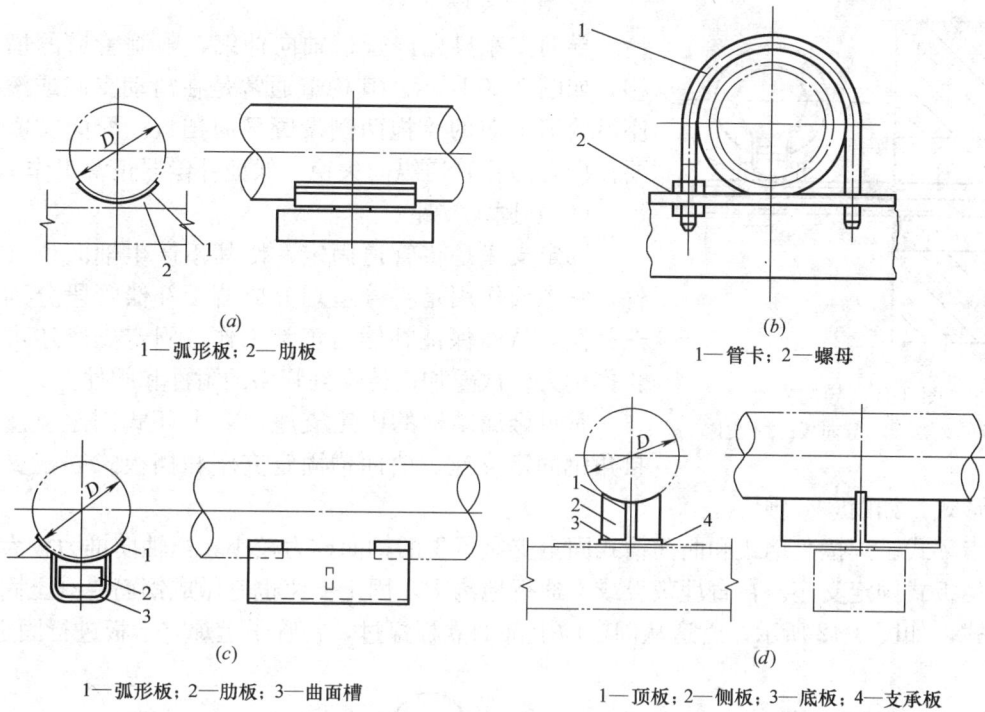

(a)
1—弧形板；2—肋板

(b)
1—管卡；2—螺母

(c)
1—弧形板；2—肋板；3—曲面槽

(d)
1—顶板；2—侧板；3—底板；4—支承板

图 3-37　滑动支座

(a) 弧形板式；(b) 卡环式；(c) 曲面槽式；(d) 丁字托式

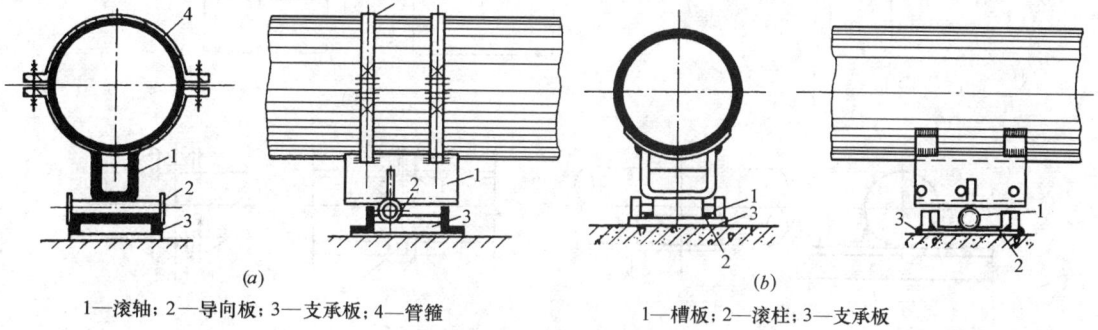

(a)
1—滚轴；2—导向板；3—支承板；4—管箍

(b)
1—槽板；2—滚柱；3—支承板

图 3-38　滚动支座

(a) 滚轴式；(b) 滚柱式

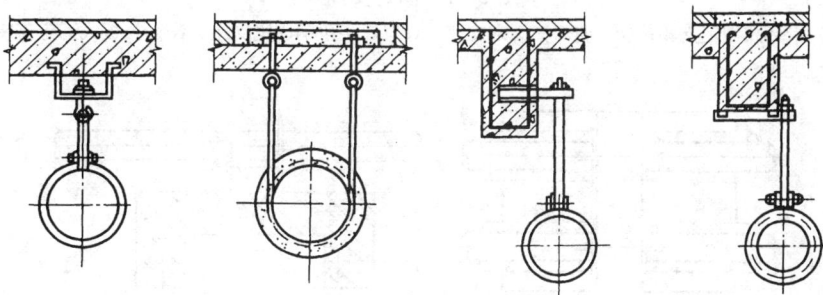

图 3-39　悬吊架

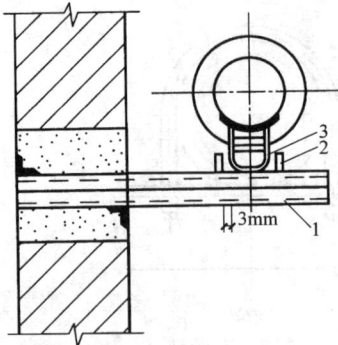

图 3-40　导向支座

1—支架；2—导向板；3—支座

4. 导向支座

导向支座只允许管道轴向伸缩，限制管道的横向位移，如图 3-40 所示。其构造通常是在滑动支座或滚动支座沿管道轴向的管拖两侧设置导向挡板。导向支座的主要作用是防止管道纵向失稳，保证补偿器正常工作。

（二）固定支座

固定支座是将管道固定，使其不产生轴向位移的构件。它主要作用是将管道划分成若干补偿管段分别进行热补偿，从而保证补偿器正常工作。固定支座还可以防止作用力依次叠加而传递到管路的附件和阀件上去。

常见金属结构的固定支座，有卡环式固定支座、焊接角钢固定支座、曲面槽固定支座和挡板式固定支座等几种形式，如图 3-41 所示。

卡环式、焊接角钢式和曲面槽式固定支座承受的轴向推力较小，当轴向推力较大时多采用挡板式固定支座。在直埋敷设或不通行地沟中，固定支座也有做成钢筋混凝土固定墩的形式，如图 3-42 所示，管道从固定墩上部的立板穿过，在管子上焊有卡板进行固定。

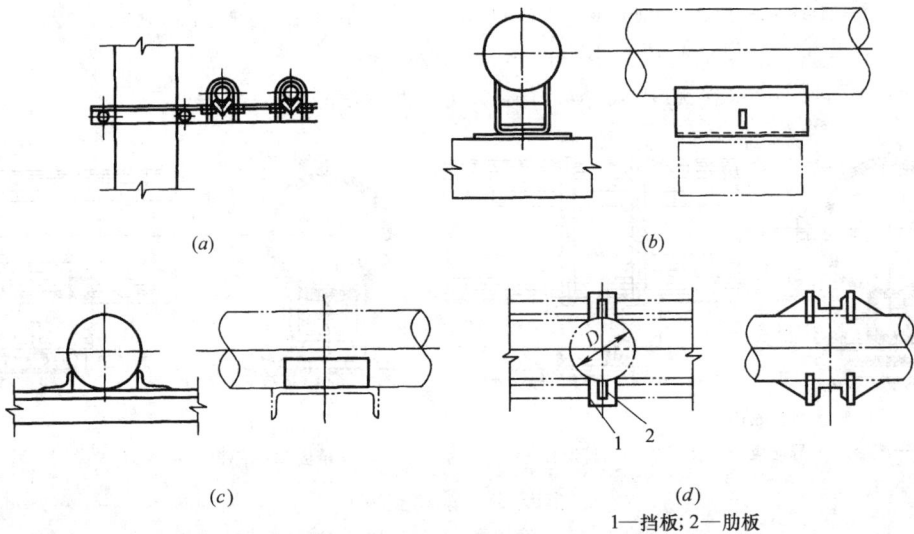

(a)

(b)

(c)

(d)

1—挡板；2—肋板

图 3-41　固定支座

(a) 卡环式固定支座；(b) 曲面槽固定支座；(c) 焊接角钢固定支座；(d) 挡板式固定支座

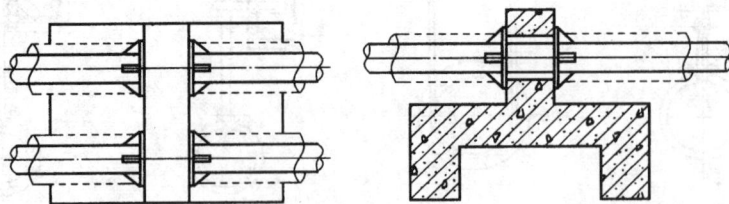

图 3-42　直埋敷设固定墩

第五节 供暖系统热负荷、散热设备选择及管道水力计算

一、供暖系统热负荷

供暖热负荷是指在某一段时间内为了使房间或建筑物的室内温度达到供暖设计所要求的标准而需由散热设备在单位时间内供给房间或建筑物的热量，它的值可根据冬季供暖房间的热平衡计算出来。由于受室外温度时高时低、室外风速时大时小、热管道向室内散热和太阳辐射到房间里的热辐射时多时少以及房间里的人和物时进时出等因素的影响，供暖热负荷是一个时刻都在变化着的值。平常计算供暖管道、散热设备时采用的那个供暖热负荷均指供暖设计热负荷，是指在室外设计供暖温度下，为了达到要求的室内温度，供暖系统在单位时间内向建筑物供给的热量。它的数值直接影响着供暖方案的选择、管道管径的大小、供暖设备的规模和系统的使用效果。

（一）供暖热负荷组成及计算

供暖热负荷通常包括建筑物围护结构耗热量；加热由门、窗缝隙渗入冷空气的耗热量。

1. 围护结构耗热量

围护结构耗热量是指当室内温度高于室外温度时，通过房间的墙、窗、门、屋顶、地面等围护结构由室内向室外传递的热量。包括基本耗热量和附加耗热量两部分。

（1）围护结构基本耗热量

围护结构基本耗热量是在设计的室内外温度条件下通过房间各围护结构稳定传热量的总和，其计算公式为：

$$Q = KF(t_n - t_{wn})a \tag{3-5}$$

式中　Q——围护结构基本耗热量，W；

　　　F——围护结构面积，m^2；

　　　K——围护结构传热系数，$W/(m^2 \cdot ℃)$

　　　t_n——室内计算温度，℃，通常指距地面 2m 以内人们活动地区平均空气温度，根据建筑物用途查规范确定；

　　　t_{wn}——供暖室外计算温度，℃，规范规定应采用历年平均不保证 5 天的日平均温度，可根据建筑地点查规范确定；

　　　a——温差修正系数。

当相邻房间温差大于 5℃时，应计算通过隔墙或楼板等围护结构的传热耗热量，小于 5℃时可忽略不计。

（2）附加耗热量

基本耗热量还不是建筑物围护结构的全部耗热量，因为建筑物围护结构的耗热量还与它所处的地理位置及它的形状等因素（如朝向、风速、高度等）有关，这些因素在计算它的基本耗热量时并没有考虑进去，因此还应考虑在基本耗热量的基础上进行修正和附加。一般按其占基本耗热量的百分率确定。主要包括朝向修正、风力附加、高度附加、外门附加。

1）朝向修正耗热量

朝向修正耗热量是由于太阳辐射的影响而对围护结构传热量的修正。根据规范规定各朝向的修正率是不同的。

北、东北、西北	0%
东、西	-5%
东南、西南	$-10\%\sim-15\%$
南	$-15\%\sim-25\%$

采用上述的修正值时要考虑到冬季日照率的大小、建筑物使用和遮挡的情况。

2）风力修正耗热量

风力修正是考虑室外空气流速的变化而对围护结构耗热量的影响。在计算围护结构的耗热量时，它是对应于某一个室外风速而定的。当室外风速较大时，围护结构外表面的放热系数增大，因而耗热量也大，所以要进行修正。我国各地区冬季风速不太大，对传热影响较小，所以可不必修正。只有在不避风的高地、河边、海岸才考虑风力的影响，进行风力修正。

3）外门附加耗热量

在冬季，受风压、热压等因素影响，会有大量冷空气由开启的门、孔洞从室外或相邻房间侵入室内，把这部分冷空气加热到室内温度所消耗的热量称为冷风侵入耗热量。冷风侵入耗热量可采用外门附加的方法计算，即采用外门的基本耗热量乘以附加率的方法来计算大门冷风侵入耗热量。当建筑的楼层数为 n 时，对于短时开启、无热风幕的民用建筑和工厂的辅助建筑的外门：

一道门	$65n\%$
两道门（有门斗）	$80n\%$
三道门（有两个门斗）	$60n\%$

对于冬季不常开启的阳台门和只在事故时才开启的太平门，不需计算大门冷风侵入耗热量。对于出入频繁的公共建筑和生产厂房的主要出入大门，其大门冷风侵入耗热量可按外门基本耗热量的 5 倍计算。为了减少大门的冷风侵入耗热量，对于开启时间较长的公共建筑大门、工厂大门等，可设置门斗或热风幕以阻挡入侵的冷风。从而减少供暖系统设计热负荷，降低供暖系统的工程投资。

4）高度修正耗热量

高度修正耗热量是考虑房间高度对围护结构传热量的影响而附加的耗热量，即考虑热压作用的影响。当房间高度在 4m 以上时考虑高度修正，每高出 1m 附加围护结构基本耗热量和其他修正耗热量总和的 2%，但总的修正值不大于 15%。

2. 冷风渗透耗热量

在风压和热压所造成的室内外压差的作用下，室外的冷空气会从门、窗等缝隙渗入室内，把这部分冷空气从室外温度加热到室内温度所消耗的热量称为冷风渗透耗热量。各类建筑物，特别是生产厂房和高层建筑的耗热量中，冷风渗透耗热量是相当大的。其耗热量为：

$$Q=0.278C_{\mathrm{p}}\rho_{\omega}V(t_{\mathrm{n}}-t_{\mathrm{wn}}) \tag{3-6}$$

式中　Q——冷风渗透耗热量，W；

ρ_{ω}——室外空气密度，$\mathrm{kg/m^3}$；

C_p——空气比热，$C_p=1.01\text{kJ}/(\text{kg}\cdot\text{℃})$；

V——经门、窗缝隙渗入室内的冷空气量，m^3/h；

0.278——单位换算系数。

（二）供暖热负荷估算

集中供热系统进行规划或扩初设计时，个别的供暖系统尚未进行设计计算，此时采用概算指标法来确定供暖系统的热负荷。

1. 单位面积热指标法

$$Q=q_F F\times10^{-3} \tag{3-7}$$

式中　Q——供暖设计热负荷，kW；

q_F——面积热指标，W/m^2；

F——建筑面积，m^2。

面积热指标法简单方便，在国内外集中供热系统规划中被大量采用，但面积热指标在目前节能要求前提下，有一定限制要加以注意。

2. 单位体积热指标法

$$Q=aq_v(t_n-t_{wn})V\times10^{-3} \tag{3-8}$$

式中　Q——供暖设计热负荷，kW；

a——修正系数，与室外计算温度有关；

q_v——体积热指标，$\text{W}/(\text{m}^3\cdot\text{℃})$；

V——建筑物体积，m^3；

t_n——室内计算温度，℃；

t_{wn}——供暖室外计算温度，℃。

二、散热设备选择计算

散热设备的计算主要是计算供暖房间所需散热器的面积和片数，是在房间的供暖设计热负荷、系统形式及散热设备的选型确定之后进行的。

（一）散热面积的计算

散热器的散热面积可按下式计算：

$$F=\frac{Q}{K(t_{pj}-t_n)}\beta_1\beta_2\beta_3 \tag{3-9}$$

式中　Q——供暖设计热负荷，W；

K——散热器传热系数 $\text{W}/(\text{m}^2\cdot\text{K})$；

t_{pj}——散热器内热媒平均温度，℃；

t_n——供暖室内计算温度，℃；

β_1——散热器的组装片数修正系数；

β_2——散热器的连接形式修正系数；

β_3——散热器的安装形式修正系数。

1. 散热器内热媒平均温度

散热器的平均温度随着供暖热媒的参数和供暖系统形式而定。在热水供暖系统中它是进水温度与出水温度的平均值。对于双管热水供暖系统为系统计算供、回水温度的算术平均值，而且对所有散热器都相同；对于单管热水供暖系统，由于每组散热器的进、出口水温沿流动方向下降，所以每组散热器的进、出口水温必须逐一分别计算。在蒸汽供暖系统中当蒸汽表压力小于等于 0.03MPa 时，取 100℃；当蒸汽表压力大于 0.03MPa 时，取与散热器进口蒸汽压力相应的饱和温度。

2. 散热器传热系数

散热器传热系数是指当散热器内热媒平均温度与室内计算温度之差为 1℃时，每 m^2 散热面积传递给室内空气的热量。影响散热器传热系数的因素很多，散热器的制造情况和散热器的使用情况都综合地影响散热器的散热性能，因而难以用理论计算散热器传热系数，一般都是通过实验方法确定，使用时根据产品样本查得。

3. 散热器修正系数

散热器传热系数是在一定条件下通过实验测定的，若实际情况与实验条件不同，则应对测定值进行修正。式（3-9）中 β_1、β_2、β_3 都是考虑散热器实际使用条件与实验测定条件不同而对传热系数的修正。具体数值根据使用条件查相关表确定。

（二）散热器片数或长度的计算

散热器片数或长度可按下式计算：

$$n = F/f \qquad (3\text{-}10)$$

式中　　n——散热器片数或长度，片或 m；

　　　　F——散热器散热面积，m^2；

　　　　f——每片或每米散热器散热面积，$m^2/$片或 m^2/m。

实际设置时，散热器片数或长度只能取整数，规范规定，柱型散热器的散热面积可比计算值小 $0.1m^2$，翼型或其他散热器的散热面积可比计算值小 5%。

三、管道水力计算

室内供暖系统管路水力计算的主要任务通常是根据系统各管段的流量和作用压力确定各管段的管径，使系统中各管段的水流量符合要求，以保证流进各个散热器的水流量符合要求，满足各个房间对室内温度的要求。它以供暖设计热负荷为基本数据，是在选择了系统形式、管路布置及散热器选择计算后进行的。

（一）水力计算方法

室内热水供暖管路系统是由许多串联或并联管段组成的管路系统，在进行水力计算时，要把整个管路分成若干计算管段。通常把流量和管径均不发生变化的一段管子称为计算管段。当流体沿管路流动时，由于流体分子间及与其管壁间的摩擦而产生的能量损失叫做沿程阻力损失；当流体流过管段的局部构件时，由于其流动方向或是速度的改变，产生局部旋涡和撞击，而产生的能量损失叫做局部阻力损失。目前室内热水供暖系统的水力计算广泛采用的是平均比摩阻法，即根据各管段的流量和比摩阻，查阅相关水力计算表选取较为接近的管径及流速。因此水力计算时应首先计算出各管段流量和比摩阻。

1. 流量确定

$$G = \frac{0.86Q}{(t_g - t_h)} \qquad (3\text{-}11)$$

式中　　G——管段的流量，kg/h；

　　　　Q——管段的热负荷，W；

　　　　t_g——系统的设计供水温度，℃；

t_h——系统的设计回水温度，℃。

2. 平均比摩阻确定

$$R_{pj} = \frac{\alpha \Delta P}{\sum l}$$ (3-12)

式中　R_{pj}——管段平均比摩阻，即单位管长的沿程阻力损失，Pa/m；

　　　ΔP——循环环路或分支环路的作用压力，Pa；

　　　$\sum l$——循环环路或分支环路的管路总长度，m；

　　　α——沿程损失约占总压力损失的百分数，查表确定。

需要说明的是，当循环环路的作用压力未知时，水力计算时常采用经济比摩阻，目前在设计实践中，机械循环热水供暖系统经济比摩阻一般选用 60～120Pa/m。

（二）水力计算应注意的问题

1. 必须遵守流体连续性定律，即对于管道节点（如三通、四通等处）热媒流入流量之和等于流出流量之和。

2. 必须遵守并联环路压力损失平衡定律

系统在运行中，构成并联环路的各分支环路的压力损失总是相等的，并且等于其分流点与合流点之间的压力总损失。在设计时只能尽量的选择在保证热媒设计流量的同时使各个并联环路的压力损失接近于平衡的管径。只要保证并联环路各分支环路之间的计算压力损失差值在允许范围之内，则实际运行时流量的变化是不大的。

3. 由于计算、施工误差和管道结垢等因素的存在，供暖系统的计算压力损失宜采用10%的附加值。

4. 供水干管末端和回水干管始端的管径不宜小于 20mm，以利于排除空气，并不致显著的影响热水流量。

5. 供暖系统各并联环路，应设置关闭和调节装置，主要是为系统的调节和检修创造必要的条件。

第六节　供暖系统管路布置与敷设

一、管路布置

（一）布置原则

管道布置的基本原则是力求使系统构造简单，节省管材，各个并联环路压力损失易于平衡，便于调节热媒流量，易于排气、泄水，便于系统安装和检修，以提高系统使用质量，改善系统运行功能，保证系统正常工作。

布置供暖系统管道时，必须考虑建筑物的具体条件（如平面形状和构造尺寸等）和室外供暖管道位置等，恰当地确定散热设备的位置、管道的位置和走向、支架的布置、伸缩器和阀门的设置位置、排气和泄水措施等。

（二）引入口确定

供暖系统的引入口是室外供热网路向热用户供热的连接场所，设有必要的设备、阀件及监测计量仪表等，图 3-43 所示为热水供暖系统热力入口示意图。用户引入口主要作用

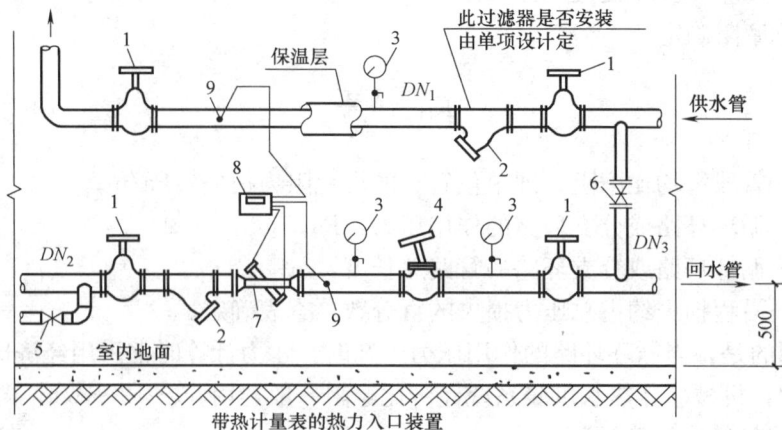

图 3-43　建筑物带热计量表的热力入口装置

1、6—阀门；2—过滤器；3—压力表；4—平衡阀；5—闸阀；7—流量计；8—积分仪；9—温度传感器

是为用户分配、转换和调节供热量，使其达到设计要求；监测并控制进入用户的热媒参数，计量统计热媒流量和用热量。

引入口数一般为一个，对于较大的建筑物可设两个或两个以上。较大的引入口宜设在建筑物底层专用房间内或独立建筑内，较小的引入口可设在入口地沟内或地下室内。当管道穿过基础、墙或楼板时，应按规范规定尺寸预留孔洞。

（三）环路划分

为了合理地分配热量，便于运行控制、调节和维修，可根据实际需要把整个供暖系统划分为若干个分支环路，构成几个相对独立的小系统。划分时，尽量使热量分配均衡，各并联环路阻力易于平衡，便于控制和调节系统。

二、管道布置与敷设应注意的问题

室内供暖管路敷设方式有明装、暗装两种。管道沿墙、柱、梁外直接敷设称为明装；管道隐蔽敷设称为暗装。除了在对美观装饰方面有较高要求的房间内采用暗装外，一般均采用明装。明装有利于管路的安装、检修，但不够美观；暗装室内美观，但造价高、维修困难。暗装时应确保施工质量，并考虑必要的检修措施。具体管道布置与敷设应注意以下问题：

（1）上供下回式供暖系统的顶层梁下和窗户顶部之间的距离应满足供水干管的坡度和排气设备的设置要求。集气罐应尽量设在有排水设施的房间，以便于排气。回水干管如果敷设在地面上，底层散热器下部和地面之间的距离也应满足回水干管敷设坡度的要求。如果地面上不允许敷设或净空高度不够时，应设在半通行地沟或不通行地沟内。供、回水干管的敷设坡度应满足规范的要求。

（2）管路敷设时应尽量避免出现局部向上凹凸现象，以免形成气塞。在局部高点处应考虑设置排气装置，局部最低点处应考虑设置泄水阀。

（3）回水干管过门时，如果下部设过门地沟或上部设空气管，应设置泄水和排气装置。具体做法如图 3-44 和图 3-45 所示。

（4）立管应尽量设置在外墙墙角处，以补偿该处过多的热损失，防止结露。楼梯间或

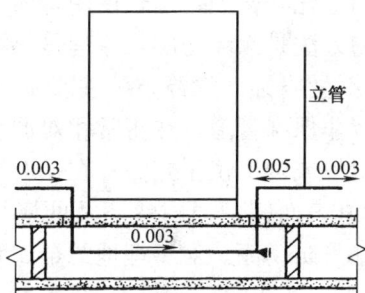

图 3-44　回水干管下部过门　　　　　　　图 3-45　回水干管上部过门

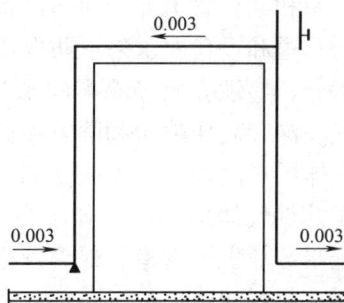

其他有冻结危险的场所应单独设置立管,该立管上各组散热器的支管均不得安装阀门。

(5) 室内供暖系统的供、回水管上均应设阀门。划分环路后,各并联环路的起、末端应各设一个阀门,立管的上、下端应各设一个阀门,以便于检修时关闭。热水供暖系统热力入口处的供、回水总管上应设置温度计、压力表和除污器,必要时还应装设热量表。

(6) 散热器的供、回水支管应考虑避免散热器上部积存空气或下部排水时放不净,应沿水流方向设下降的坡度。当支管全长小于 500mm 时,坡度值为 5mm;大于 500mm 时,坡度值为 10mm,坡度不得小于 0.01。

(7) 穿过建筑物基础、变形缝的供暖管道,以及埋设在建筑结构里的立管,应采取防止由于建筑物下沉而损坏管道的措施。当供暖管道必须穿过防火墙时,在管道穿过处应采取防火封堵措施,并在管道穿过处采取固定措施,使管道可向墙的两侧伸缩。供暖管道穿过隔墙和楼板时,宜装设套管。

(8) 供暖管道在管沟或沿墙、柱、楼板敷设时,应根据设计、施工与验收规范的要求,每隔一定间距设置管卡或支、吊架。为了消除管道受热变形产生的热应力,应尽量利用管道上的自然转角进行热伸长的补偿,管线很长时应设补偿器,适当位置设固定支架。

三、试压与冲洗

试压与冲洗是系统安装过程中不可缺少的环节。

(1) 试压。系统安装完毕后,应做水压试验。使用塑料管及复合管的热水供暖系统,应以系统顶点工作压力加 0.2MPa 作水压试验,同时在系统顶点的试验压力不小于 0.4MPa;其余的低温水供暖系统,应以系统顶点工作压力加 0.1MPa 作水压试验,同时在系统顶点的试验压力不小于 0.3MPa。检验方法是使用钢管及复合管的供暖系统应在试验压力下 10min 内压力降不大于 0.02MPa,降至工作压力后检查,不渗不漏为合格;使用塑料管的供暖系统应在试验压力下 1h 内压力降不大于 0.05MPa,然后降至工作压力的 1.15 倍,稳压 2h,压力降不大于 0.03MPa,同时各连接处不渗不漏为合格。

(2) 冲洗。水压试验合格后,对系统进行清洗,清除系统中的污泥、铁锈等杂物,保证系统运行时介质流动畅通。清洗时,先将系统灌满水,然后打开泄水阀门,系统中的水连同杂物一起排出,反复多次,直到排出的水清澈透明为止。

四、防腐与保温

(一) 防腐

为避免和减少管道外表面与设备表面的化学腐蚀和电化学腐蚀，延长使用寿命，与空气接触的管道和设备要求采取防腐措施。目前较常用的方法是涂漆防腐，原理是靠漆膜将空气、水分、腐蚀介质等隔离起来，以保护金属表面不受腐蚀。涂漆方法主要有手工涂刷、空气喷涂、高压喷涂和静电喷涂。工程中对于明装非保温管道，在正常相对湿度和无腐蚀性气体的房间内，管道表面刷一道防锈漆及两道银粉或两道快干瓷漆；在相对湿度较大或有腐蚀性气体的房间（如浴室、厕所等）内，管道表面刷两遍耐酸漆及两遍快干瓷漆。对于暗装非保温管道和保温管道表面通常刷两道红丹防锈漆。对于埋地的金属管道采用涂刷沥青材料防腐。

（二）保温

保温又称绝热，目的是减少冷热量损失，节约能源，提高系统运行的经济性和安全性。供暖管道的保温结构一般由保温层和保护层两部分组成。

1. 保温层

保温层的作用是减少能量损失，节约能源，提高经济效益，保障介质的运行参数符合用户要求，对于输送高温介质管道的保温层来说，还可以降低保温层外表面温度，改善环境工作条件，避免烫伤。良好的保温材料应该重量轻、导热率小、具有一定的机械强度、不腐蚀金属、吸水率低、易于施工且成本低廉。供暖管道常用的保温材料有石棉、矿渣棉、泡沫混凝土、膨胀珍珠岩、玻璃棉、聚氨酯发泡等，常用的保温方法主要有涂抹式、预制式、缠绕式、填充式、灌注式和喷涂式。

2. 保护层

保护层的作用是防止保温层的机械损伤和水分侵入，有时还兼起美化保温结构外观的作用。保护层是保护保温结构性能和寿命的重要组成部分，应具有足够的机械强度和必要的防水性能。根据保护层所用材料和施工方法不同，主要有涂抹式保护层、金属保护层和毡布类保护层。

供暖管道和设备符合下列情况之一时，管道应予以保温：管道内输送的热媒必须保持一定参数；管道敷设在地沟、闷顶、技术夹层及管道井内或易被冻结的地方；管道通过的房间或地点要求保温；管道输送介质的无效热损失较大的场合。

第七节　热源及供热管网

一、热源

热源可以分为设备热源和直接热源两大类。直接向系统供热或通过换热器对系统内使用热媒进行加热的热源为直接热源，如城市区域供热管网、工业余热、废热等。通过消耗其他能量对系统内使用热媒进行加热的设备称为设备热源，常用的主要是各种锅炉。目前常用热源一般为热力站和锅炉房。

（一）热力站与换热器

装有换热设备、分配阀门、测量仪表和水泵等，向各热用户或一个区域分配热能的专用机房即为热力站。热力站大多是单独的建筑物，也可布置在建筑物的底层或地下室内。图 3-46 所示为热水供暖热力站，热水供暖用户与热水网路提供的高温水通过水-水换热器进行热交换，制备满足用户要求的热媒，供给热用户。

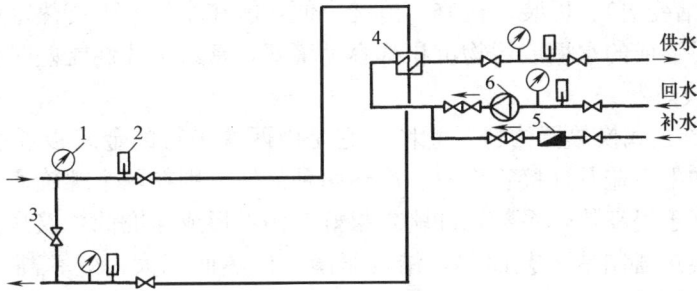

图 3-46　热水供暖热力站
1—压力表；2—温度计；3—热网循环管；4—水-水换热器；5—流量计；6—热水循环泵

换热器是用来把温度较高流体的热能传递给温度较低流体的一种热交换设备。热水供暖系统一般采用低温水，而城市或区域性热源提供的通常都是高温水或蒸汽，因此需借助换热器的热交换功能才能满足用户要求。换热器按参与热交换的介质种类可分为汽-水换热器和水-水换热器；按热交换方式可分为表面式换热器和混合式换热器，表面式换热器是通过金属壁面实现冷热流体换热的，即冷热流体不直接接触的间接换热。混合式换热器是通过冷热流体直接接触的换热，同时进行热交换和质交换。目前比较常用的是表面式换热器。表面式换热器种类很多，从构造上主要可分为：管壳式、板式、螺旋板式、肋片管式、板翘式等，其中以前两种用得最为广泛。

1. 管壳式换热器

图 3-47 为管壳式换热器构造示意图。流体Ⅰ在管外流动，流体Ⅱ在管内流动，通过金属壁面实现冷热流体换热。管壳式换热器结构简单，造价低，制作方便，运行可靠，维修方便。但需要留出清洗传热管的位置，因此所需占地面积较大。管壳式换热器除 3-47 的形式外，还有 U 形管式换热器及套管式换热器。

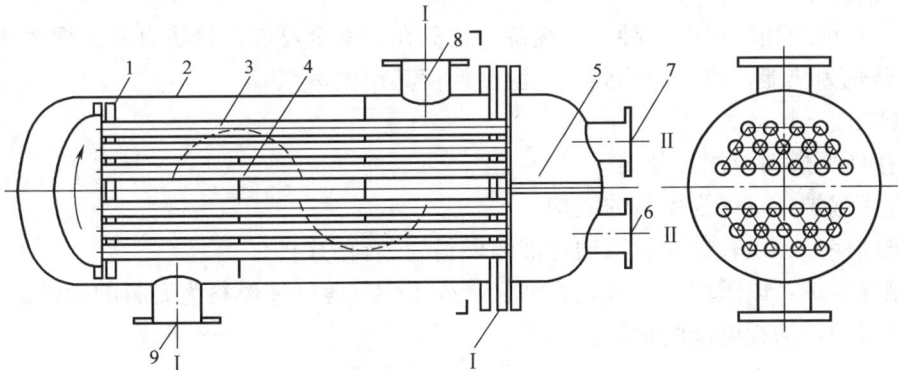

图 3-47　管壳式换热器
1—管板；2—外壳；3—管子；4—挡板；5—隔板；6、7—管程进口、出口；8、9—壳程进口、出口

2. 板式换热器

图 3-48 为板式换热器构造示意图。板式换热器是由不锈钢板或钛钢板制成的具有波形凸起或半球形凸起的若干传热板片叠置压紧组装而成。板式换热器的主要特点是结构紧凑，金属消耗量低，体积小，传热效率高，比管壳式换热器高 3～5 倍；使用灵活性大

（传热面积可以灵活变更）、拆装、检修、清洗方便，能在小温差下传热。但板片间流通截面窄，水质不好时形成的水垢或污物沉积都容易堵塞，密封垫片性能差时容易渗漏。

3. 螺旋板式换热器

图 3-49 为螺旋板式换热器构造示意图。它是由两块平行的金属板卷制起来，构成两个螺旋通道，再加上下盖及连接管而成。冷热两种流体分别在两个螺旋通道中流动进行换热。螺旋流道有利于提高传热系数，冲刷效果好，污垢形成速度低，仅是管壳式的十分之一。此外，这种换热器制造工艺简单，结构紧凑，换热面积大、效率高。但由于无法拆卸，内部清洗较为困难。

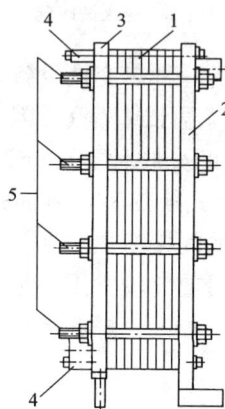

图 3-48　板式换热器

1—传热板；2—固定盖板；3—活动盖板；4—定位螺栓；5—压紧螺栓；
6—被加热水进口；7—被加热水出口；8—加热水进口；9—加热水出口

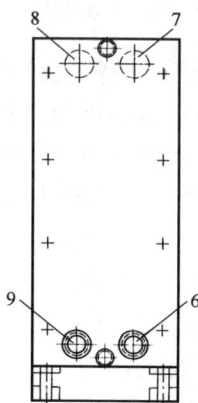

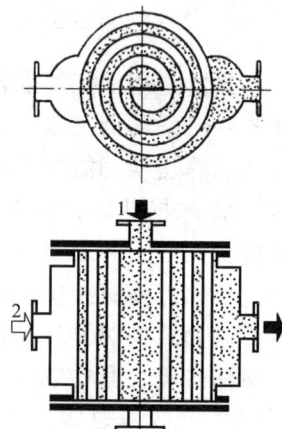

图 3-49　螺旋板式换热器

（二）锅炉

锅炉是目前应用广泛的一种人工热源，任务在于安全可靠、经济有效地把燃料的化学能或电能转化为热能，将水加热到一定温度或使其产生蒸汽。

1. 锅炉的分类

（1）按所用燃料或能源分类

1）燃煤锅炉：以煤为燃料的锅炉。

2）燃油锅炉：以轻柴油、重油等液体燃料为燃料的锅炉。

3）燃气锅炉：以天然气、液化石油气、人工燃气等气体燃料为燃料的锅炉。

4）电锅炉：消耗电能的锅炉。

5）余热锅炉：以工业余热、余气为加热介质的锅炉。

6）废料锅炉：以垃圾、树皮等废料为燃料的锅炉。

（2）按锅炉制备的工质分类

1）蒸汽锅炉：制备蒸汽的锅炉。

2）热水锅炉：制备热水的锅炉。

（3）按锅炉出厂形式分类

1）快装锅炉：锅炉本体整装出厂的锅炉。

2）组装锅炉：锅炉本体出厂时，制造成若干组合件，在安装现场拼装成整体的锅炉。

3）散装锅炉：锅炉本体出厂为大量的零件和部件，在安装地点按设计图样进行安装，形成锅炉整体的锅炉。

（4）按承压情况不同分类

1）承压锅炉。

2）常压锅炉。

2. 锅炉的基本构造

（1）锅炉本体

锅炉本体最根本组成是汽锅和炉子两大部分，炉是指构成燃料燃烧场所的各组成部件，燃料在炉子里进行燃烧，将它的化学能转化为热能。汽锅是指承受内部或外部作用压力、构成封闭系统的各种部件，汽锅里的水吸收炉子放出的热量，使水加热到一定的温度或转变为一定压力的蒸汽。

（2）锅炉辅助设备

1）燃料供应、除渣设备：燃料供应设备作用是保证供应锅炉连续运行所需要的符合质量要求的燃料，它包括燃料的储存设备、燃料的运输设备、燃料的加工设备。除渣设备作用是将锅炉的燃烧产物灰渣，连续不断地除去并运送出去。

2）送、引风设备：作用是给炉子送入燃烧所需空气和从锅炉引出燃烧后的产物烟气，以保证燃烧正常进行，并使烟气以必需的流速冲刷受热面。送、引风设备主要有送风机、引风机和烟囱。为了改善环境卫生和减少烟尘污染，锅炉还常设有除尘器，为此也要求必须保持一定的烟囱高度。

3）烟气净化设备：为了改善环境卫生和减少烟尘污染，锅炉还常设有除尘器，作用是除去锅炉烟气中夹带的飞灰、二氧化硫和氮氧化物等有害物质。

4）给水设备：作用是将符合锅炉水质要求的水送入锅炉。此外为了保证给水质量，避免结垢或腐蚀，通常还设有水处理设备，如软化、除氧设备等。

5）自动控制设备：作用是对运行的锅炉进行自动检测、程序控制、自动保护和自动调节。自动控制设备主要有流量计、温度计、压力表、水位计、给水自动调节装置等。

3. 热源常用锅炉

热水锅炉是最常见的热源设备，它可直接向系统提供热水。除此之外，对于冬季同时需要供应蒸汽的建筑，如酒店、宾馆等也可采用蒸汽锅炉。因为蒸汽锅炉既可以直接向厨房和洗衣房提供蒸汽，又可以通过换热器用蒸汽来加热水，分别满足生活热水和供暖热水的需要。

（1）燃煤锅炉

燃煤锅炉是目前使用最多的一种锅炉，这主要是因为煤是一种资源较为丰富、价格较低廉的燃料。但燃煤锅炉需配套煤场和渣场，占地面积较大；燃料燃烧后产生的烟尘和二氧化硫、氮氧化物等对环境污染严重；运行管理不方便，自动化程度较低。因此在国内一些大城市，燃煤锅炉的使用不断受到限制，有的城市甚至不允许在市区内兴建新的燃煤锅炉房，取而代之的则是燃油锅炉或燃气锅炉。

（2）燃油和燃气锅炉

燃油锅炉的燃油经雾化配风、燃气锅炉燃气经配风后燃烧，均需使用燃烧器喷入锅炉炉膛，采用火室燃烧而无需炉排设施。由于油、气燃烧后均不产生炉渣，故燃油和燃气锅炉无排渣出口及除渣设施。燃油燃料为液态燃料，燃气燃料为气态燃料，与固态燃料煤相比具有易燃烧、发热值大、易于管道输配、安全可靠的特点，能够实现燃料燃烧量的自动控制，减少环境污染。与燃煤锅炉相比，燃油和燃气锅炉结构紧凑、体积小、占地面积少、燃料运输和储存容易、燃烧转化效率高、自动化程度高，给设计及运行管理都带来了较大的方便。但同时也存在运行成本高、安全管理严格、防火措施要求高等问题。从目前的情况来看，城市中逐渐采用燃油和燃气锅炉代替燃煤锅炉也必将是我国锅炉的一个发展方向。燃油锅炉一般采用轻柴油为燃料。燃气锅炉的燃料有天然气、人工煤气和液化石油气，其燃烧排放物对空气环境的影响比燃油锅炉还要小一些。

（3）常压热水锅炉

常压热水锅炉其锅炉本体内装满了水，补水箱与大气相通，因此锅炉在运行时所承受的压力相当于大气压，属于无压容器，运行安全可靠。

（4）电锅炉

电锅炉是直接采用高品位的电能来加热水的设备。它尺寸小，占地面积小，自动化程度高，对大气环境无污染。但电锅炉热效率低，运行费用高。现选用最多的电锅炉是电阻式电热管电锅炉，这种电锅炉的特点是锅水不带电，使用较安全；每根电热管的功率一定，可通过控制实际投入运行的电热管根数来调节锅炉的负荷。

二、供热管网

（一）供热管网的布置形式

集中供热系统中，供热管道把热源与用户连接起来，将热媒输送到各个用户，这些输送和分配热媒的室外供热管线即为供热管网。供热管网的布置形式取决于热媒、热源与热用户的相互位置和热用户的种类、热负荷的大小和性质等，选择管网的布置形式应遵循安全和经济的原则。

供热管网的形式分成枝状管网和环状管网。枝状管网的管径随着与热源间距离的增加而减小，且建设投资小，运行管理比较简便。但枝状管网没有备用功能，供热可靠性差，当管网某处发生故障时，在故障点以后的热用户都将停止工作。环状管网主干线首尾相接构成环路，管道直径普遍较大。环状管网具有良好的备用功能，可靠性好，当管网局部发生故障时，可经其他连接管路继续向用户供热，但环状管网建设投资大，控制难度大，运行管理复杂。

（二）供热管网的平面布置

供热管网的平面布置就是选定从热源到用户之间管道的走向和平面管线位置。供热管网的平面布置应根据城市或厂区的总平面图和地形图，用户热负荷的分布，热源的位置，以及地上、地下构筑物的情况，供热区域的水文地质条件等因素按照下述原则确定。

（1）技术上可靠。供热管道应尽量布置在地势平坦、土质好、地下水位低的地区，考虑如果出现故障与事故能迅速消除。还要满足与建筑物、构筑物和其他管线的最小距离要求。

（2）经济上合理。供热管网主干线应尽量布置在热负荷集中的地区，应力求管线短而直，减少金属的耗量。管道上阀门和附件应合理布置。通常设在检查室内（地下敷设时）或检查平台上（地上敷设时），应尽可能减少检查室和检查平台的数量。管网应尽量避免穿过铁路、交通主干线和繁华街道，一般平行于道路中心线并尽量敷设在车行道以外的地方。

（3）注意对周围环境的影响。供热管道不应妨碍市政设施的功用及维护管理，不影响环境美观。

（三）供热管网的敷设形式

供热管道的敷设可分为地上敷设和地下敷设两大类，地上敷设是将供热管道敷设在地面上一些独立的或桁架式的支架上，故又称架空敷设。地下敷设分为地沟敷设和直埋敷设，地沟敷设是将管道敷设在地下管沟内，直埋敷设是将管道直接埋设在土壤里。

1. 地上敷设

地上敷设多用于城市边缘，无居住建筑的地区和工业厂区。地上敷设按支撑结构高度的不同分为低支架敷设、中支架敷设和高支架敷设。

（1）低支架敷设

低支架敷设是管道保温结构底部距地面的净高不小于 0.3m，以防雨、雪的侵蚀。这种敷设方式建设投资较少，维护管理容易，但适用范围较小，在不妨碍交通，不影响厂区、街区扩建的地段可采用低支架敷设。低支架敷设大多沿工厂围墙或平行公路、铁路布置。

（2）中支架敷设

中支架敷设的管道保温结构底部距地面的净高为 2.5～4.0m，在人行频繁，需要通行车辆的地方采用。

（3）高支架敷设

高支架敷设的管道保温结构底部距地面的净高为 4.5～6.0m，在管道跨越公路或铁路时采用。

地上敷设的管道不受地下水的侵蚀，使用寿命长，管道坡度易于保证，所需的放水、排气设备少，可充分使用工作可靠、构造简单的方形补偿器，且土方量小，维护管理方便，但占地面积大，管道热损失大，不够美观。适用于地下水位高，年降雨量大，地下土质为湿陷性黄土或腐蚀性土壤，沿管线地下设施密度大以及地下敷设时土方工程量太大的地区。

2. 地沟敷设

为保证管道不受外力的作用和水的侵袭，保护管道的保温结构，并使管道能自由伸缩，可将管道敷设在专用的地沟内。供暖管道的地沟按其功用和结构尺寸，分为通行地沟、半通行地沟和不通行地沟。

（1）通行地沟

通行地沟内工作人员可自由通过，并能保证检修、更换管道和设备等作业。地沟净高不小于 1.8m，人行通道净宽不小于 0.7m。通行地沟土方工程量大，建设投资高，仅在特殊或必要场合采用，可用在无论任何时候维修管道时都不允许挖开地面的管段，其断面如图 3-50 所示。

（2）半通行地沟

在半通行地沟内，工作人员能弯腰行走，能进行一般的管道维修工作。地沟净高通常为 1.2～1.4m，人行通道净宽为 0.5～0.7m，其断面如图 3-51 所示。

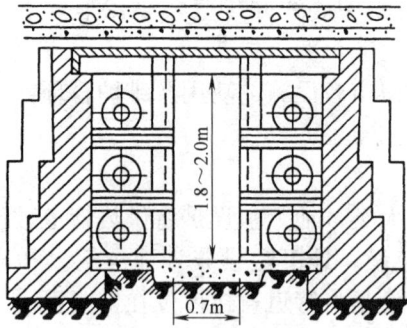

图 3-50　通行地沟

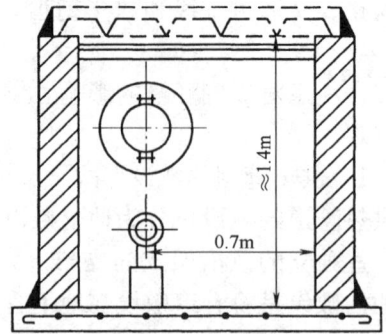

图 3-51　半通行地沟

（3）不通行地沟

不通行地沟人员不能在沟内通行，其断面尺寸以满足管道施工安装要求来决定。管道的中心距离，应根据管道上阀门或附件的法兰盘外缘之间的最小操作净距离的要求确定，当沟宽超过 1.5m 时，应考虑采用双槽地沟。不通行地沟造价较低，占地较小，是城镇供热管道经常采用的地沟敷设方式，但管道检修时必须挖掘开地面，其断面如图 3-52 所示。

供暖管道地沟内积水时，极易破坏保温结构，增大散热损失，腐蚀管道，缩短使用寿命。管道地沟底应尽量敷设在最高地下水位以上，地沟内壁表面应用防水砂浆抹面，地沟盖板之间、盖板与沟壁之间应用水泥砂浆或沥青封缝。地沟应有纵向坡度，以使沟内的水流入检查室内的集水坑里，坡度和坡向通常与管道的坡度和坡向相同。如果地下水位高于沟底，则必须采取防水或局部降低地下水位的措施。为减小外部荷载对地沟盖板的冲击，使盖板受力均匀，盖板上的覆土厚度不得小于 0.3m。

3. 直埋敷设

直埋敷设是将管道直接埋设在土壤里，管道保温结构外表面与土壤直接接触的敷设方式，如图 3-53 所示。直埋敷设占地小，易与其他地下管道的设施相协调。不需要砌筑地沟，土方量及土建工程量减少，施工进度快，可节省供暖管网的投资费用，适用于地下水位以上的土层内，是目前常用的一种敷设方式。施工安装时，在管道沟槽底部要预先铺约 100～150mm 厚的粗沙砾夯实，管道四周填充沙砾，填砂厚度约 100～200mm，然后再回填原土并夯实。目前为节约材料费用，也有采用四周回填无杂物的净土的回填方式。

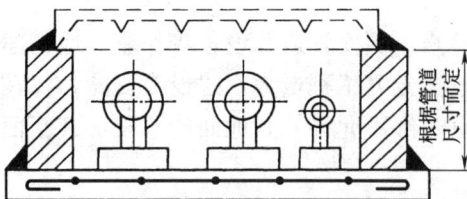

图 3-52　不通行地沟

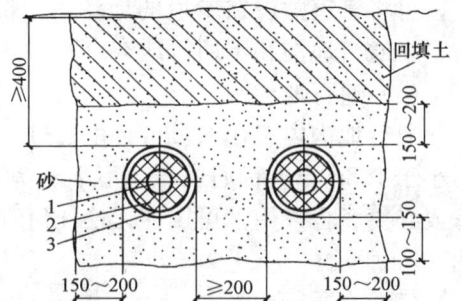

图 3-53　直埋敷设示意图
1—钢管；2—保温层；3—保护层

114

第八节 室内供暖施工图识读

一、施工图组成

一般由首页、平面图、系统图、详图等组成。

(一) 首页

包括设计施工说明、图例、主要设备材料明细等。设计施工说明是设计图纸的重要补充，主要用文字说明图样无法表达的问题，其主要内容有：

1. 热源情况、热媒参数、系统供暖设计热负荷；
2. 散热器的种类、形式及安装要求；
3. 设备、附件的种类和形式；
4. 采用管材及连接方式；
5. 防腐保温措施，水压实验要求；
6. 安装和调试运行应该遵循的标准和规范及采用的标准图号等。

(二) 平面图

表示建筑物各层供暖管道与设备的平面布置，比例一般与建筑平面图的比例相同。内容包括：

1. 房间名称、散热器位置与数量；
2. 引入口位置、入口管径；
3. 干、立、支管平面位置、走向、坡度、管径、立管编号；
4. 补偿器位置、固定支架位置；
5. 阀门与排气装置位置。

(三) 系统图

系统图又称轴测图，是供暖系统立体形象的整体图形，表明系统的组成及设备、管道、附件等的空间关系。需要标注立管编号、管道直径、管道标高、坡度、散热器数量等，通过系统图可了解供暖系统的全貌。

(四) 详图

表示供暖系统节点与设备的详细构造与安装尺寸的要求。平面图和系统图中表示不清、又无法用文字说明的地方，可用详图表示。如引入口位置、管沟断面、保温结构等，如选用的是国家标准图集，可给出标准图号，不出详图。详图常用比例是 1:10～1:50。

常见的供暖施工图图例见表 3-2。

供暖施工图常用图例 表 3-2

序号	名 称	图 例	序号	名 称	图 例
1	供暖供水(汽)管回(凝结)水管	——— -------	4	方形伸缩器	⊓
2	保温管	∿∿∿	5	套管伸缩器	⊣□⊢
3	软管	∿	6	波形伸缩器	◇

序号	名　称	图　例	序号	名　称	图　例
7	弧形伸缩器		23	散热器三通阀	
8	球形伸缩器		24	球阀	
9	流向		25	电磁阀	
10	丝堵		26	角阀	
11	滑动支架				
12	固定支架		27	三通阀	
13	截止阀		28	四通阀	
14	闸阀				
15	止回阀（通用）		29	节流孔板	
16	安全阀		30	散热器	
17	减压阀		31	集气罐	
18	膨胀阀		32	管道泵	
19	散热器放风门				
20	手动排气阀		33	过滤器	
21	自动排气阀		34	除污器	
22	疏水器		35	暖风机	

二、施工图识读方法

施工图是工程的语言，都是按照国家规定的制图标准绘制的，供暖施工图所表示的设备、管道等一般采用统一图例，常见的供暖施工图图例见表 3-2。在识读图纸前必须掌握有关的图例，了解图例代表的内容。识读施工图时，成套的专业施工图要先看它的图纸目录，了解图纸的组成、张数，然后再看具体图纸。识读时首先熟悉设计施工说明和图例，了解工程名称、熟悉建筑物情况，弄清楚设计对施工提出的具体要求。然后进一步了解管道、设备的设置情况。具体识图时应将平面图和系统图对照起来，以了解系统全貌。先看各层平面图，再看系统图，相互对照，既要看清供暖系统本身的全貌和各部位的关系，也要搞清楚供暖系统在建设物中所处的位置。一般识读顺序是从供暖的用户入口处开始，经总管、干管、立管、支管、散热器到回水支管、立管、干管、总回水管，再到用户入口，顺着管道流体流向来看。具体查明系统形式、入口位置、管道的走向、坡度、管径、水平管道与设备的标高、立管的位置与编号；散热器的位置、规格、组数、片数；阀门的位置、规格、数量；集气罐、固定支架的位置、数量等；看清楚图纸上的图样和数据、节点编号等。识读图纸时还应注意支架及散热器安装时的预留孔洞、预埋件等对土建的要求，以及与装饰工程的密切配合，这些对于提高建筑产品质量有着重要意义。需要说明的是通常立管和水平干管在安装时与墙面的距离是不相等的，即立管和干管不属同一垂直面，但为了简化制图，图中有时没有将立管和直管的拐弯连接画出，干管的位置有时也没有完全按投影方法绘制。

三、施工图示例

为更好了解供暖施工图的组成及主要内容，掌握施工图识读的方法与技巧，并读懂施工图，现举例加以说明：

（一）施工图识读示例 1：某办公楼室内供暖施工图

图 3-54 为某 3 层办公楼室内供暖施工图，从图中可看出，供暖入口设在建筑物东南角，供回水入口管道管径均为 DN50，由标高－1.15m 处引入。整个系统分为南北两大分支环路，南侧分支环路有 5 根立管，北侧分支环路有 6 根立管，供水干管沿外墙敷设在三层顶棚下，回水干管沿四周外墙内侧敷设在一层暖沟内。系统采用的是机械循环单管上供下回同程式系统。管道管径、坡度、标高、散热器片数及立管编号在图中已标出。

设计施工说明

1. 设计依据

1-1 本工程为山西省某派出所办公用房，建筑层数三层，建筑高度 12.55m，（室内外高差 0.45m）。

1-2 相关专业提供的工程设计资料；

1-3 各市政主管部门对初步设计的审批意见；

1-4 建设单位提供的设计任务书及设计要求；

1-5 中华人民共和国现行主要标准及法规：

《民用建筑设计通则》（GB 50352—2005）

《采暖通风与空气调节设计规范》（GB 50019—2003）

《公共建筑节能设计标准》（GB 50189—2005）

其他有关国家及地方的现行规程规范及标准。

2. 设计参数

2-1 室外计算参数：冬季采暖室外计算温度－9℃；

2-2 室内计算参数：办公室 18℃；卫生间、盥洗室、大厅 16℃

2-3 围护结构传热系数：外窗 3.5W/(m² · K)；屋顶 0.55W/(m² · K)；外墙 0.60W/(m² · K)。

3. 采暖系统

3-1 采用单管上供下回同程式系统，供水干管紧贴三层梁底敷设，回水干管敷设在一层室内地沟。

3-2 热媒：供暖热媒为 95/70℃低温热水，接自锅炉房。

3-3 散热设备：散热器均采用 TFD1（Ⅲ）-1.0/6-6 辐射对流散热器，工作压力 0.6MPa，落地安装。

4. 采暖施工要求

4-1 管材：采暖管道采用非镀锌焊接钢管，管径小于等于 $DN32$ 的螺纹连接，管径大于 $DN32$ 的焊接连接。

4-2 防腐：所有管道、管件支吊架表面除锈合格后，刷防锈漆两道，明装不保温部分再刷银粉漆两道，散热器表面除锈合格后，刷防锈漆两道，再刷非金属漆两道。

4-3 保温：敷设在地沟内的供暖管道（包括支干连接处立管）及管件均保温，保温材料采用 50mm 厚离心玻璃棉，外做复合铝箔保护层。做法详见山西省工程建设标准设计《05 系列建筑标准设计图集》05S8-P2（5）（下面所提图集号均指本图集）。

4-4 试压：供暖系统试验压力为 0.6MPa，在试验压力下 10min 内压降不大于 0.02MPa，然后降至 0.4MPa 后检查，不渗、不漏为合格。散热器组装后及整组出厂的散热器安装前进行水压试验，其试验压力为 0.6MPa，2～3 分钟压力不降且不渗不漏为合格。

4-5 冲洗：系统投入使用前必须进行冲洗，冲洗前应将滤网、温度计、调节阀、恒温阀及平衡阀等拆除，待冲洗合格后再装上。

4-6 入口：供暖入口做法请见《05 系列建筑标准设计图集》05N1-13，供暖入口选用的控制阀型号为 ZTY47，热量表的型号为 WSL-X。

4-7 管道穿过墙壁和楼板做套管，管径小于等于 $DN32$ 的管道套管直径比相应管径大 2 号；管径大于等于 $DN40$ 管道的套管直径比相应管径大 1 号。套管底部与楼板相平，穿过卫生间及厨房楼板内的套管，其顶部高出装饰地面 50mm；穿过其他房间楼板内的套管，其顶部高出装饰地面 20mm。安装在墙壁内的套管其两端与饰面相平。穿过楼板的套管与管道之间缝隙应用阻燃密实材料和防水油膏填实，端面光滑。管道的接口不得设在套管内，做法详见 05N1-196，199。管道穿过基础时应设置柔性防水管套。

4-8 管道穿过地下室建筑外墙处设柔性防护密闭套管，做法详见 05N1-203，204。

4-9 图中尺寸：标高以"m"计，其他皆以"mm"计，管道标高以中心计。本说明未提及部分请严格按照《建筑给排水及采暖工程施工质量验收规范》（GB 50242—2005）及施工规程执行。

5. 图例

名称	图　　例	名称	图　　例
采暖供水管	———○	截止阀	
采暖回水管	- - - - ⊃	放气阀	
散热器			

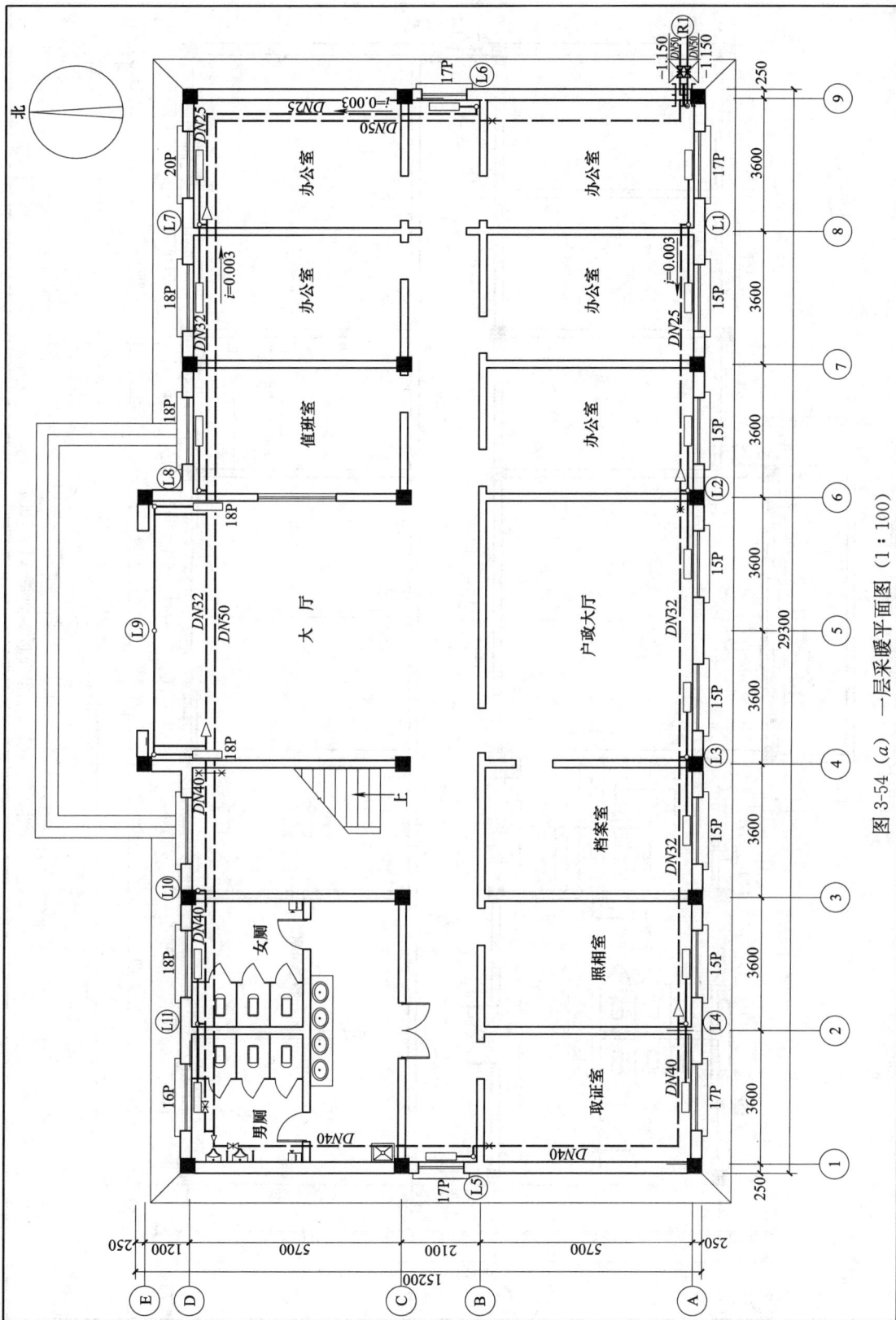

图 3-54 (a) 一层采暖平面图 (1：100)

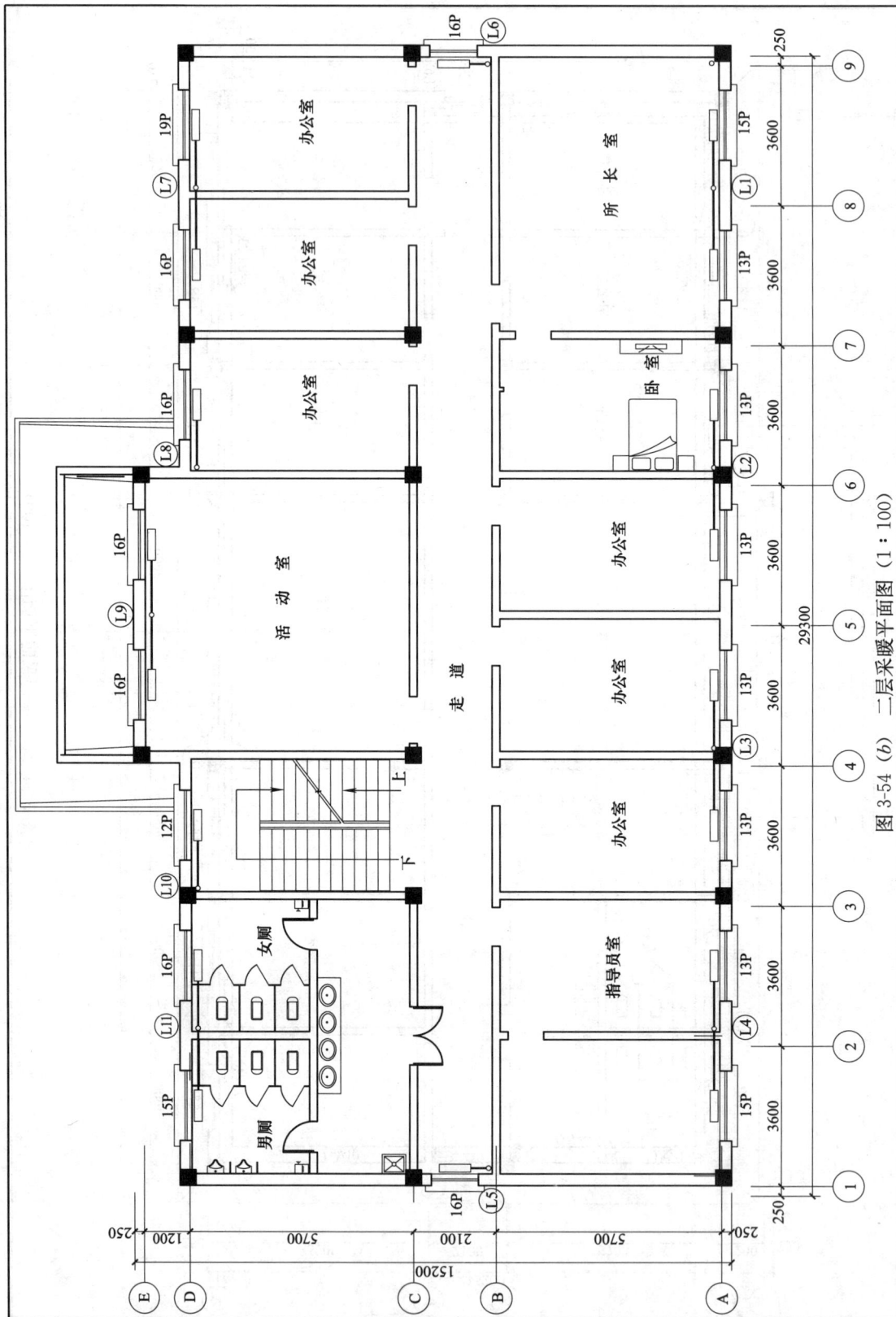

图 3-54 (b) 二层采暖平面图 (1：100)

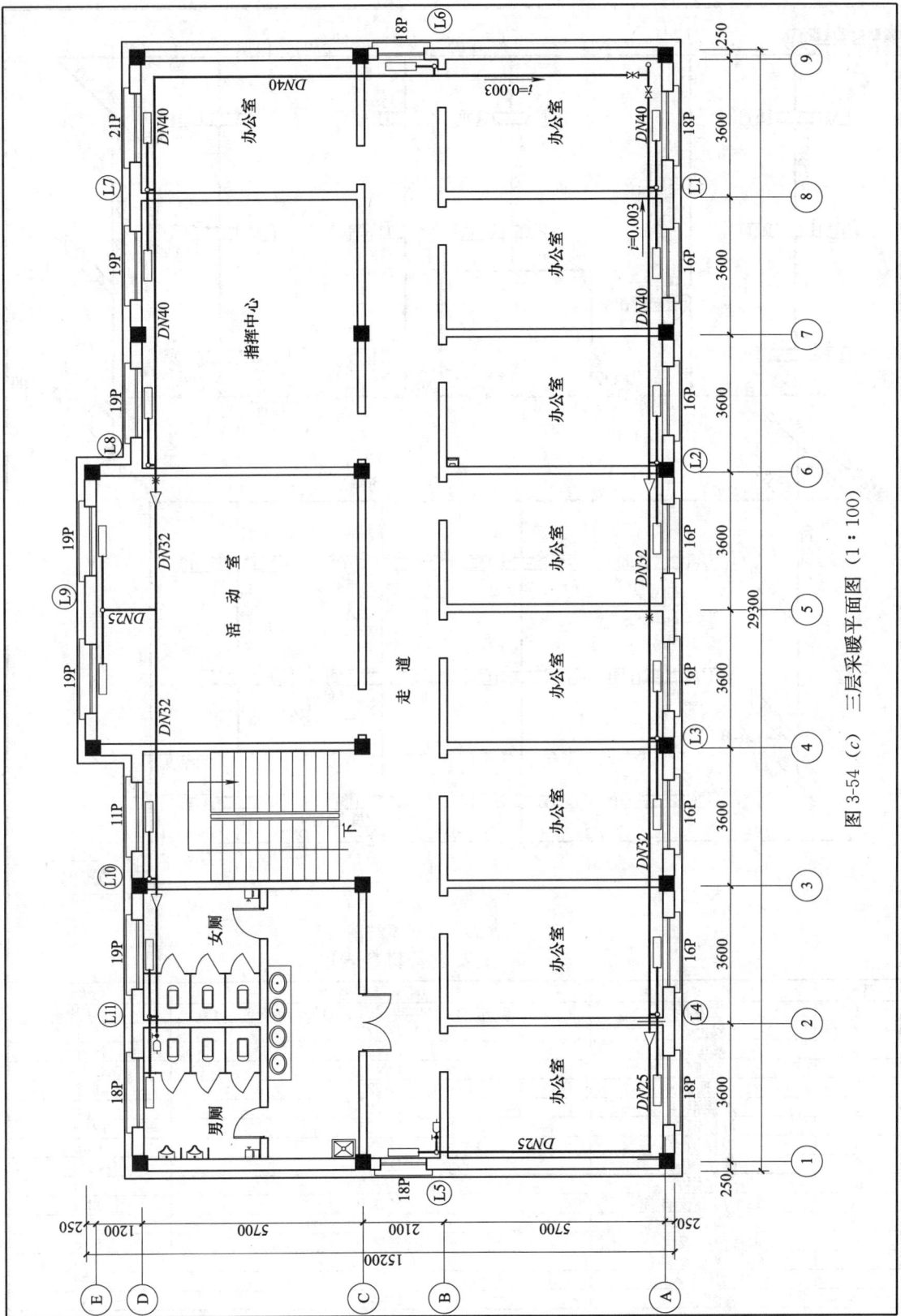

图 3-54 (c) 三层采暖平面图 (1:100)

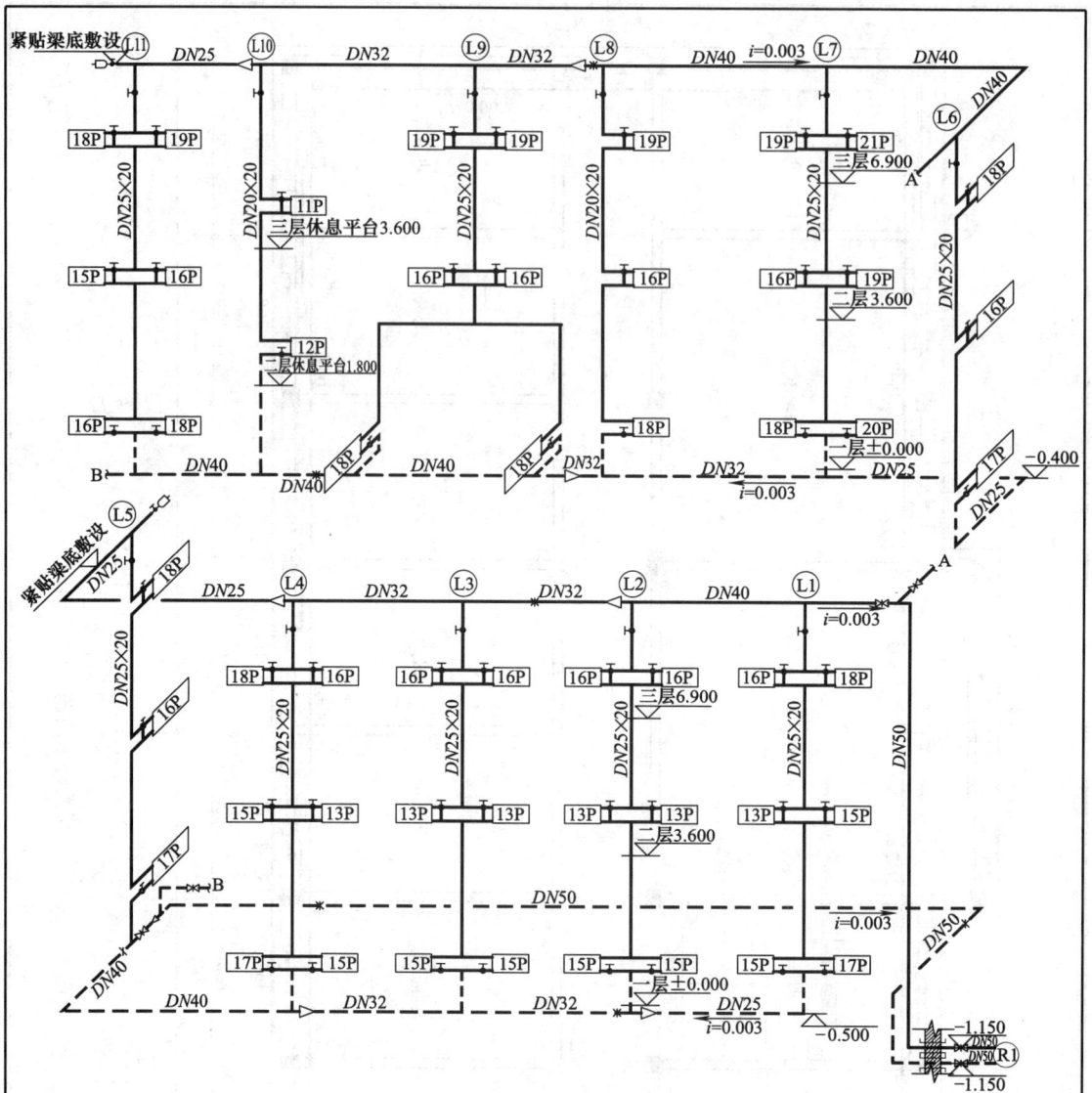

图 3-54（d）　采暖系统图

6. 主要设备材料表

序号	名　　称	规格及型号	数量
1	散热器	辐射对流散热器 TFD$_1$（Ⅲ）-1.0/6-6	853 片
2	截止阀	DN20	19 个
3	截止阀	DN25	15 个
4	闸阀	DN50	2 个
5	三通阀	DN20	48 个
6	焊接钢管	DN20	12m
7	焊接钢管	DN25	127m
8	焊接钢管	DN32	14m
9	焊接钢管	DN40	48m
10	焊接钢管	DN50	14m
11	铝箔离心玻璃棉	φ25×50	23m
12	铝箔离心玻璃棉	φ32×50	16m
13	铝箔离心玻璃棉	φ40×50	44m
14	铝箔离心玻璃棉	φ50×50	46m
15	热力用户入口	——	一套
16	排气阀	DN25	2 个

（二）施工图识读示例 2：某住宅楼室内供暖施工图

图 3-55 为某 6 层住宅楼室内供暖施工图。从图中可看出，供暖入口设在建筑物西北侧，供回水入口管道管径均为 DN65，由标高－2.1m 处引入。系统形式为是机械循环下供下回同程式分户热计量系统。系统供回水水平干管敷设在地下室顶棚下，立管布置在专用管井内，户内管道沿墙埋地敷设。

设计施工说明

1. 设计概况

本工程为山西省某住宅楼，总建筑面积为 2940m²，建筑高度为 19.87m。地上 6 层，地下 1 层，地下室为储藏室。地上一至六层为住宅，层高为 2.95m，六层层高为 3m，储藏室层高 2.7m，室内外高差 1.2m。

2. 设计依据

1-1 《采暖通风与空气空调设计规范》（GB 50019—2003）

1-2 《民用建筑节能设计标准》（采暖居住建筑部分）山西地区实施细则（DBJ 04-216—2006）

1-3 《住宅设计规范》（GB 50096—1999）

1-4 《住宅建筑规范》（GB 50368—2005）

1-5 建筑专业设计图纸及相关资料

3. 采暖室内设计参数

3-1 室内设计计算参数：

采暖室外设计计算温度：－18℃

3-2 室内设计计算参数：

房间名称	设计温度	房间名称	设计温度	房间名称	设计温度	房间名称	设计温度
卧室,客厅	20℃	书房	20℃	厨房	16℃	卫生间(有洗浴器)	25℃

4. 节能

4-1 围护结构节能参数：由建筑专业提供

本工程体形系数为 0.26，窗墙比为西向 0.08，北向 0.19，南向 0.23，东向 0.08，传热系数如下：

1）外窗：$K=2.7W/(m^2 \cdot K)$

2）外墙：$K=0.63W/(m^2 \cdot K)$

3）屋顶：$K=0.58W/(m^2 \cdot K)$

4）楼梯间墙：$K=0.8W/(m^2 \cdot K)$

5）地下室顶板：$K=0.55W/(m^2 \cdot K)$

6）户门：$K=1.47W/(m^2 \cdot K)$

7）阳台门下部门芯板：$K=1.3W/(m^2 \cdot K)$

4-2 采暖系统：

1）本工程在系统热力入口处均设有热量表，入口装置详见《05 系列建筑标准设计图集》05N1-P13。控制阀采用压差平衡阀，在每户入口处均设有热量表，设于管井内。

2）所有散热器支管均设手动调节阀，调节室温。

3）地下室及管井内的采暖管道均做保温，保温厚度详见本说明第7-6条。

5. 采暖系统

5-1 本工程采暖热源来自电厂废热，由甲方提供热媒温度为65/50℃的热水。本工程采暖热负荷为$Q=121.2$kW，系统水阻力为50kPa。采暖设计热负荷指标为48.1W/m²，采暖系统均为共用立管的分户独立系统。户内采用双管下供下回同程式系统。主立管敷设于管井内，户内供回水管敷设于70mm的垫层内。

5-2 卫生间散热器采用TPW500×1200全铜卫浴散热器，标准散热器为809W/组。底距地400mm挂墙安装。其余采用TDD1-6-5内腔无粘砂型铸铁单面定向对流散热器，标准散热量为168W/片。底距地100mm挂墙安装。

6. 通风系统：卫生间采用机械排风，换气次数为10次/h，采用BLD-180的卫生间通风器排入子母竖风道。

7. 施工说明

7-1 采暖供回水干管，主立管，入户支管及户内非埋地安装的管道均采用热镀锌钢管，螺纹连接。户内埋地的管道采用耐热聚乙烯PE-RT管，S5系列，承压0.6MPa。敷设于沿墙垫层预留的管槽内，试压合格后管道周围填充HT-800-J-40的复合硅酸盐保温材料。详见05N1-P51。垫层内管道施工时应注意避开卫生器具等固定设施，而且管道除与散热器连接处采用同材质的专用管件热熔连接外，其他部分不允许有任何接头。详见05N1-P59，塑料管与钢管连接采用夹紧式连接，连接本体为锻造黄铜。塑料管标注外径×壁厚用$De×δ$表示（$De32×2.9$，$De25×2.3$），钢管标注公称直径用$DNxx$表示。

7-2 采暖系统入口装置详见05N1-P13。入户的采暖管道供水管应设过滤器、锁闭阀、热表，回水管上应设锁闭调节阀。详见02N902-P16。各散热器支管上设手动调节阀，末端设手动放气阀。

7-3 散热器支管的坡度为1‰，坡向立管。支管的长度超过1.5m时，应在支管上安装管卡。

7-4 管道穿过墙壁和楼板做套管，管径小于等于$DN32$的管道套管直径比相应管径大2号；管径大于等于$DN40$管道的套管直径比相应管径大1号。安装在楼板内的套管，卫生间和厨房顶部高出装饰地面50mm，其余房间顶部高出装饰地面20mm；安装在墙壁内的套管其两端与饰面相平。管道与套管之间的空隙应用沥青麻丝及防水油膏填实。管道穿过地下室时应设置柔性防水管套。

7-5 采暖引入管在出建筑物外墙7m以内均做钢筋砼检漏沟，检漏沟穿建筑物外墙处不得断开。详见02G04-P43，且沟底均以0.02的坡度坡向室外捡漏井。检漏沟做法详见02G04-P26，SG-111Ⅵ型。检漏井做法详见02G04-P59。

7-6 地下室及管井内的管道用玻璃棉管壳保温，$DN>50$的厚度为60mm，$DN≤50$的厚度为50mm，外做复合铝箔保护层。做法详见05S8-P2（5）。

7-7 散热器组对后，在安装前均应进行水压试验，试验压力为0.6MPa，2～3min后，压力不降，且不漏为合格。采暖系统安装完毕，在管道保温及隐蔽之前必须进行水压试验，试验压力为 0.6MPa，钢管在试验压力下 10min 内压力降不大于 0.02MPa，降至 0.5MPa 后检查，不渗不漏为合格。塑料管在实验压力下 1h 内压力降不大于 0.05MPa，然后降至 0.5MPa，稳压 2h，压力降不大于 0.03MPa，同时检查各连接处不渗漏为合格。

7-8. 系统试压合格后，应对系统进行冲洗，直至排出水不含泥沙、铁屑等杂质，且水色不浑浊为合格。并应清扫过滤器。管道冲洗及试验用水，应将其引至排水系统，不得任意安放。

7-9. 埋在管槽内的塑料管在回填前为防止管道被挤压变形造成破坏，应使系统充压，其压力为 0.4MPa。

7-10. 本说明未尽之处均参照《建筑给排水及采暖工程施工质量验收规范》（GB 50242—2002），《湿陷性黄土地区建筑规范》（GB 50025—2004）及山西省 05N 系列标准图集施工。

8. 图例

序号	名　称	图　例	序号	名　称	图　例
1	供水管	———————●	8	热量表	—[R]—
2	回水管	– – – – – ○	9	闸阀	
3	柱翼散热器		10	平衡阀	
4	全铜卫浴散热器		11	固定支架	
5	过滤锁闭阀		12	自动排气阀	
6	调节锁闭阀		13	卫生间通风器	
7	手动放气阀		14		

9. 主要设备材料表

序号	名　称	规格型号	单位	数量	备　注
1	散热器	铸铁单面定向对流散热器 TDD1-6-5	片	1870	
		铜制卫浴系列散热器 TPW500×1200	组	24	配带放气阀,固定支架及丝堵
2	调节阀	T10H-16 $DN20$	个	144	用于散热器支管
3	调节锁闭阀	ST2ZX-16T $DN20$	个	16	用于入户回水管
		ST2ZX-16T $DN25$	个	8	用于入户回水管
4	过滤锁闭阀	SQG1ZF-16T $DN20$	个	16	用于入户供水管
		SQG1ZF-16T $DN25$	个	8	用于入户供水管
5	热量表	$DN20$	套	16	用于入户管道
		$DN25$	套	8	用于入户管道
6	自动排气阀	MP-Ⅱ $DN20$	个	4	
7	平衡阀	KPF-16 $DN50$	个	2	
8	闸阀	Z45T-10 $DN50$	个	2	
9	手动放气阀	1/8"	个	120	不包括卫浴散热器放气阀
10	采暖入口装置	$DN65$	套	1	
11	卫生间通风器	BLD-180 $G=180 \text{m}^3/\text{h}$	个	24	用于卫生间

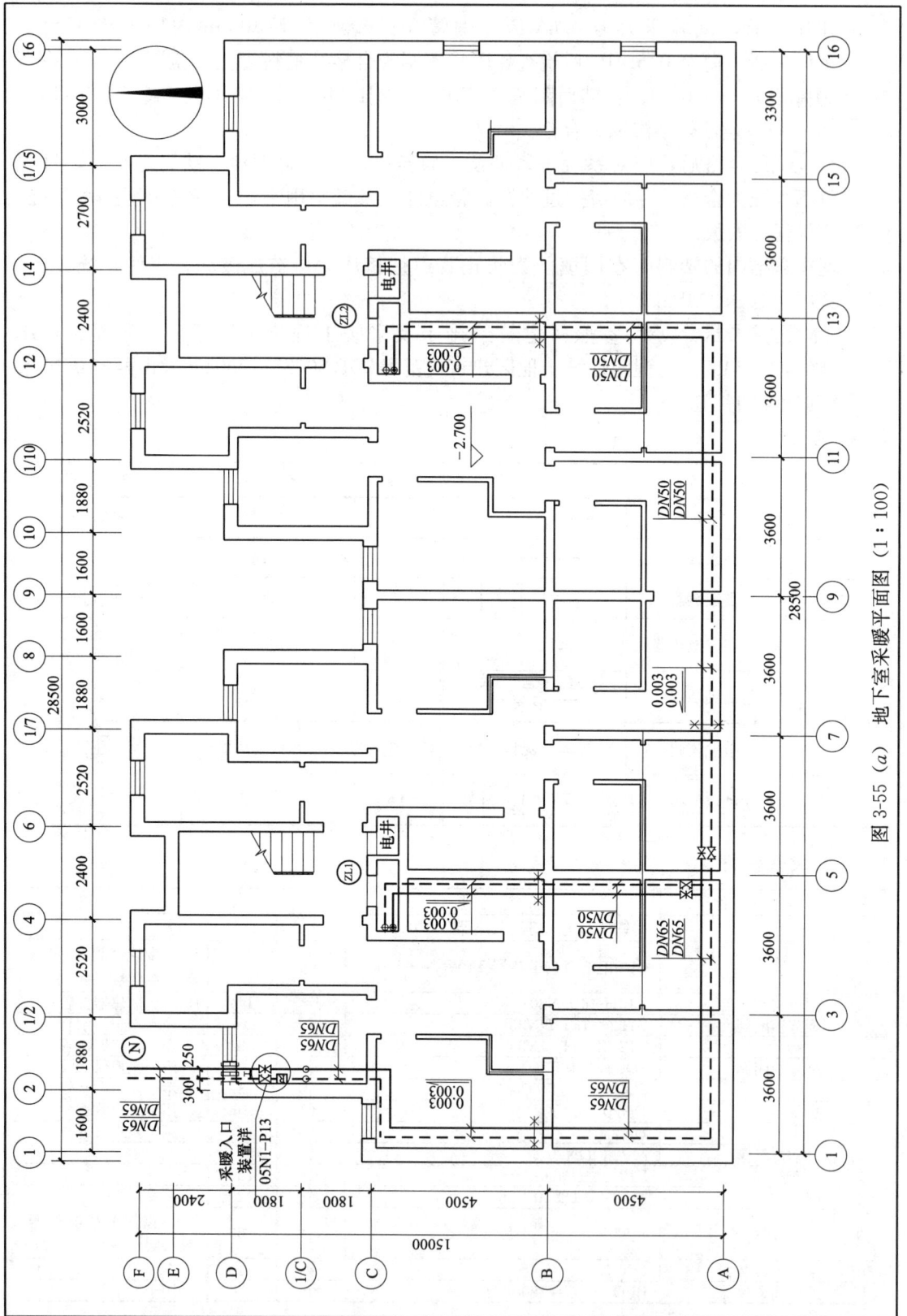

图 3-55 (a) 地下室采暖平面图 (1:100)

126

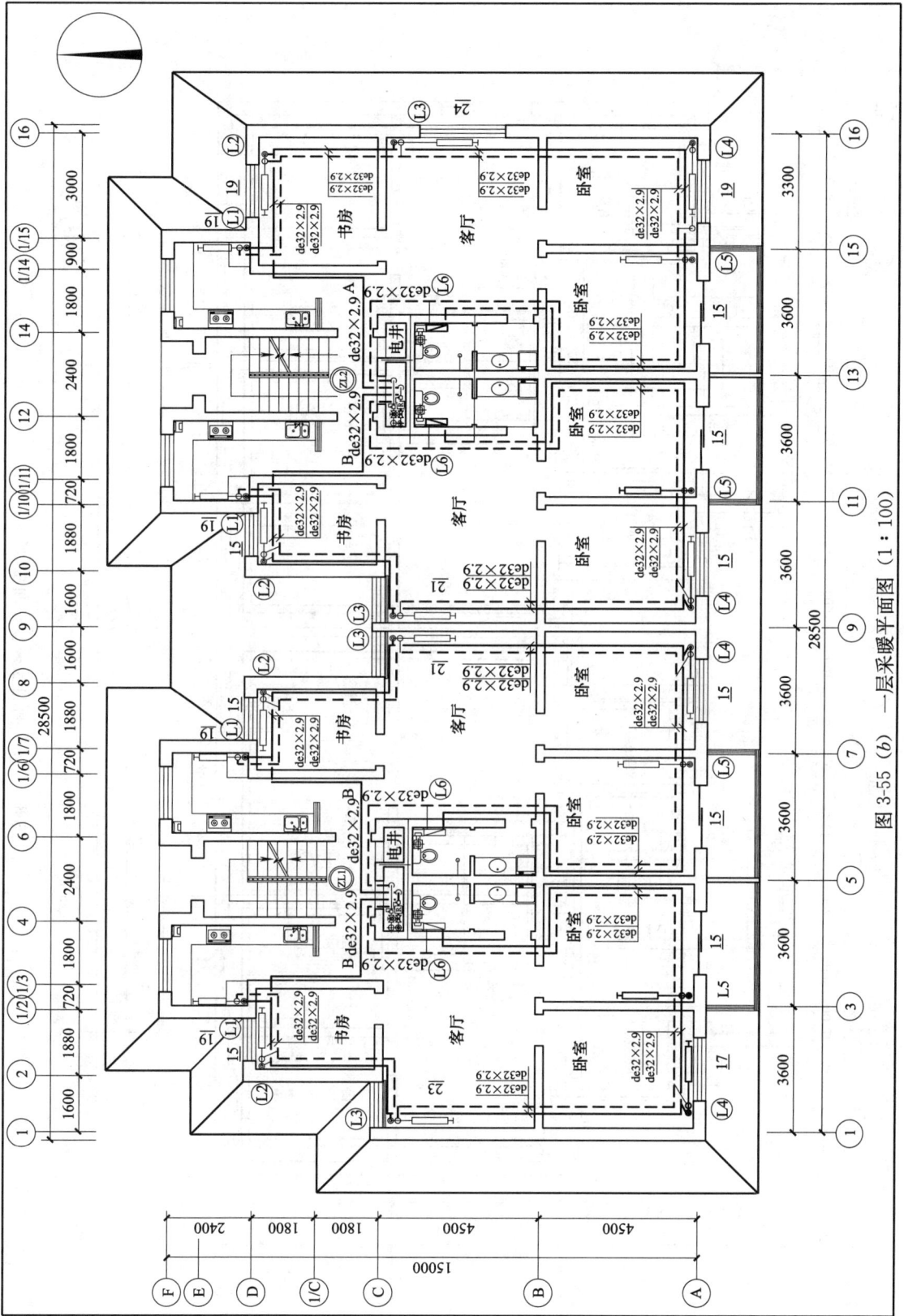

图 3-55 (b) 一层采暖平面图 (1：100)

127

128

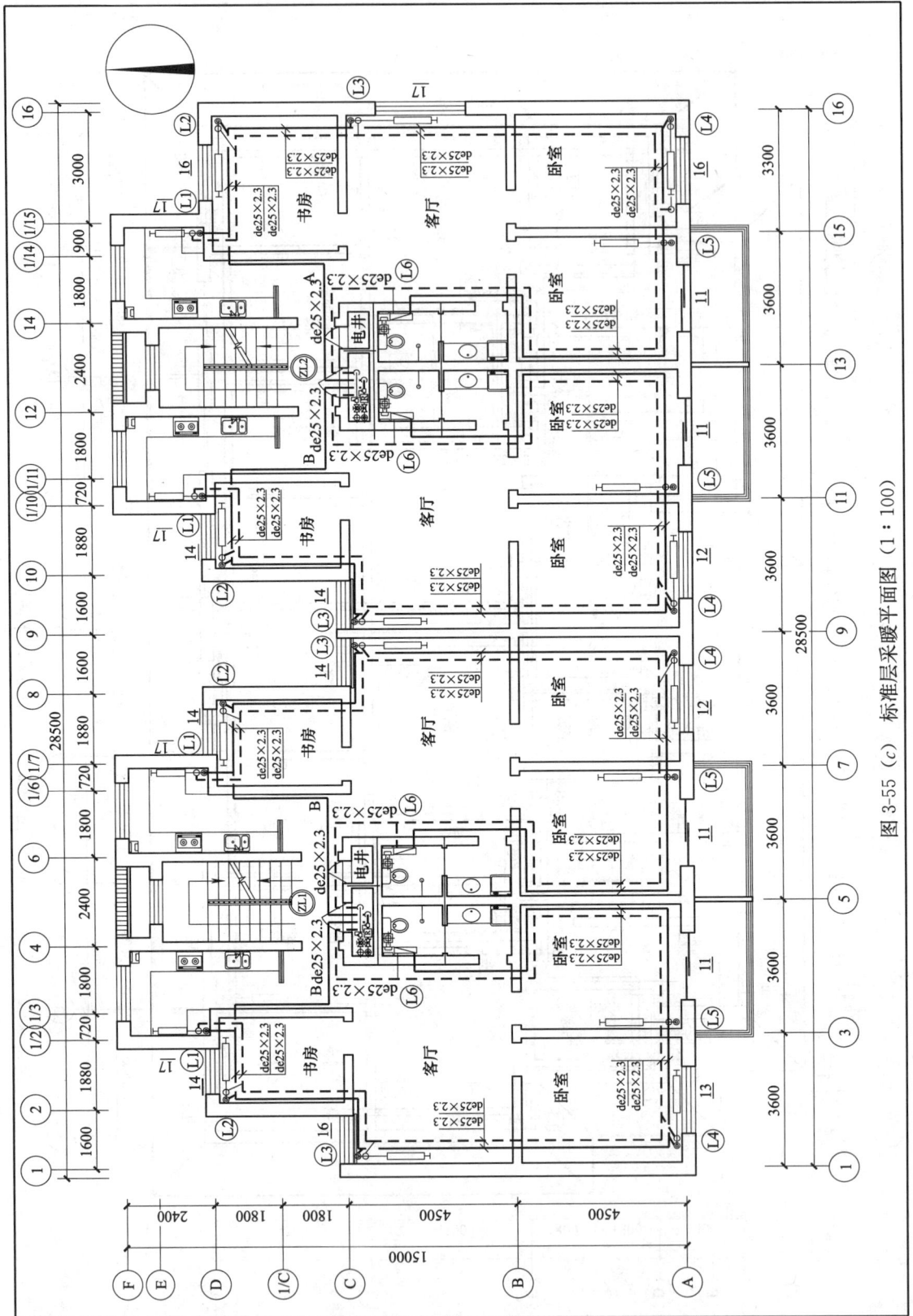

图 3-55 (c) 标准层采暖平面图 (1:100)

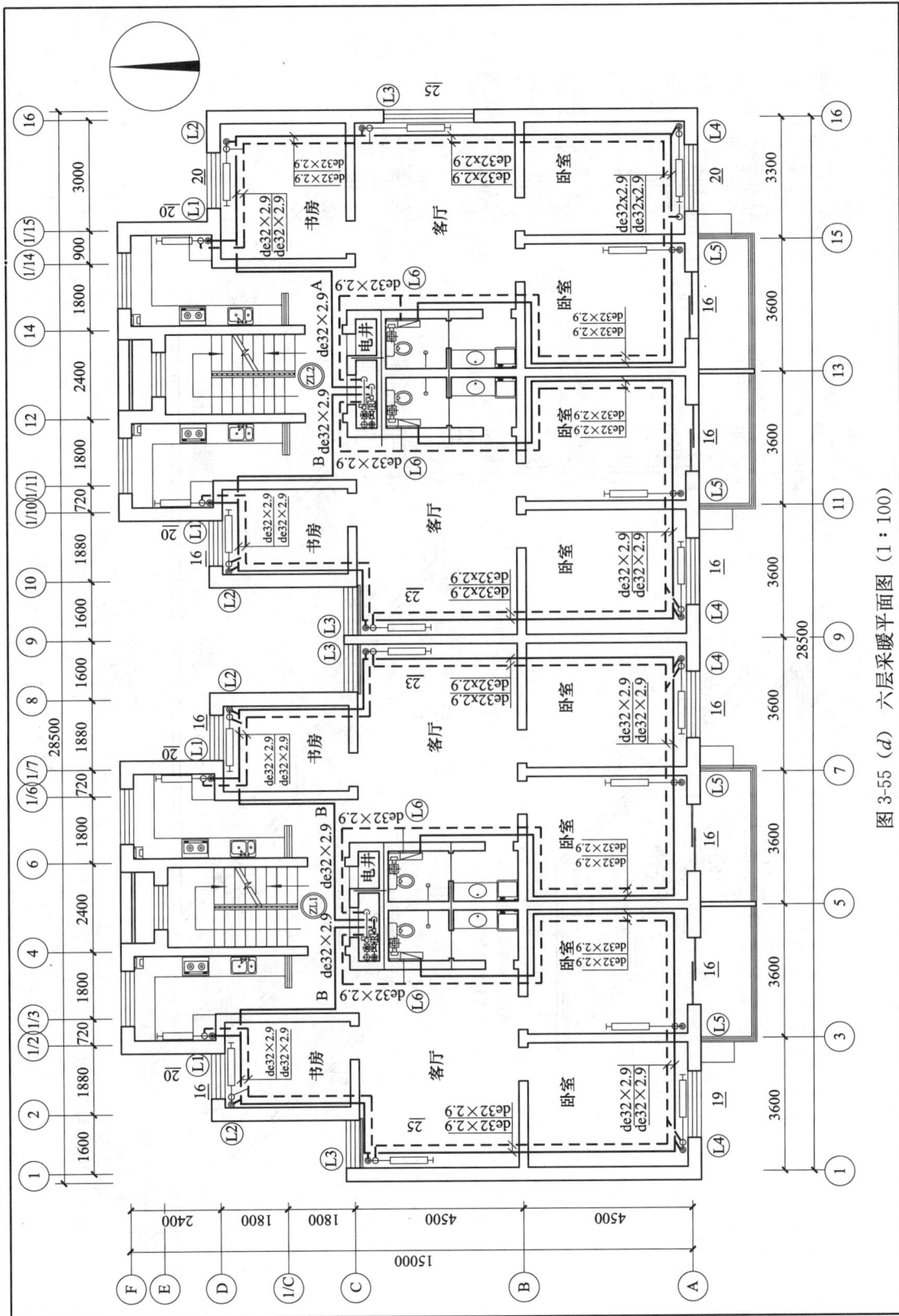

图 3-55 (d) 六层采暖平面图 (1：100)

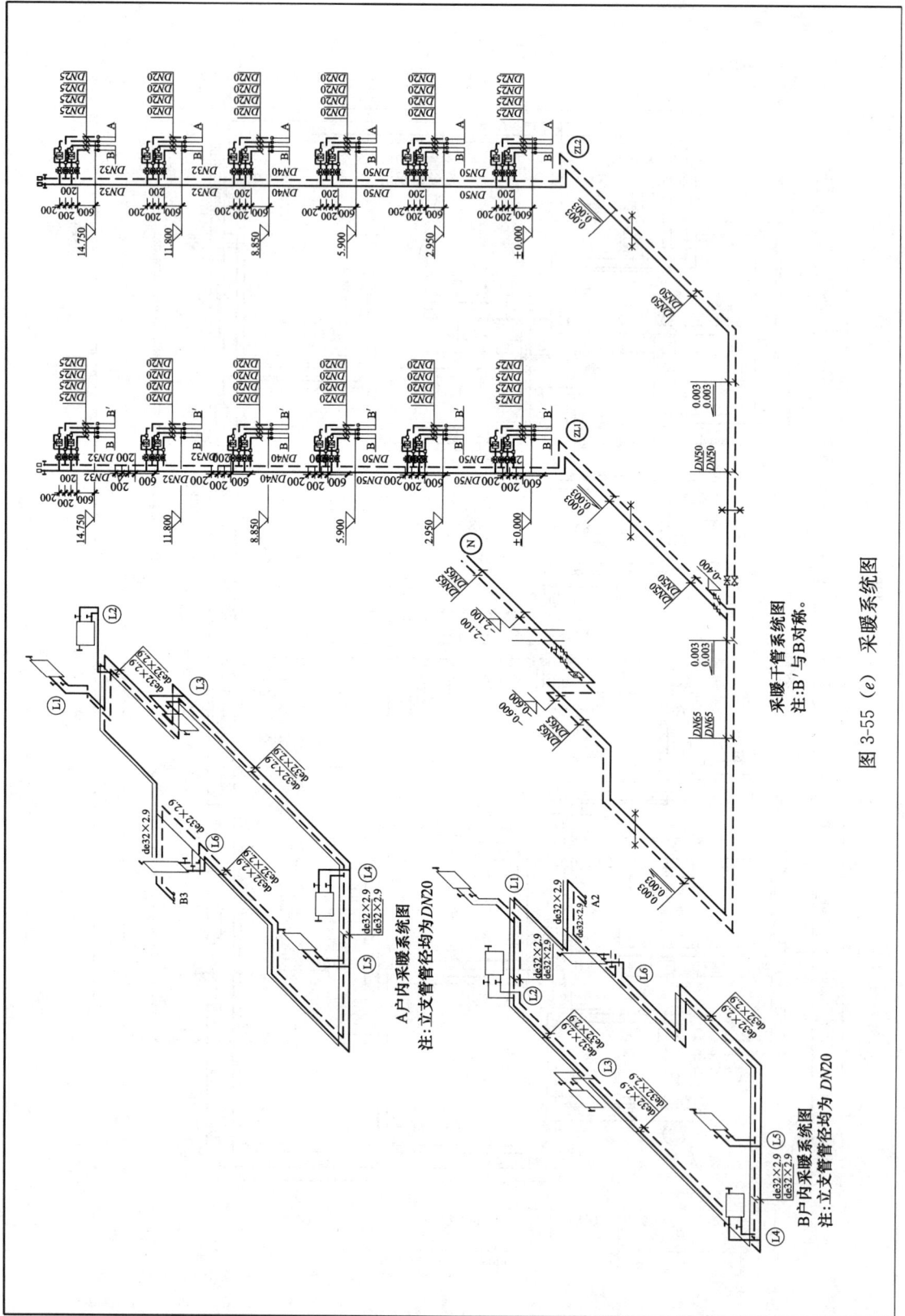

采暖干管系统图
注:B'与B对称。

A户内采暖系统图
注:立支管管径均为DN20

B户内采暖系统图
注:立支管管径均为DN20

图 3-55 (e) 采暖系统图

复习思考题

1. 什么叫供暖工程？简述采暖系统的组成及各部分的作用。

2. 什么是热媒？供暖系统按照热媒不同可分为哪几类？

3. 自然循环与机械循环热水供暖系统的主要区别是什么？

4. 常见的供暖系统的主要形式有哪些，各有什么特点？

5. 什么是分户热计量？什么是低温热水地板辐射供暖？

6. 什么是供暖系统的设计热负荷？供暖系统设计热负荷由哪几部分组成？

7. 什么是围护结构耗热量？为什么要对围护结构基本耗热量进行修正？

8. 供暖系统施工图包括哪些内容？如何识读施工图。

9. 简述供暖系统中常用的管材及特点。

10. 对散热器有哪些要求？

11. 列举常见的几种散热器形式并说明其特点。

12. 散热器布置原则是什么？

13. 供暖系统中为什么要设排气装置，常用的排气装置有哪些。

14. 膨胀水箱的作用是什么？其上有哪些配管？

15. 补偿器的作用是什么？

16. 简述管道支架的分类，活动支座和固定支座的作用分别是什么？

17. 室内供暖系统管路布置的基本原则是什么？

18. 供暖系统防腐及保温目的是什么？

19. 供热管网的布置形式有哪些？其平面布置原则是什么？

20. 供热管网的敷设形式有哪几种，各有什么特点？

21. 简述锅炉的作用及分类。

第四章　通风与空气调节

第一节　概　　述

一、通风与空气调节的主要任务

通风，就是把不符合卫生标准的室内空气（污浊的、有毒的或含有大量热蒸汽和有害物质的）直接或加以净化后排至室外，把新鲜空气送入室内，从而保持室内的空气环境符合卫生标准和满足生产工艺的需要。

在日常生活中，厨房里的排油烟机、浴室中的换气扇等都是在起通风换气的作用。在许多工业生产车间里，由于生产过程中释放出大量的热、湿、各种工业粉尘以及有害气体和蒸气，如果不采取有效的防护措施，将会污染和恶化车间的空气，严重危害工人的身体健康，也会损坏机器设备和建筑结构，对产品质量也有不良影响。例如，在铸造和石棉生产中产生的有害粉尘，可以使人患矽肺和石棉肺等职业病。大量的粉尘和有害气体排入大气，必然导致大气污染，不仅影响周围居民的健康，也危及各种动、植物的正常生长，破坏生态环境。因此，通风的任务就是最大限度地消除室内各种有害物的危害，保持室内空气清洁和适宜，保证人体的健康和延长机器、设备的使用寿命，提高产品质量，并有效地防止环境和大气污染。

随着生产的发展和人民生活水平的提高，对空气环境提出了更高的要求。为了满足人体舒适的需要，应使空气的温度、湿度保持在一定范围内，以获得冬暖夏凉的舒适环境。有些生产工艺过程不仅要求生产环境应恒温、恒湿，而且对空气清洁程度有极严格的规定。例如光学仪器工业的精密刻划间，规定空气温度允许的波动范围是 $20\pm0.1\sim0.5℃$，空气相对湿度小于 65%。空气调节的任务，就是提供空气处理的方法，净化空气；通过加热（冷却）、加湿（去湿）来控制室内空气的温度和湿度，并根据室外空气环境的变化不断自动调节，以满足人们生活、生产和科研对空气环境的要求。

二、空气环境的衡量指标

一般情况下，室内空气环境的好坏是以空气的温度、湿度、清洁度和流动速度来衡量的，常称为空气的"四度"。

1. 空气的温度

空气的温度用以表达空气的冷热程度。空气的温度高低，对于人体的舒适感觉和健康影响很大，在工艺性空调中，也直接影响到产品的质量。所以，空气温度是衡量空气环境的重要指标。

2. 空气的湿度

自然界中空气是由多种气体和水蒸气组成的混合气体。在通常情况下，除水蒸气外，其余各种气体的组成比例基本不变，各自的质量百分比大致为：75.55％氮（N_2）、23.10％氧（O_2）、0.05％二氧化碳（CO_2）、1.3％稀有气体。一般把不含水蒸气的空气称为"干空气"；水蒸气同干空气的混合物称为"湿空气"。

由于湿空气中水蒸气的含量很少，所以在一般工程中可以忽略其影响。但是在空气调节、物料干燥等工程中，为使空气达到一定的温度和湿度，以符合生产工艺和生活舒适上的要求，就不能将水蒸气的影响忽略。在通风与空气调节工程中，经常要使用湿空气作为工质，并对其进行加热、冷却、加湿、去湿等处理。因此，适当了解湿空气的性质是必要的。

湿空气中水蒸气的含量称为湿度。每 $1m^3$ 的湿空气所含有水蒸气的质量称为空气的绝对湿度。由于湿空气中的水蒸气也是充满在湿空气的整个体积中，所以湿空气的绝对湿度也就是湿空气中水蒸气的密度，用符号 ρ_{vap} 表示，单位为 kg/m^3 或 g/m^3。绝对湿度只能说明湿空气中所含水蒸气质量的多少，而不能说明湿空气干燥或潮湿的程度以及吸湿能力的大小。为此，需引入相对湿度的概念。

在一定温度下，空气中的水蒸气的含量是有一定限度的，超过这个限度时，将有凝结水从空气中分离出来。水蒸气含量达极限值的空气称为饱和空气，相应的绝对湿度称为饱和绝对湿度。湿空气的绝对湿度与同温度下饱和绝对湿度的比值称为相对湿度，用符号 φ 表示。显然，相对湿度 $\varphi=0\sim1$，它的大小反映了湿空气中水蒸气的含量接近饱和的程度，故又称为饱和度。φ 值大小可以说明空气吸收水蒸气的能力，在某一温度下，φ 值小，表示空气干燥，具有较大的吸湿能力；φ 值大，表示空气潮湿，吸湿能力越弱。当 $\varphi=0$ 时为干空气；$\varphi=1$ 时则为饱和空气。需要特别指明的是，空气吸收水蒸气能力的大小取决于空气的温度：空气的温度越高，则其吸收、容纳水蒸气的能力就越大，人们对空气环境干湿度的感觉在相对湿度 $\varphi=60\%$ 时较为舒适。所以，空气相对湿度 φ 是衡量空气环境干燥与潮湿程度的一个重要指标。

3. 空气的清洁度

空气的清洁度是表示空气的新鲜程度和洁净程度的指标。

空气的新鲜程度是衡量空气中含氧比例的技术指标。空气中的氧气是人类和其他动植物生存的前提，在不通风、人多的房间里空气中氧气减少，二氧化碳增加，必须采用通风方式不断地以室外的新鲜空气来更换室内的污浊空气。

空气的洁净程度是指空气中的粉尘和有害物的浓度。要对空气中的粉尘和有害物进行净化处理，使其减少到允许的浓度，才算干净的空气。有些车间对空气的清洁度指标控制极严，不仅要求含尘的浓度很低，而且对粒径的大小亦有严格控制，有这样要求的车间称为洁净室或超净车间。

4. 空气的流动速度

空气的流动速度是表示空气在房间里流动快慢程度的指标。

更换室内的空气，是通过空气流动来实现的。人对空气流速的要求与温度高低和劳动强度有关，一般温度较高和劳动强度大时，有较高的空气流速，人体感觉舒适，因为空气流速大时人体的换热强度较大。室内活动区的气体流速应符合规范的要求，不同用途的房间有不同的流速限制。

室内空气的温度、湿度、清洁度和流动速度是影响生活和生产所需空气环境的主要因素。一般空气温度在 16～26℃，相对湿度为 40%～60%，空气流速为 0.25m/s 时，人体能保持正常的散热，感到舒适。

工艺性空气调节室内温度基数及其允许波动范围，应根据工艺需要及必要的卫生条件确定。工作区的空气流速，冬季不宜大于 0.3m/s，夏季宜采用 0.2～0.5m/s。当室内温度高于 30℃且工艺条件容许时，工作区空气流速可大于 0.5m/s。

第二节　通　风

通风是为改善生活和生产环境，创造安全卫生的适宜条件而对室内进行换气的技术。

一、通风系统的分类

通风包括排除室内污浊的空气和向室内补充新鲜的空气。前者称为排风，后者称为送风（进风）。为实现排风或送风，所采取的一系列设备、装置的总体称为通风系统。

通风系统通常有以下几种不同的分类方法。

（一）按通风系统作用的动力分类

1. 自然通风

自然通风是依靠自然界的动力（热压或风压）促使室内、外空气进行交换的一种通风方法。任何情况下，空气的流动都是由于本身各部分的压力不同所致。自然通风时，这种压力差由冷热两部分空气自身的重力作用所致，也可能由外界风的作用所致。前一种情况称为热压作用下的自然通风，后一种情况称为风压作用下的自然通风。

图 4-1 为某工厂车间热压作用下自然通风时空气流动示意。当车间内空气温度比车间外的空气温度高时，车间内空气的重度就比车间外的小，结果在车间内外空气间形成重力差。在这种重力差的作用下，温度低、重度大的车间外冷空气从厂房围护结构下部的门窗或开口处进入车间，而温度高、重度小的车间内热空气自厂房上部的窗或开口排出，形成热压作用下的自然通风。

热压作用下自然通风的换气量取决于车间内外温度差及进、排风口的高度差。温差愈大，高度差愈大，通风换气量也愈大。

图 4-2 为工厂车间风压作用下自然通风时的示意。当有风吹向厂房时，在厂房的迎风面就会产生小于大气压力的负压。由于这种压力差的作用，车间外的空气从迎风面外墙上的开口处进入车间，而车间内的空气又从背风面外墙上的开口排出，形成风压作用下的自然通风。

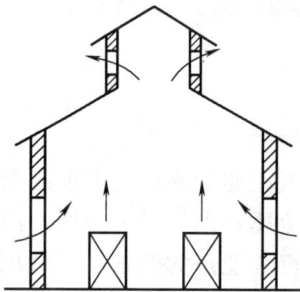

图 4-1　热压作用下的自然通风

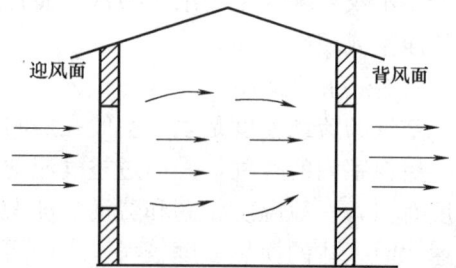

图 4-2　风压作用下的自然通风

风压作用下的自然通风换气量的大小随风速而定。风速大，换气量就大。此外，风压作用下的自然通风还与风向有关。当风向不利时，车间内就不能达到所要求的通风效果。

实际上，热压与风压是同时作用的，这种情况称为热压和风压同时作用下的自然通风。一般说，热压作用的变化较小，而风压作用的变化较大。

自然通风又可分为无组织的自然通风和有组织的自然通风两种。无组织的自然通风依靠定期开启窗户和天窗等方法进行，而有组织的自然通风是依靠掌握空气自然流动的规律，利用窗户或天窗来控制流入或排出的空气量。

对一些热车间，例如冶金工业的炼铁、炼钢、锻造轧钢等车间，机械制造工业的铸工、锻工等车间，玻璃、造纸、印染等工业车间，由于车间内散热量很大，为改善工作地区的劳动条件，有组织的自然通风就显得特别经济有效。

自然通风不消耗电能，使用管理简便，然而它受自然条件影响较大，对于通风换气量难以控制，效果不稳定；又由于无动力设备，所产生的作用压力小，对送入室内的空气不能进行适当处理。当自然通风不能满足使用要求时，就得采用机械通风的方法。

2. 机械通风

机械通风是借助于通风机产生的动力，强迫空气沿着通风管道，将室内空气和室外空气进行交换。机械通风系统虽然增加了动力设备，消耗了电能，但它产生的动力强。因此机械通风可设计成较大的系统，并可对空气进行过滤、加热乃至除尘净化等各种处理。机械通风的风量、风压不受气象条件的影响，通风效果较稳定，工作可靠，通风调节也比较灵活，但系统初投资和运行费用高，安装和管理较麻烦。

机械通风的种类很多。可分为机械送风、机械排风和机械送排风系统。

（二）按通风系统的作用范围分类

按通风系统的作用范围不同，可分为局部通风和全面通风两种方式。

1. 局部通风

局部通风的作用范围仅限于房间或车间的个别地点或局部区域，其又可分为局部排风、局部送风和局部送排风。局部排风的作用，是将有害物质在产生地点就地排除，以防止其扩散；局部送风的作用，是将新鲜空气或经过处理的空气送到车间的局部地区，以改善局部区域的空气环境。局部送、排风则是将局部送风和局部排风有机结合起来的更有效的通风方式。

2. 全面通风

全面通风是对整个房间或车间进行通风换气，用新鲜空气把原有空气中有害物质的浓度降低到规定的标准，或达到改变温、湿度的目的。

局部通风方法所需的风量小、设备少、经济适用、效果好。全面通风方法所需的风量大、设备复杂、造价高。当采用局部通风达不到技术要求时，才应考虑采用全面通风。

（三）按通风目的分类

按通风目的或运行机制又可分为正常通风、事故通风、建筑防排烟等。

二、通风系统的组成

（一）自然通风

对于一般居住建筑与公共建筑，当要求换气量不大时，往往仅设自然通风，室外空气流入室内或室内空气排出室外，要通过打开的门窗洞口或关闭的门窗缝隙。

对于一些工业厂房，特别是产生大量余热的锻造、铸造、转炉、平炉等车间，利用自然通风非常经济，室外空气进入室内主要通过敞开的门窗洞口或门窗缝隙，室内排气一种是通过排气罩、排气管、排风帽排出室外，另一种是通过天窗排出室外。图 4-3 是自然通风组成示意图。

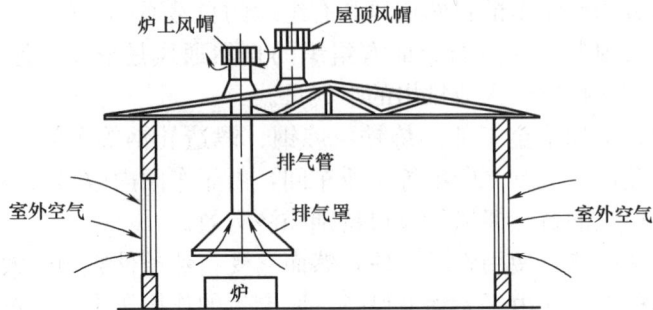

图 4-3　自然通风示意图

（二）机械通风

1. 局部机械送风

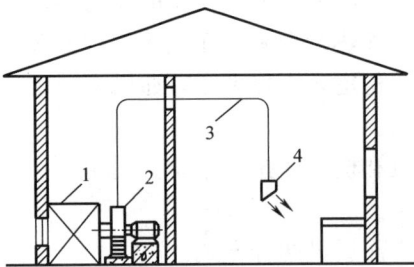

图 4-4　局部机械送风系统
1—空气处理室；2—风机；3—风管；
4—空气分布器

局部机械送风是仅向房间工作地点送风，造成局部地点相对良好的空气环境。图 4-4 所示为一局部送风系统，经净化和降温或升温处理后的空气，经空气分布器以一定的角度和速度送到工人操作岗位地点，改善了工人作业地点的空气环境。

2. 局部机械排风

局部机械排风如图 4-5 所示，这种系统通常由局部排风罩、风管、空气净化设备、风机等主要设备组成。局部排风罩是一个重要部件，常用的有防尘密闭罩、通风柜、上部吸气罩、槽边排风罩等形式；通风管道用以输送空气；除尘器为空气净化设备，使含尘气体中粉尘与空气分离；风机为空气流动提供动力，风帽位于系统末端，其作用是在尽量减小室外风速影响的情况下，将室内气体排至室外。

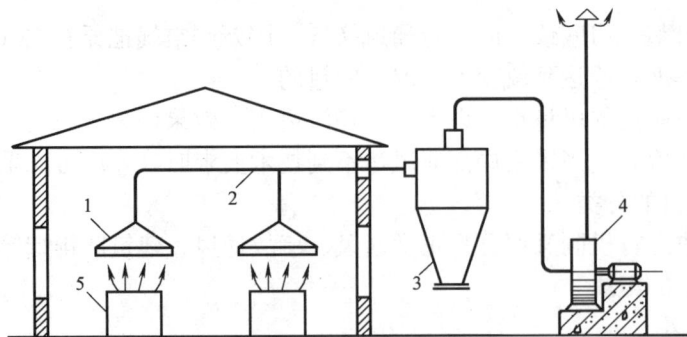

图 4-5　局部机械排风系统
1—排气罩；2—风管；3—除尘器；4—风机；5—工艺设备

3. 局部机械送排风

局部机械送、排风系统是采用既有送风又有排风的局部通风装置，在局部地点形成一道"风幕"，以防止有害气体进行扩散，这样既不影响工艺操作，又比单纯排风更为有效，如图4-6所示。

4. 全面机械送风

图4-7所示为全面机械送风系统，利用风机把室外的新鲜空气（必要时经过过滤或加热）送入室内，在室内造成正压，把室内污浊的空气排出，达到全面通风的效果。此种方式多用于不希望邻室或室外空气渗入室内，又希望送入的空气是经过简单处理的情况。进风口应设于室外空气较清洁的地点，设百叶窗以阻挡空气中的杂物，通常把过滤、加热设备、通风机集中设于一个专用房间内，称为通风室，空气经通风管由送风口送入室内。

图4-6　局部机械送排风

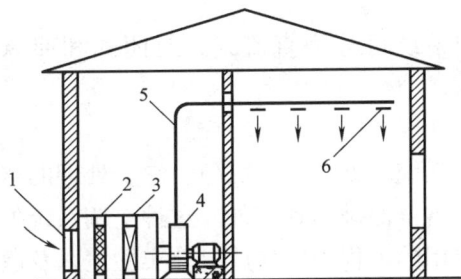

5. 全面机械排风

为了使室内产生的有害物质尽可能不扩散到其他区域或邻室去，可以在有害物质比较集中产生的区域或房间采用全面机械排风，如图4-8所示。机械排风造成一定的负压，可防止有害物质向卫生条件好的区域或邻室扩散。

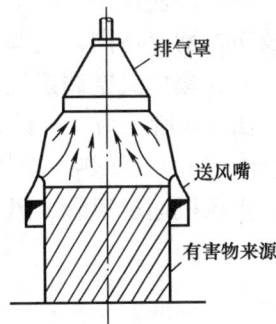

图4-7　全面机械送风系统
1—百叶风口；2—空气过滤器；3—空气加热器；
4—通风机；5—风管；6—空气分布器

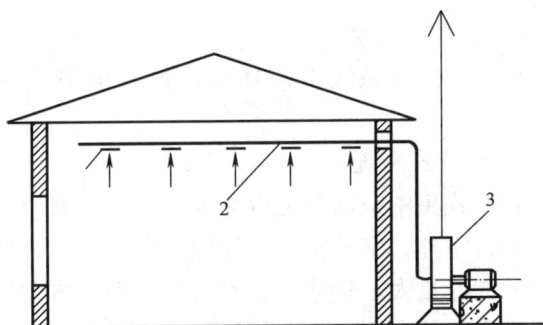

图4-8　全面机械排风系统
1—排风口；2—风管；3—风机

6. 全面机械送排风

在有些情况下，一个需要通风的车间为了更有效的进行气流组织，往往采用全面送风系统与全面排风系统相结合的全面机械通风系统。

第三节　空气调节

空气调节是指为满足生活、生产要求，改善居住、劳动及工艺条件，用人工的方法使室内空气的温度、湿度、清洁度和气流速度达到预定要求的工程技术，简称空调。据规范要求：对于高级民用建筑，当采用采暖通风达不到舒适性温湿度标准时；对于生产厂房及辅助建筑物，当采用采暖通风达不到工艺对室内温、湿度要求时，应设置空气调节系统。

按空调使用场合的不同，可分为工艺性空调和舒适性空调两大类；根据空调设备的组成及布置情况不同，空调系统又可分为集中式、半集中式和局部式三种。

一、集中式空调系统

图 4-9 所示为一种设有一次回风的集中式空调系统，它的特点是所有的空气处理设备（过滤、加湿、加热、冷却设备及通风机等）都集中在一个空调机房内，空气经过处理之后，由风机通过风管或风道送入各空调房间。

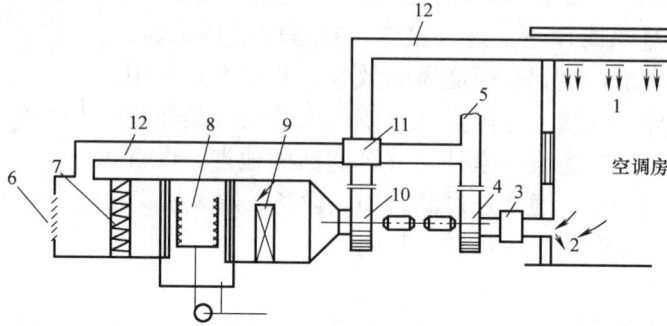

图 4-9　空调系统示意图

1—送风口；2—回风口；3—消声器；4—回风机；5—排风口；6—百叶窗；7—过滤器；
8—喷水室；9—加热器；10—送风机；11—消声器；12—送风管道

（一）系统分类

根据空气在系统中循环的情况，集中式空调系统可分为直流式、封闭式和回风式系统。

1. 直流式系统

直流式集中空调系统也称为全新风式集中空调系统，见图 4-10（b）。它所处理的空气全部来自室外，室外空气经处理后送入室内，使用后全部排出到室外。这种空调系统处理空气的耗能量大，只适用于室内空气不宜再循环使用的工程中，如放射性实验室以及散发大量有害物的车间等，在舒适性空调系统中，个别过渡季节也可考虑阶段性进行全新风运行。

2. 封闭式系统

封闭式集中空调系统也称为全循环式集中空调系统。它所处理的空气全部来自空调房间，全部为再循环空气，没有室外新鲜空气补充到系统中来。这种系统卫生条件差，但耗能量低。通常应用于人员不长期停留的库房等工程，如图 4-10（a）所示。

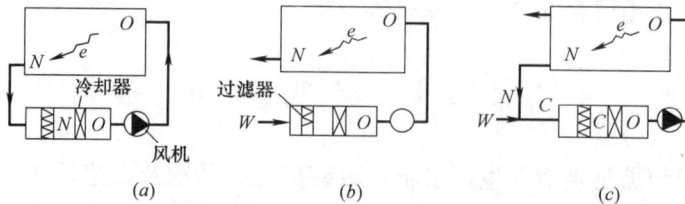

图 4-10　按处理空气的来源不同对空调系统分类示意图

（a）封闭式；（b）直流式；（c）混合式

N 表示室内空气，W 表示室外空气，C 表示混合空气，O 表示冷却器后空气状态

3. 回风式系统

回风式集中空调系统也称为混合式集中空调系统。

从上述两种集中空调系统可见，封闭式系统不能满足卫生要求；直流式系统不够经济，两种系统通常只能在特定的条件下使用。对于绝大多数工程，往往是综合上述两种系统的特点，使用一部分室内再循环空气，又使用一部分室外新鲜空气，故称为混合式集中空调系统。这种系统在能满足卫生要求的前提下，适当加大回风利用，较为经济合理，所以得到较广泛的应用，见图 4-10（c）。

（二）系统组成

集中式空调系统可以看成由空气处理、空气输送和空气分配三个部分组成。

1. 空气处理部分

集中式空调系统的空气处理部分是一个包含各种处理设备的空气处理室。可以按设计图纸在施工现场建造，但一般选用工厂制造的定型产品。空气处理设备的种类、功能简介如下：

（1）新风采入口　新鲜空气自进气竖风道或设在墙上的百叶窗被吸入，百叶窗的作用是防止杂物或雨雪落入。在寒冷地区应设密闭的保温窗，以防止系统停止运行时，冷空气侵入后冻坏其他设备（如换热器）。

（2）空气净化设备　空气净化包括除尘、消毒、除臭和离子化等，其中除尘是经常需要的。空调系统除尘所用设备常使用的为空气过滤器，根据过滤效率的高低，过滤器分为粗效、中效和高效过滤器。一般空调系统，通常只设一级粗效过滤器；有较高要求时，设粗效和中效两级过滤器；有超级净化要求时，在两级过滤后，再用高效过滤器进行第三级过滤。

（3）空气加湿与减湿设备　空气的加湿和减湿处理可以在喷水室内完成，夏季在喷水室内喷低温水对空气进行冷却减湿处理，其他季节可以喷循环水对空气进行加湿处理。另外，空气的加湿还可用喷蒸汽、喷水的专门设备；空气的减湿还可用专门的除湿设备和装置。

（4）空气加热与冷却设备　集中空调处理多采用以热水（通常供水温度 50～60℃，回水温度 40～50℃）或蒸汽作为热媒的表面式空气加热器对送风进行加热处理；多采用以冷冻水（供水温度 7℃，回水温度 12℃）为冷媒的表面式空气冷却器使空气冷却。表面式空气冷却器与加热器的构造相同，只是将热媒（热水或蒸汽）换成冷媒（冷冻水）而已。

2. 空气输送部分

空气输送部分包括送风机、排（回）风机、风道以及风量调节装置。其作用是将已经处理的符合要求的空气，用送风机通过风管或风道送到各空调房间，然后再把相当于室内状态的空气经回风管道排出或送回空气处理设备（回风）。

3. 空气分配部分

空气分配部分主要指设置在不同位置的各种类型的送风口、排（回）风口。其作用是合理地组织室内气流，以保证房间内工作区的空气状态满足要求，分布均匀。

空调房间的送风口有侧向送风口、散流器、孔板送风口等几种形式，图 4-11～图4-13分别为侧送风口、散流器、孔板送风口在空调房间内送风的气流情况。

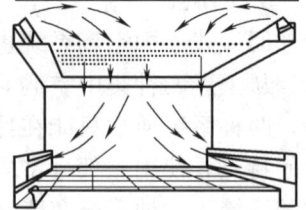

图 4-11　侧送风口送风气流示意　　图 4-12　散流器送风气流示意　　图 4-13　孔板送风气流示意

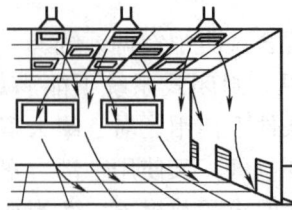

室内排风口通常设在房间的下部，可安装于风管、墙侧壁，或安装于地面上。

集中式空调系统除了三个组成部分外，还应有为空气处理部分服务的冷源、热源及输送热媒的管道系统。

集中式空调系统的空气处理设备集中、处理风量多、服务面积大，适用于室内温度基数、洁净要求、单位送风量的热、湿耗量和使用时间基本一致的空调房间，但投资较大。

二、局部式空调系统

将处理空气的设备、冷热源、风机等整体地组合在一起的、小型的、直接冷却（加热）空气的空调机组，称为空调器。目前多为分体式空调器，即由室外机（包括压缩机、节流装置、表面式换热器、风扇等）和室内机（按安装方式分为壁挂式和立柜式两种，包括表面式换热器、风扇等）组成，图 4-14 所示为分体式空调器示意图，室内机为立柜式。这种就地处理空气，以满足空调房间需要的空调系统称为局部式空调系统。局部式空调系统适用于空调房间布置分散、面积较小，使用运行时间不同、对空气参数要求不一致的空调房间。

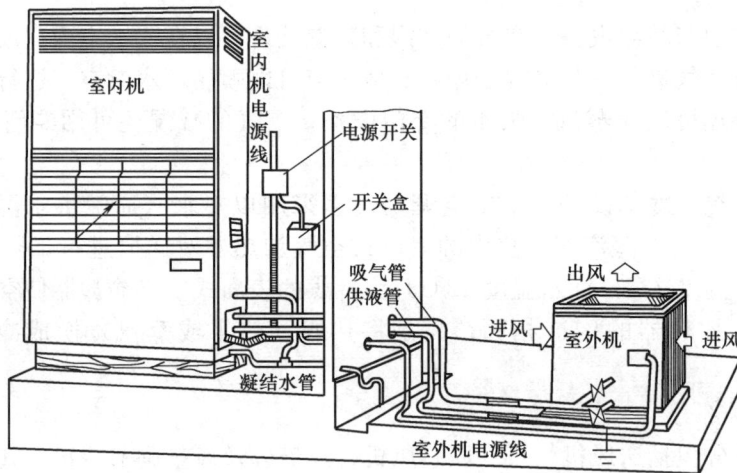

图 4-14　分体式空调器示意图

目前国产供局部使用的空调器种类很多，常见的有普通型和热泵型，普通型压缩式制冷循环机组只用于夏季降温；而热泵型空调机组的节流装置可以切换，室内、外换热设备可转换使用，夏季用来降温，冬季供暖。

三、半集中式空调系统

半集中式空调系统的设备配置情况鉴于前述两种系统之间，这种系统既有集中设置在空调机房的空气处理设备，还有分散在各楼层或空调房间里的空气处理设备，它们可以对室内空气进行就地处理或对来自集中处理设备的空气再进行补充处理，故又称为混合式系统。该系统有诱导式空调系统和风机盘管式空调系统两种形式。它兼有集中式与局部式空调系统的优点，既减轻了集中处理室和风道的负荷，又可以满足对不同空气环境的要求。

（一）诱导式空调系统

诱导式空调系统是以诱导器作为末端装置的一种半集中式空调系统，诱导器是以集中处理后的空气（一次风）作为动力，诱导室内空气（二次风）循环，同时对空气进行加热或冷却处理。该系统由集中空气处理室、送风机和风道组成。诱导器可以做成卧式的挂在顶棚下，也可以做成立式的放在窗台下面或地板上靠墙处。

诱导式空调系统的优点是由于集中处理和采用高速诱导，送风量比一般空调系统少，所以空气处理室和风道断面尺寸较小，可以节省建筑面积和空间。

（二）风机盘管式空调系统

由风机和盘管（换热器）组成的空调设备称为风机盘管机组。图 4-15 为风机盘管机组构造简图，其主要设备有电机、风机、换热盘管、凝水盘、空气过滤器和控制器。只要风机运转，就能促使室内空气循环流动，并通过盘管冷却或加热，以满足房间的空调要求。

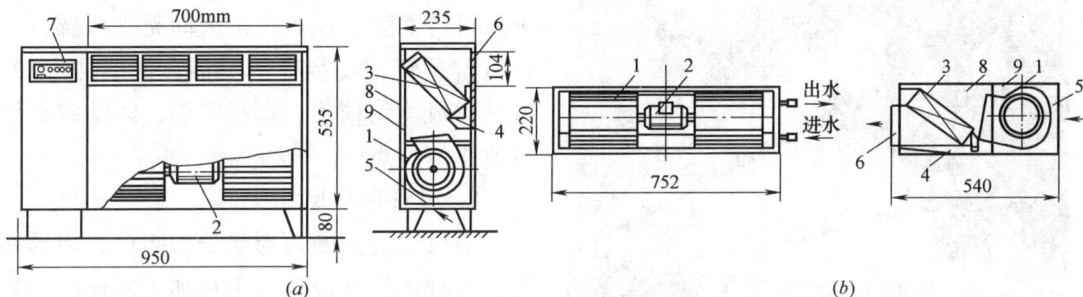

图 4-15　风机盘管机组

（a）立式；（b）卧式

1—风机；2—电机；3—盘管；4—凝水盘；5—循环风进口及过滤器；6—出风格栅；
7—控制器；8—吸声材料；9—箱体

风机盘管机组加新风系统的混合式空调系统称为风机盘管式空调系统，见图 4-16。该系统室外新风通过单独设置的空气处理设备（通常称为新风机组）处理后直接送入各房间，也可以经过风机盘管送入各房间。而新风处理机组可统一设于空调机房，也可分别设置于各楼层走廊吊顶内。其所用冷、热媒介可通过水管来输送。

风机盘管机组中用来冷却和加热空气的盘管要通以冷水或热水，因此风机盘管式空调系统还需设水管路系统。

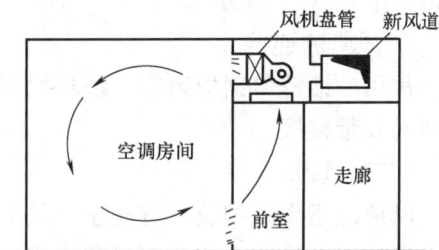

图 4-16　风机盘管空调系统示意

风机盘管机组立式的可靠墙设置在地面上或放在窗台下，卧式的可以悬挂在顶棚下或安装在天棚内。

风机盘管加新风的空调系统有较大的灵活性，各房间可独立调节，无人时可关闭不用，因而能节省运行费用。目前已成为国内公共建筑的主要空调方式之一。特别是对于需要增设空调的一些既有建筑，采取这种方式也比较合适。

第四节 通风空调管道与部件

一、通风管道及其管件

通风管道是指所有通风和空调工程中输送空气的管道，按材质可分为两大类：风管和风道。

（一）风管

风管是指用各种板材现场加工或预制的通风管道。

1. 材料

现场制作通风管道所用的材料有：普通薄钢板（厚 0.5～3mm）、镀锌薄钢板、不锈钢板、铝板、硬聚氯乙烯塑料板等，可以工厂定制的通风管道有纤维材料风管、玻璃钢风管（包括管件）等。

图 4-17 纤维材料风管示意

图 4-17 为纤维材料风管系统示意，此种风管可面式出风，风量大而无吹风感，且具有重量轻、安装简单灵活、易清洁维护、区域送风均匀精确、运行宁静、防结露、性价比高等特点。

2. 风管形状尺寸

通风管道按断面形状分为圆形、矩形两种。各种风管在设计选用和加工制作时，均以国家制定的"通风管道统一规格"上的规格尺寸为依据。圆形风管的规格以外径 D 表示，规格范围有 100～2000mm 共 26 个规格；矩形风管的规格以外边长 $A \times B$ 表示，其范围为 $120 \times 120 \sim 2000 \times 1250$，也有 26 个规格。

3. 风管的连接

常用的镀锌薄钢板风管、玻璃钢风管等多采用法兰连接方式，纤维材料风管可采用粘合剂或胶带连接。

（二）风道

风道是指用砖砌筑或混凝土浇筑的风道，一般均需在建筑和结构施工图中予以明确，由土建施工人员在主体施工过程中完成。与风管断面尺寸标注不同，风道的断面标注尺寸指的是风道的内径。

（三）通风管道的管件

通风管道除了直管之外，还要根据工程实际需要配有弯头、来回弯、三通、四通、变径管、天圆地方等管件。

二、风口

（一）室外进风口

室外进风口的作用是将室外新鲜空气采集进来，供送风系统使用。

一般的室外进风口是金属制成的百叶窗，百叶窗的护拦格栅可以挡住室外的树叶、纸片、砂粒等杂物进入进风室，进风口位置应配合建筑外装修情况来设置，进风口应设控制风阀。

（二）室外排风口

室外排风口是排风管道的出口。

为了防止风沙、雨、雪倒灌，排风口一般设有风帽或可控风阀。

（三）室内送风口

室内送风口种类繁多，下面介绍几种常用的送风口。

1. 侧送风口

侧送风口就是安装在空调房间侧壁上或明装风管侧壁上的风口，此类风口常向房间横向送出气流。常用的侧送风口见图 4-18。

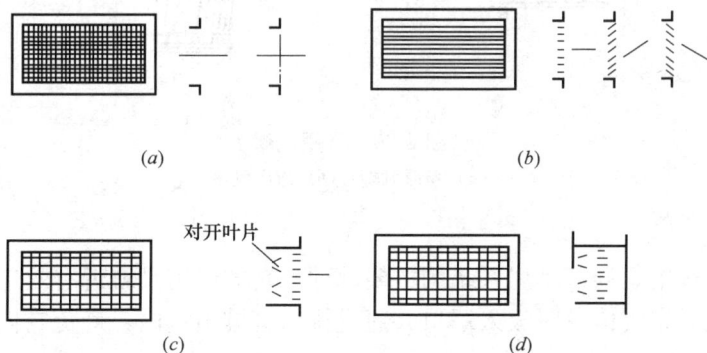

图 4-18　常用侧送风口形式

（a）格栅风口；（b）单层百叶风口；（c）双层百叶风口；（d）三层百叶风口

2. 散流器

散流器是一种安装在顶棚上的送风口，可以和棚顶下表面平齐，也可以在顶棚下表面以下。散流器有圆形、方形或矩形的。这种送风口的特点是气流从风口向四周以辐射状射出。图 4-19 中为常见散流器形式。

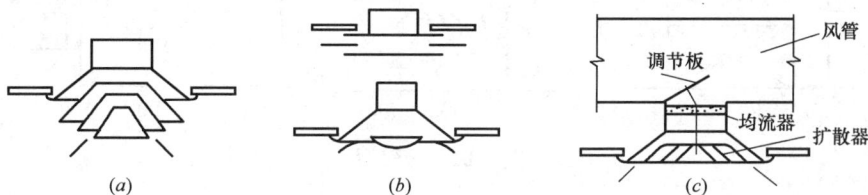

图 4-19　常用散流器形式

（a）流线型散流器；（b）盘式散流器；（c）直片式散流器

（四）室内回风口

室内回风口对室内气流组织影响不大，因而回风口构造较简单，类型也不多，常用的有矩形网式回风口和活动篦板式回风口两种。网式回风口类似图 4-18 中的格栅风口，它是在回风口上装有金属网或格栅，以防杂物吸入。活动篦板回风口是在双层篦板上开有长条形孔，内层篦板左右移动可以改变开口面积，以达到调节回风量的目的。

通过室内送、回风口的位置、数量及风速等合理选择而使室内空气参数均匀分布以达到预期效果的过程称为气流组织设计。

三、风帽

风帽是设置在排风管排风出口端的部件，它的作用是防止雨水、风沙倒灌和增强排风能力。常用的两种风帽见图 4-20。

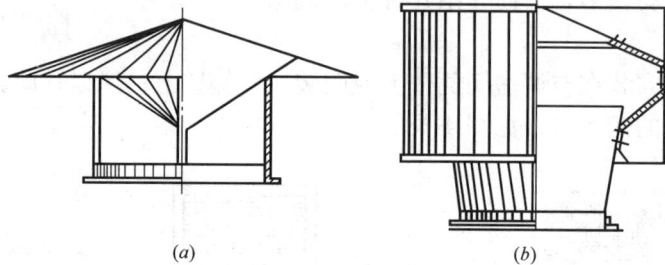

图 4-20　常用风帽

(a) 伞形风帽；(b) 筒形风帽

四、吸气罩

吸气罩或排气罩是局部排风系统的重要部件。它的作用是就近有效地将生产过程中散发出来的粉尘或有害气体及时吸入罩口并通过排风管排出室内，避免它们在室内产生二次扩散。

吸气罩的种类很多，有伞形罩、条缝罩、密闭罩、吹吸罩等。图 4-21 为几种吸气罩示意图，图中 (a) 为防尘密闭罩；(b) 为外部吸气伞形罩；(c) 为设在槽边的条缝罩。

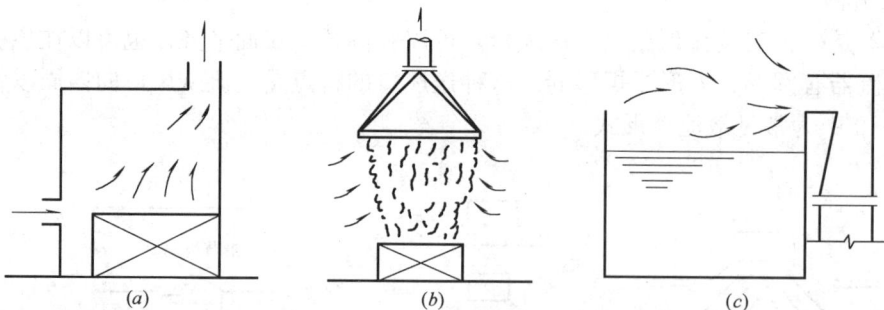

图 4-21　吸气罩

五、阀门

风管用阀门在通风空调系统中的作用是开启、关闭和调节风量。在通风空调系统中常用的阀门有以下几种：

144

（一）插板阀

插板阀主要用在除尘和气力输送的管道上，作为开关用，如图 4-22（a）所示。

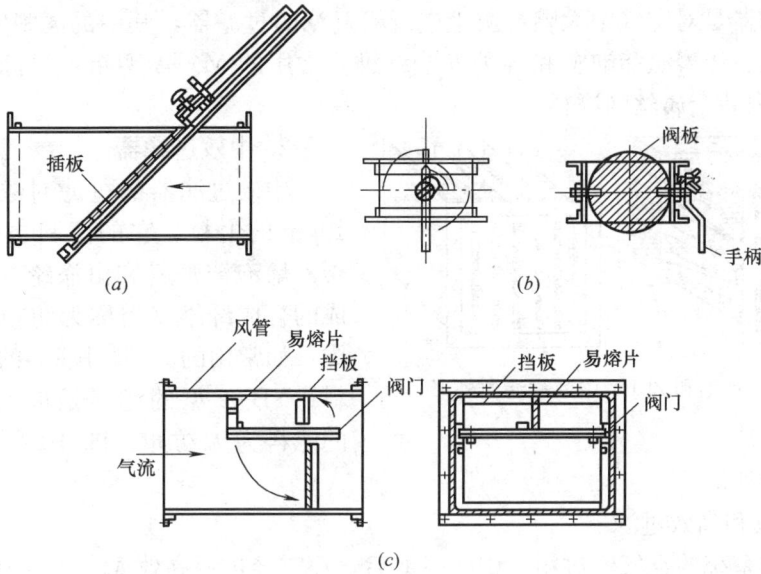

图 4-22　风管常用阀门
(a) 插板阀；(b) 蝶阀；(c) 防火阀

（二）蝶阀

蝶阀主要设在分支管道上，用来调节风量。按断面形状分方形和圆形的；按阀片保温与否分为保温和不保温的，图 4-22（b）所示为圆形蝶阀。

（三）离心通风机圆形瓣式启动阀

风机启动阀设在风机吸入口处，是风机启动时关闭、启动后开启的阀门，它的作用是减小风机的启动负荷，并在运行过程中调节风量。

（四）风管防火阀

防火阀的作用是当火灾发生时，能自动关闭管道，阻隔气流，防止火势蔓延。图 4-22（c）所示为风管防火阀。防火阀设置要求在后面介绍。

第五节　空气处理与除尘设备

一、空气处理设备

为了满足通风空调房间的送风要求，在通风空调系统里必须有相应的能够对空气进行热湿处理和净化的设备，这些设备统称为空气处理设备。下面介绍几种主要的空气处理设备。

（一）空气过滤器

空气过滤器是净化空气的常用设备，其净化空气的原理大多数是让空气通过其中的滤料将空气过滤。按过滤器对粒径为 $0.3\mu m$ 尘粒过滤的计数效率大小，将过滤器分为粗效过滤器（$\eta<20\%$）、中效过滤器（$\eta=20\%\sim90\%$）、亚高效过滤器（$\eta=91\sim99.9\%$）、高

效过滤器（$\eta \geqslant 99.91\%$）四类。

1. 粗效过滤器

粗效过滤器是对空气中大颗粒灰尘进行粗过滤的过滤器，其中的滤料常用金属丝网、铁屑、玻璃丝、粗聚氨酯泡塑和各种人造纤维。常用的 M—A 型粗效过滤器内装泡塑滤料，LWP 型内装金属丝网滤料。

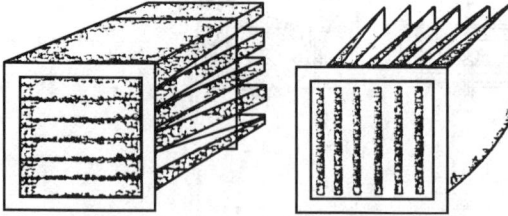

图 4-23 M型和ZM型中效过滤器外形

2. 中效过滤器

中效过滤器的过滤对象是粒径为 $1\sim 10\mu m$ 的尘粒。它的滤料主要是中、细孔聚乙烯泡沫塑料和由涤纶、丙纶、腈纶制成的合成纤维（俗称无纺布）以及玻璃纤维，如常用的 M 型过滤器的滤料是泡沫塑料；YB-02 型的滤料是玻璃纤维；ZM 型的滤料为无纺布。图 4-23 是 M 型和 ZM 型中效过滤器外形。

3. 亚高效和高效过滤器

净化空调系统的空气经过粗、中效过滤后，还需经过亚高效或高效过滤器过滤。它的滤尘对象是粒径 $<1\mu m$ 的尘粒。这种过滤器的滤料是超细玻璃纤维纸和石棉纤维纸。常用的有 GB 型、GS 型、JX-20 型三种，其中前一种的滤料是超细玻璃纤维滤纸，后两种的滤料为超细石棉纤维滤纸。

（二）表面式空气加热、冷却器

所谓表面式换热器，是指冷、热流体分别处于换热壁面的两侧，在温差的作用下进行热交换的换热设备。如室内散热器即属于表面式换热器：壁面内侧的热媒（热水）与壁面外侧的室内空气（冷流体）进行换热。

1. 蒸汽和热水空气加热器

最早的蒸汽或热水空气加热器是用光面钢管焊制的所谓光管加热器。如图 4-24（a）所示，它是由几排管子和联箱组成的。因为这种加热器的传热性能不好、金属耗量大，所以用得不多。

为了增加加热器的传热性能，在光管外加许多金属薄片做成肋片管，再用这种肋片管做成的加热器就是现在广泛使用的肋片管空气加热器，如图 4-24（b）所示。

肋片管上的肋片可用金属带绕在管上形成，也可以将金属片串在管上形成，还可用轧片机在管表面直接轧出肋片。目前常用的 SRZ 型、GL-Ⅱ型是钢管绕钢片加热器；S 型和 U-Ⅱ型是铜管绕铜片加热器；SRL 型和 JW 型是钢管绕铝片加

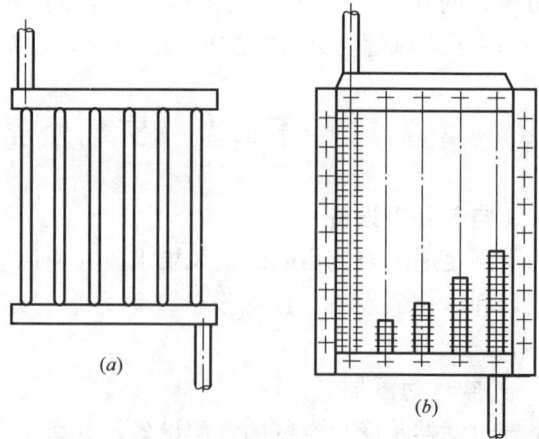

图 4-24 蒸汽和热水空气加热器
(a) 光管式；(b) 肋片管式

热器。

2. 表面式空气冷却器

从构造上看，表面式空气冷却器与肋片管空气加热器没有什么区别，也是由肋片管组成，只是冷却器中通的不是热媒（蒸汽或热水）而是冷媒（制冷剂或冷水）。有的冷却器和加热器是同一个设备，通冷媒时就做冷却器用，通热媒时就做加热器用，例如前面介绍的风机盘管，其换热盘管就是肋片管式换热器，冬天通过热媒（50~60℃热水）来加热空气，夏天通过冷媒（7~12℃冷冻水）来冷却空气。

另外，为了增强换热效果，将肋片管式换热器与风机结合起来，使空气受迫流动，就形成了图4-16所示的风机盘管或供热用的暖风机。

（三）喷水室

喷水室是能够实现多种空气热湿处理过程的设备。如图4-25所示，它是由喷嘴和喷嘴排管、前后挡水板、底池、外壳及其附属管道组成。

1. 喷嘴与排管

喷嘴的作用是将水喷成雾状，它是用铜、尼龙或塑料制成。喷嘴安装在排管上，一个喷水室里有1~3排的排管，排管中的水来自供水管。

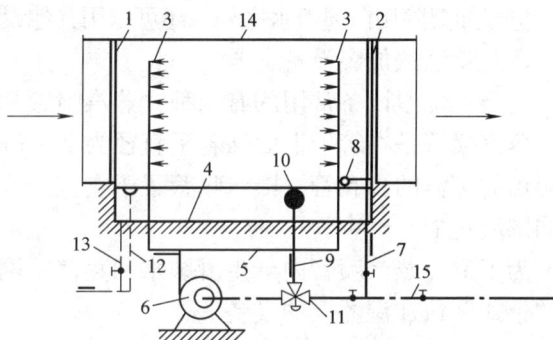

图4-25 喷水室的构造

1—前挡水板；2—后挡水板；3—喷嘴与排管；4—底池；
5—供水管；6—水泵；7—补水管；8—浮球阀；
9—循环水管；10—滤水器；11—三通混合阀；
12—溢水管；13—泄水管；14—外壳；
15—自来水管

2. 前、后挡水板

挡水板是将厚度为0.6~1.0mm的镀锌钢板加工成多折形折板，并将多折形折板组合起来形成的。

前挡水板的作用一是挡水，二是使空气均匀地通过喷水排管。后挡水板的作用主要是阻挡水滴以免被空气带走。

3. 底池及其附属管道、装置

（1）底池

底池是喷水室下部的用钢板或混凝土制成的池子，池深一般为500~600mm。

（2）供水管

夏天，喷水室的作用是对需要送入室内的空气进行降温去湿处理。由空调冷源来的7℃的冷冻水通过三通阀与池内的循环水相混合，经水泵加压后，进入供水管。供水管的作用是向喷水排管供水。

（3）补水管

冬天可利用喷水室的循环水管对空气进行加湿处理，则需向池内补水。补水管上设浮球阀控制底池水位。

（4）循环管与滤水器

循环管的作用是将底池中的水送出循环使用。循环管入口安装滤水器，以防杂物进入管道堵塞喷嘴。滤水器是用铜丝围成的圆筒形滤水装置。

（5）溢水管与溢水盘

当底池中水位超过设计高度时，底池中的水从溢水盘经溢水管流入下水管。溢水盘是个圆形的喇叭口上加水封罩构成的，水封罩可将喷水室内外空气隔绝。

（6）泄水管

为了检修、清洗和防冻，底池设泄水管，可将水泄入下水道。

4. 外壳

喷水室外壳一般用厚 2～4mm 的钢板焊接而成，也可用厚 80～100mm 的钢筋混凝土浇筑。

（四）空气的加湿与除湿设备

1. 空气加湿设备

空气加湿除用前述喷水室外，还可以用其他设备，如喷蒸汽加湿设备、喷水加湿设备等。

（1）喷蒸汽加湿设备

喷蒸汽加湿设备常用的有两种：蒸汽喷管和干式蒸汽加湿器。

蒸汽喷管是在管子上面钻若干直径为 2～3mm、间距不小于 50mm 的喷孔，管内通以加湿用的蒸汽的多孔管。蒸汽喷管置于空气处理室中，蒸汽从喷孔喷出，混合到从蒸汽喷管周围流过的空气中。

为了避免蒸汽喷管内产生凝结水和蒸汽管网内的凝结水流入喷管，目前多采用一种叫做"干式蒸汽加湿器"的设备。

（2）喷水加湿设备

直接往空气中喷雾化水的加湿设备有压缩空气喷水设备、电动喷雾机和超声波加湿器。

2. 空气除湿设备

空气除湿除利用喷水室、表冷器外，还可采用专门的除湿设备，如冷冻去湿机、抽屉式氯化钙、硅胶除湿装置等。

抽屉式硅胶吸湿器由外壳、抽屉式硅胶吸湿层及分风隔板等组成。湿空气在风机作用下，通过硅胶吸湿层，使空气干燥。

二、排风的除尘设备

排风系统排出的气体中往往含有大量粉尘，不能达到国家有关排放标准，为了不使这些

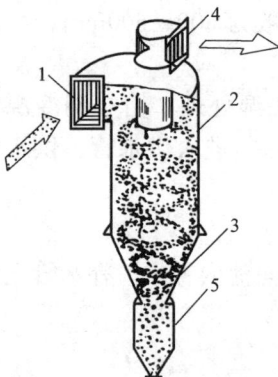

图 4-26　旋风除尘器

1—进气口；2—圆筒体；3—圆锥体；
4—排气口；5—排尘口和集灰斗

粉尘污染周围环境，需要除掉排风中的粉尘，除掉粉尘所用的设备就称为除尘器。除尘设备主要是基于惯性力（包括离心惯性力）除尘、重力除尘、过滤除尘、湿式除尘、静电除尘这几种原理设计的。为了提高设备的除尘效率，每一种除尘器通常都综合运用上述几种原理。

常用的除尘器种类有旋风除尘器、袋式除尘器、水膜除尘器等。

（一）旋风除尘器

旋风除尘器是利用气流旋转过程中作用在尘粒上的惯性离心力，使尘粒从气流中分离的设备，其结构如图 4-26 所示。旋风除尘器由进气口、圆筒体、圆锥体、排气管、集灰斗等组成。含尘气流由切线进气口进入除尘器，沿外

壁由上向下作螺旋形旋转运动，气流到达锥体底部后，转而沿轴心向上旋转，最后由排气管排出。气流作旋转运动时，尘粒在惯性离心力的推动下，被甩到外壳的内部表面。尘粒和外壳壁相碰后，失去原有的速度，沿壁面下滑落入灰斗。

旋风除尘器耐高温、耐压力、结构简单、体积小、造价低、维护方便。但对微细粉尘的捕集效率不高。旋风除尘器在通风工程中应用较广，也可用于小型锅炉和多级除尘中的第一级除尘。

（二）袋式除尘器

袋式除尘器是通过滤料（纤维、织物、棉布等）做成滤袋，装在箱体内，对含尘气流进行过滤的除尘设备，其结构如图 4-27 所示。袋式除尘器主要由空气进口、出口、滤袋、振打装置、灰斗等部分组成。含尘气流由下部进气口进入箱体内，自下而上的通过滤袋。当气流从滤袋内穿出时，由于滤袋孔隙很小，尘粒被滤袋阻挡下来，附着在滤料表面形成粉尘层。过滤作用主要是依靠这个滤料层和以后逐渐堆积起来的粉尘层，使气体得到净化，并由箱体上部的排气口排出。积在滤袋上的粉尘，通过振打装置使滤袋定期发生抖动，被抖落在灰斗里。定期打开下部的插板，就可回收或排除粉尘。

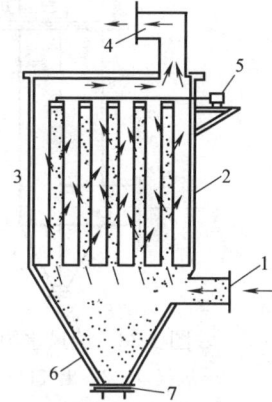

图 4-27　袋式除尘器
1—进气口；2—箱体；3—滤袋；
4—净化气体出口；5—振打装置；6—灰斗；7—插板

袋式除尘器结构简单，投资省，运行可靠，维修方便；除尘效率高，特别适于细小而干燥的粉尘；处理空气量范围很大，使用灵活。但袋式除尘器在选择滤料时，必须考虑含尘气体的特性，性能良好的滤料应具有耐高温、耐磨损、耐腐蚀、效率高、使用寿命长、成本低等优点。袋式除尘器在冶金、水泥、化学、食品等工业部门得到广泛了应用。

需要指出的是，和所有主要靠过虑原理进行除尘的除尘器一样，袋式除尘器的效率、阻力随着积尘厚度的变化而发生周期性变化。

（三）湿式除尘器

湿式除尘器是通过含尘气流与液滴或液膜的接触，使尘粒从气流中分离的除尘设备。常用的有麻石除尘器、旋风水膜除尘器、泡沫塔、自激式除尘器等。

图 4-28 所示为旋风水膜除尘器的示意图，它是由进气口、出气口、供水管道、圆筒形壳体、内部水管末端接有若干个喷嘴等构成的。当设在除尘器上部的喷嘴都以切线方向将水雾喷向圆筒形外壳的内壁时，就会使筒体内壁始终覆盖一层很薄的水膜往下流动。含尘气流由筒体下部沿切线方向进入塔内，旋转上升。由于离心力作用而从含尘气流中分离出来的粉尘，甩向内壁，被水膜粘附，然后随水流向下部，经排污口排出。净化了的空气经上部筒体内的挡水圈消除水雾，由上部排出。

湿式除尘器结构简单，投资低，占地面积小，除尘效率高，能同时进行有害气体（如二氧化硫）的净化。因而它适于处理高温、高湿的烟气，有爆炸危险或同时含有多种有害物的气体。它的缺点是有用物料不能用干法回收，所排泥浆需要处理。目前许多锅炉房的除尘均采用湿式除尘以满足国家烟尘排放标准的要求。

（四）静电除尘器

静电除尘器又称电除尘器，它是利用电场产生的静电力使尘粒从气流中分离的。电除尘器是一种高效除尘设备，理论上可达到任何要求的效率。但随着效率的提高，会增加除尘设备造价。电除尘器压力损失很小，运行费用省。

图 4-29 所示为板式电除尘器。含尘气体流经电除尘器的断面流速不宜过大，以免气流冲刷集尘极而造成粉尘二次飞扬，使除尘器效率降低。

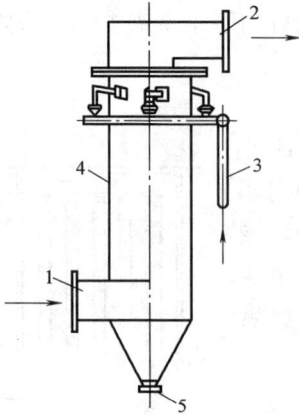

图 4-28　旋风水膜除尘器

1—进气口；2—出气口；3—给水管；

4—圆筒形壳体；5—排污口

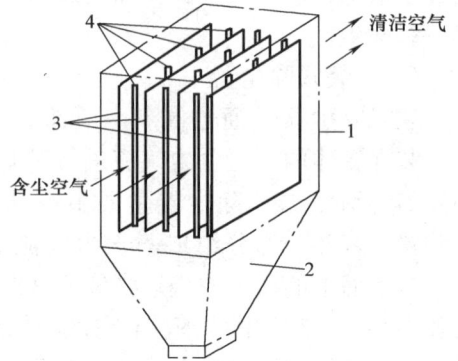

图 4-29　板式电除尘器

1—壳体；2—灰斗；3—集尘极；

4—电晕板（放电极）

第六节　减振与消声设备

为了减少通风和空调系统消声与减振处理的困难，应首先采取有效的措施来减少噪声源的噪声和振动的产生；其次，就是对不得已而产生的噪声和振动进行消声和减振。

一、机器设备的消声与减振

1. 降低风量、减少噪声源

一个系统服务的对象不宜太多，应将风量大的系统分成若干个小系统，这样系统所选用设备的功率有所降低，运转设备等噪声源的噪声随风量的降低而减少，系统控制也灵活，同时有利于节约能源。在满足空调房间使用要求的范围内，在冷（热）媒初始温度可能的情况下，宜采用提高送、回风温度差的办法来降低系统风量，减少设备能耗，进而减少噪声源。同时，选用高效率、低噪声的设备，可使设备的运行噪声和振动进一步减小。

2. 减小系统的振动

为了减少因系统动力机械运转时所产生的振动而出现的噪声，可采取以下防振措施。

通风机、水泵等常用设备的减振方法，是将这些设备安装在弹性基础上，也可以在机座下安设减振器，如图 4-30、图 4-31 所示。

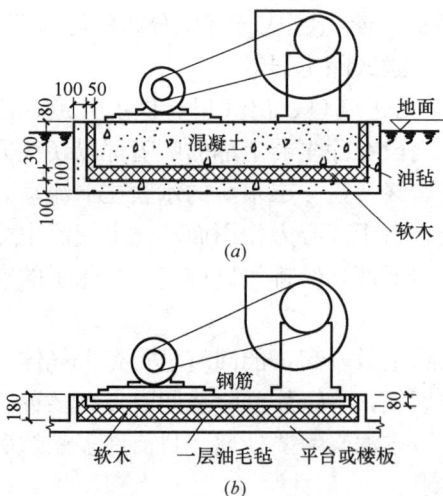

图 4-30　软木弹性减振基础

（a）设在底层；（b）设在楼层

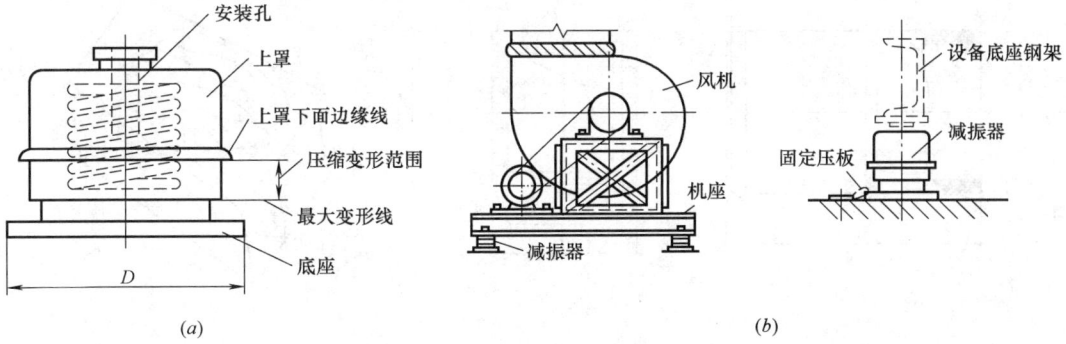

图 4-31 减振器

(a) 弹簧减振器；(b) 减振器的安装

若设备是吊装在屋架或楼板下，吊杆应采用带有防振橡皮垫的隔振支架或弹簧吊架，如图 4-32 所示。

通风机、水泵等设备的进出口管道应设柔性接头，长度为 100～150mm。一般采用双层帆布、人造革或软橡胶等材料制作，如图 4-33 所示。

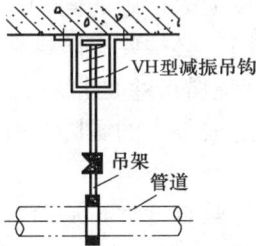

图 4-32 VH 型减振吊钩在管道中悬吊示例

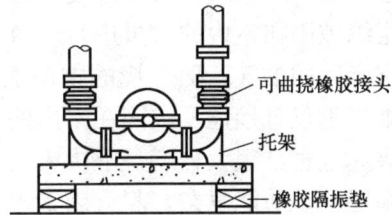

图 4-33 橡胶软接头在系统中应用示例

二、防止气流噪声产生的措施与消声器

1. 防止气流噪声产生的措施

(1) 合理的风速　管道风速及送风口风速应根据空调房间的允许噪声标准，采用合理的数据。

(2) 设导流片　设计风管与部件时，应避免突然改变风道断面面积或气流方向。为清除弯头、T 形管、调节阀、通风机等处气流的扰动和涡流，每个部件之间的直管段应保持 5～10 倍管径长度，弯头及分支处等气流急转弯处宜设导流叶片。

2. 消声器

消声器是装设在空调系统上以减小向空调房间传递噪声量的部件。它大多设置在送风机出口和回风机吸口的送回风干管上，其作用是吸收风管内气体流动所产生的噪声，减少通风管道向室内的噪声传递。常用的消声器有以下几种：

(1) 管式消声器　把吸声材料固定在气流流动的管道内壁就构成管式消声器，如图 4-34 (a) 所示。管式消声器的吸声材料有泡沫塑料、矿渣棉、卡普隆纤维。

(2) 弧形声流消声器　弧形声流式消声器中的吸声材料是按正弧波或近似正弦弧波形状排列的，如图 4-34 (b) 所示。

(3) 阻抗复合式消声器　既用吸声材料吸声（阻性吸声），又用气流断面突变消声

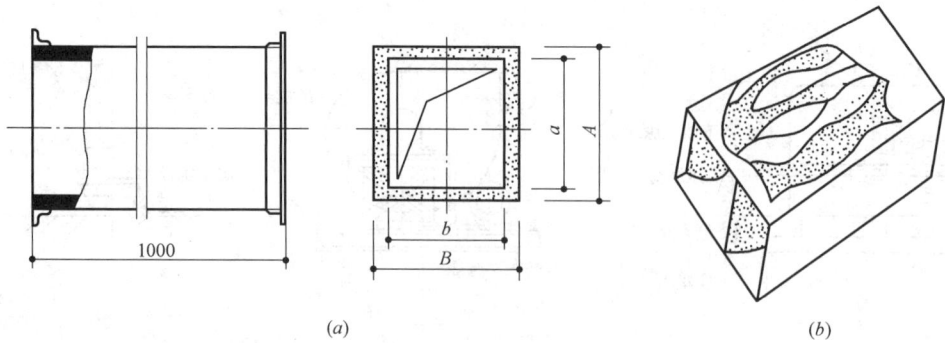

图 4-34　常用消声器

(a) 管式消声器；(b) 声流式消声器

（抗性消声）的消声器称为阻抗复合式消声器，这种消声器的消声频带宽、效果好。

第七节　高层建筑防排烟

建筑物一旦起火，要立即使用各种消防设施灭火。在采取灭火措施的同时，应及时有效地组织被困在室内的人员进行疏散。为确保有效的疏散通路，必须要有防排烟设施。由于火灾产生的烟气，随燃烧的物质而异，由高分子化合物燃烧所产生的烟气毒性尤为严重，烟气不仅直接危及被困在室内的人员，对疏散和扑救也造成很大的威胁。所以建筑物防止火灾危害，很大程度是解决火灾发生时的防排烟问题。

高层建筑功能复杂，起火因素多，火势蔓延快，疏散与扑救难度大，从而具有更大的危害性。所以《高层民用建筑设计防火规范》（GB 50045—95）（2005 版）规定：凡建筑物高度大于 24m，设有防烟楼梯（疏散楼梯）和消防电梯的建筑物均应设防排烟设施。对于一类高层建筑和建筑高度超过 32m 的二类建筑，应设置机械排烟设施的部位有：1）长度超过 20m 的内走道，或虽有自然通风而长度超过 60m 的内走道；2）面积超过 100m²，且经常有人停留或可燃物较多的地上无窗房间或设固定窗的房间；3）不具备自然排烟条件或净空高度超过 12m 的中庭；4）高层建筑的中庭和经常有人停留或可燃物较多的地下室。

一、防排烟方式

根据规范和我国的实践，现在常用的防排烟有下列三种方式。

（一）自然排烟方式

它是利用火灾产生的高温烟气的浮力作用，通过建筑物的对外开口（如门、窗阳台等）或排烟竖井，将室内烟气排至室外，图 4-35 (a) 及 (b) 即为自然排烟的两种方式。自然排烟的优点：不需电源和风机设备，可兼作平时通风用，避免设备的闲置。其缺点：当开口部位在迎风面时，不仅降低排烟效果，有时还可能使烟气流向其他房间。

除建筑高度超过 50m 的一类公共建筑和建筑高度超过 100m 的居住建筑外，靠外墙的防烟楼梯间及其前室、消防电梯间前室和合用前室以及净空高度小于 12m 的中庭均宜用自然排烟方式。但各部位采用的自然排烟的开窗面积应符合规范的规定。如：（1）前室不应小于 2m²，合用前室不应小于 3m²，楼梯每五层可开启外窗不应小于 2m²；（2）内走道

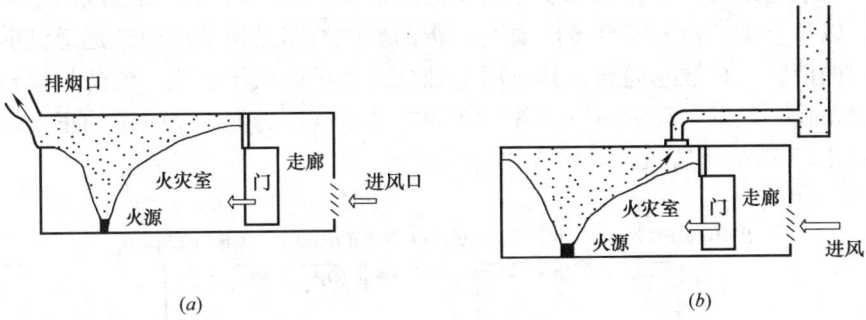

图 4-35 自然排烟的方式

(a) 窗口排烟；(b) 竖井排烟

的可开启外窗面积应大于走道面积的 2%，室内可开启外窗面积不应小于房间面积的 2%，中庭可开启天窗（或高窗）面积不小于中庭面积的 5%。

自然排烟的排烟量可按自然通风（热压作用）的原理进行计算确定。

（二）机械排烟方式

此方式是按照通风气流组织的理论，将火灾产生的烟气通过排烟风机排到室外，其优点是能有效地保证疏散通路，使烟气不向其他区域扩散。但是必须向排烟房间补风。根据补风形式的不同，机械排烟又可分为两种方式：自然进风机械排烟与机械进风机械排烟，如图 4-36 (a) 及 (b) 所示。

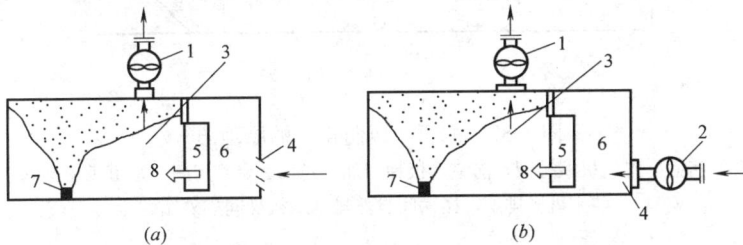

图 4-36 机械排烟方式

(a) 自然进风机械排烟；(b) 机械进风机械排烟

1—排烟机；2—通风机；3—排烟口；4—送风口；5—门；6—走廊；7—火源；8—火灾室

在排烟过程中，当烟气温度达到或超过 280℃时，烟气中已带火，如不停止排烟，烟火就会扩大到其他区域而造成新的危害。因此，在排烟系统（排烟支管）上应设有排烟防火阀，该阀当烟气温度超过 280℃时能自动关闭。

机械排烟的部位，按规范规定为：

（1）无可开启外窗而长度大于 20m 的内走道，或有可开启外窗而长度超过 60m 的内走道。

（2）各房间总面积超过 200m² 或一个房间面积超过 50m²，且经常有人停留或可燃物较多的地下室。以及面积超过 100m²，且经常有人停留或可燃物较多的地上无窗或有固定窗的房间。

（3）净高超过 12m 的中庭。

（三）机械加压送风的防烟方式

向作为疏散通路的前室或防烟楼梯间及消防电梯井加压送风，用造成两室间的空气压差的方式，以防止烟气侵入安全疏散通路。所谓疏散通路是指从房间经走道到前室再进入防烟楼梯间的消防（疏散）通路。其应用基础是通过机械加压送风，使防烟楼梯间及消防电梯井在建筑物一旦发生火灾时，这部分空间内的空气压力能维持一定的正压值而不使烟气侵入。图 4-37 即加压送风防排烟方式的原理图。

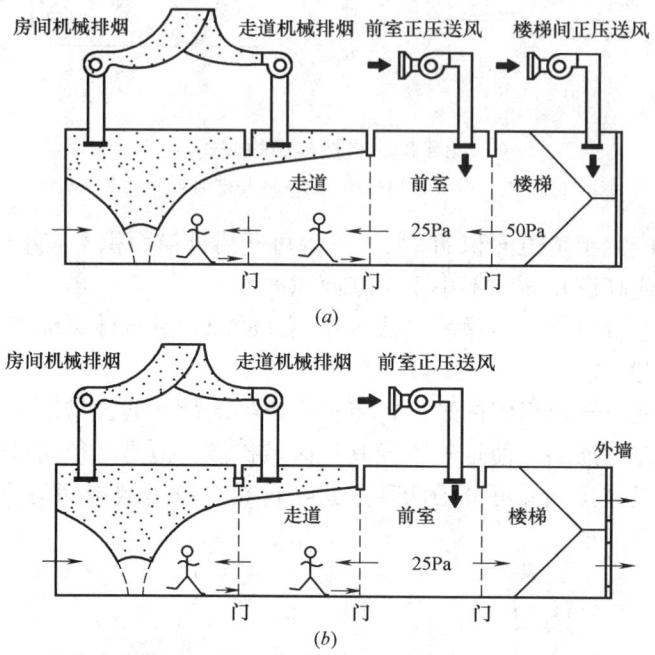

图 4-37　加压送风防排烟的原理图

（a）房间、走道机械排烟，前室、楼梯间加压送风；（b）房间、走道机械排烟，
前室机械排烟，楼梯间自然排烟（楼梯间靠外墙）

机械加压防烟的设置部位按规范可根据以下条件设置：

（1）不具备自然排烟条件的防烟楼梯间、消防电梯间前室或合用前室；

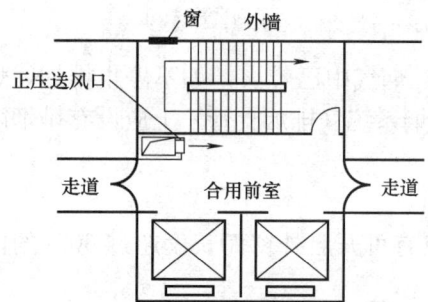

图 4-38　前室加压送风示意

（2）采用自然排烟措施的防烟楼梯间，而不具备自然排烟条件的前室（图 4-38）；

（3）封闭避难层（间）。

二、防排烟装置

一个完整的防排烟系统由风机、管道、阀门、送风口、排烟口、隔烟装置以及风机、阀门与送风口或排烟口的联动装置等组成。下面简单介绍几个装置的工作原理与设置要求。

（一）风机

防排烟工程上所采用的送风机或排烟风机，其材质均可采用钢板制作。送风机可采用普通离心风机，排烟风机则应采用能保证在 280℃时连续工作 30min 的专用离心风机。近年生产的轴流式高温排烟专用风机，在应用上具有更多的灵活性。

排烟风机设置要求：

（1）应设置在该排烟系统最高排烟口的上部，并应设在用耐火极限不小于3h的隔墙隔开的机房内，机房的门应采用耐火极限不低于0.6h的防火门；

（2）为了维修方便，排烟风机外壳至墙或其他设备距离不小于60cm；

（3）排烟风机与排烟道的连接方式应严密合理，否则风机风量要有一定的余量；

（4）排烟风机与排烟口应设有连锁装置，同时能立即关闭着火区的通风、空调系统，并将非着火区域空调系统的排风、回风系统关闭，使其保持正压，达到减缓烟火蔓延的目的；

（5）排烟风机的入口处，必须设有当烟气温度超过280℃时能自动关闭的防火阀。

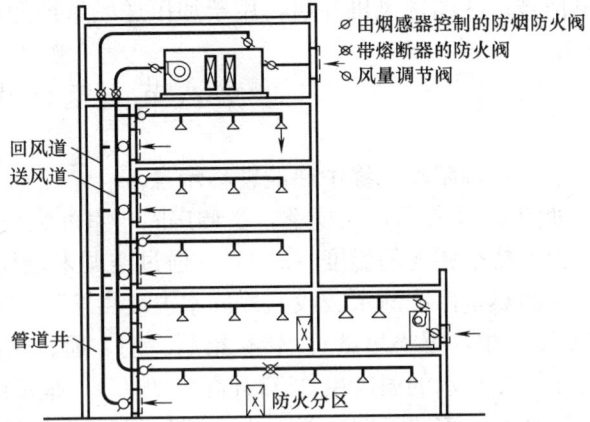

图 4-39　空调系统设置防火、防烟阀实例

（二）防火阀

典型的防火阀工作原理是利用易熔合金片进行温度控制，利用重力作用和弹簧机构的作用来关闭阀门的。新型产品中亦有利用记忆合金产生形变使阀门关闭的。防火阀按其功能可分为：排烟阀、排烟防火阀、防火调节阀、防烟防火调节阀等多种类型，以供不同场合选用。

防火阀通常安装在以下的位置（图 4-39）：

（1）送、回风总管穿过机房隔墙和楼板处；

（2）通过设备机房和火灾危险性较大或重要的房间隔墙和楼板处的风管；

（3）每层送、回风水平风管与垂直总管交接处的水平管段上。

（三）排烟风口

排烟风口装于烟气吸入口处，平时处于关闭状态，只有在发生火灾时才根据火灾烟气扩散蔓延情况予以开启。开启动作可分为手动或自动，手动又分为就地操作和远距离操作两种。自动开启又可分为有烟（温）感电信号联动（烟感器作用半径不应大于10m）和温度熔断器动作两种。温度熔断器动作温度通常为280℃。排烟口动作后，可通过手动复位装置或更换温度熔断器予以复位，以便重复使用。

排烟口有板式和多叶式两种，板式排烟口的开关形式为单横轴旋转式，其手动方式为远距离操作装置。多叶式排烟口的开关形式为多横轴旋转式，其手动方式为就地操作和远距离操作两种。

排烟口设置要求：

（1）设在前室内的排烟口，应设在前室的顶棚上或靠近顶棚的墙面上，进风口应设在前室靠近地面的墙面上；

（2）设在防烟分区内其他部位的排烟口，应设在防烟分区顶棚上或靠近顶棚的墙面上，并且距离该防烟分区最远点的水平距离不应超过 30m；

（3）同一个防烟分区如设有数个排烟口时，要求做到一个排烟口开启时，其他几个排烟口也能连锁开启，则该防烟分区的排烟量可按各排烟口的排烟量之和计算。

（四）加压送风口

靠烟感器控制，经电信号开启，也可手动开启。可设 280℃温度熔断器开关，输出动作电信号，联动送风机开启，用于加压送风系统的风口，起赶烟防烟的作用。

第八节　空调用冷源

一、空调制冷工程中热能转移示意

如图 4-40 所示，在夏季，空调房间与室外大气存在温差，热量 Q 由大气环境传入房间，为保持空调房间温度（27℃），通过空调末端设备 1（新风机组或风机盘管等），将室内空气的热量由冷冻水吸收（冷冻水温度由 7℃变为 12℃）后，经循环泵 2 输送至设备 4（蒸发器）中，再将热量 Q_0 转移给制冷剂，通过制冷循环在设备 6（冷凝器）中再转移给冷却水（冷却水的温度由 32℃升高到 36℃），最后经设备 8（冷却塔），将热量 Q_k 又转移至大气环境。需要说明的是：由大气环境传入空调房间的热量 Q 远小于最后由冷却塔转移回大气的热量 Q_k，其增大的热量主要产生于循环泵、压缩机的耗功以及环境通过温差传热进入系统的热量。

由图 4-40 还可看出，为了将房间内（27℃）的热量转移到高温环境（30℃），至少需要三个循环过程：冷冻水循环、制冷剂循环及冷却水循环。图中的外界能量补偿可以是电能，如常用的螺杆式、离心式、活塞式等冷水机组；也可以是热能，如吸收式制冷机组。

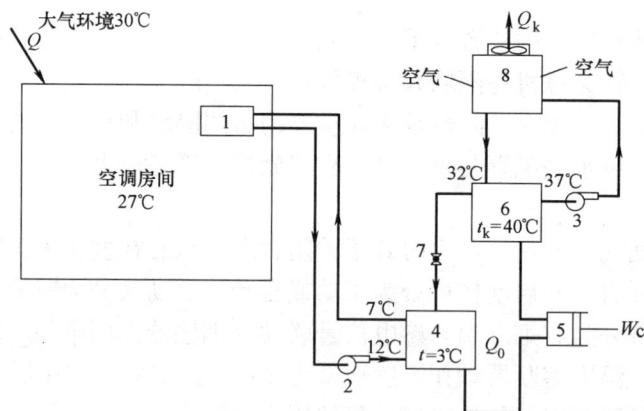

图 4-40　空调制冷工程中热能转移示意

1—空调末端装置；2—冷冻水循环泵；3—冷却水循环泵；4—蒸发器；5—压缩机；

6—冷凝器；7—节流装置；8—冷却塔

二、制冷循环

自然界中，水总是自发的从高处流向低处，而热能的传递也总是从高温物体传递给温度低的物体。这就是热力学第二定律所反映的自发过程的方向性问题。事实上，人们可以用水泵将水从低处转移至高处，用热泵将热能从低温物体中转移至高温物体中，当然，这样的过程是非自发的，是需要付出代价的（如消耗一定的机械能、电能或热能）。

所谓制冷，即是用人工的方法将被冷却对象的热能转移给周围环境介质，使被冷却对象的温度低于环境温度，并在所需时间内维持这个低温的过程。所以，制冷绝对不可理解为是制造冷量的过程，而是一个人为创造相对的低温环境的过程。

实现人工制冷的方法有许多种，在制冷温度高于－120℃的普通制冷范围内，常用的人工制冷方法是利用液体（所用的工作物质称为制冷剂）汽化时吸热的原理进行制冷，包括：

（1）蒸气压缩式制冷：工程中应用广泛，主要是消耗电能为代价；

（2）吸收式制冷：近年来使用日趋广泛，主要是消耗热能（或燃料的化学能）为代价；

（3）蒸汽喷射式制冷，一般不用于空调制冷。

（一）液体的汽化吸热与蒸气的凝结放热

物质由液态变为气态的过程称为汽化。汽化有蒸发和沸腾两种形式。

1. 蒸发

在液体表面进行的缓慢的汽化现象称为蒸发。它是液体表面附近动能较大的分子克服周围液体分子的引力而逸出液面的现象。蒸发可在任何温度下发生，液体的温度越高，蒸发表面积越大，液面上气流的流速越快且气流中所含该种蒸汽分子越少时，该液体蒸发就越快。

空调系统中的冷却塔，就可以通过增加蒸发表面积、利用风机的强制通风提高气流的流速等措施来强化蒸发速度，从而提高冷却塔的工作效率。

2. 沸腾

在液体内部和表面同时进行的剧烈的汽化现象，称为沸腾。沸腾可以在敞开的容器内进行，也可以在密闭的容器内进行，工程中的沸腾大多是在密闭的容器内进行的，如制冷剂在蒸发器中的沸腾。

液体沸腾时的温度称为沸点（或饱和温度），用 t_s 表示。沸腾可在压力不变的情况下加热实现，如日常生活中将水烧开，也可在温度不变的情况下降低压力来实现。

3. 凝结

物质由汽态变为液态的过程称为凝结（液化）。凝结与汽化是物质相态变化的两种相反过程，实际上，在密闭容器内进行的汽化过程，总是伴随着液化过程同时进行的，是动态的。

4. 饱和状态

饱和状态是指当液体表面汽化速度与液化速度相等，即汽液两相达到动态平衡时的状态。如将一定量的水置于一密闭的耐压容器中，然后将留在容器内的空气抽尽，此时水分子就从水中逸出，经一定时间后，水蒸气就充满整个水面上方空间。在一定温度下，此水蒸气的压力会自动地稳定在某一数值上，这时，脱离水面的水分子数和返回水面的水分子数相同，即达到了动态平衡。这种汽化和凝结的动态平衡状况称为饱和状态。处于饱和状态下的蒸汽和液体分别称为饱和汽和饱和液。饱和蒸汽和饱和液的混合物称为湿饱和蒸汽，简称湿蒸汽，不含饱和水的饱和蒸汽称为干饱和蒸汽。饱和状态的压力称为饱和压力，用 p_s 表示，相应的温度称为饱和温度，用 t_s 表示。饱和压力与饱和温度之间有一一对应的关系。如一个标准大气压下，水的饱和温度为100℃，而在0.001MPa时，水的饱和温度约为7℃。

5. 汽化热

在一定的压力下，每千克饱和水变成同温度的干饱和蒸汽所吸收的热量称为该温度下水的汽化潜热，简称汽化热，以 γ 表示，单位为 kJ/kg。

6. 凝结热

每千克蒸汽转变成同温度的水所放出的热量称为凝结热。凝结热和汽化热数值相等。

物质在发生相态变化的凝结吸热或汽化放热过程中温度不发生变化，故凝结热和汽化热称为潜热。物质在没有发生相态变化，而只发生温度变化时吸收或放出的热量称为显热。当然，物质在既有温度变化又有相态变化时，显热和潜热是同时存在的，二者之和称为全热。

（二）蒸气压缩式制冷循环原理

前述图4-25中夏季用于冷却空气的冷冻水是由制冷装置制备的，图4-41即为常用的冷水机组工作原理图。冷冻水从空调系统返回时温度由7℃吸收空气热量变为12℃，在蒸发器4中将热量传给制冷剂（制冷剂蒸发温度 t_0 约2℃），降温为7℃后，再由冷冻水泵输送至空调系统。而蒸发器中制冷剂吸收冷冻水的热量后由液态变为汽态，再由压缩机1加压至冷凝压力、在冷凝器2中被冷却（制冷剂冷凝温度 t_k 约40℃，将热能传给冷却水）液化，经节流装置3将液态制冷剂降压至后再送至蒸发器4中汽化，吸收冷冻水的热量，如此反复循环。而制冷剂在冷凝器中所放热量由冷却水吸收，然后冷却水（温

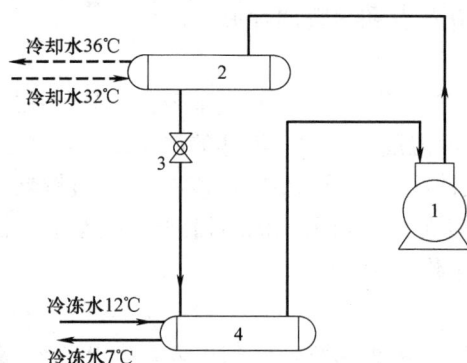

图 4-41　蒸气压缩式制冷工作原理示意图
1—制冷压缩机；2—冷凝器；3—节流装置；4—蒸发器

度约36℃）再被冷却水泵送至冷却塔由大气冷却（温度约32℃）放热后，再返回冷凝器继续吸收制冷剂蒸汽的热量，如此循环反复。而空调房间的热量则是由大气传入，最终又返回大气中的。

（三）热泵循环原理

当前面所讲到的蒸汽压缩式制冷循环目的不是用于制冷而是用于供热时，则称为热泵循环。图4-42为前面图4-14述及的分体式家用热泵型空调器工作原理示意图。下面简要说明热泵型空调器冬季循环（制冷循环）和夏季循环（热泵循环）原理。

（1）制冷循环工况（夏季）：此时室内换热器为蒸发器，风扇作用下室内空气掠过换热器（蒸发器）被吸热降温，达到制冷目的。而室外机的换热器为冷凝器，利用室外风机使室外空气掠过换热器进行吸热，使制冷剂蒸气冷凝，节流装置一般采用毛细管。

（2）供热循环工况（冬季）：通过四通切换阀的控制，制冷剂流动通道改变，夏季制冷循环时压缩机出口的高温高压蒸气组四通阀变换后不再流至室外换热器，而是流向室内换热器（此时作为冷凝器）进行冷凝放热，达到供热目的，然后高压液态制冷剂经毛细管降压后在室外换热器（蒸发器）内吸热，经四通阀后至压缩机被压缩，如此进行供热循环。

由上可见，交替进行制冷和供热循环的热泵装置关键是通过四通切换阀来进行制冷剂

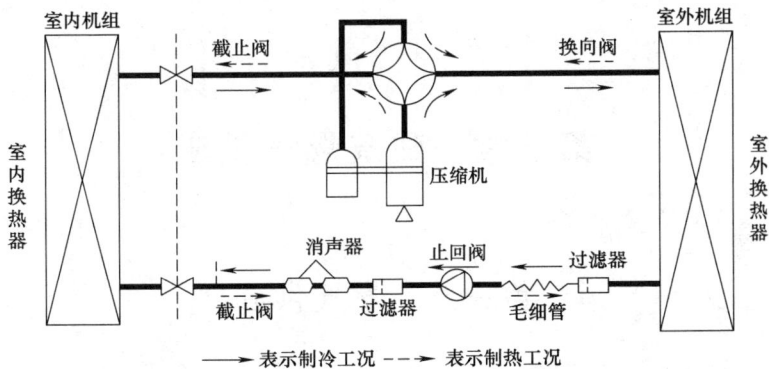

图 4-42　分体式家用热泵型空调器工作原理示意图

流向的切换，使室内和室外换热器在冬、夏季时分别充当冷凝器和蒸发器的作用，制冷循环和热泵循环的工作原理是一致的。

需要指出的是，一般的分体式热泵型空调器在冬季供热时室外温度也不能过低（一般不低于零下 5℃），否则难以保证供热效果。

热泵技术按所获取热量的来源不同大体可分为气源热泵、地源热泵及水源热泵。图 4-42 所示的分体式家用热泵型空调器获取热量的来源为大气，为气源热泵；地源热泵则是利用地表浅层地热资源（包括地下水、土壤和地表水等携带的能量）的高效节能空调系统；水源热泵是目前我国应用较多的热泵形式，它是以水（包括江、河、湖泊、地下水，甚至是城市污水等）作为冷热源体，在冬季利用热泵循环吸收其热量向建筑供暖，在夏季热泵将吸收到的热量向其排放，实现对建筑物供冷的高效节能空调系统。

复习思考题

1. 试说明饱和空气、相对湿度的含意。
2. 试分析说明通风与空调的异同。
3. 通风方式为何应优先考虑采用局部通风？
4. 简述工艺性空调与舒适性空调的区别。
5. 试说明回风式集中空调系统的基本组成及其特点。
6. 试说明风机盘管加新风空调系统的基本组成及其特点。
7. 说明常用的风管及风道材质种类及规格尺寸表示方法。
8. 举例说明表面式换热器的工作原理。
9. 简述消声减振的常用措施。
10. 建筑防排烟的方法有哪些？
11. 防火阀按功能分为哪几种？如何动作？
12. 简述蒸气压缩式制冷原理。
13. 制冷循环和热泵循环有何区别？
14. 按所获取热量的来源不同热泵大体可分为哪几种类型？其节能的意义何在？
15. 结合自己所学专业，简述与通风空调系统安装进行专业配合的要点。

第五章 建筑燃气供应

第一节 燃气供应

一、燃气供应概述

燃气是一种气体形式的能源载体，它和传统的固体燃料相比，具有输送方便、有利于燃烧应用设备的调节与控制、能源利用效率高以及燃气燃烧后没有固体废渣需要清运等优点，而且供应的燃气都是经过净化工艺处理的，有害杂质含量得到了控制，燃烧废气中污染物少，对环境保护的贡献不言而喻。对于一个较为现代化的城镇而言，燃气供应和电力供应、集中供热以及区域供冷等部门共同组成了一个较为完整的，不可或缺的能源供应体系。工业上燃气的使用促进了生产工艺的进步，产品产量、质量和生产效率都有提高，劳动条件也得到了改善；在民用燃气事业中，燃气供应民居住宅、办公楼宇、学校、商业中心等公共建筑物，主要作为居民生活、团体炊事和营业餐饮等的气体能源，方便生活与工作，表 5-1 列出了部分公共建筑的燃气用气量指标。燃气供应和给水排水、通风与空调、建筑电气、电梯等构成建筑物和建筑群体中重要的建筑设备工程项目。近几年燃气供应和应用技术的发展，燃气已经是不仅仅作为传统意义上的炊事燃料，它也作为动力能源供应的一部分，和建筑设备以及建筑能源消耗联系在一起了。一些与建筑有关的大型机电项目，如燃气空调制冷机组、燃气锅炉以及能耗水平更先进的热电（冷）联产机组都有一定规模的发展。

燃气工程起源于将煤转化为煤气的生产、输配、储存、销售和应用的工业过程，因此以前人们也把燃气称为煤气。世界上最早的生产煤气的记录可追溯到 1792 年，苏格兰人威廉·默多克用自己制造的煤气供其住宅的照明，作为规模化的煤气工业到了 19 世纪才有所发展。20 世纪天然气的出现改变了世界燃气工业的面貌，气体燃料作为优质、高效、清洁的能源，是发展国民经济和改善人民生活的重要物质基础，扩大燃气（特别是天然气）在能源结构中的比例是非常重要的。

二、燃气的组成及性质

（一）燃气的组成

燃气通常由可燃气体和不可燃气体组成，通常所见的可以燃烧的单质气体有 H_2、CO、CH_4、H_2S 等，不可燃烧的成分有 N_2、CO_2、O_2、H_2O 等，其中 O_2 为助燃气体。这些可燃的和不可燃的气体混合物构成了不同的燃气种类。用燃气中各种组分的比例来表述燃气则更为精确，这样的燃气组成比例用各单一组分体积组成百分比来表示，也可以称作燃气的容积成分。表 5-2 所示是常见有代表性的燃气组成与燃气热值表。

（二）燃气的热值

几种公共建筑的用气量指标　　　　　　　　　　　　　表 5-1

类　别		用气量指标	单　位
职工食堂		1884～2303	MJ/(人·年)
饮食业		7955～9211	MJ/(座·年)
托儿所幼儿园	全托	1884～2512	MJ/(人·年)
	半托	1256～1675	MJ/(人·年)
医院		2931～4187	MJ/(床位·年)
旅馆招待所	有餐厅	3350～5024	MJ/(床位·年)
	无餐厅	670～1047	MJ/(床位·年)
高级宾馆		8374～10467	MJ/(床位·年)

部分燃气的容积成分　　　　　　　　　　　　　　表 5-2

燃气类别		燃气组分（%）									低位热值 (MJ/Nm³)
		CH_4	C_3H_8	C_4H_{10}	C_mH_n	CO	H_2	CO_2	O_2	N_2	
天然气	纯天然气	98	0.3	0.3	0.4					1.0	35.8
	石油伴生气	81.7	6.2	4.9	4.9			0.3	0.2	1.8	40.5
	凝析气田气	74.3	6.8	1.9	14.9			1.5		0.6	
人工燃气	焦炉气	27			2	6	56	3	1	5	16～17
	油制气	16.5			5	17.3	46.5	7	1	6.7	
	液化石油气		50	50							92.1～121.4
单质气体热值 (MJ/Nm³)		35.88	93.18	123.56		12.64	18.79				

注：由于生产工艺和产地的不同，各类燃气组分及参数会有一定差别。表中所列油制气为重油蓄热催化裂解气之参数；液化石油气的组分则为概略值。

人们使用燃气是为了获取它的热量。燃气的热值是 1 标准立方米燃气完全燃烧所放出的热量，单位为 MJ/Nm³（有时也用 kJ/Nm³）。燃气的热值越高，其经济价值也越高。因为输送同样 1m³ 的燃气，热值越高实际所输送的热量就越高。在规定条件下，每标准立方米立方米燃气在量热器中燃烧放出的热量称为热值。含氢和烃的燃气热值可进一步分为高热值和低热值，高热值是 1Nm³ 燃气完全燃烧后的烟气冷却至原始温度，而其中的水蒸气以凝结水状态排出时燃气所放出的热量；低热值则是 1Nm³ 燃气燃烧后其烟气冷却至原始温度，但烟气中的水蒸气仍为蒸汽状态时所放出的热量。显然，一般燃烧应用条件下，排放的烟气不会回复到原始温度，烟气中的水蒸气也未冷凝，因此，实际应用中所能得到的燃气热量更接近于燃气的低热值。表 5-2 列出了部分燃气的低热值。

（三）燃气的爆炸极限

可燃气体和空气的混合物遇明火而引起爆炸时的可燃气体浓度范围称为爆炸极限。当空气中含有燃气浓度增加到不能引起燃爆的浓度称为爆炸上限；当空气中含有的燃气浓度减少到不能引起燃爆的浓度称为爆炸下限。例如，天然气的爆炸极限是 5%～15%，（占空气中体积的百分比）。燃气爆炸浓度极限是燃气的重要性质之一，因为当燃气和空气（或氧气）混合后，如果这两种气体达到一定比例时，就会形成具有爆炸危险的混合气体。该气体与火焰接触时，即形成爆炸。但是并非任何比例的燃气—空气混合气体都会发生爆炸，此范围是从爆炸下限的某一最小值到爆炸上限的某一最大值。表 5-3 列出了主要燃气的爆炸极限。

（四）燃气的加臭

城市燃气是具有一定毒性的爆炸性气体，又是在一定压力下输送和使用的，由于管道及设备材质和施工方面存在的问题和使用不当，容易造成漏气，有引起爆炸、着火和人身中毒的危险。因此，当发生漏气时能及时被人们发觉进而消除漏气是很必要的，要求对没有臭味的燃气加臭，对于减少灾害是必不可少的措施。

许多燃气是无色无味而有毒的，在燃气泄露时，为了易于被人们发现，要求对燃气加臭。目前，按国际标准要求，城市煤气、天然气等气体的赋臭剂使用四氢噻吩。加臭标准是达到爆炸下限浓度的 20% 或达到对人体允许的有害浓度时即被察觉。

主要燃气爆炸极限　　　　　　　　　　表 5-3

空气中体积 % 燃气种类	炼焦煤气	高炉煤气	水煤气	催化油制气	热裂油制气	纯天然气	石油伴生气	液化石油气	人工沼气
爆炸下限	4.5	46.6	6.2	4.7	3.7	5.0	4.2	1.7	8.8
爆炸上限	35.6	76.4	70.4	42.9	25.7	15.0	14.2	9.7	24.4

三、燃气的分类

燃气的种类很多，根据《城市燃气分类》（GB/T 13611），按其来源分主要有天然气（《天然气》（GB 17820））、人工燃气（《人工煤气》（GB 13613））、液化石油气（《液化石油气》（GB 11174））和沼气。

（一）天然气

天然气一般可分为四种：纯天然气、石油伴生气、凝析气田气和煤矿矿井气。

1. 纯天然气

从气井开采出来的气田气或称纯天然气，纯天然气（简称天然气）的组分以甲烷为主，还含有少量的二氧化碳、硫化氢、氮和微量的氦、氖、氩等气体。我国四川天然气中甲烷含量一般不少于 90%，发热值为 $34800 \sim 36000 kJ/Nm^3$。

2. 石油伴生气

伴随石油一起开采出来的石油气，也称石油伴生气。我国大港地区的天然气为石油伴生气，甲烷含量约为 80%，乙烷、丙烷和丁烷等含量约为 15%，发热值约为 $41900 kJ/Nm^3$。

3. 凝析气田气

含石油轻质馏分的凝析气田气除含有大量甲烷外，还含有 2%～5% 戊烷及戊烷以上的碳氢化合物。

4. 煤矿矿井气

从井下煤层抽出的为煤矿矿井气。矿井气的主要可燃组分是甲烷，其含量随采气方式而变化。

（二）人工燃气

人工燃气是指以人工方法对固体或液体燃料进行加工所生产的可燃气体，根据制气原料和加工方式的不同，可生产多种类型的人工燃气。如干馏煤气、气化煤气、油制气、高炉煤气和转炉煤气。人工燃气通常含有硫化氢、萘、苯、氨、焦油等杂质，具有强烈的气味和毒性，容易腐蚀及堵塞管道，使用前应加以净化。

1. 固体燃料干馏煤气

利用焦炉、连续式直立炭化炉和立箱炉等对煤进行干馏所获得的煤气称为干馏煤气。干馏煤气的生产历史最长，目前是我国若干城市燃气的重要气源之一

2. 固体燃料气化煤气

压力气化煤气、水煤气、发生炉煤气等均属此类。水煤气和发生炉煤气的主要组分为一氧化碳和氢。由于这两种燃气的发热值低，而且毒性大，不可以单独作为城市燃气的气源，但可用来加热焦炉和连续式直立炭化炉，以顶替发热值较高的干馏煤气，增加供应城市的气量，也可以和干馏煤气、重油蓄热裂解气掺混，调节供气量和调整燃气发热值，作为城市燃气的调度气源。发生炉煤气还可做工厂及燃气轮机的燃料。

3. 油制气

可以利用重油（炼油厂提取汽油、煤油和柴油之后所剩的油品）制取城市燃气。

生产油制气的装置简单，投资省，占地少，建设速度快，管理人员少，启动、停炉灵活，既可做城市燃气的基本气源，也可做城市燃气的调度气源。

4. 高炉煤气

高炉煤气是冶金工厂炼铁时的副产气，主要组分是一氧化碳和氮气，高炉煤气可用做炼焦炉的加热煤气，以取代焦炉煤气，供应城市。高炉煤气也常用做锅炉的燃料或与焦炉煤气掺混用于冶金工厂的加热工艺。

（三）液化石油气

液化石油气是开采和炼制石油过程中，作为副产品而获得的一部分碳氢化合物，在常温常压下呈气态。液化石油气作为一种烃类混合物，为了便于储存和输送，只需把它升高压力或降低温度就可成为液态（由气态变为液态，其体积仅为原来的 1/300～1/250）。在使用时再降压气化就成为气体燃料。液化石油气的热值较高，气态时低热值约为 87.8～108.7MJ/Nm^3。发展液化石油气具有投资少、设备简单、建设速度快、供应方式灵活（管道或瓶装供应）等特点。目前，液化石油气已成为一些中小型城镇和城镇郊区、独立居民小区的应用气源。

（四）生物气

生物气是指各种有机物质在一定的温度、湿度、酸碱度和隔绝空气的条件下，经过微生物发酵分解作用而产生的一种可燃气体，由于最早是在沼泽中发现的，所以俗称为沼气。生物气可分为天然生物气和人工生物气。前者存在于自然界中腐烂有机质积累较多的地方，如沼泽、池塘、粪坑、污水沟等处。人工生物气是用作物秸秆、树叶杂草、人畜粪便、污水污泥和一些工厂的有机废水残渣（如酒厂内酒糟、酒精厂的废液）等有机物质为原料，在适当的工艺条件下进行发酵分解而生成。

选取城镇气源应遵循国家能源政策，结合当地的实际情况，并考虑远、近期城镇总体发展规划。在可能的情况下，应优先使用天然气，合理利用液化石油气，慎重发展人工燃气。城镇燃气应符合规范规定的质量要求。

四、城市燃气输配系统的构成及敷设原则

城市燃气输配系统有两种基本形式：一种是管道输配系统；一种是液化石油气瓶装系统。管道输配系统一般由气源、输配网、储配站、调压室、运行管理操作设施、用户等共同组成。

（一）管道输配系统组成

城市燃气输配系统的功能就是安全、可靠、有效并保值保量地向用户提供所需要的燃气。现代化的城市燃气输配系统是复杂的综合设施，通常由下列部分组成：

（1）低压、中压以及高压等不同压力等级的燃气管网。通常担负输气功能的管网是压力较高的，而起配气作用的管网是压力较低的。

（2）城市燃气分配站或压气站、调压计量站或区域调压站。

（3）储配站将用户用气量少时多余的燃气量加以储存，而在用户的用气量增加时通过储气设施提供燃气以满足用户的需要。

（4）监控与调度中心作为城市燃气输配的管理中心，监控与调度中心的目的是随时能够了解系统的主要设施的运行状况，并能够对监视过程中出现的情况加以有效处理。

（5）维护管理中心包括对输配系统出现的任何非正常情况进行抢修、更换、巡查。

输配系统应保证不间断地、可靠地给用户供气。

（二）燃气管网分类

燃气管道与其他管道相比，有特别严格的要求，管道漏气可能导致火灾、爆炸、中毒等事故。管道内燃气压力不同时，对管材、安装质量、检验标准及运行管理等要求亦不相同。

燃气管道可根据用途、敷设方式和输气压力等进行分类。

（1）根据用途分类

1）长距离输气管线其干管及支管的末端连接城市或大型工业企业，作为该供应区的气源点。

2）城市燃气管道

A 分配管道，在供气地区将燃气分配给工业企业用户、公共建筑用户和居民用户。分配管道包括街区的和庭院的分配管道。

B 用户引入管将燃气从分配管道引到用户室内管道引入口处的总阀门。

C 室内燃气管道通过用户管道引入口的总阀门将燃气引向室内，并分配到每个燃气用具。

3）工业企业燃气管道

A 工厂引入管和厂区燃气管道将燃气从城市燃气管道引入工厂，分送到各用气车间。

B 车间燃气管道从车间的管道引入口将燃气送到车间内各个用气设备（如窑炉）。车间燃气管道包括干管和支管。

C 炉前燃气管道从支管将燃气分送给炉上各个燃烧设备。

（2）根据敷设方式分类

1）地下燃气管道。输气管道埋设于土壤中，当管段需要穿越铁路、公路时，有时需加设套管或管沟，因此有直接埋设及间接埋设两种。一般在城市中常采用地下敷设。

2）架空燃气管道。在管道通过障碍时，或在工厂区为了管理维修方便，采用架空敷设。

（3）根据输气压力分类

燃气管道之所以要根据输气压力来分级，是因为燃气管道的气密性与其他管道相比，有特别严格的要求，漏气可能导致火灾、爆炸、中毒或其他事故。燃气管道中的压力越高，管道接头脱开或管道本身出现裂缝的可能性和危险性也越大。当管道内燃气的压力不同时，对管道材质、安装质量、检验标准和运行管理的要求也不同。我国城市燃气管道根据输气压力一般分为七个等级，如表 5-4 所示。

城镇燃气管道设计压力（表压）分级　　　　　　　　　　　表 5-4

名　　　称		压力（MPa）
高压燃气管道	A	2.5MPa<P≤4.0MPa
	B	1.6MPa<P≤2.5MPa
次高压燃气管道	A	0.8MPa<P≤1.6MPa
	B	0.4MPa<P≤0.8MPa
中压燃气管道	A	0.2MPa<P≤0.4MPa
	B	0.01MPa≤P≤0.2MPa
低压燃气管道		P<0.01MPa

注：表中数据来源于《城镇燃气设计规范》（GB 50028—2006），表压为燃气与当地大气压的差值。

（4）根据管网形状分类

为了便于工程设计中进行管网水力计算，通常将管网分为：

1）环状管网。管道连成封闭的环状，它是城市输配管网的基本形式。

2）枝状管网。以干管为主管，呈放射状，由主管引出分配管而不成环状。在城市管网中一般不单独使用。

3）环枝状管网。环状与枝状混合使用的一种管网形式，是工程设计中常用的管网形式。

（5）按照管网的压力级制分类

1）一级系统　仅用于低压管道来输送、分配和供应燃气的系统，一般只适用于小城镇。

2）两级系统　由低压和中压或低压和次高压两级管网组成的系统。

3）三级管网　由低压、中压（或次高压）和高压三级管网组成的系统。

4）多级系统　由低压、中压、次高压和高压管网组成的系统。

（三）燃气管网敷设原则

1. 管道平面布置原则

（1）高中压管道应连接成环网状以保证供气安全可靠。应尽量避免穿越铁路或河流等大型障碍物，以减少工程量和投资。

（2）高压管道宜布置在城市边缘或有足够安全距离的地带，高、中压管道应避免在车辆来往频繁或闹市区的主要干线敷设，否则对施工和管理、维修造成困难，应尽量靠近各调压室，以缩短连接支管长度。

（3）低压管道可以沿街一侧敷设，在遇到某些特殊情况可双侧敷设。

（4）地下燃气管道不得从大型建筑物下面穿过，不得在堆积易燃、易爆材料和具有腐蚀性液体的场地下面穿越；并不能与其他管线或电缆同沟敷设，当需要同沟敷设时，必须采取防护措施。

（5）地下燃气管道与建筑物、构筑物基础或相邻管道之间的水平净距见表 5-5。

地下燃气管道与建筑物、构筑物或相邻管道之间的水平净距（m） 表 5-5

序号	项目		地下燃气管道				
			低压	中压		高压	
1	建筑物的基础		0.7	1.0	1.5	4.0	6.0
2	给水管		0.5	0.5	0.5	1.0	1.5
3	排水管		1.0	1.2	1.2	1.5	2.0
4	电力电缆		0.5	0.5	0.5	1.0	1.5
5	通信电缆	直埋	0.5	0.5	0.5	1.0	1.5
		在导管内	1.0	1.0	1.0	1.0	1.5
6	其他燃气管道	$D_g \leqslant 300mm$	0.4	0.4	0.1	0.4	0.4
		$D_g > 300mm$	0.5	0.5	0.5	0.5	0.5
7	热力管	直埋	1.0	1.0	1.0	1.5	2.0
		在管沟内	1.0	1.5	1.5	2.0	4.0
8	电杆（塔）的基础	≤35kV	1.0	1.0	1.0	1.0	1.0
		>35kV	5.0	5.0	5.0	5.0	5.0
9	通信照明电杆（至电杆中心）		1.0	1.0	1.0	1.0	1.5
10	铁路钢轨		5.0	5.0	5.0	5.0	5.0
11	有轨电车钢轨		2.0	2.0	2.0	2.0	2.0
12	街树（至树中心）		1.2	1.2	1.2	1.2	1.2

（6）为了便于管道管理、维修或接新管时切断气源，高中压管道在下列地点需设阀门：

1）气源厂的出口；

2）储配站、调压室的进出口；

3）分支管的起点；

4）重要的河流、铁路两侧（单支线在气流来向的一侧）。

2. 管道立面布置原则

（1）管道的埋深

地下燃气管道埋深主要考虑地面车辆重负荷的影响以及冰冻层对管内输送气体中可凝性气体的影响。因此管道埋设的最小覆土厚度（路面至管顶）应遵守下列规定：

1）埋设在车行道下时，不得小于 0.8m；

2）埋设在非车行道下时，不得小 0.6m；

3）埋设在庭院内时，不得小于 0.3m；

4）埋没在水田下时，不得小于 0.8m；

5）输送湿燃气的管道，应埋设在土壤冻土线以下。

（2）管道的坡度及凝水缸的设置

1）在输送湿燃气的管道中，不可避免有冷凝水、轻质油等，为了排除出现的液体，需在管道低处设置凝水缸，各凝水缸间距，一般不大于 500m。管道应有不小于 0.003 的坡度，坡向凝水缸。

2）地下燃气管道与构筑物或相邻管道之间的垂直净距见表5-6。

地下燃气管道与构筑物或相邻管道之间的垂直净距（m）   表 5-6

序号	项　　目		地下燃气管道（当有套管时以套管计）
1	给水管、排水管或其他燃气管道		0.15
2	热力管的管沟底（或顶）		0.15
3	电缆	直埋 在导管内	0.5 0.15
4	铁路轨底		1.2
5	有轨电车轨底		1.0

第二节　建筑燃气供应

一、建筑燃气供应系统的构成

建筑燃气系统是城市燃气供应大系统的延续，城市燃气工程体系起始于上游工程即燃气气源工程，燃气经城市燃气输配管网、小区燃气管网，最后进入建筑物室内燃气管道系统，而室内燃气管道的末端是各燃气用户的燃气应用设备。

建筑燃气供应系统的构成随城市燃气系统的供气方式不同而有所变化，通常是由用户引入管、室内燃气管网（包括水平干管、立管、水平支管、下垂管、接灶管等）、燃气计量表、燃气用具等组成，如图5-1所示为室内燃气管道系统图。

1. 用户引入管

燃气引入管穿过建筑物基础、墙或管沟时，均应设置在套管中，并应考虑沉降的影响，必要时应采取补偿措施。燃气引入管的最小公称直径，应符合下列要求：当输送人工煤气和矿井气等燃气时，不应小于25mm；当输送天然气和液化石油气等燃气时，不应小于15mm。与城镇或庭院地下分配管道连接，分支管处应设阀门。当输送含有水分的湿燃气时，引入管应以0.003的坡度坡向燃气分配管道。燃气管道引入建筑物时，一般直接引入用气房间或计量间，并加装总阀门，以便于关断和检修。引入管的敷设方式分为地下和地上引入法两种。

（1）地下引入法。室外燃气管道从地下穿过房屋基础或首层厨房的地面直接引入室内，如图5-2所示。在室内的引入管上，离地面0.5m处，应安装一个带丝堵的斜三通作为清扫口。地下引入法的特点是管线短，简单易行，但由于地下引入时管道要穿建筑物基础，所以要在建筑结构允许时采用或在建筑物设计时预留管洞。新建建筑物一般应预留管洞，尽量采用地下引入法。

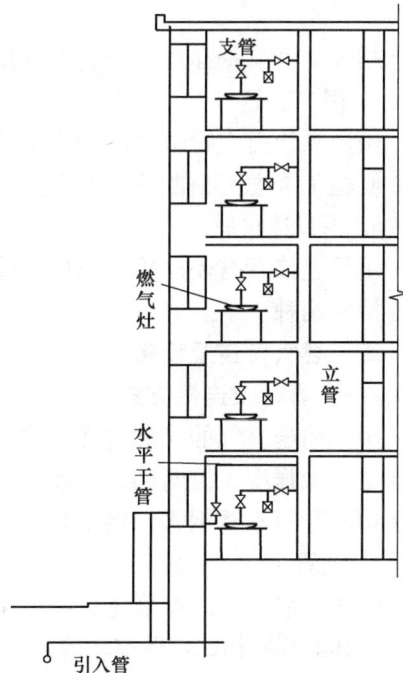

图 5-1　室内燃气管道系统图

（2）地上引入法。管道沿建筑物外墙，在一定高度穿过外墙引入室内。引入管的上端加装带丝堵的三通作为清扫口；室外管道一般要加保护台，寒冷地区要做保温处理，如图5-2所示。由于目前许多民用建筑仍为建成后再进行燃气管道的设计、安装，因此，为了不破坏建筑物的基础结构，多采用地上引入法。

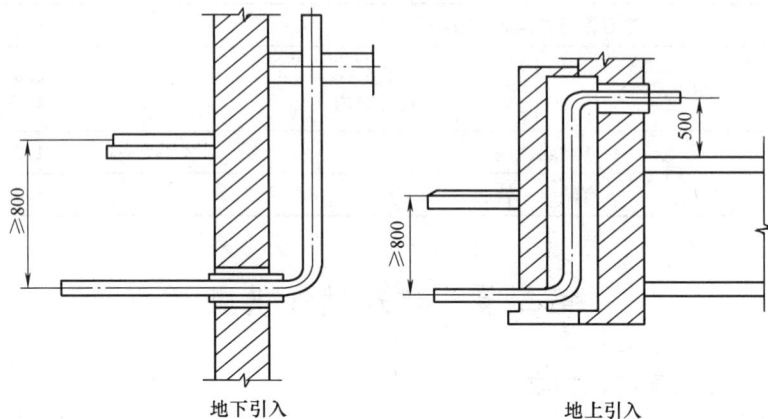

地下引入　　　　　　　　　地上引入

图 5-2　引入管装接法

2. 水平干管

水平干管可沿通风良好的楼梯间、走廊或辅助房间敷设，一般高度不低于 2m，距顶棚的距离不得小于 150mm。输送湿燃气时，干管应以不小于 0.003 的坡度坡向引入管，并注意保温。

3. 立管

燃气立管就是穿过楼板贯通各用户的垂直管，一般应敷设的直径不小于 25mm。

4. 用户支管

用户支管由立管引出的用户支管，其水平管段在居民住宅厨房内不应低于 1.7 m，但从方便施工考虑离顶棚的距离不得小于 0.15 m。

5. 用具连接管

用具连接管有硬连接（采用钢管连接）和软连接（管道与燃具之间由专用橡胶软管进行连接）两种。

二、燃气管道及设备

（一）管材及连接方式

用于输送燃气的管材种类很多，必须根据燃气的性质、系统压力及施工要求来选用，并满足机械强度、抗腐蚀、抗震及气密性等各项基本要求。室内燃气管道宜选用钢管，也可选用铜管、不锈钢管、铝塑复合管和连接用软管，并应符合相应规范的规定。

1. 钢管

常用的钢管有普通无缝钢管和焊接钢管，具有承载应力大、可塑性好、便于焊接的优点。与其他管材相比，壁厚较薄、节省金属用量，但耐腐蚀性较差，必须采取可靠的防腐措施。低压燃气管道应选用热镀锌钢管（热浸镀锌），其质量应符合现行国家标准《低压流体输送用焊接钢管》（GB/T 3091）的规定，中压和次高压燃气管道宜选用无缝钢管，其质量应符合现行国家标准《输送流体用无缝钢管》（GB/T 8163）的规定。选用符合GB/T 3091标准的焊接钢管时低压宜采用普通管，中压应采用加厚管，选用无缝钢管时其壁厚不得小于3mm，用于引入管时不得小于3.5mm，在避雷保护范围以外的屋面上的燃气管道和高层建筑沿外墙架设的燃气管道采用焊接钢管或无缝钢管时，其管道壁厚均不得小于4mm。室内低压燃气管道地下室、半地下室等部位除外，室外压力小于或等于0.2MPa的燃气管道可采用螺纹连接，管道公称直径大于$DN100$时不宜选用螺纹连接。钢管焊接或法兰连接可用于中低压燃气管道（阀门、仪表处除外），并应符合有关标准的规定。

2. 铜管

铜管的质量应符合现行国家标准《无缝铜水管和铜气管》（GB/T 18033）规定，铜管道应采用硬钎焊连接，宜采用不低于1.8%的银（铜-磷基）焊料（低银铜磷钎料）。铜管道不得采用对焊螺纹或软钎焊（熔点小于500℃）。连接埋入建筑物地板和墙中的铜管应是覆塑铜管或带有专用涂层的铜管，其质量应符合有关标准的规定。铜管必须有防外部损坏的保护措施。

3. 铝塑复合管

铝塑复合管的质量应符合现行国家标准《铝塑复合压力管第1部分：铝管搭接焊式铝塑管》（GB/T 18997.1）或《铝塑复合压力管第2部分：铝管对接焊式铝塑管》的规定。安装时必须对铝塑复合管材进行防机械损伤、防紫外线伤害及防热保护，并应符合下列规定：

（1）环境温度不应高于60℃；

（2）工作压力应小于10kPa；

（3）在户内的计量装置（燃气表）后安装。

4. 专用软管

低压燃气管道上应采用符合国家现行标准《家用煤气软管》（HG 2486）或国家现行标准《燃气用不锈钢波纹软管》（CJ/T 197）规定的软管。软管最高允许工作压力不应小于管道设计压力的4倍。软管与家用燃具连接时其长度不应超过2m并不得有接口。软管与移动式的工业燃具连接时其长度不应超过30m，接口不应超过两个。软管与管道燃具的连接处应采用压紧螺帽锁母或管卡喉箍固定。软管的上游与硬管的连接处应设阀门。橡胶软管不得穿墙、顶棚、地面及窗和门。

5. 塑料管

塑料管具有耐腐蚀、质轻、流体流动阻力小、使用寿命长、施工简便、可盘卷、抗拉强度较大等一系列优点。近40年来，经济发达国家相继在天然气输配系统中使用中密度聚乙烯和尼龙等各种材质的塑料管。随着塑料管的广泛应用，它的连接方法越来越简便和多样化。聚乙烯管道的连接通常采用热熔连接、电熔连接。塑料管与金属管通常使用钢塑接头连接。

由于铜管和铝管价格昂贵而不能广泛应用于燃气输配管道上，因此，在选择燃气管道材质时应结合燃气种类、压力和使用场合等因素综合考虑，合理选取。

（二）室内燃气管道敷设原则

（1）室内燃气管道不得穿过易燃易爆品仓库、配电间、变电室、电缆沟、烟道和进风道等地方。

（2）室内燃气管道不应敷设在潮湿或有腐蚀性介质的房间内。当必须敷设时，必须采取防腐蚀措施。

（3）燃气管道严禁引入卧室。当燃气水平管道穿过卧室、浴室或地下室时，必须采用焊接连接的方式，并必须设置在套管中。燃气管道的立管不得敷设在卧室、浴室或厕所中。

（4）当室内燃气管道穿过楼板、楼梯平台、墙壁和隔墙时，必须安装在套管中。见图5-3。

（5）燃气管道必须考虑在工作环境温度下的极限变形。

（6）输送湿燃气的燃气管道敷设在气温低于0℃的房间或输送气相液化石油气管道处的环境温度低于其露点温度时，均应采取保温措施。

（7）室内燃气管道和电气设备、相邻管道之间的净距不应小于表5-7的规定。

室内燃气管道与电气设备、相邻管道之间的净距　　　　　　　　表5-7

管道和设备		与燃气管道的净距（cm）	
		平行敷设	交叉敷设
电气设备	明装的绝缘电线或电缆	25	10（注）
	暗装的或放在管子中的电线	5（从所做的槽或管子的边缘算起）	1
	电压小于1000V的裸露电线的导电部分	100	100
	配电盘或配电箱	30	不允许
	电插座、电源开关	15	不允许
相邻管道		应保证燃气管道和相邻管道的安装、安全维护和修理	2

注：1. 当明装电线与燃气管道交叉净距小于10cm时，电线应加绝缘套管。绝缘套管的两端应各伸出燃气管道10cm。
2. 当布置确有困难，在采取有效措施后，可适当减小净距。

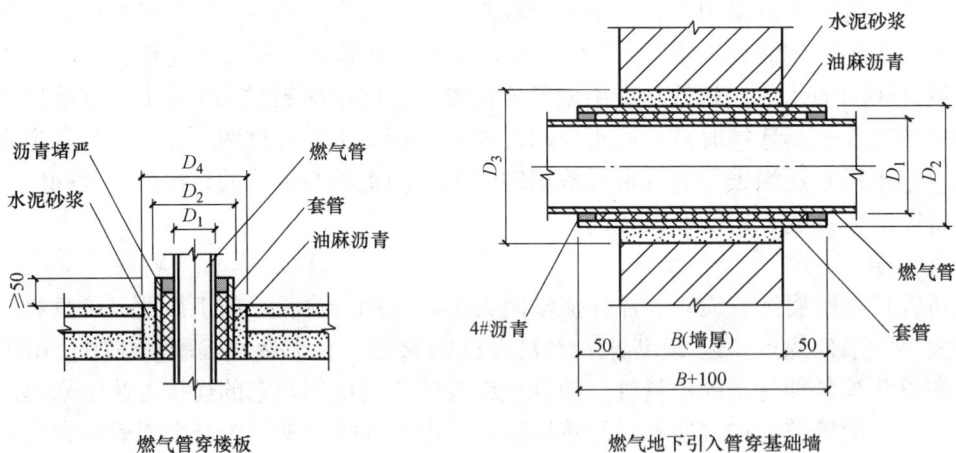

燃气管穿楼板　　　　　　　　燃气地下引入管穿基础墙

图5-3　燃气管道穿墙、楼板做法

（三）燃气用具

燃气的燃烧热广泛应用于多种加热过程，比如生活中的烧水做饭、采暖空调以及各种工业企业的加热过程。建筑中常用的燃气用具有以下几种：

1. 燃气炊事灶具

如家用单、双眼灶（图5-4），烤箱灶；食堂、饭店用大锅灶、复合灶等。燃气灶可分为单眼和双眼两种形式，表 5-8 为国产几种家用灶具的主要技术性能和尺寸。

根据《城镇燃气设计规范》（GB 50028—2006）规定，居民生活使用的各类用气设备应采用低压燃气，用气设备严禁安装在卧室内。燃气灶应安装在通风良好的厨房内，利用卧室的套间或用户单独使用的走廊做厨房时，应设门并与卧室隔开；安装燃气灶的房间净高不得低于 2.2m；燃气灶与可燃或难燃烧的墙壁之间应采取有效的防火隔热措施；燃气灶的灶面边缘和燃气烤箱的侧壁距木质家具的净距不应小于 20cm；燃气灶与对面墙之间应有不小于 1m 的通道。

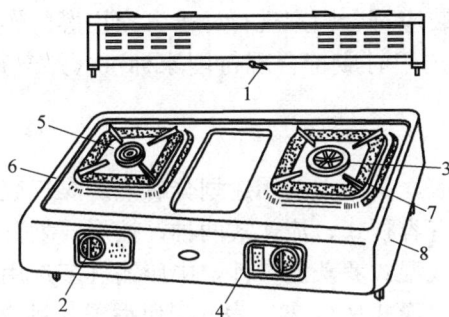

图 5-4　家用双眼灶结构示意图

1—进气管；2—开关钮；3—燃烧器；4—火焰调节器；5—盛液盘；

6—灶面；7—锅支架；8—灶框

几种家用灶具的主要技术性能　　　　　　　　　　　　　　表 5-8

名称	适用燃气种类	喷嘴直径（mm）	热负荷（W）	进口连接胶管内径（mm）	灶孔中心距(mm)	外形尺寸长×宽×高(mm)	生产厂
YZ-1 型搪瓷单眼灶	液化石油气	Φ0.9	9200	Φ9.0	—	345×252×97	北京市煤气用具厂
上海单眼灶	液化石油气	Φ1.0	11700	Φ10.0	—	360×250×95	上海煤气公司表具厂
YZ-2 型双眼灶	焦炉煤气	Φ0.9	2×11700	Φ9.0	400	660×330×125	北京市煤气用具厂
双眼灶	液化石油气	Φ0.9	2×9200	Φ9.0	420	680×365×660	北京市煤气用具厂
YZ-2A 型双眼灶	液化石油气	Φ0.9	2×9200	Φ9.5	420	680×365×660	天津市煤气用具厂
搪瓷双眼灶	焦炉煤气	大 Φ3.4 小 Φ1.2	2×10660	Φ9.0	396	630×230×120	上海煤气表具厂

注：灶前燃气额定压力除上海单眼灶为 250±50mmH$_2$O、搪瓷双眼灶 100±50mmH$_2$O 外均为 280±50mmH$_2$O。

2. 燃气烧水器具

燃气热水器如热水器、开水炉应安装在通风良好的房间或过道内，并应符合下列要求：

（1）直接排气式热水器严禁安装在浴室内；

（2）平衡式热水器可安装在浴室内；

（3）装有直接排气式热水器或烟道式热水器的房间，房间门或墙的下部应设有效截面积不小于 0.02m^2 的格栅，或在门与地面之间留有不小于 30mm 的间隙；

（4）房间净高应大于 2.4m；

（5）可燃或难燃烧的墙壁上安装热水器时，应采取有效的防火隔热措施；

（6）热水器与对面墙之间应有不小于 1m 的通道。

3．燃气空调、采暖器具

如空调机、取暖炉、红外线辐射采暖器等。

采暖装置应有熄火保护装置和排烟设施；容积式热水采暖炉应设置在通风良好的走廊或其他非居住房间内，与对面墙之间应有不小于 1m 的通道；采暖装置设置在可燃或难燃烧的地板上时，应采取有效的防火隔热措施。

居民生活用燃具的安装应符合国家现行标准《家用燃气燃烧器具安装及验收规程》的规定，居民生活用燃具在选用时应符合现行国家标准《燃气燃烧器具安全技术条件》的规定。

三、燃气计量表

燃气计量表俗称煤气表，其种类按用途划分有焦炉煤气表、液化石油气燃气表和两用燃气表；按工作原理划分有容积式、流速式两种；按形式划分有干式、湿式两种。低压输气常采用容积式干式皮囊或湿式罗茨流量计，中压输气多选用罗茨流量表或流速式孔板流量计；家用计量燃气常用皮囊式燃气表。表 5-9 列举了几种燃气流量计的主要技术性能。由管道供应燃气的用户，应单独设置计量装置。图 5-5 为 IC 卡智能皮膜燃气表安装示意图。

用户计量装置的安装位置，应符合下列要求：

（1）严禁安装在卧室、浴室、危险品和易燃物品堆存处，以及与上述情况类似的地方。

（2）安装隔膜表的工作环境温度，当使用人工煤气和天然气时，应高于 0℃；当使用液化石油气时，应高于其露点。

（3）燃气表的安装应满足抄表、检修、保养和安全使用的要求。当燃气表装在燃气灶具上方时，燃气表与燃气灶的水平净距不得小于 30cm。

几种燃气流量计的主要技术性能 表 5-9

名称及型号	额定流量（m³/h）	输入压力（MPa）	输出压力（mm H₂O）	生产厂
QBJ-A(B)型燃气流量计	1、2、2.5	≤0.4	≤700	浙江省苍南仪表厂
QBJ-A(B)型燃气流量计	0.5、1、2	正常使用压力 ≤500mmH₂O		浙江省苍南仪表厂
YB-系列型	20、40、60、100、160、250、400、600	正常使用压力 0.002～0.4MPa		浙江省苍南仪表厂
JBR3 型皮囊式煤气表	3	正常使用压力 50～300mmH₂O		江苏省江阴煤气表具厂
JBR3-1、TM-2 气体流量表	2	工作压力 30～50mmH₂O		重庆国营前卫仪表厂
LMN-2A 煤气表	2	工作压力 50～500mmH₂O		成都红星仪表厂
系列气体流量计	100	使用压力 0.0001～0.1MPa		天津市第五机床厂
	300	使用压力 0.0001～0.1MPa		
	1000	使用压力 0.0001～0.1MPa		

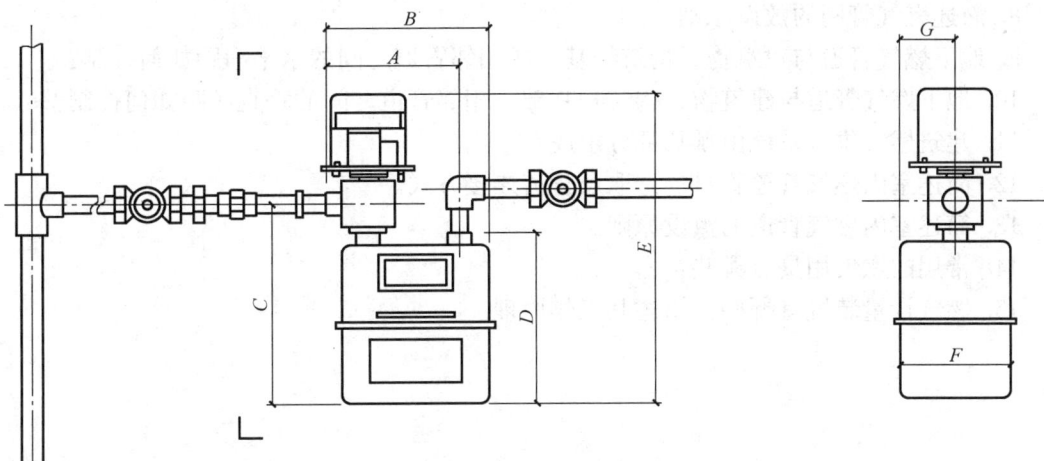

主要技术参数表

基表规格	进气口		出气口	
	接口示意图	管径(mm)	接口示意图	管径(mm)
G10		M40		M50
G16				M65
G25		M50		M80
G40				
G65		法兰盘 $D=\phi140$		M100
G100		螺孔 $6-\phi12$		DN100

注：进气口 G10-G40 示意图标注 d，DN100；G65-G100 示意图标注 D、d，DN100；出气口示意图标注 d。

主要安装尺寸　　　　　单位：mm

基表规格	A	B	C	D	E	F	G
G10	380	450	490	425	725	238	110
G16							
G25	445	515	590	510	830	287	136
G40	540	630	700	618	940	350	167
G65	610	700	930	801	1190	364	175
G100	650	770	1020	890	1280	475	230

图 5-5　IC 卡智能皮膜燃气表安装示意及安装尺寸

复习思考题

1. 燃气作为燃料，与固体、液体燃料比较有何优缺点？

2. 简述燃气的组成及性质。

3. 燃气按来源不同可分为哪几种？各类燃气使用情况如何？

4. 城市燃气在输送和使用过程中是否需要加臭，为什么？

5. 什么叫燃气的热值和爆炸极限？

6. 简述城市燃气系统的组成及各部分的作用。

7. 简述燃气管网的分类。

8. 简述燃气管网的敷设原则。

9. 地下燃气管道与建筑物、构筑物基础或相邻管道之间的水平净距如何控制?

10. 地下燃气管道与建筑物、构筑物基础或相邻管道之间的垂直净距如何控制?

11. 建筑燃气供应系统由哪几部分组成?

12. 简述室内燃气管道管材的选取及管道连接方式。

13. 简述室内燃气管道的敷设原则。

14. 常用的燃气用具有哪些?

15. 燃气计量装置有哪些?简述其工作原理。

第六章　电工理论基础

第一节　直流电路

一、电路的基本概念

（一）电路的组成

电路就是电流所流经的路径。电路是由电源 E、负载 R、连接导线和电气辅助设备（控制保护电器，如开关 S、熔断器 FU 等）四个基本部分组成。如图 6-1 所示。电路可分为内电路和外电路。相对电源来说，负载及电气辅助设备称为外电路；电源内部的电路，称为内电路。图中 R_0 为电源内阻。

电源是供应电能的装置，其作用是把其他形式的能量转换为电能。例如，发电机把机械能转换为电能，电池把化学能转换为电能。

负载是取用电能的装置，其作用是把电能转换为其他形式的能量。例如，电动机把电能转换为机械能，电灯把电能转换为光能和热能。

连接导线起着联通电路的作用，实现电能的传输。

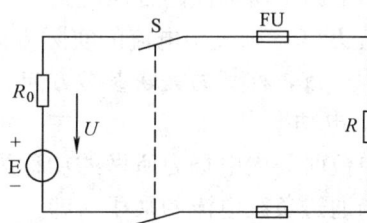

图 6-1　简单电路

开关是电路的控制环节，通过开关可以接通和分断电路。

（二）电路的基本物理量

1. 电流强度（简称电流）

电荷有规则的移动形成电流。电流的强弱用电流强度来表示，电路中的电流强度是指单位时间内流过导线截面的电荷量。电流强度用字母 I 表示：

$$I = \frac{Q}{t} \tag{6-1}$$

式中　Q——电荷量，单位是库仑（C）；

$\quad\quad t$——时间，单位是秒（s）；

$\quad\quad I$——电流强度，单位是安培（A）。

为了描述电流的方向，习惯上规定正电荷移动的方向或负电荷移动的反方向为电流的方向，所以在外电路中电流的方向是由电源的正极指向负极，在内电路中，电流的方向是由电源的负极指向正极。

根据电路中电流的变化规律，电路可分为直流电路与交流电路两种。

直流电路中的电流大小和方向不随时间变化，交流电路中的电流大小和方向都随时间作周期性变化。

2. 电压

电压是衡量电场力做功能力的物理量，它在数值上等于单位正电荷受电场力作用从电路的某一点移到另一点所做的功，或等于单位正电荷顺着电场的方向从某一点移到另一点所失去的能量。

通常电压用字母 U 来表示，单位是伏特（V）。如果电场力把 1C 电荷从 A 点移到 B 点所做的功是 1J，则 A 与 B 两点间的电压就是 1V。

电压的方向规定为：由高电势端指向低电势端。

3. 电源电动势

电源电动势是电路中产生电压驱动电流的必要条件。电源电动势的定义式是：

$$E = \frac{W_{非}}{q} \tag{6-2}$$

式中 $W_{非}$ 是指该电源电动势将正电荷 q 由电源负极（低电势）通过电源内部移至电源正极（高电势）时，由非静电力所做的功。电动势通常用字母 E 来表示，单位是伏特（V）。

电动势的方向是由电源的负极指向正极。

在电路的分析计算过程中，需注意上述对电流、电压、电动势规定的方向称为实际方向，而电路中所标注的方向均为参考方向。若 $I > 0$，表明电流的实际方向与参考方向相同；若 $I < 0$，则表明电流的实际方向与参考方向相反。习惯上常将电压和电流的参考方向选为一致，称其为关联参考方向。

4. 电功率

单位时间内电场力所做的功称为电功率，用字母 P 来表示。电功率等于负载两端的电压与通过负载电流的乘积。即：

$$P = IU \tag{6-3}$$

电压的单位是伏特（V）；电流的单位是安培（A）；功率的单位是瓦特（W）。

当负载上的电压和电流实际方向一致时，电功率为正，表示负载将从电源吸收能量；当负载上的电压和电流的实际方向不一致时，电功率为负值，表示负载将要向电源释放能量。

（三）电路的三种状态

电路在运行过程中，通常有通路、断路、短路三种状态。

1. 通路状态

通路是指将负载与电源接通，电路中便有电流通过，是电源与负载之间发生能量交换的状态。

为了保证电气设备在工作中的温度不超过最高工作温度，为此通过电气设备的最大允许电流必须有一个限定值。通常把该限定电流值称为对应电气设备的额定电流，用 I_e 表示，而把限定的电压值称为该电气设备的额定电压，用 U_e 表示。

各种电气设备都有不同的额定电流和额定电压，对电阻性的负载而言，电气设备的额定电流和额定电压的乘积就等于其额定功率，即：

$$P_e = I_e U_e \tag{6-4}$$

负载在额定功率下的工作状态叫做额定工作状态或满载；低于额定功率的工作状态叫轻载；高于额定功率的工作状态叫做过载或超载。应尽可能使负载运行在额定状态，此时无论是效率上、寿命上及经济上均为最佳。

2. 断路状态

断路是指电源两端或电路的某处断开，电路中没有电流通过，断路状态的主要特点是：电路中的电流为零，电源不向负载输送电能。

断路可以分为控制性断路和事故性断路两种，如图 6-2 所示。

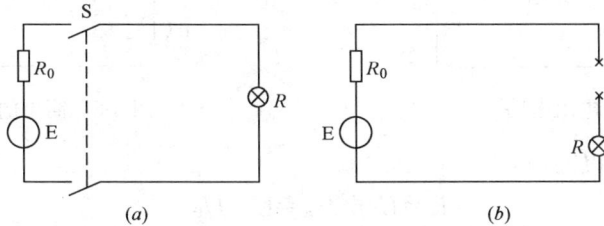

图 6-2　两种断路状态

(a) 控制性断路；(b) 事故性断路

控制性断路是利用控制电器（如开关 S），使电路处于断路状态；事故性断路是由于电源、负载或导线某处发生故障而引起的断路。事故性断路的发生需要查出故障，及时予以排除。

3. 短路状态

短路是指电源未经负载而直接由导线接通形成闭合电路，外电路的阻抗非常小的状态，如图 6-3 所示。

发生短路的原因，主要是电气设备的绝缘损坏或接线错误。当电源发生短路时，电路中的电流为：

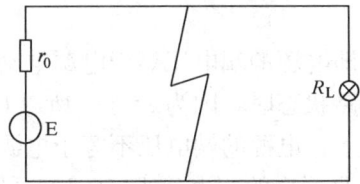

图 6-3　短路状态

$$I_k = \frac{E}{r_0 + R_L} = \frac{E}{r_0} \tag{6-5}$$

式中　E——电源电动势；

　　r_0——电源的内阻；

　　R_L——电路中导线的电阻，近似等于零，即 $R_L \approx 0$。

r_0 为电源内阻，一般都很小，所以短路电流 I_k 很大，将使电源有烧毁的危险。防止短路最常见的方法是在电路中安装熔断器，如图 6-1 中的 Fu。

二、电路的基本定律

(一) 欧姆定律

1. 部分电路欧姆定律

图 6-4 是闭合电路中的一部分。根据实验测得：流经电阻 R 的电流大小与加在电阻两端的电压成正比，而与电阻 R 的阻值成反比，即为部分电路中的欧姆定律，可用下式表示：

$$I = \frac{U}{R} \quad \text{或} \quad U = IR \tag{6-6}$$

2. 全电路欧姆定律

图 6-5 是一个简单的闭合电路。全电路欧姆定律定义为：在闭合电路中，电流强度的大小与电源电动势 E 成正比，与电路的负载电阻 R 及电源内电阻 r_0 之和成反比，即

$$I=\frac{E}{R+r_0} \tag{6-7}$$

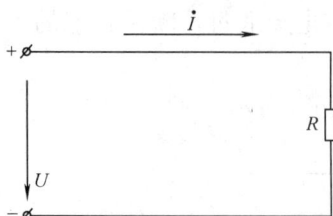

图 6-4　电阻电路

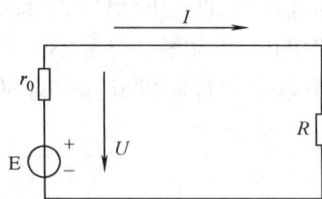

图 6-5　简单的闭合电路

公式（6-7）还可以写成：

$$E=IR+Ir_0=U+U_0 \tag{6-8}$$

式中 $U=IR$ 为负载两端的电压降，称为电源的端电压。$U_0=Ir_0$ 为电源内电阻上的电压降。公式（6-8）为闭合电路的电压平衡方程式，即在任一个闭合电路中，电源电动势的大小等于电源外部负载上的电压降与电源内电阻上的电压降之和。

公式（6-8）还可以写成：

$$U=E-Ir_0 \tag{6-9}$$

即电源的端电压等于电源电动势 E 减去电源内电阻上的电压降 Ir_0。可见，当电路处于断路状态时，因为 $I=0$，所以 $U=E$，即电源的端电压在数值上等于电源电动势。一般情况下，电源的端电压不等于电源电动势，且 $U<E$。由于在电路中电源电动势 E 和内电阻 r_0 是不变的，由公式（6-7）可以看出，外电路中电阻 R 的变化直接影响电流的大小，随着电路中电流的变化，电源的端电压也会随之变化。$U=f(I)$ 称为电源的外特性。反映端电压 U 与电流 I 之间的关系。图 6-6 为电源的外特性图。

（二）基尔霍夫定律

有关电路结构的相关术语如下：

支路：电路中的每个分支称为支路。

回路：电路中任意一个闭合路径称为回路。

节点：回路中三个或三个以上支路的汇交点称为节点。

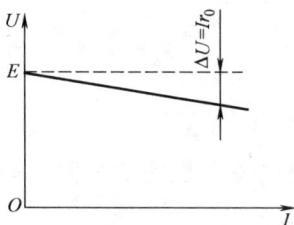

图 6-6　电源的外特性曲线

1. 基尔霍夫电流定律（KCL）

图 6-7 所示为一个复杂电路。分析可知该电路中有三个支路，即 AF 支路、BH 支路、CD 支路；有两个节点，即 B 节点和 H 节点；有三个回路，即 $ABHFA$ 回路、$BCDHB$ 回路、$ABCDHFA$ 回路。

基尔霍夫电流定律是依据电流的连续性，即在电路中，任何时刻，对任一节点，均不可能发生电荷的持续积累现象，因而流入某一节点的电流的代数和，一定等于流出该节点电流的代数和，即

$$\sum I_{入}=\sum I_{出} \tag{6-10}$$

根据这一定律，对图 6-7 电路中的节点

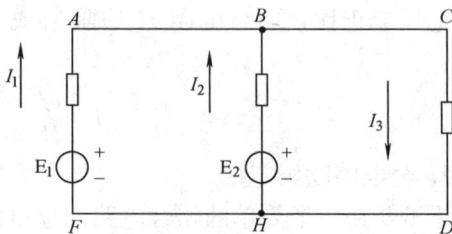

图 6-7　复杂电路示例

178

B，在这些支路电流的参考方向下有如下关系：

$$I_1 + I_2 = I_3$$

对于节点 H 各支路上的电流关系为：

$$I_3 = I_1 + I_2$$

在一个复杂电路中，若有 n 个节点，节点电流的独立方程式数只有 $(n-1)$ 个，第 n 个方程式可以由前 $(n-1)$ 个方程推出。

2. 基尔霍夫电压定律（KVL）

基尔霍夫电压定律的内容为：对一闭合电路而言，回路中电动势的代数和等于回路中阻抗上电压降的代数和。

运用基尔霍夫电压定律时，回路中电压和电动势正负符号的确定方法如下：

（1）首先选定各支路电流的参考方向；

（2）任意指定一个沿回路的绕行方向；

（3）若通过阻抗的电流方向与回路绕行方向一致，则该阻抗上的电压取正；反之取负；

（4）电动势方向与回路绕行方向一致时，则该电动势取正；反之取负。

在图 6-7 的电路中，若沿 $ABHFA$ 回路绕行，回路电压方程式为：

$$E_1 - E_2 = I_1 R_1 - I_2 R_2$$

基尔霍夫电压定律的表达式为：

$$\sum E = \sum IR \tag{6-11}$$

三、电阻的连接

（一）串联电路

在电路中把若干个电阻首尾顺次相连，即为串联电路，如图 6-8 所示。

串联电路的特点为：

（1）由电流的连续性原理可知，串联电路中的电流处处相同，即流过 R_1、R_2、R_3 的电流为同一电流。

（2）根据能量守恒定律，电路取用的总功率应等于各电阻取用的功率之和，即

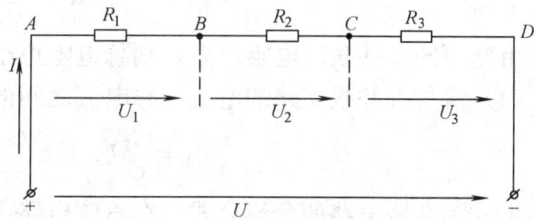

图 6-8 串联电路

$$P = P_1 + P_2 + P_3 \quad 或 \quad UI = U_1 I + U_2 I + U_3 I$$

由此可得 $\quad U = U_1 + U_2 + U_3$

上式说明，在串联电路中，总电压等于各段电路分电压之和。

（3）在串联电路中总电阻 R 等于各电阻之和，即：

$$R = R_1 + R_2 + R_3$$

由于流过各电阻的电流相同，故各电阻上的电压与总电压之间的关系可表示为

$$U_1 = \frac{R_1}{R} U, \ U_2 = \frac{R_2}{R} U, \ U_3 = \frac{R_3}{R} U \tag{6-12}$$

上式为串联电路的分压公式。由式可知电压与电阻成正比。在直流电路中，通过电阻的串联可以实现分压的目的。

（二）并联电路

在电路中把若干个电阻的一端连在电路的同一点上，把电阻的另一端共同连接在电路的另一点上，即为并联电路，如图 6-9 所示。

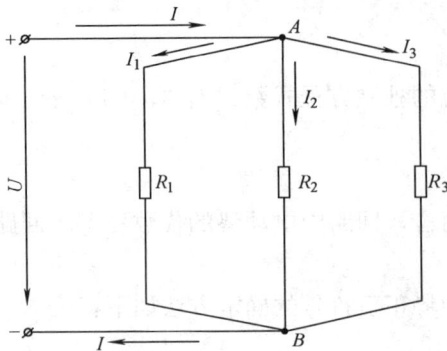

图 6-9 并联电路

并联电路的特点有：

（1）加在各并联支路两端的电压相等。

（2）电路内的总电流等于各支路的电流之和，即：

$$I = I_1 + I_2 + I_3$$

（3）在并联电路中，如果把总电流写成 $I = GU$，则得

$$GU = G_1 U + G_2 U + G_3 U$$

因此　　　$G = G_1 + G_2 + G_3$　　　　(6-13)

式中的 G 称为电导，单位为西门子（S）。

并联电路总电阻的倒数等于各支电路电阻的倒数之和，即：

$$\frac{1}{R} = \frac{1}{R_1} + \frac{1}{R_2} + \frac{1}{R_3}$$

整理后为　　　$$R = \frac{R_1 R_2 R_3}{R_1 R_2 + R_2 R_3 + R_3 R_1}$$

当 $R_1 = R_2 = R_3$ 时，则总电阻为：

$$R = \frac{1}{3} R_1$$

如果有 n 个相同的电阻 R_1 并联，则其总电阻为：

$$R = \frac{1}{n} R_1$$

由此可知，并联的电阻愈多，则总电阻愈小，且其值小于任一支路的电阻值。

（4）流过各并联支路的电流与总电流之间的关系可表示为：

$$I_1 = \frac{G_1}{G} I, \quad I_2 = \frac{G_2}{G} I, \quad I_3 = \frac{G_3}{G} I \quad\quad\quad (6-14)$$

上式为并联电路的分流公式。在直流电路中可以通过电阻的并联达到分流的目的，电阻越大，分流的电流越小。

（三）混联电路

在电路中既有电阻的串联，又有电阻的并联，该电路称为混联电路。图 6-10 是常见的混联电路之一，其中 r_1 及 r_2 是各段连接导线的电阻，r_0 是电源内电阻，R_1 和 R_2 是负载电阻。

由图可知，R_2 和 r_2 串联，因此，B、F 两点间的总电阻为

$$R_{BF} = \frac{R_1 (2r_2 + R_2)}{R_1 + (2r_2 + R_2)}$$

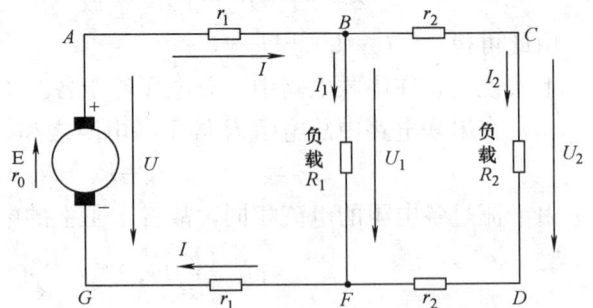

图 6-10 混联电路

整个电路的总电阻为

$$R = R_{BF} + r_0 + 2r_1$$

第二节　单相交流电路

大小和方向随时间作周期性变化的电动势、电压和电流分别称交流电动势、交流电压和交流电流，统称交流电。

随时间按正弦规律变化的交流电称正弦交流电，在正弦交流电作用下的电路称正弦交流电路。

交流电便于远距离输送，交流电机的构造比直流电机简单，从而成本低、工作可靠，正弦交流电便于计算，在正弦交流电作用下的电动机、变压器等电气设备具有较好的性能。所以，全世界普遍使用正弦交流电，工程上采用的直流电也多是从正弦交流电变换来的。

表示交流量在某瞬间大小的数值为瞬时值，用字母 i、u、e 表示。交流量最大的瞬时值为最大值，用 I_m、U_m、E_m 表示。

一、正弦交流电（以下简称交流电）的三要素

图 6-11 （a）所示是一个二端元件，设电流参考方向由 A 向 B，图 6-11 （b）是电流随时间变化的正弦波形。图上分别画出 t_1 时刻的瞬时值电流 $i(t_1)$ 和 t_2 时刻的瞬时值电流 $i(t_2)$。前者在时间轴的上方，为正值，表明该时刻电流由 A 端流入，B 端流出，参考方向和实际流向一致；后者在时间轴的下方，为负值，表明该时刻电流由 B 端流入，A 端流出，实际流向和参考方向相反。对应图 6-11 （b）写出电流 $i(t)$ 随时间变化的函数解析式：

$$i(t) = I_m \sin\alpha = I_m \sin\omega t \tag{6-15}$$

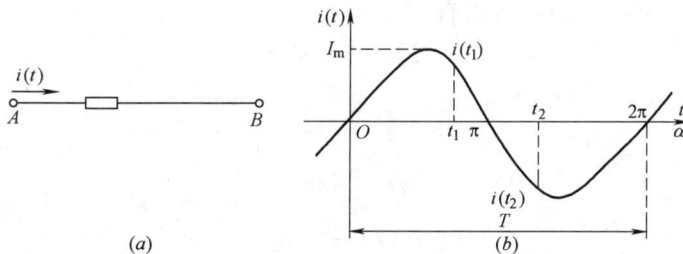

图 6-11　某二端元件及其正弦电流波形

式中，α 是电度角，单位是弧度（rad），且 $\alpha = \omega t$ 或 $\omega = \alpha/t$，故 ω 是 α 随时间的变化率，称为角频率，单位是弧度/秒（rad/s），角频率是反映正弦量变化快慢的物理量。

正弦量变化一周所需要的时间称为周期，用符号 T 表示，而 $\frac{1}{T}$ 是每秒完成的周期数，称为频率，用 f 表示，单位为 1/秒（1/s），简称为赫兹（Hz）。当正弦量变化一周，α 变化 2π 弧度，即 $\omega t = 2\pi$ 得：

$$\omega = \frac{2\pi}{T} = 2\pi f \tag{6-16}$$

我国电力系统中采用的频率是 50Hz，因为主要用于工业领域，故称为工业标准频率，简称工频。频率是正弦量的第一个要素。正弦量的第二个要素是振幅，即最大值，用来反映正弦量变化幅值的大小。

在电器设备上标注的数值通常为有效值。有效值指的是对同一电阻而言，在相同时间里分别通入交流电和直流电，如产生的热效应相同，则此时直流电的数值称为交流电的有效值。有效值用字母 I、U、E 表示，最大值与有效值的关系为：

$$U_m = \sqrt{2}U \quad I_m = \sqrt{2}I \quad E_m = \sqrt{2}E$$

由图 6-11 可知，$t=0$ 时，$i(0)=0$，在图 6-12 中，$t=0$ 时，$u(0)=U_m\sin\varphi$。两者的差别在于选择计时起点。可知电压的解析式为：

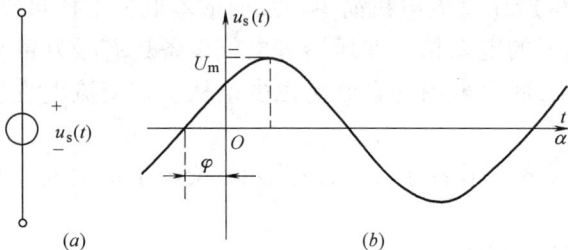

图 6-12 某二端元件及其正弦电压波形

$$U(t) = U_m(\omega t + \varphi)$$

式中（$\omega t + \varphi$）称为正弦量的相位角，简称相位。它表示正弦量在某一时刻所处的物理状态，不仅确定了瞬时值的大小和方向，还能表示正弦量的变化趋势。

φ 为 $t=0$ 时刻正弦量的相位角，称为正弦量的初相位，是正弦量的第三个要素。如 $t=0$ 时，$i(0)=I_m\sin\varphi$，反映了电流的初始变化状态，故初相位 φ 是反映正弦量初始变化状态的物理量。两个同频率正弦交流电的初相位之差称为相位差。在正弦量的变化过程中，相位差通常有同相、超前、滞后、反相等几种情况。

综上所述：正弦量的三要素为最大值、频率和初相位。

[例 6-1] 已知 $e_1(t) = 311\sin(314t - 30°)V$，求它的最大值、频率、初相位，画波形图。

解：$e(t) = E_m\sin(\omega t + \varphi)$，所以有

$$E_m = 311V$$

$$f = \frac{\omega}{2\pi} = \frac{314}{2 \times 3.14} = 50Hz$$

$$\varphi = \frac{\pi}{6}rad$$

$$T = 1/f = 0.02s$$

波形图如图 6-13 所示。

二、纯电阻电路

一般常遇到的白炽灯、电炉等电路，其电感很小可忽略不计，即可以看做纯电阻电路，其电路图如图 6-14（a）所示。

设瞬时电压为 $u = U_m\sin\omega t$

根据欧姆定律得瞬时电流：

$$i = \frac{u}{R} = \frac{U_m}{R}\sin\omega t = I_m\sin\omega t \quad (6-17)$$

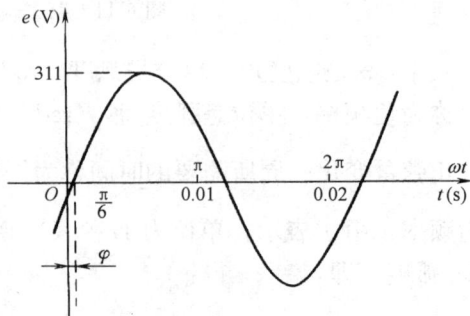

图 6-13 例 6-1 图

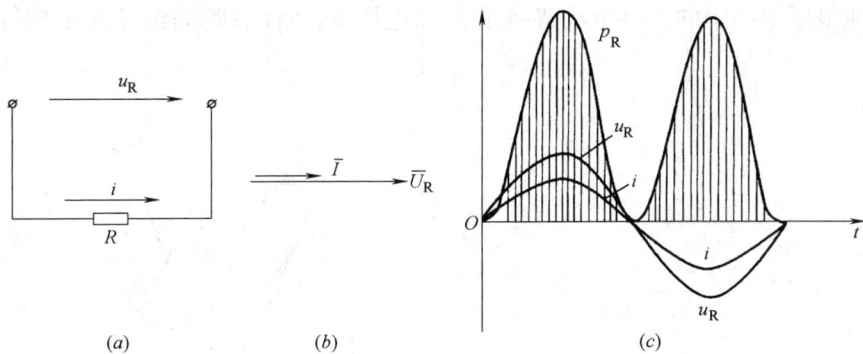

图 6-14　纯电阻电路

瞬时功率为：

$$p = u \times i = U_m \sin\omega t \times I_m \sin\omega t = U_m I_m \sin^2\omega t \qquad (6\text{-}18)$$

根据上述公式，电路的矢量图和波形图分别如图 6-14（b）和（c）所示。下面归纳正弦交流纯电阻电路的特点：

（1）电流也按正弦规律变化，角频率和电压的角频率相同。

（2）电压和电流的瞬时值、最大值和有效值的关系都符合欧姆定律。式（6-17）是瞬时值关系式。显然，最大值关系式是

$$I_m = \frac{U_m}{R} \qquad (6\text{-}19)$$

将上式两边同除以 $\sqrt{2}$，得有效值关系式，

$$I = \frac{U}{R} \qquad (6\text{-}20)$$

（3）电流和电压的相位相同。

（4）瞬时功率的值始终为正值，这说明电阻消耗了电能，它把电能转变成了其他形式的能，如热能、光能等。

P 的平均值称平均功率，又称有功功率，即用来对负载做功的功率。经计算平均功率为：

$$P = UI = I^2 R = \frac{U^2}{R} \qquad (6\text{-}21)$$

有功功率的单位是瓦特，简称瓦（W）

[例 6-2]　已知一白炽灯泡的电阻为 1.21kΩ，工作电压为交流 220V，求 I 和 P。

解：

$$I = \frac{U}{R} = \frac{220}{1210} = 0.18A$$

$$P = \frac{U^2}{R} = \frac{220^2}{1210} = 40W$$

三、纯电感电路

通常线圈中电阻很小而忽略不计，可看成纯电感电路，如图 6-15（a）所示。在纯电感线圈的两端，加上交变电压 u_L，线圈中必定要通过一交变电流，由于自感现象，线圈中会出现自感电动势。根据楞次定律，自感电动势的方向始终和外加电压的方向相反。因为忽略了线圈的电阻，线圈为纯电感，所以外加压全部用来平衡（抵消）了自感电动势。

183

就是说，纯电感电路中的自感电动势 e_L 和外加电压 u_L 在任意瞬间都是大小相等而方向相反的。

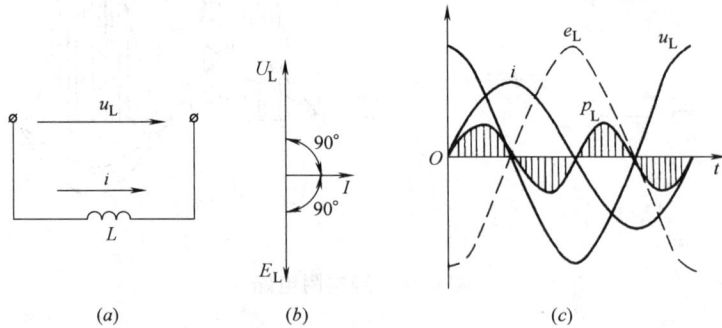

图 6-15　纯电感电路

设通过线圈的电流为：$i = I_m \sin\omega t$

则线圈的端电压为：

$$u = (-e_L) = L\frac{\mathrm{d}i}{\mathrm{d}t} = L\frac{\mathrm{d}}{\mathrm{d}t}(I_m \sin\omega t)$$

$$= \omega L I_m \sin\left(\omega t + \frac{\pi}{2}\right)$$

$$= U_m \sin\left(\omega t + \frac{\pi}{2}\right) \tag{6-22}$$

电路的瞬时功率为：

$$p = u_L \times i = U_m \sin\left(\omega t + \frac{\pi}{2}\right) \times I_m \sin\omega t$$

$$= U_m I_m \cos\omega t \sin\omega t = UI\sin 2\omega t \tag{6-23}$$

根据以上的讨论，纯电感电路的矢量图和波形图如图 6-15（b）和（c）所示。正弦交流纯电感电路的特点归纳如下：

（1）电压和电流都按正弦规律变化，角频率相同。

（2）电压和电流的瞬时值关系不符合欧姆定律，但最大值和有效值的关系仍符合欧姆定律。

最大值关系式为：

$$\frac{U_m}{I_m} = \frac{\omega L I_m}{I_m} = \omega L = X_L \tag{6-24}$$

将上式两边同除以 $\sqrt{2}$，得有效值关系式：

$$\frac{U}{I} = \frac{\omega L I}{I} = \omega L = X_L \tag{6-25}$$

（3）从上面两式得：

$$X_L = \omega L = \frac{U}{I} = \frac{U_m}{I_m} \tag{6-26}$$

X_L 称线圈的感抗。感抗反映了自感电动势对电流的阻碍能力，与 ω 和 L 成正比，单位是 Ω。

184

（4）电压和电流不同相，电压超前电流 $\frac{\pi}{2}$，或者说电流滞后电压 $\frac{\pi}{2}$。其原因如下：自感电动势是和电流的变化率成正比的 $\left(e=-L\,\frac{\mathrm{d}i}{\mathrm{d}t}\right)$，电流最大时其变化率为零，对应的自感电动势和外加电压为零；电流过零值时其变化率最大，对应的自感电动势和外加电压的绝对值也最大。可见，电压和电流不可能同相位，电压总是超前电流 $90°$。

（5）电路的瞬时功率也按正弦规律变化，但角频率是电压的 2 倍。

从功率曲线可以看出，瞬时功率在 $0\sim\pi/2$ 和 $\pi\sim3\pi/2$ 两个 1/4 周期内为正值，表示电感把从电源中取用的能量转换为磁场能，在另外两个 1/4 周期内瞬时功率为负值，表示电感将磁场能转换为电能，并把电能送回电源。电感从电源取用的能量等于它送回电源的能量。这说明纯电感并不消耗能量，而只进行能量的转换。

由于电感不消耗能量，故它在一个周期内的平均功率（有功功率）为零，即

$$P=0 \tag{6-27}$$

瞬时功率 p 的最大值叫无功功率（Q），它表示电源与电感之间的能量转换速率。即：

$$Q=UI \tag{6-28}$$

无功功率 Q 的单位是乏（var）、千乏（kvar）。

[例 6-3] 有一线圈，其电阻忽略不计。把它接在 50Hz、220V 的正弦交流电源上时测得流过线圈的电流 $I=5$A。求线圈的电感 L。若把它改接在 1000Hz、220V 的正弦交流电源上，求线圈的电流。

解：（1）接在 50Hz 的电源上时，

$$\because \qquad X_\mathrm{L}=\frac{U}{I}=\frac{220}{5}=44\Omega$$

$$\therefore \qquad L=\frac{X_\mathrm{L}}{2\pi f}=\frac{44}{2\pi\times50}=0.14\mathrm{H}$$

（2）接到 1000Hz 的电源上时，

$$\because \qquad X_\mathrm{L}=2\pi fL=2\pi\times1000\times0.14=880\Omega$$

$$\therefore \qquad I=\frac{U}{X_\mathrm{L}}=\frac{220}{880}=0.25\mathrm{A}$$

四、纯电容电路

一个实际的电容器可以等效为一个纯电容 C_0 和一个大电阻 R 相并联，R 造成了电容器的漏电。当 R 足够大时可以把 C 看做纯电容。电容单位为法（F）纯电容电路的电路图如图 6-16（a）所示。

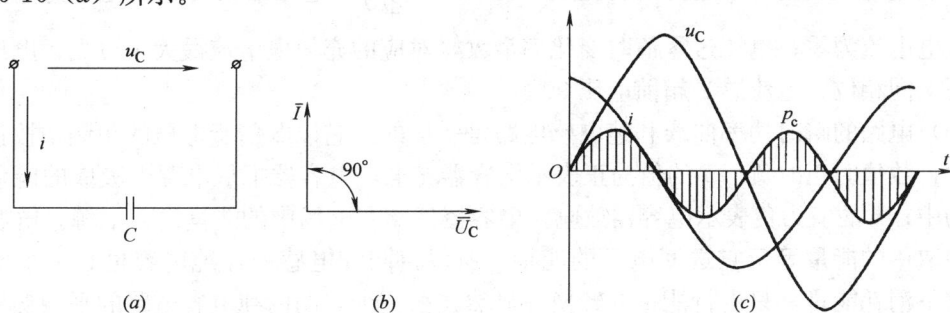

图 6-16 纯电容电路及其电流、电压的矢量图和曲线图

电容两端被加上交流电压后，电容工作在正向充放电和反向充放电状态中，电路中的电流实质上是电容的充放电电流，并不是电荷真的流过了电容器。

设电容两端的电压是

$$u = U_m \sin \omega t$$

则通过电容的电流为

$$i = C\frac{du}{dt} = \omega C U_m \cos \omega t$$

$$= I_m \sin \left(\omega t + \frac{\pi}{2}\right) \tag{6-29}$$

电路的瞬时功率为

$$p = ui = U_m I_m \sin \omega t \cos \omega t$$

$$= UI \sin 2\omega t \tag{6-30}$$

根据以上公式，纯电容电路的矢量图和波形图如图 6-16（b）和（c）所示。正弦交流纯电容电路的特点归纳如下：

（1）电压和电流都按正弦规律变化，并且角频率相同。

（2）电压和电流的瞬时值关系不符合欧姆定律，但最大值和有效值的关系仍符合欧姆定律。

最大值关系式为：

$$\frac{U_m}{I_m} = \frac{U_m}{U_m \omega C} = \frac{1}{\omega C} = X_C \tag{6-31}$$

将上式两边同除以 $\sqrt{2}$，得有效值关系式：

$$\frac{U}{I} = \frac{U}{U\omega C} = \frac{1}{\omega C} = X_C \tag{6-32}$$

（3）从上面两式得：

$$X_C = \frac{1}{\omega C} = \frac{U}{I} = \frac{U_m}{I_m} \tag{6-33}$$

X_C 称电容的容抗。容抗反映了电容对电流的阻碍能力，与 ω 和 C 成反比，单位是 Ω，注意感抗和容抗的区别。感抗和容抗统称为电抗。

（4）电压和电流不同相，电流超前电压 $\frac{\pi}{2}$，或者说电压滞后电流 $\frac{\pi}{2}$。其原因如下：

充放电电流和电容端电压的变化成正比 $\left(i = C\frac{du}{dt}\right)$，电压最大时其变化率为零，对应的充放电电流为零；电压过零值时变化率最大，对应的充放电电流最大。可见，电压和电流不可能同相位，电流总是超前电压 90°。

（5）电路的瞬时功率曲线和纯电感电路是一样的，它以 2 倍于电压的角频率按正弦规律变化，数值时正时负。p 的值为正表示电容器充电，电容器把从电源中吸取的能量储存其电场中；p 的值为负表示电容器放电，电容器把储存电场中的能量送回电源。电容器从电源中取用的能量等于它送回电源的能量。所以，同纯电感一样纯电容也是一个储能元件，它不消耗能量，只进行能量的转换。显然，在一个周期内纯电容电路的平均功率（有功功率）也为零，即

$$P=0 \tag{6-34}$$

瞬时功率的最大值称无功功率 Q，它表示电源和电容之间能量转换的最大速率。从式（6-30）可以看出：

$$Q=UI \tag{6-35}$$

[例 6-4] 测得某电容器的端电压有效值为 220V，电流有效值为 10A。电源频率 $f=50\text{Hz}$，设电容为纯电容，求 X_C、C 和 Q。

解：（1）
$$X_C=\frac{U}{I}=\frac{220}{10}=22\Omega$$

（2）
$$\because \quad X_C=\frac{1}{\omega C}=\frac{1}{2\pi f C}$$

$$\therefore \quad C=\frac{1}{2\pi f X_C}=\frac{1}{2\pi \times 50 \times 22}=145\mu\text{F}$$

（3）
$$Q=UI=220\times 10=2.2\text{kvar}$$

五、R、L 串联电路

大多数用电器都同时含有电阻和电感，如图 6-17 所示，所以分析 R 与 L 的串联电路具有广泛的代表性。分析电路时往往用等效电路，如图 6-18 所示。

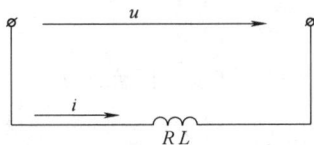

图 6-17　含有 R 和 L 的电路　　　　图 6-18　R 与 L 串联的电路

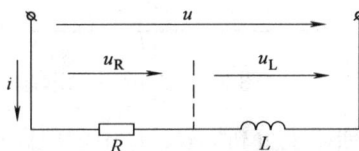

在 R 与 L 串联的电路中，外加电压 u 可分解成两部分：一部分是降落在电阻上的电压 u_R，因为电阻要消耗电功率，所以 N_R 又叫做电压的有功分量；另一部分是用来平衡自感电动势的电压 u_L，因为电感不消耗电功率，所以 u_L 又叫做电压的无功分量。因此，R、L 串联电路的电压瞬时值平衡方程式为

$$u=u_R+u_L \tag{6-36}$$

设电路中的电流为 $i=I_m\sin\omega t$，

则
$$u_R=U_{Rm}\sin\omega t$$

$$u_L=U_{Lm}\sin\left(\omega t+\frac{\pi}{2}\right)$$

$\therefore$
$$u=u_R+u_L=U_{Rm}\sin\omega t+U_{Lm}\sin\left(\omega t+\frac{\pi}{2}\right)$$

$$=U_m\sin(\omega t+\varphi) \tag{6-37}$$

根据以上讨论，电路的波形图和矢量图分别见图 6-19 和图 6-20。

绘制串联电路的矢量图时，由于流过各元件的电流为同一电流，故通常选电流矢量作为参考矢量，并画在水平位置上。电阻两端的电压与电流同相，故 $\overline{U}_R$ 和 $\overline{I}$ 同方向。电感两端的电压超前电流 $\frac{\pi}{2}$，故 $\overline{U}_L$ 和 $\overline{I}$ 垂直，且方向朝上。$\overline{U}_R$ 和 $\overline{U}_L$ 的合成矢量为 $\overline{U}$。

从图中可以看出，$\overline{U}_L$、$\overline{U}_R$ 和 $\overline{U}$ 构成一个直角三角形，称电压三角形。把电压三角形的三边均乘以电流 I 即得功率三角形，见图 6-21。把电压三角形的三边均除以电流 I 即得

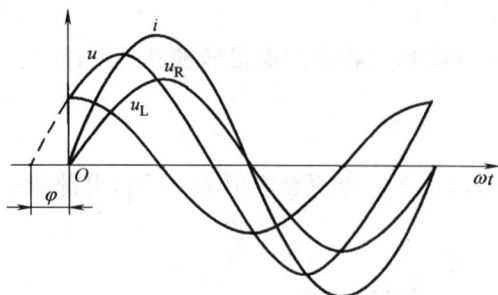

图 6-19 R、L 串联电路中的
电压、电流波形图

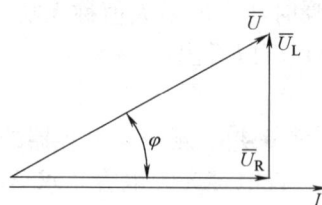

图 6-20 R、L 串联电路中的
电压、电流矢量图

阻抗三角形，见图 6-22。注意，阻抗和功率不是矢量，它们在三角形上不能画成矢量。

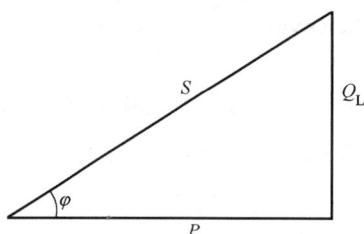

图 6-21 功率三角形

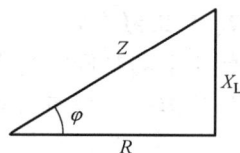

图 6-22 阻抗三角形

根据以上分析，R、L 串联电路的特点可归纳为以下几点：

（1）电流和电压都按正弦规律变化，角频率相同。

（2）据电压三角形，总电压的有效值为：

$$U^2 = U_R^2 + U_L^2$$

$$U = \sqrt{U_R^2 + U_L^2} = \sqrt{(IR)^2 + (IX_L)^2} = I\sqrt{R^2 + X_L^2} \tag{6-38}$$

在电阻串联电路中，总电压等于各分电压的代数和。但在包含电感或电容的串联电路中，绝不能用代数相加的办法求总电压。其根本原因是 $\overline{U}_C$、$\overline{U}_L$ 和 $\overline{I}$ 不同相。

（3）由阻抗三角形得

$$Z = \sqrt{R^2 + X_L^2} \tag{6-39}$$

Z 称为电路的总阻抗。这里也绝不能用代数相加的办法求总阻抗。

（4）由式（6-38）和式（6-39）得

$$U = I\sqrt{R^2 + X_L^2} = IZ \tag{6-40}$$

两边同乘以 $\sqrt{2}$ 得

$$U_m = I_m\sqrt{R^2 + X_L^2} = I_m Z \tag{6-41}$$

即电压和电流有效值和最大值之间的关系服从欧姆定律。

（5）$\overline{U}$ 超前 $\overline{I}$，它们之间的相位差 φ 既不是 0 也不是 $\frac{\pi}{2}$，而是一个大于 0 小于 $\frac{\pi}{2}$ 的角，这是电阻和电感对电路综合作用的结果。感抗相对于电阻的数值越大，φ 角越大。

（6）电路消耗的有功功率为 R 消耗的功率：

$$P_R = U_R I \tag{6-42}$$

据电压三角形： $\qquad U_R=U\cos\varphi$ (6-43)

∴ $\qquad P_R=UI\cos\varphi$ (6-44)

电路的无功功率为电感占用的功率：

$$Q_L=U_L I \tag{6-45}$$

据电压三角形， $\qquad U_L=U\sin\varphi$

∴ $\qquad Q_L=UI\sin\varphi$ (6-46)

电路总电压 U 和电流 I 的乘积称电路的视在功率 S，S 的单位是伏安（VA），常用的倍数单位有千伏安（kVA）。

即 $\qquad S=UI$ (6-47)

视在功率 S 包括有功功率 P_R 和无功功率 Q_L 两部分。但 S 并不等于 P_R 和 Q_L 的代数和，而是符合下述关系：

$$S=\sqrt{P_R^2+Q_L^2} \tag{6-48}$$

（7）总电压和电流之间相位 φ 的余弦 $\cos\varphi$ 称电路的功率因数，$\cos\varphi$ 的大小反映了有功功率在视在功率中所占比重的大小。据电压三角形、阻抗三角形和功率三角形得

$$\cos\varphi=\frac{U_R}{U}=\frac{R}{Z}=\frac{P_R}{S} \tag{6-49}$$

[**例 6-5**] 把电阻 $R=6\Omega$、电感 $L=25.5mH$ 的线圈接在频率为 50Hz、电压为 220V 的电路上，分别求 X_L、I、U_R、U_L、$\cos\varphi$、P、S。

解：

$$X_L=2\pi fL=2\pi\times50\times\frac{25.5}{1000}=8\Omega$$

$$Z=\sqrt{R^2+X_L^2}=\sqrt{6^2+8^2}=10\Omega$$

$$I=\frac{U}{Z}=\frac{220}{10}=22A$$

$$U_R=IR=22\times6=132V$$

$$U_L=IX_L=22\times8=176V$$

$$\cos\varphi=\frac{R}{Z}=\frac{6}{10}=0.6$$

$$P=UI\cos\varphi=220\times22\times0.6=2904W$$

$$S=UI=220\times22=4840VA$$

六、功率因数的提高

1. 提高功率因数的意义

提高功率因数对充分利用发电机、变压器的重度和减少输电损耗有重要意义。在供电系统中，输电电流 $I=\dfrac{P}{U\cos\varphi}$，可见当输电电压 U 和电功率 P 一定时，负载的功率因数 $\cos\varphi$ 愈高，电路中电流就愈小，可相应减小输电导线的截面积，节约了能源和输电导电材料。

2. 感性负载提高功率因数的方法

电力系统的大多数负载是感性负载，例如电动机、变压器等，这类负载的功率因数较低。为了提高电力系统的功率因数，常在负载两端并联电容器，其电路如图 6-23 所示。并联电路端电压相等，以电压作为参考矢量，作出电压、电流矢量图，可以作出各支路电

流的矢量图，如图 6-24 所示。

$$I_1 = \frac{U}{Z_1} = \frac{U}{\sqrt{R^2 + X_L^2}}$$

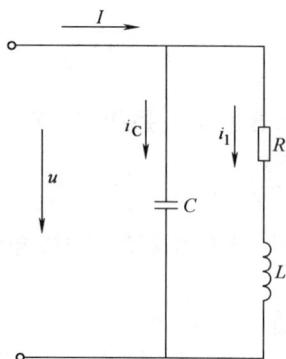

图 6-23　感性负载并联
电容器的电路

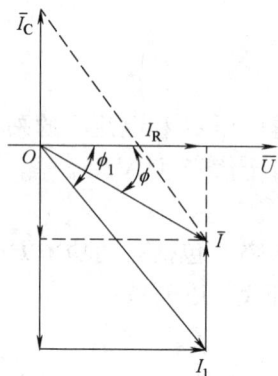

图 6-24　感性负载并联电容
后电压、电流矢量图

电流 $\bar{I}_1$ 滞后电压 $\bar{U}$ 为 φ_1，即

$$\varphi_1 = \cos^{-1}\frac{R}{Z} = \cos^{-1}\frac{R}{\sqrt{R^2 + X^2}}$$

通过电容支路的电流为：

$$I_C = \frac{U}{X_C}$$

电流 $\bar{I}_C$ 在相位上超前电压 $\bar{U}$ 为 $\frac{\pi}{2}$。电路总电流 $\bar{I} = \bar{I}_1 + \bar{I}_C$。由图 6-24 利用解析的方法可以求出 I，即

$$I = \sqrt{(I_1\cos\varphi_1)^2 + (I_1\sin\varphi_1 - I_C)^2}$$

总电流 $\bar{I}$ 在相位上滞后电压 $\bar{U}$ 一个 φ 角。

由分析可知，感性负载和电容并联后，线路上的总电流比未补偿时减小，且补偿后的相角 φ 小于补偿前的相角 φ_1，因而提高了线路的功率因数。

并联电容器电容值可由下式求出：

$$C = \frac{P}{\omega U^2}(\mathrm{tg}\varphi_1 - \mathrm{tg}\varphi) \tag{6-50}$$

[例 6-6]　某配电变压器的副边 $U_2 = 220\mathrm{V}$，$I_2 = 100\mathrm{A}$，求该变压器最多能带动几台 $U = 220\mathrm{V}$、$P = 4\mathrm{kW}$、$\cos\varphi = 0.6$ 的电动机，若其他条件不变，只把 $\cos\varphi$ 提高到 0.9，求能带动几台电动机？

解：（1）当 $\cos\varphi = 0.6$ 时每台电动机取用的电流为

$$I = \frac{P}{U\cos\varphi} = \frac{4 \times 10^3}{220 \times 0.6} = 30\mathrm{A}$$

能带动的电动机台数为

$$\frac{I_2}{I} = \frac{100}{30} = 3.3\text{台}$$

（2）当 $\cos\varphi=0.9$ 时每台电动机取用的电流为

$$I=\frac{P}{U}\cos\varphi=\frac{4\times10^3}{220\times0.9}=20A$$

能带动的电动机台数为

$$\frac{I_2}{I}=\frac{100}{20}=5台$$

[例 6-7] 有一电感性负载，$P=10kW$，$\cos\varphi=0.6$，接在 $U=220V$、$f_1=50Hz$ 的电源上，欲把 $\cos\varphi$ 提高到 0.9，求需并联的电容器电容值。

解：参看图 6-23 和图 6-24，求提高到 0.9 时并联的电容值

$$\cos\varphi_1=0.6 时 \varphi_1=53.13°$$
$$\cos\varphi=0.9 时 \varphi=25.84°$$

$$C=\frac{P}{\omega U^2}(tg\varphi_1-tg\varphi)=\frac{10^4}{2\pi\times50\times220^2}(tg53.13°-tg25.84°)$$
$$=6.58\times10^{-4}(1.33-0.48)=5.57\times10^{-4}F=557\mu F$$

第三节　三相交流电路

三相交流电目前得到了广泛的应用。三相交流电路与单相交流电路相比较，在电能的产生、输送、分配和应用上都具有明显的优点，并能获得较高的经济效益。

一、三相交流电源的连接

三相交流电源是由三相发电机产生的。三相发电机的结构示意图如图 6-25 所示，它主要由定子和转子构成。在定子上嵌入了三相绕组，转子是一对带磁极的电磁铁，它以匀角速度 ω 逆时针方向旋转。如果三相绕组的形状、尺寸、匝数均相同，且三相绕组在空间位置上相互隔开 120°，则在三相绕组中感应出振幅相等、频率相同、相位互差 120° 的三相对称电动势，即三相交流电源。

发电机的示意图和三相电的波形图、矢量图均见图 6-26。三相电的解析表达式为：

$$e_A=E_m\sin\omega t$$
$$e_B=E_m\sin(\omega t-120°)$$
$$e_C=E_m\sin(\omega t-240°)=E_m\sin(\omega t+120°) \qquad (6-51)$$

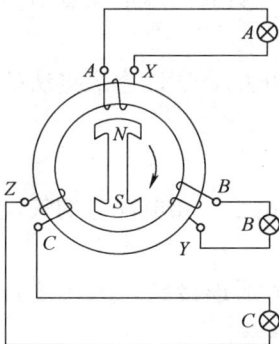

图 6-25　发电机结构示意图

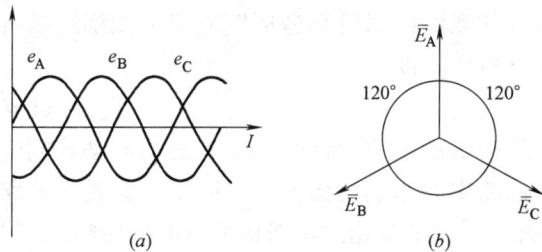

图 6-26　三相交流电
(a) 波形图；(b) 矢量图

三个电动势到达正的或负的最大值的先后顺序称三相交流电的相序，习惯上以 e_A 作为参考电动势，通常采用的顺相序为 A→B→C。常用黄、绿、红三色分别标注 A、B、C 相。

发电机和配电变压器三相绕组的接法有星形（Y 形）和三角形（△形），如图 6-27 所示。

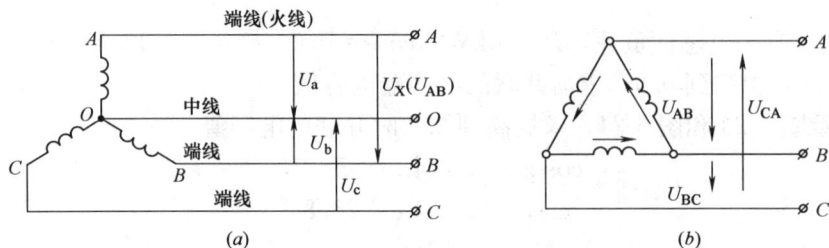

图 6-27　电源三相绕组的接法
(a) Y 形接法；(b) △形接法

对于 Y 形接法，三个绕组末端的公共接点称中性点，从中性点引出的导线叫中性线，从三个绕组首端 A、B、C 分别引出的导线称端线（俗称火线）。端线与中性线之间的电压，即绕组的端电压称相电压，端线与端线之间的电压称线电压。相电压的有效值用 U_A、U_B 和 U_C 表示，当它们在数值上相等时共用 U_P 表示，P 是英文 phase 的第一个字母。线电压的有效值用 U_{AB}、U_{BC} 和 U_{CA} 表示，当它们在数值上相等时共用 U_L 表示，L 是英文 line 的第一个字母。U_{AB} 表示 A、B 线之间的电压，电压的方向由 A 线指向 B 线，其余类推。

三相电源 Y 形接法的线电压在数值上等于相电压的 $\sqrt{3}$ 倍，即

$$U_{YL} = \sqrt{3} U_{YP} \tag{6-52}$$

常用的低压供电线路的相电压 $U_P = 220V$，线电压

$$U_L = \sqrt{3} U_P = \sqrt{3} \times 220 = 380V$$

Y 形接法能形成三相三线制供电线路，也能形成三相四线制供电线路，前者只能提供一种电压，即线电压（如 380V），后者能提供两种电压，即线电压和相电压（如 380V 和 220V）。

对于△形接法，三个绕组的首末端依次相接，没有中性点，只有从△形顶点引出的三根端线。显然，△形接法只能提供一种电压。

因为任意两根端线都是从发电机一相绕组的首端和末端引出的，所以△形接法的线电压等于相电压，即

$$U_{\triangle L} = U_{\triangle P} \tag{6-53}$$

△形接法形成的闭合回路中有三相电动势同时作用着，但由于三相电动势的矢量和为零，即回路中的总电动势为零，所以不会发生短路现象。

[例 6-8]　某三相发电机的每相电动势为 220V，分别求 Y 形连接和△形连接时的线电压和相电压。

解：　Y 形连接时，

$$U_{YP} = 220V$$

$$U_{\text{YL}} = \sqrt{3}U_{\text{YP}} = \sqrt{3} \times 220 = 380\text{V}$$

△形连接时，

$$U_{\Delta\text{L}} = U_{\Delta\text{P}} = 220\text{V}$$

二、三相负载的连接

负载和电源一样也有单相和三相之分。白炽灯、电扇、电烙铁和单相交流电动机等都是单相负载。而三相用电器（如三相交流电动机、三相电炉等）和分别接在各相电路上的三组单相用电器统称三相负载。若三相负载的阻抗相同（即阻抗数值相等，并且阻抗角也相等）则称之为三相对称负载；反之称为不对称负载。三相负载也有 Y 形和△形两种连接方法。

1. 三相对称负载的 Y 形连接

三相对称负载 Y 形连接的电路图如图 6-28 所示。

该电路的特点如下：

（1）由于三相负载对称，在三相对称电压的作用下负载中的三相电流也是对称的，而三相对称电流的和为零，所以此时不需要接中线，三相电流依靠端线和负载互成回路。由于电路是对称的，故电路的计算可以简化为单相电路的计算。

（2）各相负载承受的电压为电源的相电压 U_{p}。

（3）各相负载的线电流 I_{L} 与相电流 I_{P} 相等，即

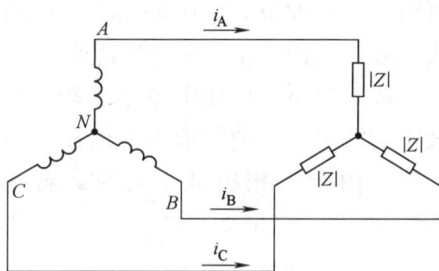

图 6-28　三相对称负载 Y 形连接的三相三线制电路

$$I_{\text{L}} = I_{\text{P}} = \frac{U_{\text{P}}}{Z_{\text{P}}} \tag{6-54}$$

式中：Z_{P} 是每相负载的阻抗。

（4）各相支路中电压与电流的相位差 φ_{P} 相等，

$$\varphi_{\text{P}} = \cos^{-1}\frac{R_{\text{P}}}{Z_{\text{P}}} \tag{6-55}$$

（5）各相负载取用的功率 P_{p} 相等，电路的总功率 P 为

$$P = 3P_{\text{P}} = 3U_{\text{P}}I_{\text{P}}\cos\varphi_{\text{P}} \tag{6-56}$$

2. 三相不对称负载的 Y 形连接

为了不使三相电源某一相的负载过重，通常将许多单相负载分成重度大致相等的三组，分别接到三相电源上。这样构成的三相负载通常是不对称的。

三相不对称负载 Y 形连接的电路图、矢量图如图 6-29 所示。

该电路有如下特点：

（1）由于三相负载不对称，三相电流也不对称，其矢量和不为零，这时需要引出一根中线供电流不对称的部分流过。所以，三相不对称负载需要配用三相四线制电源。

由于中线的作用，电路构成了三个互不影响的独立回路。不论负载有无变动，每相负载承受的电源相电压不变，从而保证了各项负载的正常工作。

如果没有中线，或者中线断开，则虽然电源的线电压仍对称，但各相负载承受的电压

193

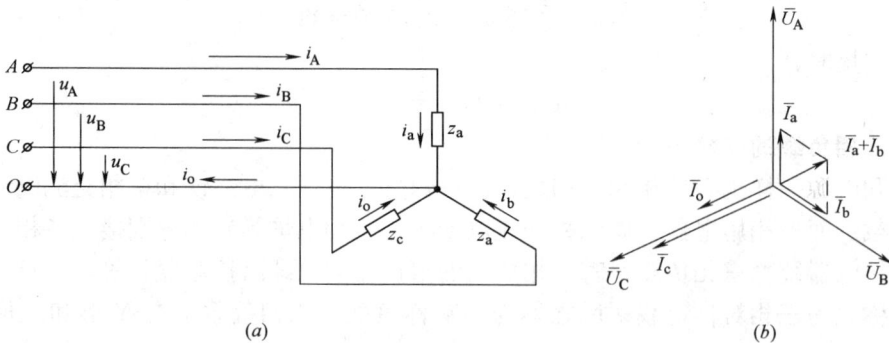

图 6-29 三相不对称负载的 Y 形连接

(a) 电路图；(b) 矢量图

不再对称。有的负载电压增高了，有的降低了。这样不但使负载不能正常工作，有时还会造成事故，下面的例 6-9 具体说明了这个问题。

一般情况下，中线电流小于端线电流。但在负载严重不对称的情况下，中线电流也可能大于端线电流。通常取中线的横截面积小于端线的横截面积。

(2) 由于三相负载不对称，各相支路的计算需要分别进行，计算公式请参考式 (6-53)～式 (6-55)。

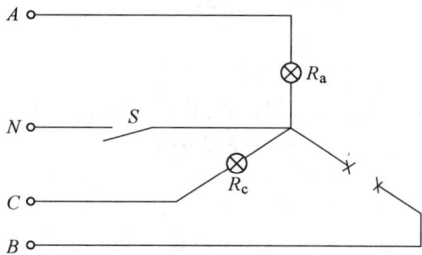

图 6-30　例 6-9 图

[例 6-9] 在 380/220V 的三相四线制供电照明线路中，A 相接一个 220V、100W 的白炽灯泡，B 相不接负载（即 B 相断开）；C 相接一个 220V、60W 的白炽灯泡。电路如图 6-30 所示。试求 (1) 开关 S 闭合时（中性线不断开）各相电流；(2) 当开关 S 断开时（中性线断开）会发生什么情况？

解：(1) 当开关 S 处于闭合时（有中性线），先计算出两个灯泡的电阻值：

$$R_a = \frac{U^2}{P} = \frac{220^2}{100} = 484\Omega$$

$$R_c = \frac{U^2}{P} = \frac{220^2}{60} = 806.7\Omega$$

根据欧姆定律，可计算出各相电流：

$$I_a = \frac{U_A}{R_a} = \frac{220}{484} = 0.45\mathrm{A}$$

$$I_b = 0$$

$$I_c = \frac{U_C}{R_c} = \frac{220}{806.7} = 0.27\mathrm{A}$$

因为有中性线存在，各相负载的端电压仍然是三相电源的相电压，尽管 B 相断开，A 相与 C 相中的两个灯泡仍可以正常工作，此时中性线上有电流通过。根据矢量关系或者用余弦定理，可以求得：

$$I_N = \sqrt{I_a^2 + I_c^2 + 2I_a I_c \cos 120°}$$

$$=\sqrt{0.45^2+0.27^2+2\times0.45\times0.27\times\frac{1}{2}}$$

$$=0.39\text{A}$$

（2）若将开关 S 断开，电路将变为不对称负载且无中性线的情况。从电路图 6-30 可以看出，两个灯泡相当于串联在线电压 U_{AC} 之间，通过它们的电流为：

$$I=\frac{U_{AC}}{R_a+R_c}=\frac{380}{806.7+484}=0.29\text{A}$$

两个灯泡实际消耗的电功率是：

$$P_{100}=I^2R_a=0.29^2\times484=40.7\text{W}$$

$$P_{60}=I^2R_c=0.29^2\times806.7=67.8\text{W}$$

由计算结果得知，60W 的灯泡反比 100W 的灯泡消耗的电功率还要多，而两个灯泡两端的实际电压是：

$$U_a=IR_a=0.29\times484=140.4\text{V}$$

$$U_c=IR_c=0.29\times806.7=233.9\text{V}$$

由此可见，不对称三相负载作星形连接接入三相电源时，没有中性线电路则无法正常工作。

3. 三相对称负载的三角形连接

三相负载也可以接成三角形（△形）。在实际工作中，采用△形接法的三相负载都是对称负载，如三相电动机，故这里只讨论对称负载的情况。△形连接的电路如图 6-31 所示。

该电路的性能如下：

（1）△形连接没有中线，各相负载承受的电压均为线电压。

（2）各相负载的相电流为

$$I_P=\frac{U_P}{Z_P}=\frac{U_L}{Z_P} \qquad (6\text{-}57)$$

（3）在△形连接的各端点上均有三条支路，所以线电流 I_L 不等于相电流 I_P。应用矢量计算可求得

$$I_L=\sqrt{3}I_P \qquad (6\text{-}58)$$

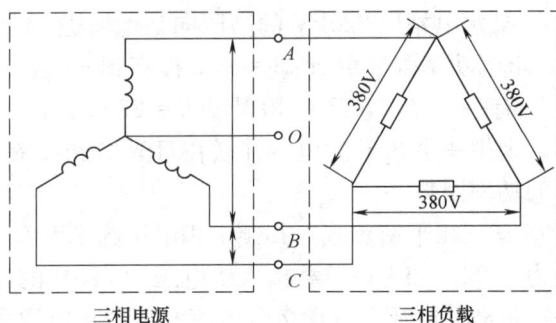

图 6-31 三相负载的三角形连接

（4）设每相负载电压与电流的相位差为 φ_P，则电路取用的总功率为

$$P=3U_PI_P\cos\varphi_P=3U_L\frac{I_L}{\sqrt{3}}\cos\varphi_p$$

$$=\sqrt{3}U_LI_L\cos\varphi_P \qquad (6\text{-}59)$$

综上所述，三相负载可以接成星形，也可以接成三角形。在实际工作中，究竟接成哪一种形式呢？需要遵循的原则是：无论是星形接法还是三角形接法都必须保证每相负载的端电压等于负载的额定电压。例如对于线电压为 380V 的三相电源，当三相电动机绕组的额定电压为 220V 时，应接成星形；当三相电动机绕组的额定电压为 380V 时，则应接成三角形。又如在使用额定电压为 220V 的白炽灯泡作三相负载时，接入 380/220V 的三相

电源，白炽灯则必须接成星形，若接成三角形时每相灯泡负载所得的电压为380V，将会使灯泡烧坏。

总之，当三相负载连接时，若每相负载两端的额定电压等于电源线电压，负载应接成三角形；若每相负载两端的额定电压等于电源的相电压时，负载应接成星形。

复习思考题

1. 在图 6-32 中，已知 $E=20V$，$r_0=1\Omega$，$r_{线}=1\Omega$，$R=7\Omega$，求 I、U、U_1、$P_{电源}$、$P_{负载}$以及电源和线路上的功率损耗。

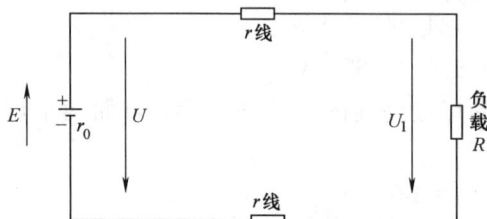

2. 什么是正弦交流电的三要素？

3. 额定电压为 400V 的电容器能否用在 380V（有效值）的交流电路中？为什么？

4. 提高功率因数有什么实际意义？一般单位怎样提高功率因数？

5. 下述结论是否正确？如不正确，为什么？

图 6-32　习题 1 用图

(1) 三相四线制电源的相电压和线电压相等。

(2) 三相对称负载 Y 形接法不需要接中线，而三相不对称负载必须接中线。

(3) 三相负载不论 Y 形接法还是△形接法，它承受的电压是一样的。

6. 把 $R=3\Omega$、$X_L=4\Omega$ 的线圈接在 $f=50Hz$、$U=100V$ 的交流电路中。试计算电路中的电流、平均功率、无功功率、视在功率、功率因数及线圈的电感。

7. 某水电站以 220kV 的高压向某地输送 24 万 kW 的电功率。若输电线路的总电阻是 10Ω，求当功率因数由 $\cos\varphi_1=0.6$ 提高到 $\cos\varphi_2=0.9$ 时，输电线上一年少损耗的电能。

8. 有一日光灯，$P_e=40W$，$U_e=220V$，$I_e=0.66A$。日光灯要串联一线圈（镇流器）使用。现把一个 8μF 的电容并联在日光灯和线圈相串联的支路两端，求并联电容前后日光灯的功率因数。

9. 某三相平衡负载，其额定相电压为 220V，每相负载中的额定相电流为 38A，功率因数为 0.92，如将该负载接入线电压为 220V 的三相电源上工作。试问，应采用哪种连接方法？负载从电源上取用多少电流？负载从电源取用的功率又是多少？

第七章 建筑电气系统概述

第一节 建筑电气系统的作用、分类及基本组成

一、建筑电气的含义

建筑电气是现代建筑物不可缺少的重要组成部分。从某种意义上讲，建筑电气系统的优劣，标志着建筑物现代化的程度，而且电气设施设置的合理与否，还直接影响建筑物功能的实现。其广义的解释是：建筑电气是以建筑为平台，以电气技术为手段，在有限空间内，为创造人性化生活环境的一门应用学科；狭义的解释是：在建筑物中，利用现代先进的科学理论及电气技术（含电力技术、信息技术及智能化技术等），创造一个人性化生活环境的电气系统，统称为建筑电气。

二、建筑电气的作用

近几年，由于建筑物向着高层和智能化的方向不断发展，使得在建筑物内部电能应用的种类和范围日益增加和扩大。因此，建筑电气对于整个建筑物建筑功能的发挥、建筑布置和构造的选择、建筑艺术的体现、建筑管理的灵活性以及建筑安全的保证等方面，都起着重要的作用。归纳起来建筑电气设备在建筑中所起的作用主要体现在以下几方面：

1. 创造环境的设备

对居住者直接感受最大的环境因素是光、温湿度、空气和声音等。这几方面的条件部分或全部均由建筑电气所影响。显然，在进行相应建筑电气系统设计时，应依据设计要求达到某一标准。但是，无论从生理学，或从心理学上，都很难对建筑环境的各因素确定出一个定量的标准值。由于人们工作性质、生活习惯、文化程度的不同，形成对各环境因素的不同要求。因而，在设计中既不能无所依据，也不能死套标准。往往是根据适用于一般情况下的数据，结合实际情况加以修改，然后作为设计依据。

2. 追求方便性的设备

方便生活和工作是建筑设计的重要目的之一。增加相应的建筑电气设备是实现这一目的的主要措施，例如：

（1）增加居住者和使用者生活和工作方便的设施；

（2）缩短信息传递时间的系统。

3. 增强安全性的设备按作用分为两类

（1）保护人身与财产安全的设备如：自动排烟、自动化灭火设备、消防电梯、事故照明、安全防范等。

（2）提高设备和系统本身可靠性的设备如：备用电源的自投，过电流、欠电压、接地等多种保护方式等。

4. 提高控制性能的设备

三、建筑电气系统的分类及基本组成

建筑电气从广义上讲，它包含工业与民用建筑电气两个方面。建筑电气按其系统的作用可分为两大部分，即习惯称"强电系统"和"弱电系统"。

通常情况下，把电力、照明用的电能称为强电，而把传播信息、进行信息交换的电信号称为弱电。强电的处理对象是能源（电力），其特点是电压高、电流大、功耗大、频率低，主要考虑的问题是减小损耗、提高效率；弱电的处理对象主要是信息，即信息的传送与控制，其特点是电压低、电流小、功率小、频率高，主要考虑的问题是信息传输的效果问题，诸如信息传输的保真度、速度、广度和可靠性等。

现代建筑中的电气系统主要有：供配电系统、电气照明系统、建筑动力系统、信息设施系统、信息化应用系统、建筑设备管理系统、公共安全系统及火灾自动报警与消防联动控制系统等。各类建筑电气系统一般都是由用电设备、配电线路、控制和保护设备三大部分所组成。

用电设备如照明灯具、家用电器、电动机、电视机、电话、喇叭等，种类繁多，作用各异，分别体现出各类系统的功能特点。

配电线路用于传输电能或电信号。各类系统的线路均为各种型号的导线、电缆、光缆以及其他传输介质，其安装和敷设方式也都大致相同。

控制、保护等设备是对相应系统实现控制和保护等作用的设备。这些设备常集中安装在一起，组成如配电盘、柜等。若干盘、柜常集中安装在同一房间中，即形成各种建筑电气专用房间，如变配电室、共用天线电视系统前端控制室、消防控制室、保安监控室等。这些房间均需结合具体功能及相关规范与标准的要求，在建筑设计中统一安排布置。

第二节 建筑电气设备的构成及选择

建筑工程中常用的电气设备有动力设备、照明设备、高低压控制设备、保护设备、导线和电缆、变压器设备等。本节主要讲述电力变压器、常用高低压电气设备的结构及规格型号与选择。

一、电力变压器

（一）变压器的构造与工作原理

1. 变压器的基本构造

变压器主要是由两个或两个以上绕组（线圈）绕在一个公共铁芯柱上所构成，铁芯和绕组构成变压器的主体称为器身。变压器基本结构可分为两部分，一是电路部分，主要是一次绕组和二次绕组；二是磁路部分，即由硅钢片叠成的铁芯。以油浸式电力变压器为例，此外还有油箱（油枕）、绝缘套管、油位计、温度计和散热器等附属部件，如图7-1所示。

2. 变压器的基本工作原理

图7-2所示为变压器工作原理图。

变压器的一次绕组与交流电源接通后，经绕组内流过交变电流 $\dot{I}_0$，在这个电流作用下，铁芯中便有交变磁通 $\dot{\Phi}_0$，$\dot{\Phi}_0$ 在铁芯中同时交（环）链一次、二次绕组（绕组匝数分别为 N_1、N_2），由于电磁感应作用，分别在一次、二次绕组产生频率相同的感应电动势。

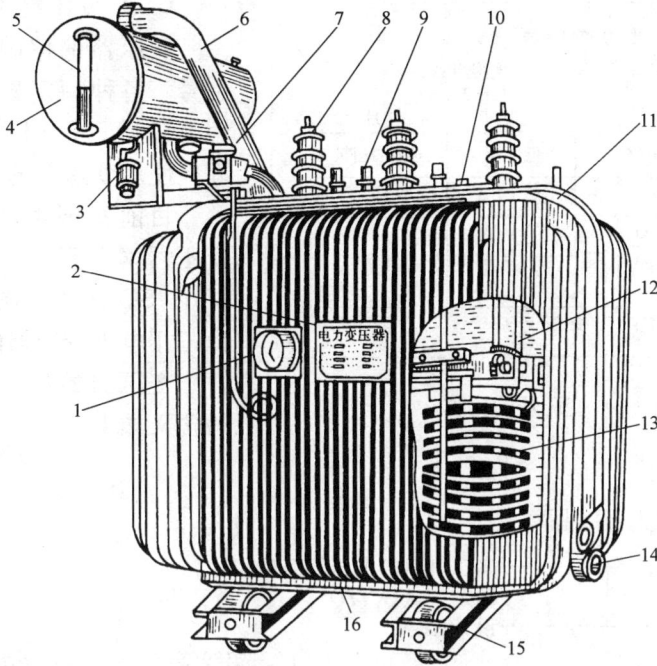

图 7-1 三相油浸式电力变压器

1—信号温度计；2—铭牌；3—吸湿器；4—油枕（储油柜）；5—油位指示器（油标）；6—防爆管；
7—瓦斯继电器；8—高压套管；9—低压套管；10—分接开关；11—油箱；12—铁芯；
13— 绕组及绝缘；14—放油阀；15—小车；16—接地端子

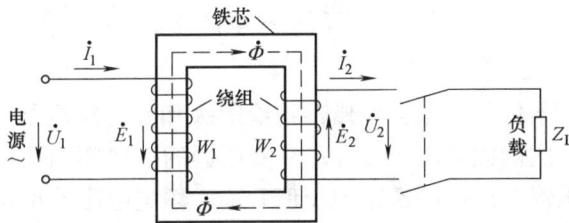

图 7-2 变压器工作原理

如果此时二次绕组接通负载，在二次绕组感应电动势作用下，便有电流流过负载。这就是
变压器利用电磁感应原理将电源的电能传递到负载中的工作原理。变压器在运行过程中满
足下列关系，即

$$\frac{U_1}{U_2} = \frac{N_1}{N_2} \tag{7-1}$$

$$\frac{I_1}{I_2} = \frac{N_2}{N_1} \tag{7-2}$$

式中　U_1——一次绕组端电压，kV；

　　　U_2——二次绕组端电压，kV；

　　　I_1——一次绕组电流，A；

　　　I_2——二次绕组电流，A。

电力变压器					
型式S9-1000/10			连接组Y,yno		
相数3相			总重3700kg		
频率50Hz			出厂 年 月 日		
容量	高压侧		低压侧		阻抗压降
kVA	V	A	V	A	%
1000	10500 10000 9500	58	400	144.5	4.5
□ □ 变压器厂					

图 7-3　变压器的铭牌

（二）变压器的铭牌

变压器的铭牌表明了变压器的型号、各种额定数据及变压器的使用条件等，是用户安全、经济、合理地使用变压器的依据。

目前我国生产的中、小型电力变压器，主要型号有 S7、SL7、S9、SC8、SCL2 等。图 7-3 表示的是一台三相电力变压器的铭牌。

变压器的型号及主要技术数据的含义如下：

1. 型号

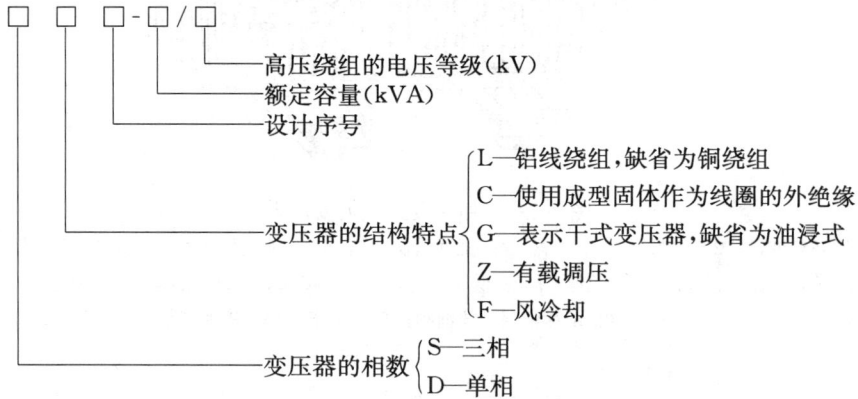

- 高压绕组的电压等级(kV)
- 额定容量(kVA)
- 设计序号
- 变压器的结构特点
  - L—铝线绕组，缺省为铜绕组
  - C—使用成型固体作为线圈的外绝缘
  - G—表示干式变压器，缺省为油浸式
  - Z—有载调压
  - F—风冷却
- 变压器的相数
  - S—三相
  - D—单相

2. 额定电压

变压器在额定运行条件下，根据变压器绝缘等级和允许发热条件所确定的一次侧线电压值，称为变压器的一次侧额定电压 U_{1N}；在变压器的一次侧加额定电压时，二次侧空载的线电压值，称为变压器二次侧的额定电压值 U_{2N}。额定电压的单位为 kV。

3. 额定容量

变压器的额定容量是指变压器在额定使用条件下，变压器输出的视在功率。额定容量的单位为 kVA。

4. 额定电流

变压器的额定电流是根据变压器允许的长期发热条件而规定的满载运行时的线电流值。额定电流的单位为 A。

变压器的一次、二次侧的额定电流可以根据变压器的额定容量 S_N 及额定电压 U_N 求得。三相变压器

$$I_{1N} = \frac{S_N}{\sqrt{3}U_{1N}} \qquad (7-3)$$

$$I_{2N} = \frac{S_N}{\sqrt{3}U_{2N}} \qquad (7-4)$$

单相变压器

$$I_{1N} = \frac{S_N}{U_{1N}} \tag{7-5}$$

$$I_{2N} = \frac{S_N}{U_{2N}} \tag{7-6}$$

（三）变压器的选择

1. 变压器台数选择

（1）当符合下列条件之一时，宜装设两台及以上变压器：

1）有大量的一级及虽为二级负荷但从保安角度需设置备用电源时（如消防等）；

2）带季节性负荷，且变化较大；

3）集中负荷较大。

（2）在一般情况下，动力和照明宜共用变压器。当属下列情况之一时，可设专用变压器：

1）当照明负荷较大或动力和照明采用共用变压器严重影响照明质量及灯泡寿命时，可设照明专用变压器；

2）单台单相负荷较大时，宜设单相变压器；

3）冲击性负荷较大，严重影响电能质量时，可设冲击负荷专用变压器；

4）在电源系统中性点不接地或经阻抗接地（IT系统）的低压电网中，照明负荷应设专用变压器。

2. 容量选择

（1）设计规范的要求如下：

1）装有两台及以上变压器的变电所，当其中任一台变压器退出运行时，其余变压器的容量应满足一级负荷及二级负荷的用电需求。

2）变电所中单台变压器（低压为0.4kV）的容量不宜大于1600kVA。当用电设备容量较大、负荷集中且运行合理时，可选用2000kVA或2500kVA容量的变压器。

3）设置在二层建筑以上的三相变压器，应考虑垂直与水平运输对通道及楼板载荷的影响，如采用干式变压器时，其容量不宜大于630kVA。

4）居住小区变电所内单台变压器容量不宜大于630kVA。

（2）满足负荷计算的要求。

选择变压器的容量应以计算负荷为依据，即 $S_N \geqslant S_j$。根据总降压变电所变压器的数量不同，变压器的运行方式有两种。

1）明备用。明备用即正常运行时两台变压器一台工作，另一台作为备用；主变压器故障或检修时，备用变压器投入运行，并要求带全部负荷。

每台变压器的容量按100%的计算负荷确定，即

$$S_N = 100\% S_j \tag{7-7}$$

2）暗备用。变压器的暗备用方式，是指正常运行时两台变压器同时工作，每台变压器各承担一半的负荷量，每台变压器的负荷率小于80%；当变压器故障或检修时，由另一台变压器尽量带全部负荷，此时变压器会出现过负荷现象，国产变压器允许的短时过载运行数据列在表7-1中。

油浸式变压器(自冷)		干式变压器(空气自冷)	
过电流(%)	允许运行时间(min)	过电流(%)	允许运行时间(min)
30	120	20	60
45	80	30	45
60	45	40	32
75	20	50	18
100	10	60	5

暗备用运行方式的变压器每台容量按 70% 的总计算负荷选择，即

$$S_N = 70\% S_j \tag{7-8}$$

3. 冷却方式选择

(1) 与高低压配电装置设在同一房间内的干式变压器应具有不低于 IP2X 防护外壳。并注意罩壳的选用应具有良好的自然通风条件。当条件允许时也可采用将变压器基座抬高等有利于空气对流、通风、散热的措施。

(2) 干式变压器应装配绕组热保护装置，其主要功能应包括：温度传感器断线报警、启停风机、超温报警/跳闸、三相绕组温度巡回检测及最大值显示等。

4. 型号选择

(1) 变压器的型号应优先选用国际电工委员会确认的国际通用标准容量系列、《电力变压器》(GB 10094) 所确定 R10 容量系列 ($\sqrt{10}$) 产品。

(2) 一般场合可采用低损耗油浸式电力变压器，如 SL7（铝）、S7（铜）、S9 等型号的变压器。

(3) 高层建筑、地下建筑、机场、战备设施等防火要求高的场所，宜选用干式变压器，如 SG、SGZ 等型号。

(4) 当周围环境恶劣，有防尘、防腐蚀要求时，宜选用全密闭变压器，如 BSL 型。

(5) 当电网电压波动较大，不能满足用户对电压质量要求时，可选用低损耗有载调压油浸式电力变压器，如 SLZ7、SLZ、SZ 等型号。

二、常用高压电气设备

(一) 高压熔断器

熔断器（文字符号为 FU）是一种当所在电路的电流超过规定值并经一定时间后，使其熔体熔化而分断电流、断开电路的一种保护电器。熔断器的功能主要是对电路及电路设备进行短路保护，但有的也具有过负荷保护的功能。

建筑电气系统中，室内广泛采用 RN1、RN2 型高压管式熔断器，室外则广泛采用 RW4、RW10（F）等型跌开式熔断器。

高压熔断器全型号的表示和含义如下：

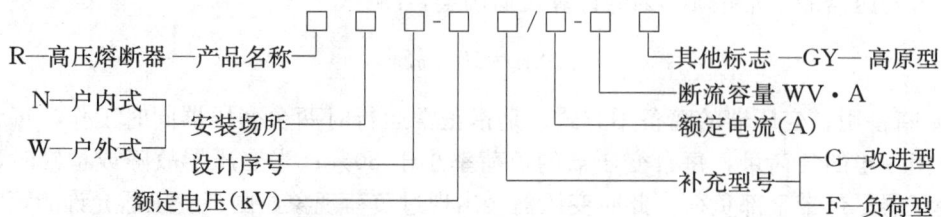

```
                   □ □ □ - □  □ / □ - □ □
R—高压熔断器 —产品名称 ─┘ │ │   │  │   │   │ └─ 其他标志 —GY— 高原型
                        │ │   │  │   │   └───── 断流容量 WV·A
    N—户内式 ──────┐      │ │   │  │   └───────── 额定电流(A)
                 安装场所 ─┘ │   │  │
    W—户外式 ──────┘        │   │  └──────────── 补充型号 ┬─ G—改进型
              设计序号 ──────┘   │                       └─ F—负荷型
              额定电压(kV) ──────┘
```

1. RN1 和 RN2 型户内高压熔断器

RN1 型与 RN2 型的结构基本相同，都是瓷质熔管内充石英砂填料的密闭管式熔断器。RNl 型主要用做高压线路和设备的短路保护，也能起过负荷保护的作用，其熔体要通过主电路的电流，因此其结构尺寸较大，额定电流可达 100A。而 RN2 型只用做高压电压互感器一次侧的短路保护。由于电压互感器二次侧全部接阻抗很大的电压线圈，致使它接近于空载工作，其一次侧电流很小，因此 RN2 型的结构尺寸较小，其熔体额定电流一般为 0.5A。

图 7-4 是 RN1、RN2 型高压熔断器的外形结构，图 7-5 是其熔管剖面示意图。

当短路电流或过负荷电流通过熔体时，工作熔体熔断后，指示熔体也相继熔断，其红色的熔断指示器弹出，如图 7-5 中虚线所示，给出熔断的指示信号。

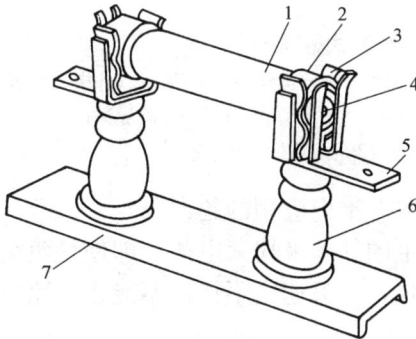

图 7-4　RN1、RN2 型高压熔断器

1—瓷熔管；2—金属管帽；3—弹性触座；4—熔断指示器；
5—接线端子；6—瓷绝缘子；7—底座

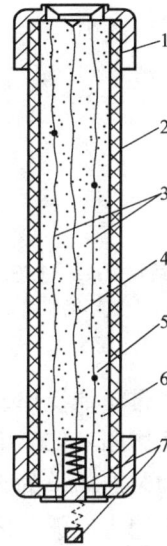

图 7-5　RN1、RN2 型高压熔断器的
熔管剖面示意图

1—管帽；2—瓷管；3—工作熔体；
4—指示熔体；5—锡球；6—石英
砂镇料；7—熔断指示器（虚线
表示指示器在熔体熔断时弹出）

2. RW4 和 RW10（F）型户外高压跌开式熔断器

跌开式熔断器，又称跌落式熔断器，广泛用于环境正常的室外场所，其功能是，既可作 6～10kV 线路的设备的短路保护，又可在一定条件下，直接用高压绝缘钩棒（俗称令克棒）来操作熔管的分合。一般的跌开式熔断器如 RW4—10（G）型等，只能无负荷下操作，或通断小容量的空载变压器和空载线路等，其操作要求与下面将要介绍的隔离开关相同。而负荷型跌开式熔断器如 RW10—10（F）型，则能带负荷操作，其操作要求与下面将要介绍的负荷开关相同。

图 7-6 是 RW4—10（G）型跌开式熔断器的基本结构。这种跌开式熔断器串接在线路上。

RW10—10（F）型跌开式熔断器是在一般跌开式熔断器的静触头上加装简单的灭弧

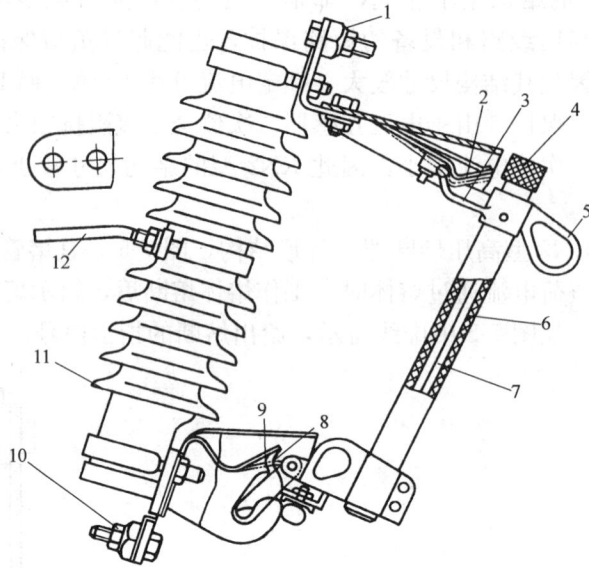

图 7-6　RW4—10（G）型跌开式熔断器

1—上接线端子；2—上静触头；3—上动触头；4—管帽（带薄膜）；5—操作环；6—熔管（外层为酚醛纸管或环氧玻璃布管，内套纤维质消弧管）；7—铜熔丝；8—下动触头；9—下静触头；10—下接线端子；11—绝缘瓷瓶；12—固定安装板

室，因而能带负荷操作。这种负荷型跌开式熔断器有推广应用的趋向。

跌开式熔断器依靠电弧燃烧使产气管分解产生的气体来熄灭电弧，即使是负荷型跌开式熔断器加装有简单的灭弧室，其灭弧能力都不强，灭弧速度不快，不能在短路电流到达冲击值之前熄灭电弧，因此属"非限流"熔断器。

（二）高压隔离开关

高压隔离开关（文字符号为 QS）的功能主要是隔离高压电源，以保证其他设备和线路的安全检修。因此它的结构有如下特点，即断开后有明显可见的断开间隙，而且断开间隙的绝缘及相间绝缘都是足够可靠的，能充分保证人身和设备的安全。但是隔离开关没有专门的灭弧装置，因此不允许带负荷操作。然而可用来通断一定的小电流，如励磁电流不超过 2A 的空载变压器、电容电流不超过 5A 的空载线路以及电压互感器和避雷器电路等。高压隔离开关按安装地点，分户内式和户外式两大类。图 7-7 是 GN8 型户内高压隔离开关的外形。高压隔离开关全型号的表示和含义如下：

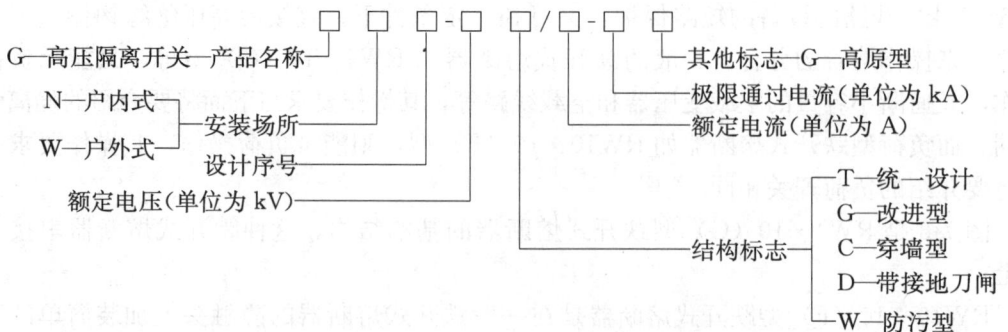

204

（三）高压负荷开关

高压负荷开关（文字符号为 QL），具有简单的灭弧装置，因而能通断一定的负荷电流和过负荷电流，但它不能断开短路电流，因此它必须与高压熔断器串联使用，以借助熔断器来切断短路故障。负荷开关断开后，与隔离开关一样，具有明显可见的断开间隙，因此，它也具有隔离电源、保证安全检修的功能。

高压负荷开关的类型较多，图 7-8 是 FN3－10RT 型户内压气式负荷开关的外形结构图。高压负荷开关全型号的表示和含义如下：

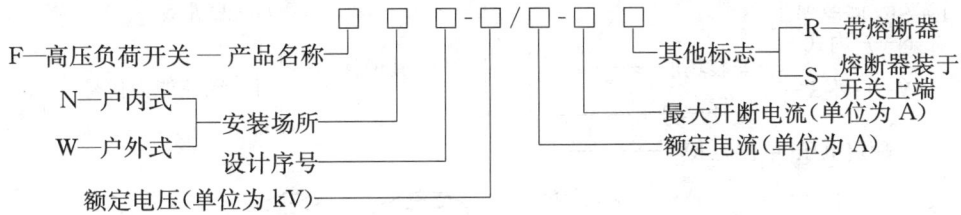

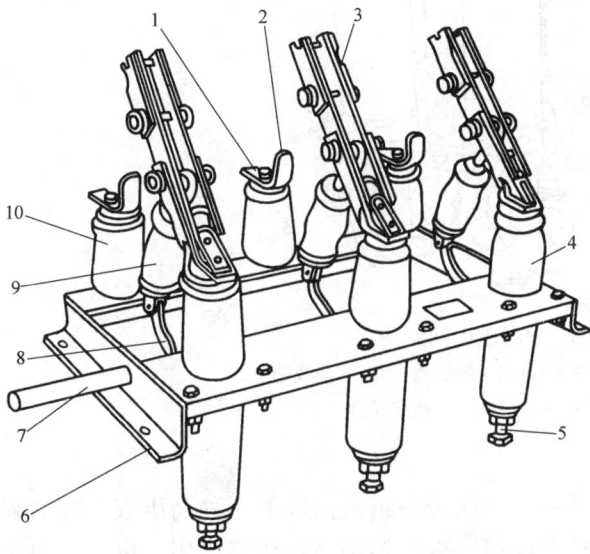

图 7-7　GN8－10/600 型高压隔离开关

1—上接线端子；2—静触头；3—闸刀；4—套管绝缘子；5—下接线端子；6—框架；7—转轴；8—拐臂；9—升降绝缘子；10—支柱绝缘子

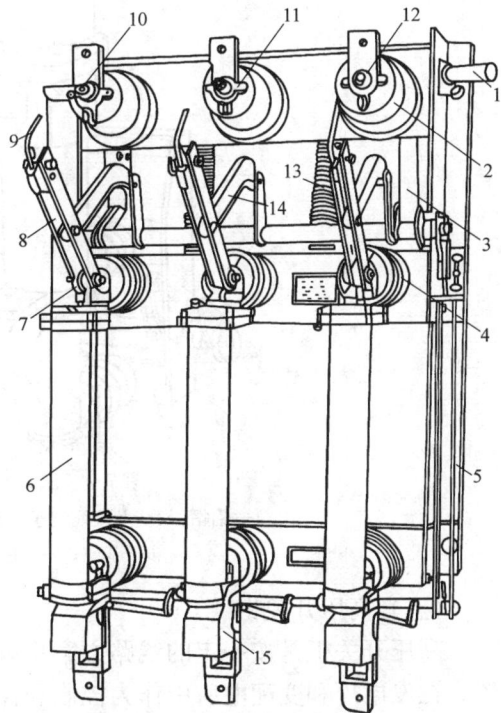

图 7-8　FN3－10RT 型高压负荷开关

1—主轴；2—上绝缘子兼气缸；3—连杆；4—下绝缘子；5—框架；6—RN1 型高压熔断器；7—下触座；8—闸刀；9—弧动触头；10—绝缘喷嘴（内有弧静触头）；11—主静触头；12—上触座；13—断路弹簧；14—绝缘拉杆；15—热脱扣器

（四）高压断路器

高压断路器（文字符号为 QF）的功能是，不仅能通断正常负荷电流，而且能接通和承受一定时间的短路电流，并能在保护装置作用下自动跳闸，切除短路故障。

高压断路器按其采用的灭弧介质分，有油（oil）断路器、六氟化硫（SF$_6$）断路器、真空（vacuum）断路器以及压缩空气断路器、磁吹断路器等。其中应用较广的是油断路器。图 7-9 所示为 SN10—10 型户内少油断路器的外形结构图。

高压断路器全型号的表示和含义如下：

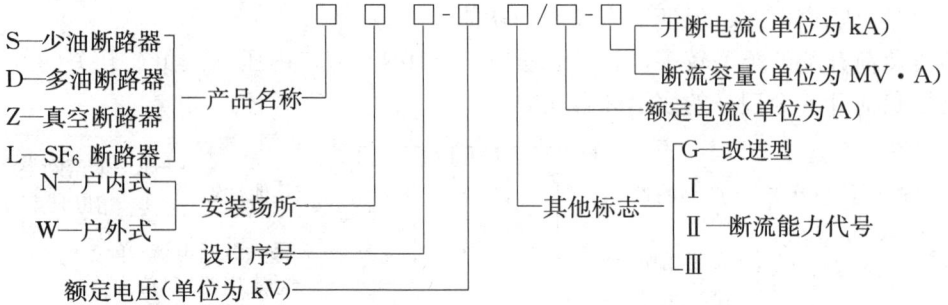

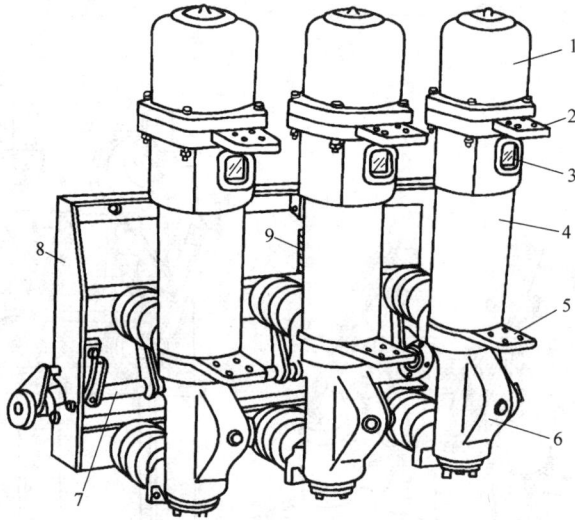

图 7-9　SN10—10 型高压少油断路器
1—铝帽；2—上接线端子；3—油标；4—绝缘筒；5—下接线端子；
6—基座；7—主轴；8—框架；9—断路弹簧

（五）高压开关柜

高压开关柜是按一定的线路方案将有关一、二次设备组装而成的一种高压成套配电装置，在发电厂和变配电所中作为控制和保护发电机、变压器和高压线路之用，也可作为大型高压交流电动机的启动和保护之用，其中安装有高压开关设备、保护电器、监测仪表和母线、绝缘子等。图 7-10 是 GG—1A（F）—07S 型固定式高压开关柜的结构图。

新系列的高压开关柜全型号的表示和含义如下：

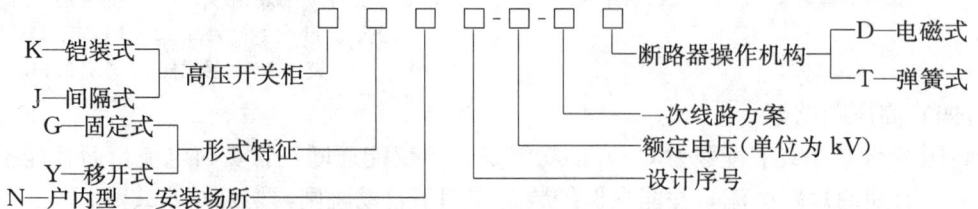

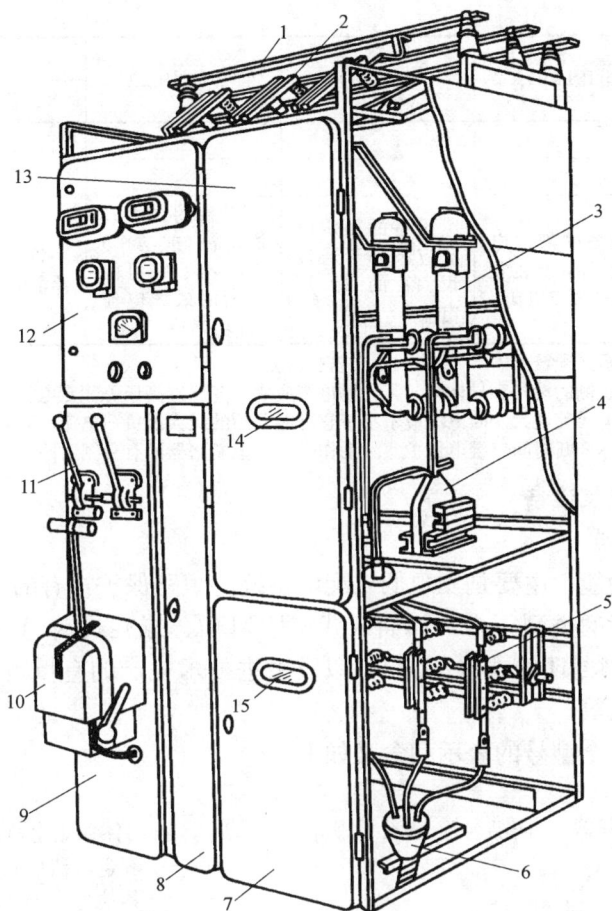

图 7-10　GG—1A（F）—07S 型高压开关柜（断路器柜）

1—母线；2—母线隔离开关（QS1，GN8—10 型）；3—少油断路器（QF，SN10—10 型）；4—电流互感器
（TA，LQJ—10 型）；5—线路隔离开关（QS2，GN6—10 型）；6—电缆头；7—下检修门；8—端子箱门；
9—操作板；10—断路器的手动操动机构（CS2 型）；11—隔离开关的操动机构手柄；12—仪表继
电器屏；13—上检修门；14、15—观察窗口

（六）高压电气设备的选择

高压一次设备的选择，必须满足一次电路正常条件下和短路故障条件下工作的要求，同时设备应工作安全可靠，运行维护方便，投资经济合理。

高压电气设备的选择校验项目和条件如表 7-2 所示。

高压电气设备的选择校验项目和条件① 　　　　　　　　　　　表 7-2

电气设备名称	电压(kV)	电流(A)	断流能力(kA)	短路电流校验	
				动稳定度	热稳定度
高压熔断器	√	√	√	×	×
高压隔离开关	√	√	×	√	√
高压负荷开关	√	√	√	√	√
高压断路器	√	√	√	√	√
电流互感器	√	√	×	√	√
电压互感器	√	×	×	×	×
高压电容器	√	×	×	×	×
母线	×	√	×	√	√
电缆	√	√	×	×	√

电气设备名称	电压(kV)	电流(A)	断流能力(kA)	短路电流校验	
				动稳定度	热稳定度
支柱绝缘子	√	×	×	√	×
套管绝缘子	√	√	×	√	√
选择校验的条件	设备的额定电压应不小于装置地点的额定电压	设备的额定电流应不小于通过设备的计算电流②	设备的最大开断电流(或功率)应不小于它可能开断的最大电流(或功率)③	按三相短路冲击电流校验	按三相短路稳态电流校验

注：① 表中"√"表示必须校验，"×"表示不要校验。

② 选择变电所高压侧的设备和导体时，其计算电流应取主变压器高压侧额定电流。

③ 对高压负荷开关，其最大开断电流应不小于它可能开断的最大过负荷电流；对高压断路器，其最大开断电流应不小于实际开断时间（继电保护实际动作时间加上断路器固有分闸时间）的短路电流周期分量。

三、常用低压电气设备

（一）低压熔断器

低压熔断器的功能，主要是实现低压配电系统的短路保护，有的熔断器也能实现过负荷保护。低压熔断器的类型很多，如插入式（RC口）、螺旋式（RL口）、无填料密封管式（RM口）、有填料封闭管式（RT口）以及引进技术生产的有填料管式 gF、aM 系列、高分断能力的 NT 型等。

国产低压熔断器全型号的表示和含义如下：

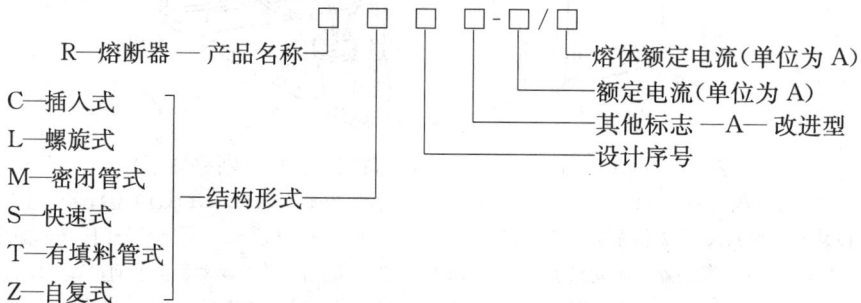

R—熔断器—产品名称

C—插入式
L—螺旋式
M—密闭管式 } 结构形式
S—快速式
T—有填料管式
Z—自复式

设计序号
其他标志 —A— 改进型
额定电流（单位为 A）
熔体额定电流（单位为 A）

下面主要介绍供电系统中用得最多的密闭管式（RM10）和有填料封闭管式（RTO）两种熔断器，另外简介一种自复式（RZ1）熔断器。

1. RM10 型低压密闭管式熔断器

这种熔断器由纤维熔管、变截面锌熔片和触头底座等部分组成。其熔管的结构如图7-11（a）所示，安装在熔管内的变截面锌熔片如图 7-11（b）所示。

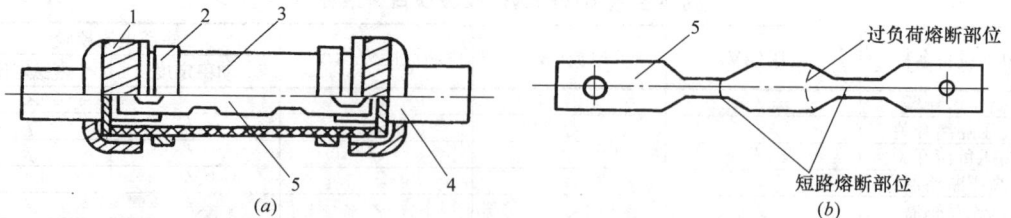

图 7-11 RM10 型低压熔断器

（a）熔管；（b）熔片

1—铜帽；2—管夹；3—纤维熔管；4—变截面锌熔片；5—触刀

这类熔断器由于它的结构简单、价廉及更换熔片方便，因此现仍较普遍地应用在低压配电装置中。

2. RTO 型低压有填料封闭管式熔断器

这种熔断器主要由瓷熔管、栅状铜熔体和触头底座等几部分组成，如图 7-12 所示。

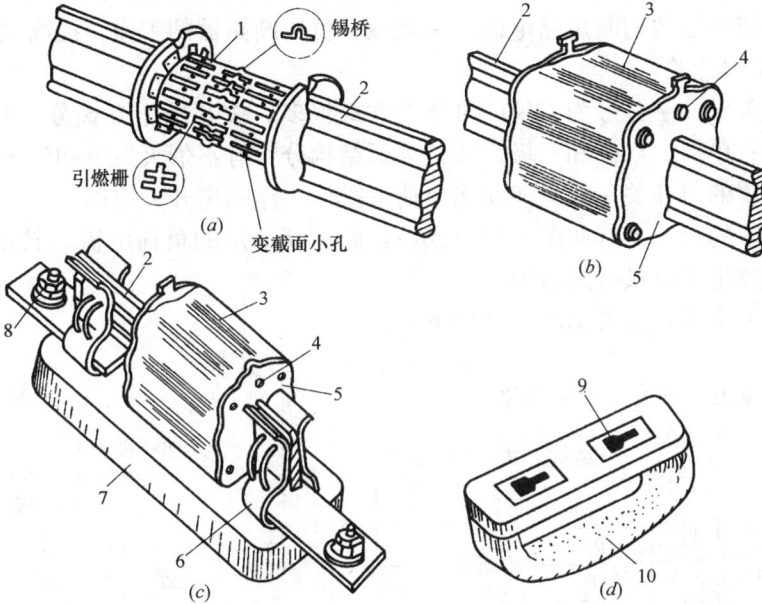

图 7-12 RTO 型低压熔断器

(a) 熔体；(b) 熔管；(c) 熔断器；(d) 绝缘操作手柄

1—栅状铜熔体；2—触刀；3—瓷熔管；4—盖板；5—熔断指示器；6—弹性触座；
7—瓷质底座；8—接线端子；9—扣眼；10—绝缘拉手手柄

RTO 型熔断器由于它的保护性能好和断流能力大，因此广泛应用在低压配电装置中。但是它的熔体多为不可拆式，因此在熔体熔断后整个熔断体报废，不够经济。

3. RZ1 型低压自复式熔断器

一般熔断器都有一个共同的缺点，就是当熔体一旦熔断后，必须更换熔体才能恢复供电，因而使停电时间延长，给供电系统和用电负荷造成一定的停电损失。这里介绍的自复式熔断器弥补了这一缺点，既能切断短路电流，又能在故障消除后自动恢复供电，无需更换熔体。

我国设计生产的 RZ1 型自复式熔断器如图 7-13 所示。它采用金属钠作熔体。在常温下，钠的电阻率很小，可以顺畅地通过正常负荷电流。但在短路时，钠受热迅速汽化，其电阻率变得很大，从而可限制短路电流。在金属钠气化限流的过程中，装在熔断器一端的活塞将压缩氩气而迅速后退，降低了由于钠汽化产生的压力，以防

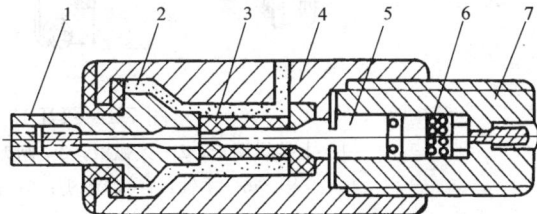

图 7-13 RZ1 型自复式熔断器

1—接线端子；2—云母玻璃；3—氧化铍瓷管；
4—不锈钢外壳；5—钠熔体；6—氩气；
7—接线端子

熔管因承受不了过大压力而爆破。在限流动作结束后，钠蒸气冷却，又恢复为固态钠。活塞在被压缩的氩气作用下，迅速将金属钠推回原位，使之又恢复了正常工作状态。

自复式熔断器通常与低压断路器配合使用，甚至组合为一种电器。我国生产的DZ10—100R型低压断路器，就是DZ10—100型低压断路器与RZ1—100型自复式熔断器的组合，利用自复式熔断器来切断短路电流，利用低压断路器来保护过负荷和操作电路的通断之用，既能有效地切断短路电流，又能减轻低压断路器的工作，提高供电可靠性。

（二）低压刀开关

低压刀开关（文字符号为QK）的分类方式很多。按其操作方式分，有单投和双投。按其极数分，有单极、双极和三极。按其灭弧结构分，有不带灭弧罩和带灭弧罩的两种。

不带灭弧罩的刀开关一般只能在无负荷下操作，作隔离开关使用。

带有灭弧罩的刀开关（如图7-14所示），能通断一定的负荷电流，其钢栅片灭弧罩，能使负荷电流产生的电弧有效地熄灭。

低压刀开关全型号的表示和含义如下：

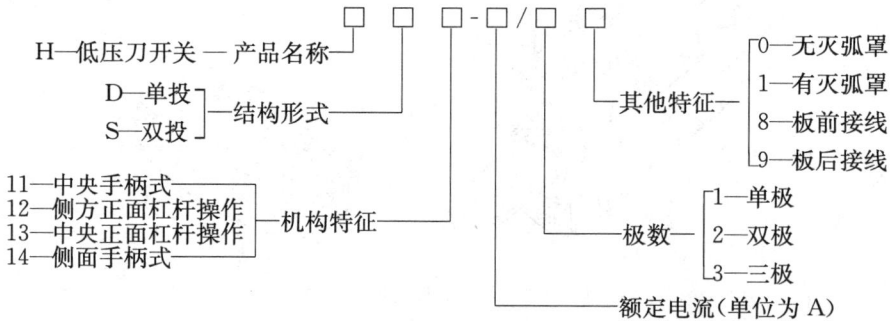

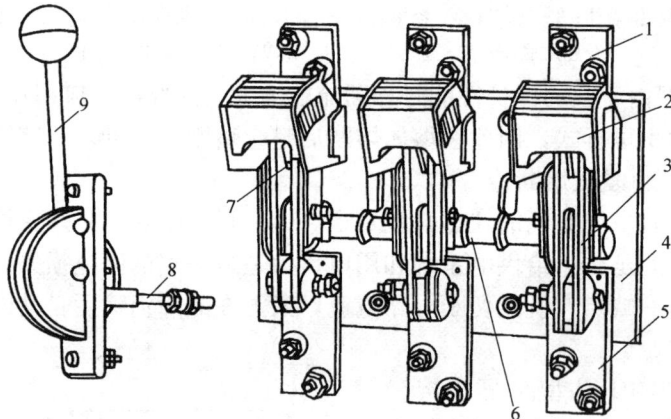

H—低压刀开关—产品名称
D—单投
S—双投 } 结构形式
11—中央手柄式
12—侧方正面杠杆操作
13—中央正面杠杆操作
14—侧面手柄式 } 机构特征

0—无灭弧罩
1—有灭弧罩
8—板前接线
9—板后接线 } 其他特征

1—单极
2—双极
3—三极 } 极数

额定电流（单位为A）

图7-14　HD13型刀开关

1—上接线端子；2—灭弧罩；3—闸刀；4—底座；5—下接线端子；
6—主轴；7—静触头；8—连杆；9—操作手柄

（三）低压刀熔开关

低压刀熔开关（文字符号为FU－QK）又称熔断器式刀开关，是一种由低压刀开关与低压熔断器组合的开关电器。最常见的HR3型刀开关，就是将HD型刀开关的闸刀换以RTO型熔断器的具有刀形触头的熔管，如图7-15所示。刀熔开关具有刀开关和熔断器的双重功能。采用这种组合型开关电器，可以简化配电装置结构，经济实用，因此越来越广泛地在低压配电屏上安装使用。

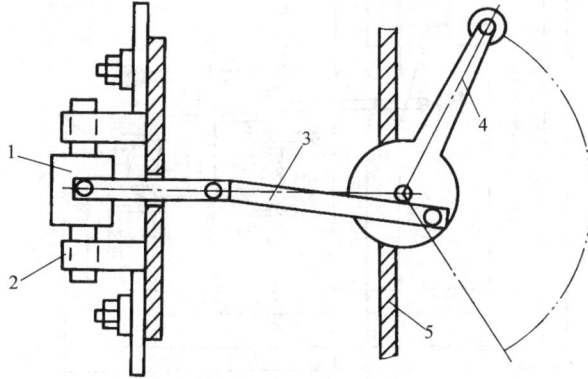

图 7-15　刀熔开关结构示意图

1—RTO 型熔断器的熔断体；2—弹性触座；3—连杆；4—操作手柄；5—配电屏面板

低压刀熔开关全型号的表示和含义如下：

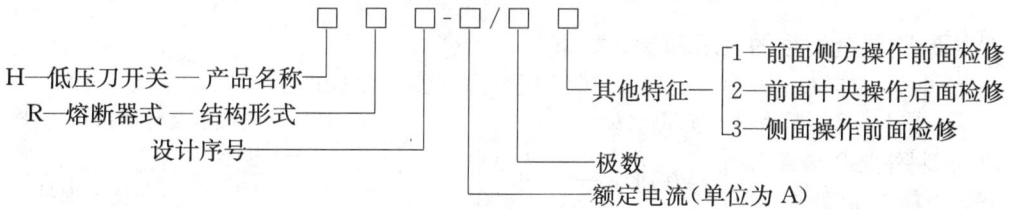

（四）低压负荷开关

低压负荷开关（文字符号 QL），是由带灭弧装置的刀开关与熔断器串联组合而成、外装封闭式铁壳或开启式胶盖的开关电器。低压负荷开关具有带灭弧罩刀开关和熔断器的双重功能，既可带负荷操作，又能进行短路保护。

低压负荷开关全型号的表示和含义如下：

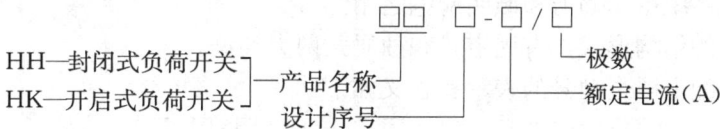

（五）低压断路器

低压断路器（文字符号为 QF），旧称低压自动开关。它既能带负荷通断电路，又能在短路、过负荷和低电压（或失压）时自动跳闸，其功能与高压断路器类似。其原理结构和接线如图 7-16 所示。当线路上出现短路故障时其过电流脱扣器动作，使开关跳闸。如出现过负荷时，其串联在一次线路的加热电阻丝加热，使双金属片弯曲，也使开关跳闸。当线路电压严重下降或电压消失时，其失压脱扣器动作，同样使开关跳闸。如果按下按钮 6 或 7，使失压脱扣器失压或使分励脱扣器通电，则可使开关远距离跳闸。

低压断路器按灭弧介质分类，有空气断路器和真空断路器等；按用途分类，有配电用断路器、电动机保护用断路器、照明用断路器和漏电保护断路器等。配电用低压断路器按结构形式分，有塑料外壳式和万能式两大类。

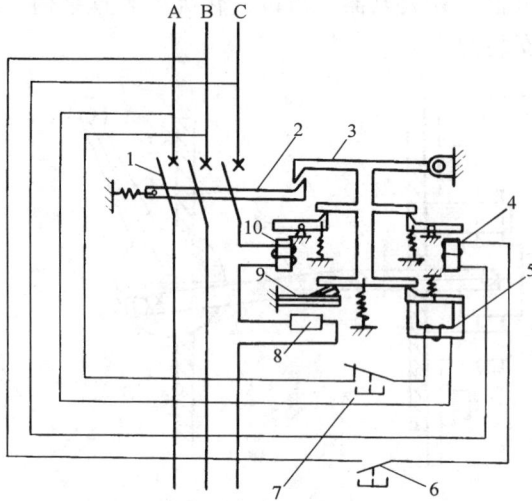

图 7-16 低压断路器的原理结构和接线

1—主触头；2—跳钩；3—锁扣；4—分励脱扣器；5—失压脱扣器；6、7—脱扣按钮；
8—加热电阻丝；9—热脱扣器；10—过流脱扣器

低压断路器全型号的表示和含义如下：

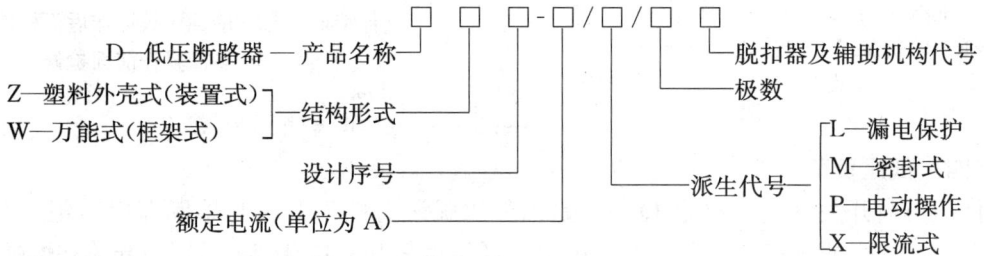

（六）低压配电屏

低压配电屏是按一定的线路方案将有关一、二次设备组装而成的一种低压成套配电装置，在低压配电系统中作动力和照明配电之用。

低压配电屏的结构形式，有固定式和抽屉式两大类型。

新系列低压配电屏全型号的表示和含义如下：

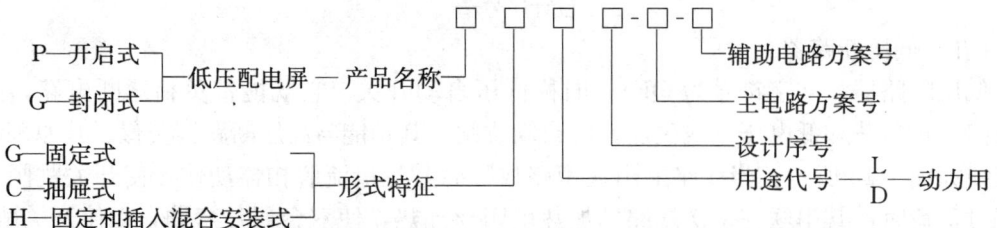

（七）低压电气设备的选择

低压电气设备的选择，与高压电气设备的选择一样，必须满足在正常条件下和短路故障条件下工作的要求，同时设备应工作安全可靠，运行维护方便，投资经济合理。

低压电气设备的选择校验项目如表 7-3 所列。关于低压电流互感器、电压互感器、电容器及母线、电缆、绝缘子等的选择校验项目，与前面表 7-2 同，这里从略。

电气设备名称	电压(V)	电流(A)	断流能力(kA)	短路电流校验	
				动稳定度	热稳定度
低压熔断器	√	√	√	×	×
低压刀开关	√	√	√	—	—
低压负荷开关	√	√	√	—	—
低压断路器	√	√	√		

注：1. 表中"√"表示必须校验，"—"表示一般可不校验，"×"表示不要校验。

2. 关于选择校验的条件，与表 7-2 同，此略。

第三节　建筑供配电及照明系统

一、建筑供配电系统

（一）供配电系统的组成

由发电厂的发电机、变电所的升压及降压变配电设备、电力线路和电能用户（用电设备）组成的一个发电、输电、配电和用电的系统统称为电力系统，又称为输配电系统或供配电系统。图 7-17 是动力系统、电力系统（供配电系统）和电力网的构成示意。

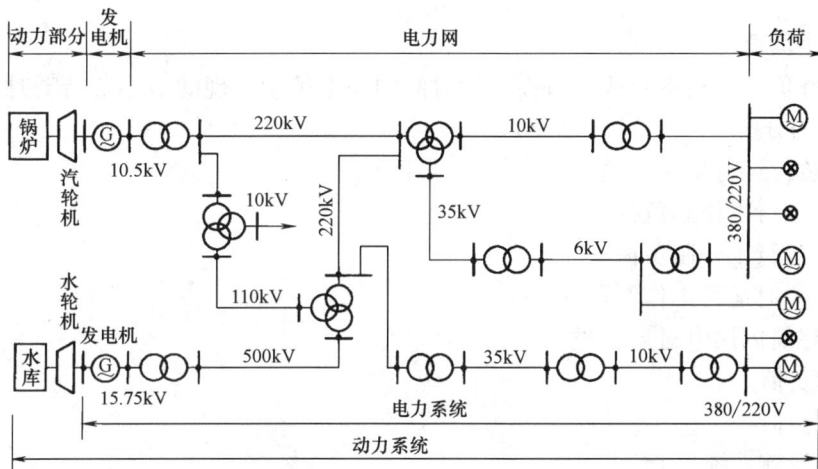

图 7-17　动力系统、电力系统与电力网的构成

1. 发电

发电是将自然界蕴藏的一次能源转换为用户可以直接使用的二次能源——电能的过程。发电厂的发电机组发出的电压一般为 6.3kV 和 10.5kV。

2. 输电

输电是将电能输送到各个地方（或地区）或直接输送给大型电力用户。

3. 配电

在供配电系统中，直接供电给用户的线路称为配电线路。低压配电线路常用的电压为380/220V，其电压由配电变压器提供。高压配电线路常用的电压为 6kV 或 10kV。因此，配电网是由 10kV 及以下的配电线路和配电变压器组成的，其作用是将电能分配到各类电力用户。

4. 电力用户（用电设备）

电力用户是指消耗电能的场所，将电能通过用电设备转换为满足用户需求的其他形式的能量。如用电动机将电能转换为机械能，用照明设备将电能转换为光能等。

电力用户根据供电电压分为高压用户和低压用户，高压用户的额定电压在 lkV 以上，低压用户的额定电压一般是 380/220V。

（二）负荷分级与供电要求

1. 负荷的概念

（1）负荷

电力负荷又称电力负载。它有两种含义：一是耗用电能的用电设备或用电单位（用户），如动力负荷、照明负荷等；另一种是指用电设备或用电单位所耗用的电功率或电流大小，如轻负荷（轻载）、重负荷等。

（2）满负荷

满负荷又叫满载，指负荷恰好达到电气设备铭牌所规定的数值。

（3）最大负荷

最大负荷又称尖峰负荷，指系统或设备在一段时间内用电可能出现的最大负荷瞬时值。

（4）最小负荷

又称低谷负荷，指系统或设备在一段时间内用电可能出现的最小负荷瞬时值。

2. 负荷的分类

（1）按负荷运行特征分类

1）连续运行工作制负荷。

2）短时运行工作制负荷。

3）重复短时运行工作制负荷。

（2）按建筑内用电对象分类

1）照明负荷。

2）动力负荷。

3）信息设施系统负荷。

4）信息化应用系统负荷。

5）建筑设备管理系统负荷。

6）消防负荷等。

3. 负荷分级

电力负荷应根据供电可靠性及中断供电在政治、经济上所造成的损失或影响的程度，分为一级负荷、二级负荷、三级负荷。

（1）一级负荷

属下列情况之一者均为一级负荷：

1）中断供电将造成人身伤亡者。

2）中断供电将造成重大政治影响者。

3）中断供电将造成重大经济损失者。

4）中断供电将造成公共场所秩序严重混乱者。

对于某些特殊建筑，如重要的交通枢纽、重要的通信枢纽、国家级及承担重大国事活动的会堂、国家级大型体育中心，以及经常用于重要国际活动的大量人员集中的公共场所等一级负荷，为特别重要负荷。

中断供电将影响实时处理计算机及计算机网络正常工作或中断供电后将发生爆炸、火灾以及严重中毒的一级负荷亦为特别重要负荷。

（2）二级负荷

属下列情况之一者均为二级负荷：

1）中断供电将造成较大政治影响者。

2）中断供电将造成较大经济损失者。

3）中断供电将造成公共场所秩序混乱者。

（3）三级负荷

不属于一级和二级的电力负荷。

4．供电要求

（1）一级负荷的供电电源应符合下列要求：

1）一级负荷应由两个独立电源供电，当一个电源发生故障时，另一个电源应不致同时受到损坏。

一级负荷容量较大或有高压用电设备时，应采用两路高压电源。如一级负荷容量不大时，应优先采用从电力系统或邻近单位取得第二低压电源，亦可采用应急发电机组，如一级负荷仅为照明或电话站负荷时，宜采用蓄电池组作为备用电源。

供给一级负荷的两个电源应在最末一级配电盘（箱）处能进行切换。

2）一级负荷中的特别重要负荷，除上述两个电源外，还必须增设应急电源。为保证特别重要负荷的供电，严禁将其他负荷接入应急供电系统。

常用的应急电源可有下列几种：

① 独立于正常电源的发电机组。

② 供电网络中有效的独立于正常电源的专门馈电线路。

③ 蓄电池。

根据允许的中断时间可分别选择下列应急电源：

① 静态交流不间断电源装置适用于允许中断供电时间为毫秒级的供电。

② 带有自动投入装置的独立于正常电源的专门馈电线路，适用于允许中断供电时间为1.5s以上的供电。

③ 快速自启动的柴油发电机组，适用于允许中断供电时间为15s以上的供电。

（2）二级负荷的供电要求

二级负荷的供电系统应做到当发生电力变压器故障或线路常见故障时不致中断供电（或中断后能迅速恢复）。对二级负荷宜采用两回线路供电，供电变压器亦宜选两台（两台变压器不一定在同一变电所）。只有当负荷较小或地区供电条件困难时，二级负荷才允许由一回线路10（6）kV及以上专用的架空线路供电。当线路自配电所引出来用电缆段时必须采用两根，两根电缆组成的电缆段其每根电缆应能承受的二级负荷为100%，且互为热备用。

（3）三级负荷的供电要求

三级负荷对供电无特殊要求。当用户为以三级负荷为主，但有少量的一级负荷时，其第二电源可采用自备应急发电机组或逆变器作为一级负荷的备用电源。

（三）电压选择

用电单位选择供电电压应考虑以下因素：用电容量、用电设备的特性、供电距离、供电线路的回路数、用电单位的远景规划、当地公共电网现状和它的发展规划以及经济合理等。

用电单位的高压配电电压宜采用 10kV；如 6kV 用电设备的总容量较大，选用 6kV 电压配电技术经济合理时，则应采用 6kV。低压配电电压应采用 220/380V。

在线路输送的功率和距离一定的情况下，电压愈高则电流愈小，导线截面和线路中的功率损耗愈小。而电压愈高线路的绝缘要求愈高，变压器和开关设备的价格愈高，选择电压等级要权衡综合经济效益。表 7-4 是不同电压等级电力线路合理的输送功率和输送距离。

各级电压电力线路合理的输送功率和输送距离 表 7-4

线路电压(kV)	线路类型	输送功率(kW)	输送距离(km)
0.38	架空	≤100	≤0.25
	电缆	≤175	≤0.35
6	架空	≤2000	3～10
	电缆	≤3000	≤8
10	架空	≤3000	5～15
	电缆	≤5000	≤10
35	架空	2000～15000	20～50
63	架空	3500～30000	30～100
110	架空	10000～50000	50～150
220	架空	100000～500000	200～300

（四）低压配电系统

低压配电系统是由配电装置（配电柜或盘）和配电线路（干线及支线）组成。低压配电系统又分为动力配电系统和照明配电系统。

1. 低压配电方式

低压配电的方式有放射式、树干式及混合式三种。

放射式配电是指由总配电盘直接供给分配电盘或负荷。优点是各负荷独立受电，一旦发生故障只局限于本身而不影响其他回路，但消耗材料较多，如图 7-18（a）所示。放射式配电适用于重要负荷和电动机配电回路。

树干式配电是各分配电箱的电源由一条公用干线供电，如图 7-18（b）所示。优点是节省材料，经济性较好，但电源的可靠性差。

在大型配电系统中，大多采用放射式与树干式的混合方式，称为混合式。如大型商场的照明配电系统，其变电所配出为放射式，分支为树干式，如图 7-18（c）所示。

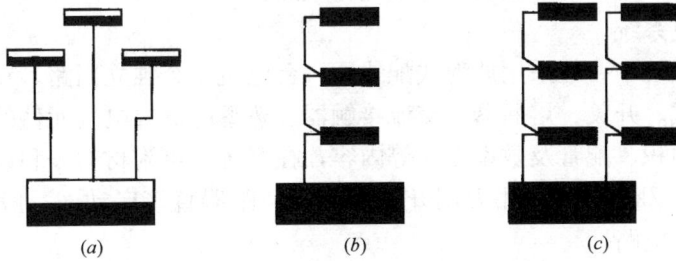

图 7-18　低压配电的方式
(a) 放射式配电；(b) 树干式配电；(c) 混合式配电

2. 配电级数要求

从建筑物低压电源引入处的总配电装置（第一级配电点）开始，至最末端分配电盘为止，配电级数一般不宜多于三级，每一级配电线路的长度不宜大于 30m。如从变电所的低压配电装置算起，则配电级数一般不多于四级，总配电长度一般不宜超过 200m，每路干线的负荷计算电流一般不宜大于 200A。

3. 照明配电系统

照明配电系统的特点是按建筑的布局形式选择若干配电点。一般情况下，在建筑物的每个沉降与伸缩区内设 1～2 个配电点，其位置应使照明支路线的长度不超过 40m，如条件允许最好是将配电点选在负荷中心。

规模较小的建筑物，一般在电源引入的首层设总配电箱。箱内设能切断整个建筑照明供电的总开关，作为紧急事故或维护干线时切断总电源用。

规模较大的建筑物需在电源引入处设总配电室，安装照明总配电装置，其功能为向各个配电点配出干线系统，并能在紧急事故时进行控制操作。

建筑物的每个配电点均设置照明分配电箱，箱内设照明支路开关及能切断各支路电源的总开关，作为紧急事故拉闸或维护支路开关时断开电源用。当支路开关不多于 3 个时，也可不设总开关。多层建筑同一干线的照明配电箱，宜在首层箱内设控制本干线的总开关，以便于维护干线、照明分配电箱及紧急事故时切断电源用。

照明支路开关的功能主要是对线路起短路保护、欠压保护和过载保护等，通常采用自动空气开关。每个分配电箱应注明负荷容量、计算电流、相别及照明负荷的所在区域。照明分配电箱内的各个支路，应力求均匀地分配在 A、B、C 三相上。如达不到要求时，应在数个配电箱之间保持三相负荷平衡。

当照明配电系统中设置事故照明时，需与一般照明的配电分开，另按消防要求自成系统。

4. 动力配电系统

(1) 动力配电方式

民用建筑中的动力负荷按使用性质分为建筑设备机械（水泵、通风机等）、建筑机械（电梯、卷帘门、扶梯等）、各种专用机械（炊事、医疗、实验设备）等。对集中负荷（水泵房、锅炉房、厨房的动力负荷）采用放射式配电干线。对分散负荷（医疗设备、空调机等）应采用树干式配电，依次接各个动力分配电盘。电梯设备的配电采用放射式专用回

217

路，由变电所电梯配电回路直接引至屋顶电梯机房。

（2）动力配电系统

在动力配电系统中一般采用放射式配线，一台电机一个独立回路。在动力配电系统图中应标注配电方式、开关、熔断器、交流接触器、热继电器等电气元件的规格型号，还应有导线型号、截面积、配管及敷设方式等内容，在系统中可附材料表和说明。对小容量的异步电动机（小于 7kW）可采用刀闸开关或空气断路器直接启动。一般异步电动机均采用交流接触器控制电路。

二、建筑电气照明系统

（一）电气照明系统的基本组成和性能

电气照明系统由电气和照明两套系统组成。

电气系统是指电能的产生、输送、分配、控制和耗用的系统。它由电源（市电电源、自备发电机组或蓄电池组）、导线、控制和保护设备（开关、熔断器等）和用电设备（各种电光源）组成。

照明系统是指光能的产生、传播、分配（反射、折射和透射）和消耗吸收的系统。它由电光源、灯具、室内外空间、建筑内表面和工作面组成。

（二）照明方式及其选用原则

照明器按其安装部位或使用功能而构成的基本形式称为照明方式。它分为以下四种：

1. 一般照明

为照亮整个场地而均匀设置，使整个场地水平照度基本均匀的一种照明方式称为一般照明。它不考虑特殊局部的需要。下列情况宜采用单独装设一般照明：

（1）当受生产技术条件限制，不适宜装设局部照明或采用混合照明不合理时；

（2）工作位置密度很大，而对光照方向无特殊要求的场所。

一般照明在工厂的车间、办公室、体育馆、教室等均广泛采用。

2. 分区一般照明

根据需要为提高特定区域照度的一般照明称为分区一般照明。它根据工作面布置的实际情况，将灯具集中或分区集中均匀布置在工作区上方，使室内不同被照面上产生不同的照度，从而可以有效地节约电能。此种照明常以工作对象为重点，按工作区布置灯具。如车间的组装线、运输带、检验场地、纺织厂的纺机上方、轧钢设备及传送带等照明均属此类。

3. 局部照明

为满足某些部位（仅限于工作面上某个局部）的特殊需要而设置的照明称为局部照明。其优点是灵活、方便、节电，并能有效地突出对象。下列情况宜采用局部照明：

（1）局部地点需要高照度或照射方向有要求时；

（2）由于遮挡而使一般照明照射不到的某些范围；

（3）需要消除工作区及其附近的光幕反射时；

（4）需要削弱气体放电光源所产生的频闪效应影响时；

（5）视觉功能降低的人需要有较高照度时；

（6）为加强某方向的光线以增强实体感时。

在整个工作场所或一个房间中，不应只装局部照明而无一般照明。因为这样将会形成亮度分布不均匀而影响视觉功能。

4. 混合照明

由一般照明和局部照明共同组成的照明称为混合照明。对于照度要求较高、对照射方向有特殊要求、工作位置密度不大而采用单独设置一般照明不合理的场所宜采用混合照明。工厂的绝大部分车间采用混合照明。

（三）照明器的布置

通常又叫布灯，是确定灯在房间内（或所在场所）的空间位置。其布置合理与否直接影响照明质量、经济性、能耗指标及维护安全。

1. 布灯考虑的要素

（1）满足有关规范规程和技术条件规定的照度值。

（2）满足工艺对照明方式的要求。

（3）满足工作面上的照度均匀度要求。

（4）光线射向要适当、眩光限制在允许范围之内，无阴影。

（5）维护方便、安全。

（6）考虑节能，尽量提高利用系数。

（7）布置美观，与建筑空间气氛和装饰格调协调。

2. 照明器的布置方式

照明器的布置方式通常有两种布灯方式：一为均匀布灯，适用于要求在整个工作（活动）面有均匀照度的场合，一般照明大多采用这种布灯方式；二为选择性布灯，只用在局部照明或定向照明中。

（1）均匀布灯通常采用同类型灯具按等分面积布置成单一的几何图形，如直线形、正方形、矩形、菱形、角形及满天星等，排列形式应以眼睛看到灯具时产生的刺激感最小为原则。图 7-19 表示几种不同的布灯方式给人造成不同的心理效果。其中图（a）、（b）为点光源分别按矩形、菱形均匀布置，有熙熙攘攘的热闹气氛，宜用于餐厅、宴会厅、多功能厅的一般照明。其中图（a）对于门开在前后、左右正中墙上的场所更合适；图（b）对门开在前后两侧角的场合更合适；图（c）为点源不规则布置，有杂乱无章之感，一般不宜采用；图（d）光带横向布置，有整齐划一之感，适用于一般办公室，尤其窗在左右两侧的场合，灯为嵌顶安装；图（e）为荧光灯光带沿房间长的方向布置，灯为吸顶安装时，具有效能感和房间增长之感，很适宜于绘图设计室、图书馆阅览室等，门开在前后两墙的正中，效果更好；图（f）为荧光灯在同一空间内横竖布置不一，有不协调之感，一般不宜采用，但当某一局部有隔墙分断为另外一功能场所时也可采用。

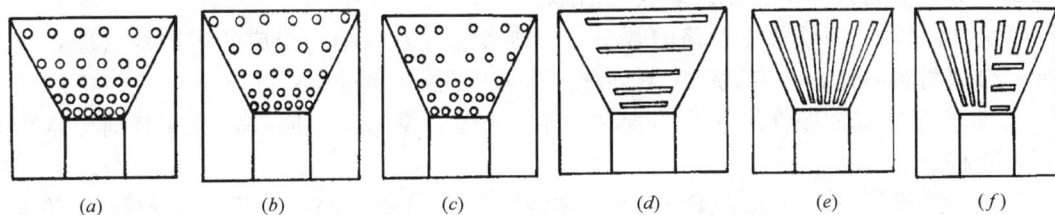

图 7-19　几种不同布灯方式的不同效果

（a）矩形；（b）菱形；（c）不规则；（d）横列；（e）竖列；（f）横竖不一

（2）选择性布灯为了突出某一部位（物体）或加强某个局部的照度，或为了创造某种装饰效果、环境气氛时，采用选择性布灯方式。图 7-20 为某日式住宅客厅照明实例。

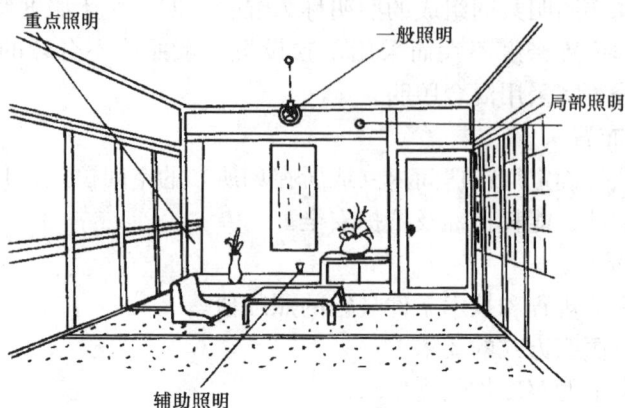

图 7-20　日式客厅照明实例

（四）照明管线

1. 配管要求

（1）配管的一般规定

1）埋设在混凝楼板内的电线管路应放置在两层钢筋之间，埋入墙或混凝土内的管子，离表面净距不应小于 15mm。

2）敷设在多尘、潮湿场所的电线管路，管口、管子连接处均应作密封处理。

3）电线管在经过建筑物的伸缩缝、沉降缝处，应有补偿装置；埋于地下的电线管路不宜穿过设备基础；在穿过建筑物基础处应加保护管。

4）PVC 管在砖墙内剔槽敷设时，必须用强度不小于 M10 水泥砂浆抹面保护，厚度不应小于 15mm。

5）厚壁镀锌钢导管的安装要求：

① 当镀锌钢导管采用螺纹连接时，不得熔焊跨接接地线，要用专用接地卡跨接；两卡间应用铜芯软线连接，截面积不应小于 $4mm^2$；

② 防爆场所镀锌钢导管的敷设、导管间及灯具等的螺纹连接处要紧密牢固，一般连接处不跨接接地线，在螺纹上需涂以电力复合酯或导电性防锈酯；

6）薄壁镀锌钢导管目前常见的有套接紧定式钢导管，它的安装要求：

① 套接紧定式钢导管的管路，不宜直接敷设于设备或建筑物、构筑物的基础内，当必须穿过时，应另设保护管或采取其他措施；

② 套接紧定式钢导管的管路的管材、连接套管及盒（箱）组成的照明线管路，应采用同一金属材料制作，并应镀锌，紧固螺钉应采用高强度原材料制作；

③ 套接紧定式钢导管的管路的管材、连接套管、螺钉及其附件，在安装前应认真地进行外观检查；

④ 紧定螺钉应采用专用配套工具，套接紧定式钢导管管路，当管径为 $\phi32mm$ 及以上时，连接套管每端的紧定螺钉不应少于两个。

7）非镀锌钢导管内外壁应防腐处理；当埋设在混凝土内的导管内壁应防腐处理，外壁可不防腐处理。

8）配管结束，应及时填写隐蔽工程记录，并由建设单位代表验收签证。

（2）配管前的准备

1）电线管路敷设时，应对照电气照明平面图及系统图，按图示要求的管径及走向施工。当局部管路走向与图样不符时，应在图上标明，以便于作竣工图和今后的维护、检修。

2）配管前应检查管内是否堵塞、管壁有无折扁和裂缝等现象。

2. 配线要求

（1）配线的一般规定

1）管内穿线宜在建筑物抹灰及地面工程结束后进行。

2）导线在管子内不得有接头和扭结，其接头应在接线盒内连接。

3）管内导线的总面积（包括外护层），不应超过管子截面积的40％。

4）不同回路、不同电压及交流与直流的导线不应同穿于一根管子内。

5）导线的连接应符合下列要求：

① 铜（铝）芯导线的中间连接和分支连接应使用熔焊、锡焊、线夹、瓷接头或压接法；

② 截面为 $10mm^2$ 及以下的单股铜芯线、截面为 $2.5mm^2$ 及以下的多股铜芯线和单股铝芯线与电气器具的端子可直接连接，但多股铜芯线的线芯应先拧紧、搪锡后再连接。

（2）配线前的准备和要求

1）导线在穿入管子前，应将管中的积水及杂物清除干净。

2）导线敷设前应准备好放线架，并检查导线的绝缘层是否良好。

3）穿入管内的绝缘导线，其额定电压为450/750V，线径大小应符合设计要求，不得任意更改。

4）进入接线盒、配电箱的导线应有适当余量，塑料护套线的护套层应引入盒内或灯具内。

5）配线工程结束后，应进行绝缘检查，并有测量记录。导线间和导线对地间的绝缘电阻值必须符合规范要求。

（五）室内照明灯具及电器装置的安装

1. 室内照明灯具安装的一般规定

（1）安装条件

室内照明灯具的安装，应在与安装有关的建筑物和构筑物完工及导线绝缘程度测试以后进行。

（2）安装方法

室内照明灯具安装方法应根据设计要求及与安装有关的建筑物和结构情况而定。

（3）安装前的准备

1）安装器件的配件应齐全，无机械损伤、变形、油漆剥落、灯罩破裂等现象。

2）灯头接线应完好。

3）将灯罩、灯管（泡）及配件与底盘（灯头）拆开，并加以保护。

2. 室内照明灯具安装的要求

一般灯具的安装及固定应符合下列要求：

1）灯具安装应牢固，其重量超过 3kg 时，应固定在预埋的吊钩或螺栓上。

2）普通吊线灯，重量在 0.5kg 及以下时，可直接用软线吊装。0.5kg 以上的灯具应采用吊链吊装。软线宜编叉在铁链内，以免导线承受拉力。

3）软线吊灯时，在吊盒及灯头内做结扣。

4）变配电所内，高、低压柜（屏）及母线的正上方不得安装灯具（不包括采用封闭式母线、封闭式屏柜的变配电所）。

5）事故照明灯具应有特殊标志。

6）装有白炽灯泡的吸顶灯具，若灯泡与木台过近（如半扁罩灯），在灯泡与木台间应有隔热措施。

7）各式灯具装在易燃结构部位或暗装在木吊顶内时，在灯具周围应有防火、隔热措施。

8）金属灯具外壳应可靠接地。

9）灯具的安装配件和所有金属构件、支架，除已有镀锌或镀铬保护层外，均应刷红丹及油漆各一道；木台、木底板应刷调和漆。在有腐蚀性气体的房间内，上述配件应刷防腐漆。

3. 开关插座装置件的安装

（1）开关的安装

1）开关安装位置应便于维护、操作，距地面高度应符合下列要求：

① 拉线开关一般为 2～3m，距门框为 0.15～0.3m；

② 其他各种开关安装一般为 1.3m，距门框 0.15～0.3m；

③ 开关位置应与灯具位置对应，同一室内的板钮，其开、关方向应一致，且操作灵活，接触点可靠；

④ 暗装开关的盖板应在墙面粉刷和装修后，安装端正，加以严密，盖板与墙面平；

⑤ 多尘、潮湿房间和户外场所的开关，当不是防水型时应加装防护箱。

2）成排安装的开关高度应一致，高低差不应大于 2mm，拉线开关的相邻间距一般不小于 20mm。

3）电器、灯具的相线应经开关控制。

（2）照明插座的安装

1）插座安装应符合下列要求：

① 不同电流种类或不同电压等级的插座安装在一起时，应有明显标志加以区别，且其插头与插座造型要有区别，防止插错。

② 携带式或移动式灯具用的插座，单相宜用三孔插座，三相应用四孔插座。其接地孔应与接地线或零线可靠连接。

③ 一般插座距地高度为 0.3m，托儿所、幼儿园、住宅及小学等不应低于 1.8m，同一场所安装的插座高度应尽量一致，上述场所插座低于 1.8m 时宜用带安全门的插座；

④ 车间及试验室的明、暗装插座一般距地高度不低于 0.3m，特殊场所暗装插座一般

不应低于 0.15m，同一室内安装的插座高、低差不应大于 5mm，成排安装的插座高、低差不应大于 2mm；

⑤ 在特别潮湿和有火灾或爆炸危险的场所以及多粉尘场所，不应装设普通插座，但可将普通插座移置在邻近的正常环境的房间内；

⑥ 舞台上的落地插座及地坑内的插座应有保护盖板。

2）插座接线应符合下列要求：

① 单相两孔插座，面对插座，右孔或上孔接相线，左孔或下孔接零线；

② 单相三孔及三相四孔及三相五孔插座的接地或接零线均应在上方；

③ 接地（PE）或接零（PEN）线在插座间不串联连接。

4. 照明配电箱的安装

1）配电箱内，有交流、直流或不同电压等级配电设备时，应有明显的标志加以区别，或分设在单独的板面上。

2）配电箱内，分别设置零线（N）和保护地线（PE线），经汇流排配出。

3）安装配电箱时，其垂直偏差不应大于 3mm，暗设时，其面板四周边缘应紧贴墙面，箱体与建筑物接触的部分应刷防腐漆。

4）配电箱的安装高度，底边距地面一般为 1.5m。

5）配电箱内装设螺旋式保险器，其电源线应接在中间触点的端子上，负荷线接在螺纹的端子上。

6）配电箱上各回路应有标牌，以标明用电回路的名称。

第四节　建筑弱电工程

常见的建筑弱电系统有：共用天线有线电视系统、火灾自动报警与消防联动控制系统、安全防范系统、综合布线系统、计算机网络系统、建筑设备自动化系统等。

一、共用天线有线电视系统

共用天线有线电视系统是现代建筑应用最普遍的一个弱电工程，英文缩写为 CATV。共用天线有线电视系统是多台电视机共用一套天线、前端装置、传输分配网络的系统，由于系统各部件之间采用同轴电缆作为信号传输线，因而 CATV 也叫有线电视系统。有线电视系统是一个有线分配网络，除可收看当地电视台的电视节目，还可通过卫星天线接收卫星传播的电视节目，又可自编节目，用录像机等设备向系统内各用户播放，还能与区域有线电视网络联网，这就是城市有线电视系统。

（一）共用天线电视系统的组成

CATV 系统一般由前端、干线传输和用户分配三个部分组成，如图 7-21 所示。

1. 前端部分

前端部分主要包括电视接收天线，频道放大器、频率变换器、自播节目设备、卫星电视接收设备、导频信号发生器、调制器、混合器以及连接线缆等部件。前端信号的来源一般有三种：接收无线电视台的信号；卫星地面接收的信号；各种自办节目信号。

在图 7-21 中，对于接收无线电视频道的强信号，一般是在前端使用 V/V 频率变换

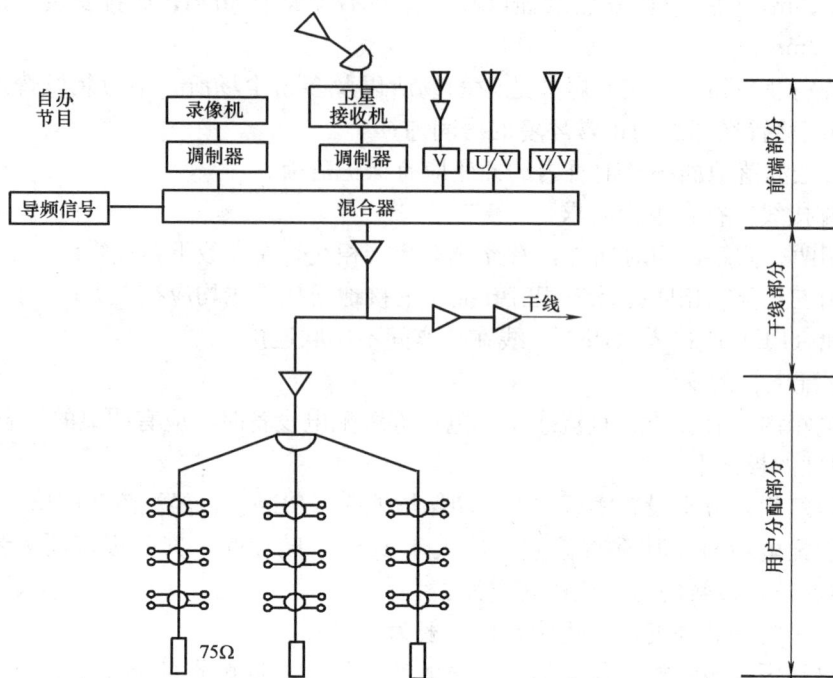

图 7-21 CATV 系统的组成

器，将此频道的节目转换到另一频道上去，这样空中的强信号即使直接串入用户电视机也不会造成重影干扰，因为频道已经转换。如果要转换 UHF 频段的电视信号，一般采用 U/V 频率变换器将它转换到 VHF 频段的某个空闲频道上。但对于全频段的 CATV 系统，则不需要 U/V 变换器，可直接用 UHF 频道传送。

在大型系统中还会遇到使用导频信号发生器的情况，它是提供整个系统自动电平控制和自动斜率控制的基准信号装置，可以在环境温度和电源电压不稳定时，保证输出载波电平的稳定。这种装置在一般中型或小型系统中不常采用。

2. 干线部分

干线传输系统是把前端接收处理、混合后的电视信号传输给用户分配系统的一系列传输设备。一般在较大型的 CATV 系统中才有干线部分。例如一个小区许多建筑物共用一个前端，自前端至各建筑物的传输部分称为干线。干线距离较长，为了保证末端信号有足够高的电平，需加入干线放大器以补偿电缆的衰减。电缆对信号的衰减基本上与信号频率的平方根成正比，故有时需加入均衡器以补偿干线部分的频谱特性，保证干线末端的各频道信号电平基本相同。对于单幢大楼或小型 CATV 系统，可以不包括干线部分，而直接由前端和用户分配网络组成。

3. 用户分配部分

用户分配部分是 CATV 系统的最后部分，主要包括放大器（宽带放大器等）、分配器、分支器、系统输出端以及电缆线路等，它的最终目的是向所有用户提供电平大致相等的优质电视信号。

（二）共同天线有线电视（CATV）系统工程图

224

共用天线有线电视系统工程图主要有共用天线电视系统系统图、共用天线电视系统设备平面图、设备安装详图等。共用天线电视设备平面图是预埋、配管、穿线、设备安装的主要依据，其平面图形式和动力及照明系统的平面图相类似。而其系统图是表现各组成部分相互关系的图纸，与动力及照明系统的系统图差别较大，是识图的重点内容。识图时，要熟悉绘制共用天线电视系统工程图所采用的图形符号，参见《电气图用图形符号》（GB 4728）中规定的图形符号，并需了解系统中各种设备的功能、特性，以便更好地分析共用天线电视系统的系统图。设备安装详图是用来表示各种设备的具体安装及做法的，施工时常参考相关标准图集。

1. 系统图分析

图 7-22 是一幢 18 层高层住宅大楼共用天线电视系统的系统图。由图可知该系统可接收 5、8、14、20 四个频道的电视节目，这四个频道的接收天线加装了防雷击保护器用来防止雷电对系统的侵害，由天线接收到的广播电视信号经可变衰减器衰减后，送到有源混合器。联网线可接自办节目设备或市有线电视网，再经可变衰减器和均衡器对信号进行衰减后，送入有源混合器，多路电视信号经有源混合器放大混合后，变为一路信号，由干线传送至安装于九层的分前端箱，再由分前端箱内的分配放大器，对信号进行放大分配分成两路信号，由两条分支干线分别传送到设置在九层的两个四分配器，四分配器将输入的一路信号分成四路，其中 5～9 层和 10～14 层的支路上分别接有 5 个四分支器，1～4 层和 15～18 层的支路上分别接有 4 个四分支器，并在每一支路的终端均接有 75Ω 的匹配电阻。另外由图可知系统中所有有源器件的电源均取于公共电源（如由公共照明电度表接入）。

2. 平面图分析

（1）标准层平面图

图 7-23 是上述高层住宅楼（9 层）标准层共用天线电视系统的平面图，由图可知：

1）从一层过梁暗敷设引入的 $\phi32$ 钢管，用来穿市有线电视网的入户电缆（或光缆）。

2）装设于九层的分前端箱信号来源于沿墙暗敷设的 $\phi32$ 钢管内的干线电缆。

3）结合图 7-24（a）1—1 剖面图可知，分前端箱处两根沿墙暗敷设的 $\phi32$ 电线管，直往上至顶层机房内前端箱，以供将架空（或埋地）引入的市有线电视网电缆（或光缆）接入前端系统。

4）由分前端箱经两根沿顶暗敷设的 $\phi32$ 电线管，将信号分两路分别送至装设于九层 ⑤轴和⑭轴近旁的两分配分支箱。

5）九层的分配分支箱以及其他楼层的分支箱均由沿墙暗敷设的 $\phi32$ 电线管连通。

6）用户终端盒（即电视插座）的电视信号来源于本楼层的分支箱，配管为沿地暗敷设的 $\phi32$ 电线管。

7）该系统的分干线电缆采用 SYKV—75—9 型，从分支器到用户终端盒电缆采用 SYKV—75—5 型（注：图中未表示出，可在设计说明中指出）。

（2）机房、十八层屋顶平面图及 1—1 剖面图

图 7-24 是上述高层住宅楼的 1—1 剖面图、机房平面图和十八层屋顶平面图，请读者结合图 7-22、图 7-23 自行分析。

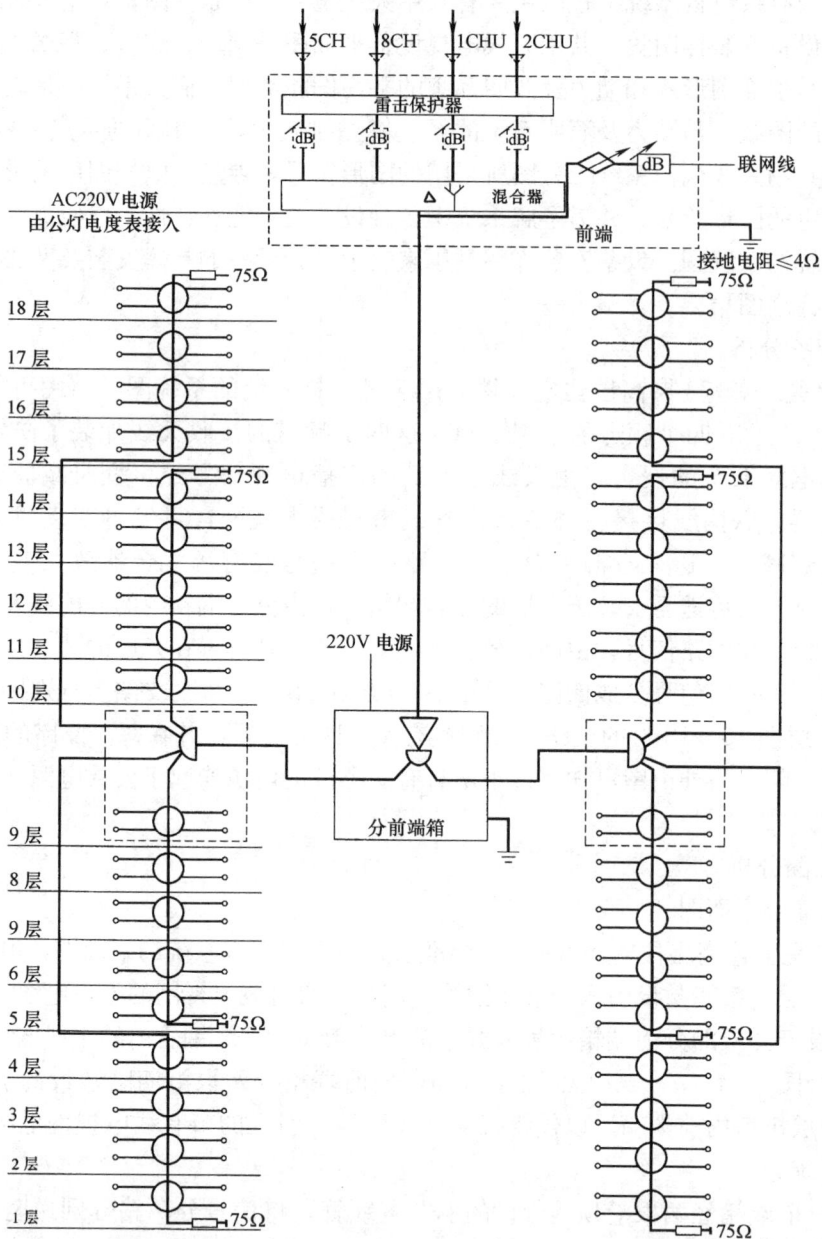

图 7-22 某一18层高层住宅楼共用天线电视系统的系统图

二、火灾自动报警与消防联动控制系统

现代建筑在结构和装饰材料上除了采取防火和消防措施外，还在建筑物内设置了火灾自动报警和联动控制、灭火等装置。火灾自动报警系统一般都采用 24V 左右的电压为工作电压，故称为弱电工程。

（一）火灾自动报警控制系统

1. 火灾自动报警系统的组成

火灾自动报警系统（FAS）是为及早发现和通报火灾并及时取得有效措施控制和扑灭

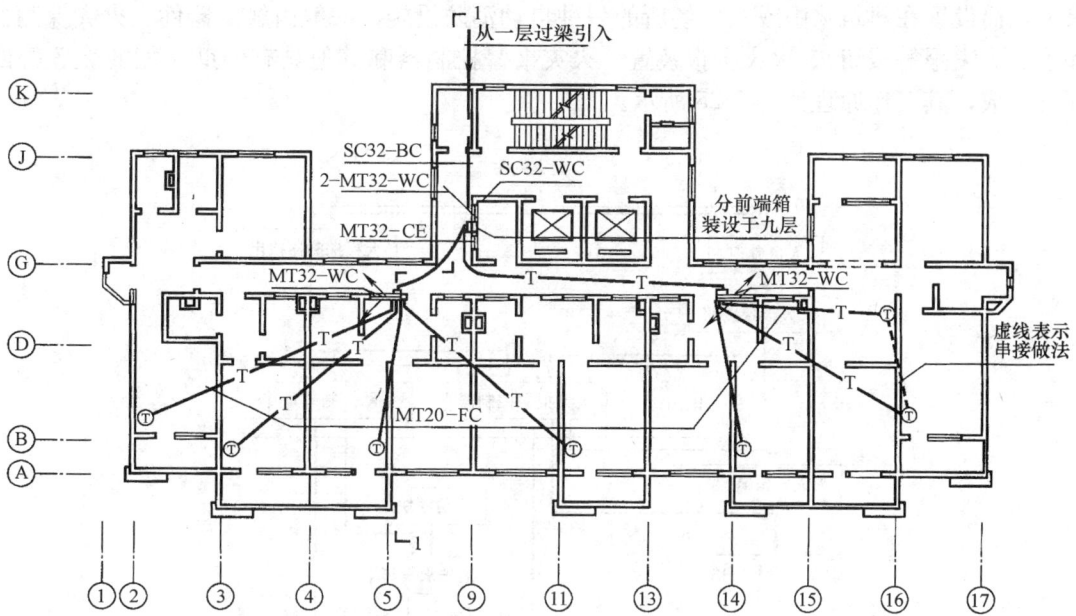

图 7-23 标准层平面图

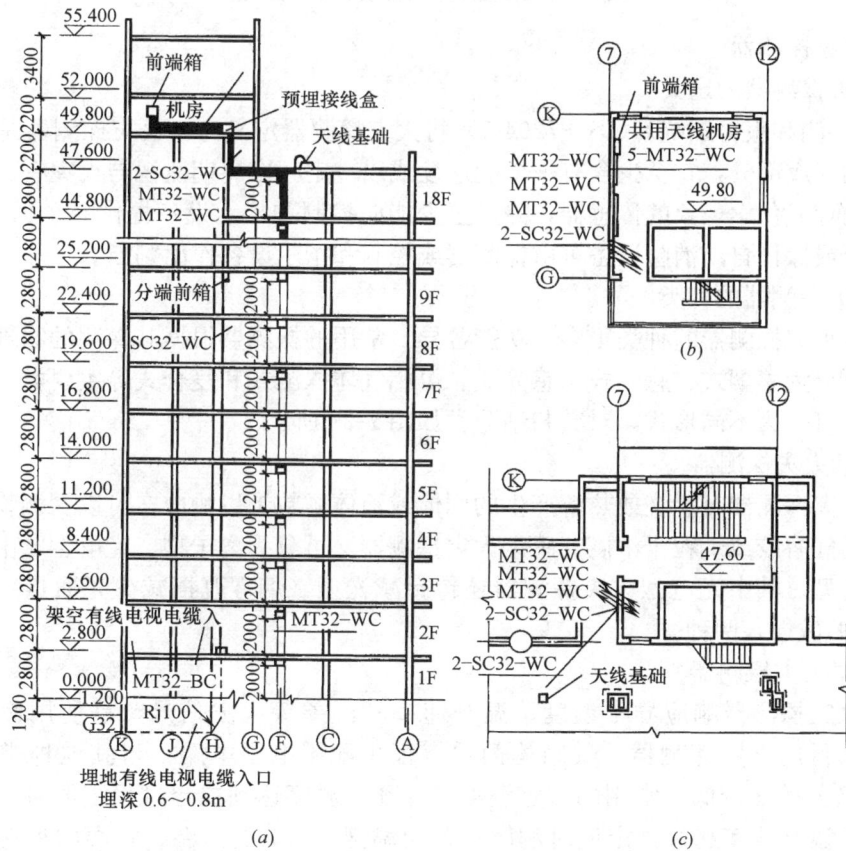

图 7-24 平、剖面图

(a) 1—1 剖面图；(b) 机房平面图；(c) 18 层屋顶平面图

火灾，而设置在建筑物中或其他场所的一种自动消防设施，一般由触发器件（火灾探测器和手动火灾报警按钮）、火灾警报装置、火灾报警控制器和其他具有辅助功能的装置等四部分组成，其工作原理如图 7-25 所示。

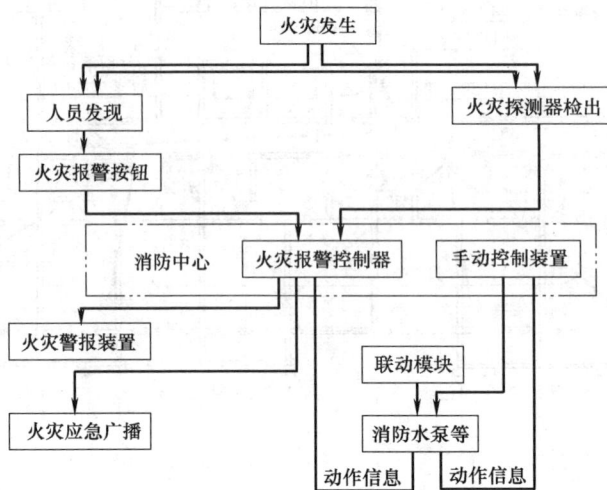

图 7-25　火灾自动报警系统工作原理

（1）火灾探测器

1）火灾探测器的定义

《火灾探测和报警系统》（ISO 7204-1）将火灾探测器定义为：火灾探测器是火灾自动探测系统的组成部分，它至少含有一个能连续或以一定频率周期监视与火灾有关的至少一个适宜的物理或化学现象的传感器，并且至少能向控制和指示设备提供一个适合的信号，是否报火警或操作自动消防设备可由探测器或控制和指示设备作出判断。

2）火灾探测器的种类

目前，火灾探测器的种类很多，功能各异，常用的探测器根据其探测的物理量和工作原理不同可分为感烟式、感温式、感光式、可燃气体探测式和复合式等主要类型。而每种类型中，又可分为不同形式，对其归纳分类如图 7-26 所示。

①感烟火灾探测器

这类火灾探测器对燃烧或热解产生的固体或液体微粒予以响应，可以探测物质初期燃烧所产生的气溶胶或烟粒子浓度。感烟火灾探测器又可分为离子型、光电型、电容式或半导体型等类型。其中光电型火灾探测器还包括减光型（烟雾遮挡减少光通量）和散光型（烟雾对光的散射）两种。

②感温火灾探测器

这种火灾探测器响应异常温度、温升速率和温差等火灾信号，是使用面广、品种多、价格较低的火灾探测器。其结构简单，很少配用电子电路，与其他种类比较，可靠性高，但灵敏度较低。常用的有定温型——环境温度达到或超过预定值时响应；差温型——环境温升速率超过预定值时响应；差定温型——兼有差温、定温两种功能。感温型火灾探测器使用的敏感元件主要有热敏电阻、热电偶、双金属片、易熔金属、膜盒和半导体等。

感烟火灾探测器
- 点型
  - 离子式：双源型、单源型
  - 光电式：散射型、减光型
  - 电容式
  - 半导体式
- 线型：红外光束型、激光型

感温火灾探测器
- 点型
  - 定温式：水银接点型、易熔合金型、玻璃球型、热电偶型、半导体型、双金属型、热敏电阻型
  - 差温式：半导体型、双金属型、热敏电阻型、膜盒型
  - 差定温式：双金属型、热敏电阻型、膜盒型
- 线型
  - 定温式：多点型、缆式型
  - 差温式：空气管型

感光火灾探测器：紫外火焰型、红外火焰型

可燃气体火灾探测器：气敏半导体型、铂丝型、铂铑型、光电型、固体电介质型

复合式火灾探测器：感温感烟型、感温感光型、感烟感光型、感温感烟感光型、分离式红外光束感温感烟型

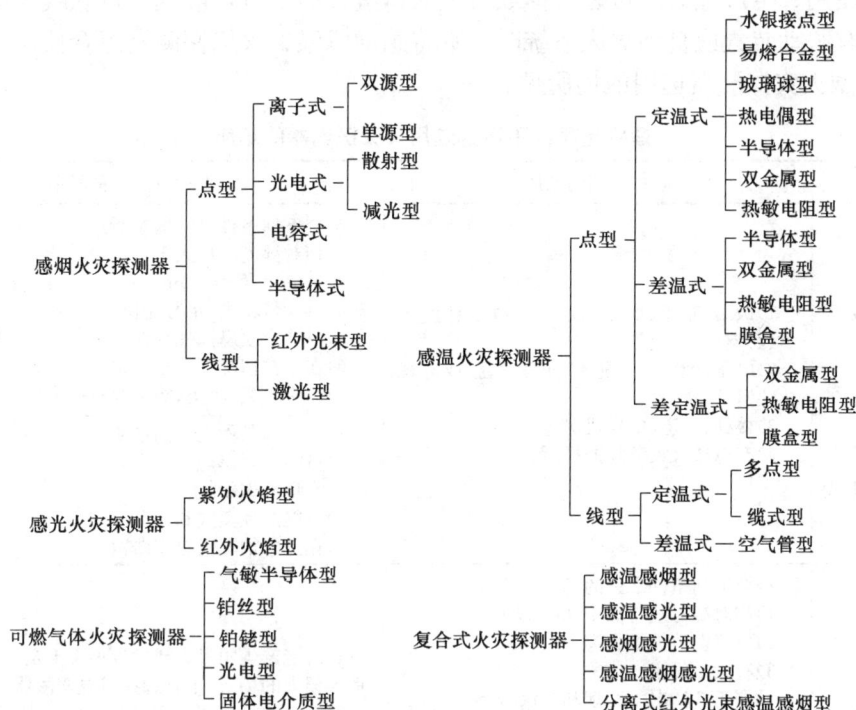

图 7-26　火灾探测器的分类

③ 感光火灾探测器

感光火灾探测器又称火焰探测器，主要对火焰辐射出的红外、紫外、可见光予以响应。常用的有红外火焰型和紫外火焰型两种。

④ 可燃气体火灾探测器

这类探测器主要用于易燃、易爆场所中探测可燃气体（粉尘）的浓度，一般调整在爆炸浓度下限的 $1/5\sim1/6$ 时动作报警。其主要传感元件有铂丝、铂铑（黑白元件）和金属氧化物半导体（如金属氧化物、钙钛晶体和尖晶石）等几种。

⑤ 复合火灾探测器

复合火灾探测器是可以响应两种或两种以上火灾参数的火灾探测器，主要有感温感烟型、感光感烟型、感光感温型等。

图 7-26 是按照火灾探测器探测引发的火灾参量不同分类的。若按其结构造型分类，又可将火灾探测器分为点型和线型两种。

3）火灾探测器的选择原则

① 火灾初期阴燃阶段能产生大量的烟和少量的热，很少或没有火焰辐射，应选用感烟探测器。

② 火灾发展迅速，产生大量的热、烟和火焰辐射，可选用感温探测器、感烟探测器、火焰探测器或其组合。

③ 火灾发展迅速，有强烈的火焰辐射和少量的热、烟，应选用火焰探测器。

④ 对火灾形成特征不可预料的场所，可根据模拟试验的结果选择探测器。

⑤ 对使用、生产或聚集可燃气体或可燃液体蒸气的场所，应选择可燃气体探测器。

⑥ 装有联动装置或自动灭火系统时，宜将感烟感温、火焰探测器组合使用。

4）点型火灾探测器选用的场所见表 7-5

适宜选用或不适宜选用火灾探测器的场所　　　　　　　　　　　　表 7-5

类型		适宜选用的场所	不适宜选用的场所
感烟探测器	离子式	1）饭店、旅馆、商场、教学楼、办公楼的厅堂、卧室、办公室等。 2）电子计算机房、通信机房、电影或电视放映室等。 3）楼梯、走道、电梯机房等。 4）有电器火灾危险的场所	符合下列条件之一的场所： 1）相对湿度长期大于 95% 2）气流速度大于 5m／s 3）有大量粉尘，水雾滞留 4）可能产生腐蚀性气体 5）在正常情况下有烟滞留 6）产生醇类、醚类、酮类等有机物质
	光电式		符合下列条件之一的场所： 1）可能产生黑烟 2）大量积聚粉尘 3）可能产生蒸气和油雾 4）在正常情况下有烟滞留
感温探测器		符合下列条件之一的场所： 1）相对湿对经常高于 95% 以上 2）可能发生无烟火灾 3）有大量粉尘 4）在正常情况下有烟和蒸汽滞留 5）厨房、锅炉房、发电机房、茶炉房、烘干车间等 6）吸烟室、小会议室等 7）其他不宜安装感烟探测器的厅堂和公共场所	1）可能产生阴燃火或发生火灾不及时报警将造成重大损失的场所，不宜选择感温探测器。 2）温度在 0℃ 的以下的场所，不宜选用定温探测器。 3）温度变化较大的场所，不宜选用差温探测器
火焰探测器（感光探测器）		符合下列条件之一的场所： 1）火灾时有强列的火焰辐射 2）无阴燃阶段的火灾 3）需要对火焰作出快速反应	符合下列条件之一的场所： 1）可能发生无焰火灾 2）在火焰出现前有浓烟扩散 3）探测器的镜头易被污染 4）探测器的"视线"易被遮挡 5）探测器易受阳光或其他光源直接或间接照射 6）在正常情况下有明火作业以及 X 射线、弧光等影响
可燃气体探测器		1）使用管道煤气或天然气的场所 2）煤气站和煤气表房以及存储液化石油气罐的场所 3）其他散发可燃气体和可燃蒸气的场所 4）有可能产生一氧化碳气体的场所，宜选择一氧化碳气体探测器	除适宜选用场所之外所有的场所

（2）火灾报警控制器

1）火灾报警控制器的功能与分类

在火灾自动报警系统中，火灾探测器随时监视周围环境的情况。而火灾报警控制器，则是可向控测器供电，并具有下述功能的设备：

① 能接收探测信号，转换成声、光报警信号，指示着火部位和记录报警信息。

② 可通过火警发送装置启动火灾报警信号或通过自动消防灭火控制装置启动自动灭火设备和消防联动控制设备。

③ 自动地监视系统的正确运行和对特定故障给出声光报警（自检）。

由此可知，火灾报警控制器的作用是向火灾探测器提供高稳定度的直流电源；监视连接各火灾探测器的传输导线有无故障；能接受火灾探测器发送的火灾报警信号，迅速、正确地进行转换和处理，并以声、光等形式指示火灾发生的具体部位，进而发送消防设备的启动控制信号。

火灾报警控制器按其技术性能和使用要求进行分类，是多种多样的，国内常见的分类如图 7-27 所示。

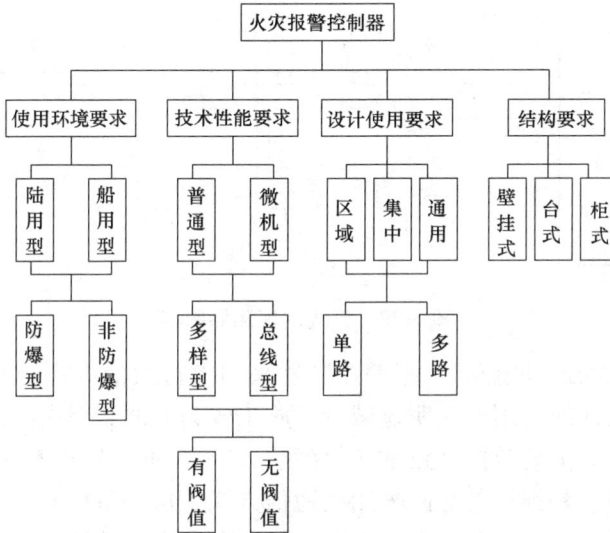

图 7-27　火灾报警控制器的分类

2. 火灾自动报警系统的接线方式

在火灾自动报警系统中，火灾报警控制器如何对火灾探测器进行识别和控制，即探测回路的工作原理及接线方式，反映了火灾自动报警系统的技术构成、可靠性、稳定性及性能价格比等诸因素，是评价火灾自动报警系统先进与否的一项重要指标。它的接线方式主要有以下几种。

（1）辐射式

一只探测器（或若干探测器为一组）构成一条回路，与火灾报警控制器相连接，其中有公共电源、信号线、测试线等。当回路中某一只探测器出现故障或探测到火灾时，在控制器上只能反映出探测器所在回路的位置，这是早期的火灾报警技术。而我国火灾自动报警系统设计规范规定，要求火灾报警要报到火灾探测器所在回路的位置，即报到着火点。于是就不得不以一只探测器为一条回路，即探测器与报警控制器单线连接。因此，这种系统用线量大，配管直径大，材料用量多，穿线复杂，接点太多，线路故障多。这种系统适合点位少的小规模建筑物使用。图 7-28 所示为二线制探测器回路。图 7-29 所示为三线制探测器回路，即 $n+1$ 或 $n+2$ 根总线数，其中 n 为探测器数，即如果有 n 个探测器，就要 $n+1$ 或 $n+2$ 根导线构成 n 个回路。

（2）总线式

采用 2～4 根导线构成回路，并联若干个火灾探测器（99 或 127 个）。每个探测器有

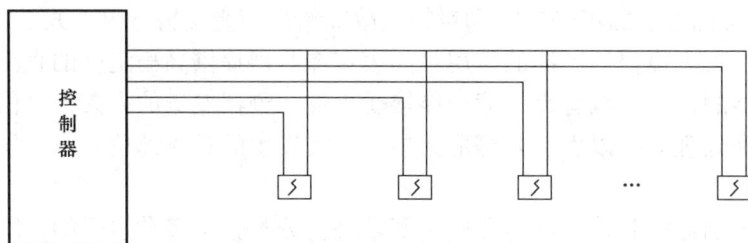

图 7-28　二线制探测器回路

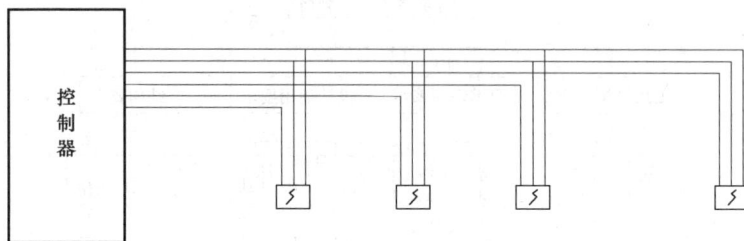

图 7-29　三线制探测器回路

一个编码电路（独立的地址电路），报警控制器采用串行通信方式访问每只探测器。此种系统大大简化了系统连线，用线量明显减少，施工较为方便。但这种系统中的探测器向火灾报警控制器发送开关类型数据（正常、故障或火警），亦可发送其探测值的 A/D 转换数据。这是普通计算机与外围设备之间采用的通信方式。这种系统的最大缺点是：一旦总线回路出现短路问题，则整个回路失效，甚至损坏部分火灾报警控制器和探测器。因此，为了保护系统不受损失，保证系统的正常运行，不得不在系统中分段加装短路隔离器。这样，不仅使系统变得复杂，设备费用增加，也给使用和维护带来不便。

图 7-30 所示为四总线制探测器回路，所有探测器并联在四根总线上。

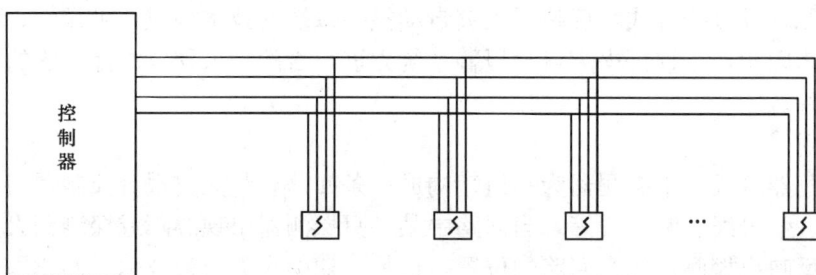

图 7-30　四总线制探测器回路

图 7-31 所示为二总线探测器回路，所有探测器并联在两根总线上。在连接方式上有的可以接成枝型，有的可以接成环型，有的厂家还可以接成子母型，但在子母之间就要用三根线或四根线连接才成。这种连接方式只能报出母头所在位置，而子头则只能在母头之中，显示不出自己独立的位置。

（3）链式

链式回路系统的特点是采用两根导线，按一进一出的方式，将若干个探测器连接在一

232

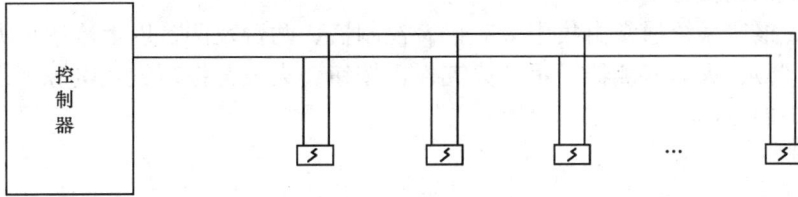

图 7-31　二总线探测器回路

起（一般连接 50 个探测器）构成一条回路。每个探测器相当于一个电子开关。在寻检时，电子开关依次接通，实现探测器的逐级推动。在电子开关接通时，探测器将自己的检测值以电流的形式发送到火灾报警控制器。因此，火灾报警控制器接收到的首尾相接的一串电流脉冲信号，经过分析和处理，可分别判断每个探测器当时的状态。这种技术的主要特点是：①回路用线量少；②可分别识别每个探测器当时的状态（正常、故障或火警状态）；③可连接成环型回路。因此，回路出现短路故障时，可通过正、反查询，能够保证回路中其他探测器正常工作，即回路具有自我保护能力。这种系统可以预置地址码，而且在探测器底座安装完毕后，即可进行系统调试。根据探测器所在位置房间号码，进行现场编程。使火灾报警控制器屏幕所显示的号码与探测器所在位置号码相对应。同时，由于该系统采用了特殊的专有技术，总线回路出现短路时，回路不会出现失效现象，也不会损坏控制器。因为它在探测器中有特殊的保护电路功能，所以不必设置短路隔离器。图 7-32 所示为链式连接寻址探测器回路，既可以连接成树型回路，又可连接成环型回路。

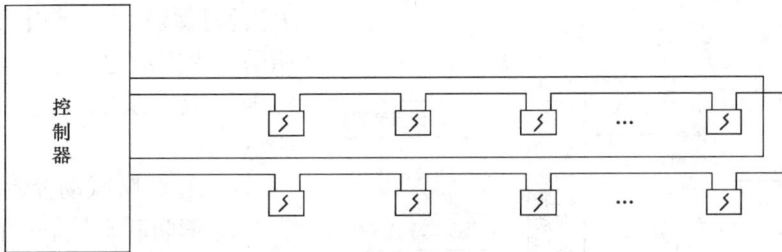

图 7-32　链式连接寻址探测器回路

（4）无线报警系统

无线报警系统由传感器、发射机、中继器及控制中心组成。它采用有发射能力的探测器探测到火灾时，可以发出无线电信号。中央监控报警中心，可以收到这种报警信号。它的优点是节省安装布线费用，安装方便，容易开通。

3．火灾自动报警系统的分类

《火灾自动报警系统设计规范》（GB 50116）根据火灾自动报警系统联动功能的复杂程度及报警系统保护范围的大小，将火灾自动报警系统分为：区域报警系统、集中报警系统和控制中心报警系统三种类型。

（1）区域火灾报警系统

区域火灾报警系统通常由区域火灾报警控制器、火灾探测器、手动火灾报警按钮、火灾警报装置及电源等组成。系统结构形式如图 7-33 所示。

（2）集中火灾报警系统

集中火灾报警系统通常由集中火灾报警控制器、两台及两台以上区域火灾报警控制器（或区域显示器）、火灾探测器、手动火灾报警按钮、火灾警报装置及电源等组成。系统结构形式如图 7-34 如示。

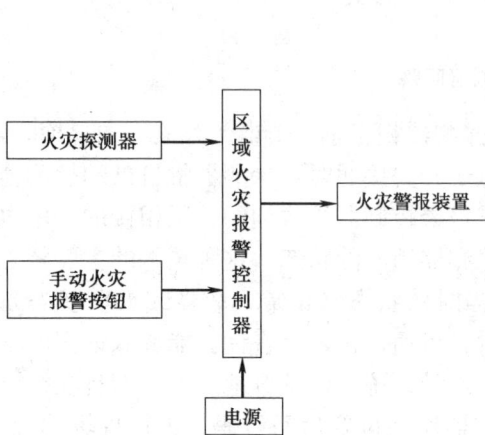

图 7-33　区域火灾报警系统

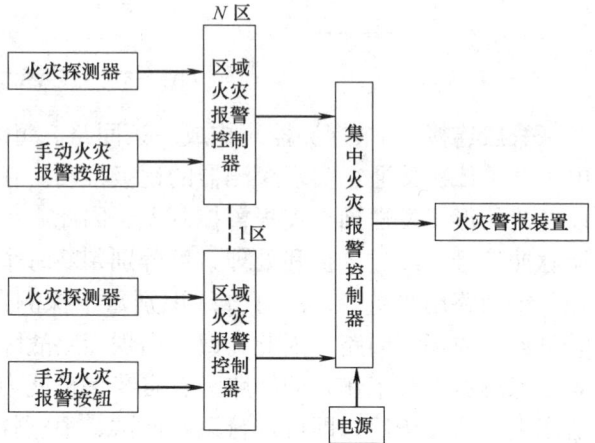

图 7-34　集中火灾报警系统

（3）控制中心报警系统

控制中心报警系统通常由至少一台集中火灾报警控制器、一台消防联动控制设备、两台及两台以上区域火灾报警控制器（或区域显示器）、火灾探测器、手动火灾报警按钮、火灾警报装置、火警电话、火灾应急照明、火灾应急广播、联动装置及电源等组成。系统结构形式如图 7-35 所示。

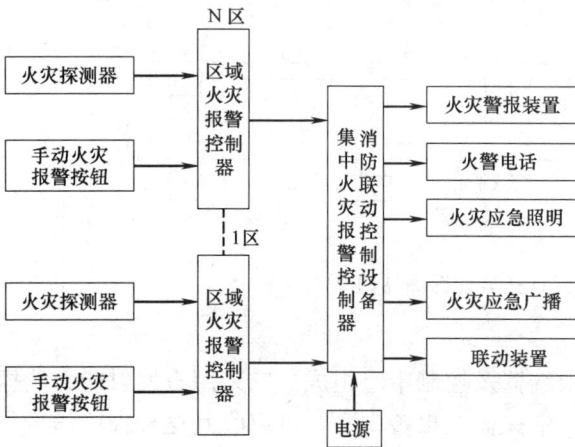

图 7-35　控制中心报警系统

（二）消防联动控制系统

1. 消防联动控制的内容

在火灾自动报警系统中，当接收到来自触发器件的火灾报警信号时，能自动或手动启动相关消防设备并显示其状态的设备，称为消防联动控制设备。消防联动控制设备动作时主要有以下内容：灭火系统控制，包括室内消火栓、自动灭火系统的控制；防排烟系统的控制；消防电梯的控制；火灾应急广播、火灾应急照明与疏散指示的控制；消防通信设备的控制，及时向消防部门发出信号。

2. 消防联动控制的功能

（1）室内消火栓系统

控制消防水泵的启、停；显示启动泵按钮启动的位置；显示消防水泵的工作、故障状态。

234

（2）自动喷水灭火系统

控制系统的启、停；显示报警阀、闸阀及水流指示器的工作状态；显示消防水泵的工作、故障状态。

（3）泡沫、干粉灭火系统

控制系统的启、停；显示系统的工作状态。

（4）有管网的卤代烷、二氧化碳等灭火系统

控制系统的紧急启动和切断装置；由火灾探测器联动的控制设备，应具有30s可调的延时装置；显示系统的手动、自动工作状态；在报警、喷射各阶段，控制室应有相应的声、光报警信号，并能手动切除声响信号；在延时阶段，应能自动关闭防火门、窗，停止通风、空气调节系统。

（5）火灾报警后，消防控制设备对联动控制对象的功能

停止有关部位的风机，关闭防火阀，并接收其反馈信号；启动有关部位的防烟、排烟风机（包括正压送风机）和排烟阀，并接收其反馈信号。

（6）火灾确认后，消防控制设备对联动控制对象的功能

关闭有关部位的防火门、防火卷帘，并接收其反馈信号；发出控制信号，强制电梯全部停于首层，并接收其反馈信号；接通火灾事故照明灯和疏散指示灯；切断有关部位的非消防电源。

（7）火灾确认后，消防控制设备接通火灾警报装置和火灾事故广播报警装置的控制程序，应符合下列要求：

1）二层及二层以上楼层发生火灾，宜先接通着火层及其相邻的上下层。

2）首层发生火灾，宜先接通本层、二层及地下各层。

3）地下层发生火灾，宜先接通地下层及首层。

3. 消防联动控制的方式

消防联动控制的方式有总线——多线联动方式、全总线联动方式和混合总线联动方式。它由火灾报警控制器确定。

（1）总线—多线联动系统（图7-36）

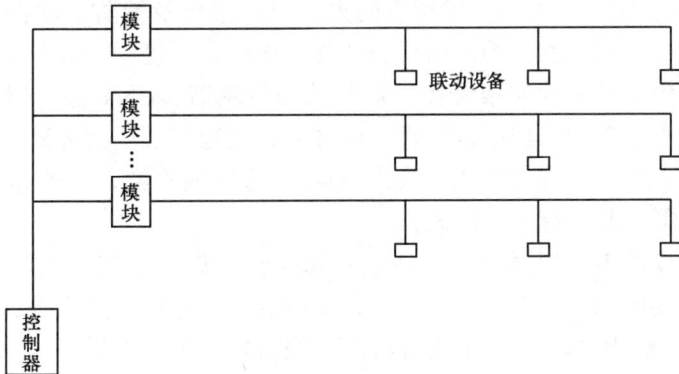

图7-36 总线—多线联动系统

总线—多线联动系统中从消防控制中心到各联动设备点的纵向连线为10根左右的总线，但该系统并不减少横向连线。该系统适合于平面面积不是很大，但层高较高的场所。

（2）全总线联动系统（图 7-37）

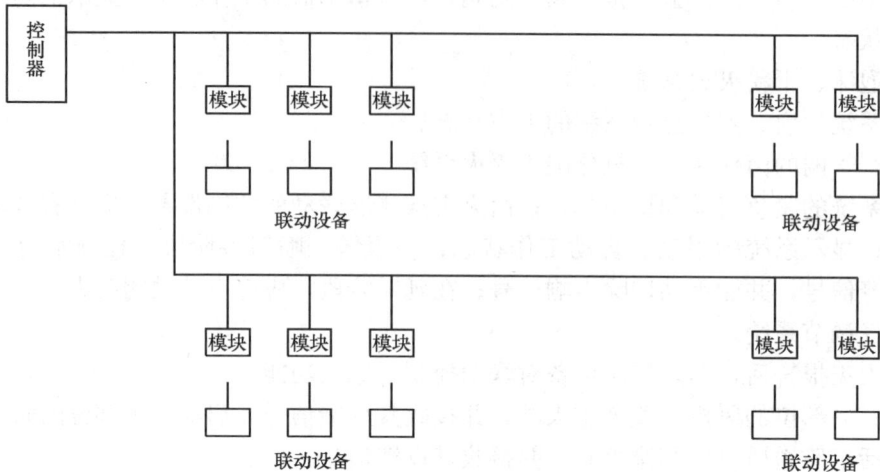

图 7-37　全总线联动系统

全总线联动控制系统中各联动设备均配置控制模块（控制或反馈），从控制模块到消防控制中心，采用总线制通信方式，一般是三根以上的通信线。它的特点是系统的管线简单，但所需设备造价较高。在实际应用中，往往兼顾到各方面的要求，采用复合控制模式，即多线制、总线—多线制、全总线制复合控制模式。

（3）混合总线联动系统

有些厂家在总线制报警系统中增加了联动功能，形成报警联动的混合总线。此类总线设备一般分为火灾探测器、报警与反馈模块、控制模块，也有控制兼反馈模块。混合总线模式减少了总线的数量，但总线功能不分明，系统调试维护困难，大多数情况下，联动模块还需增加联动电源。实际形成报警二总线、联动四总线的模式。

（三）火灾自动报警及消防联动控制系统工程图

1. 火灾自动报警及消防联动控制系统图

图 7-38 是一规模较大，外控设备较多的火灾自动报警及消防联动控制系统图。该系统图反映了某建筑中火灾自动报警的组成、功能及作用，系统中各设备之间的关系。从图中可以看出，消防中心设有火灾报警控制器和联动控制器、CRT 显示器、消防广播及消防电话，并配有主机电源和备用电源。每一层楼都分别装有数层火灾显示盘，火灾自动报警采用二总线输入，每一回路都装有感烟探测器、感温探测器、水流指示器、消火栓按钮、手动报警按钮等，并装有短路隔离器。

联动控制为多线输出，通过控制模块或双切换盒与设备连接，被联动控制的有消防泵、喷淋泵、正压送风机、排烟风机、电梯、稳压泵、新风机、空调机、电动卷帘门、防火阀、排烟阀、正压送风阀等。报警装置有声光报警器、消防广播等。

2. 火灾自动报警平面图

图 7-39 是某大厦 22 层火灾报警平面图，从图中可以看出，在消防电梯前室内装有区域火灾报警器（或层楼显示器），用于报警和显示着火区域，输入总线接到弱电竖井中的接线箱，然后通过垂直桥架中的防火电缆接至消防中心。整个楼面装有 27 只带地址编码

236

火灾显示器

火灾显示器

火灾显示器

控制模块

| 1825 | 1825 | 1825 | 1825 |

排烟阀 | 防火阀 2（状态反馈）

| 1825 | 1825 | 1825 |

警笛 | 新风机 | 正压阀门 2（状态反馈）

| 1825 | 1825 | 1825 |

声光报警器 | 空调机 | 卷帘门 2（状态反馈）

手动报警按钮　消火栓按钮　水流指示器　感温探测器　感烟探测器　短路隔离器

DG

DG

输入总线　2n（n≤8）

GRT

输入总线

JB—QG(T)—1501 火灾报警控制器

HJ—J811 联动控制器

HJ—1756 消防电话

HJ—1757 消防广播

主机电源

外控电源

总线输出

多线输出

输出总线（1～2对）
控制总线（1～4对）
DC24V 电源总线
消防广播
DC24V 外控电源线

输

1804×2

1804×2

双切换盒（状态控制）

30　23　16　11　6

7　7　5　5　3　3

消防泵 一主一备 | 喷淋泵 一主一备 | 正压送风机 | 排烟风机 | 电梯 | 稳压泵

3　3　3　3　3

6　6　3　3　2　3 （状态反馈）

| 1804 | 1804 | 1804 | 1804 |

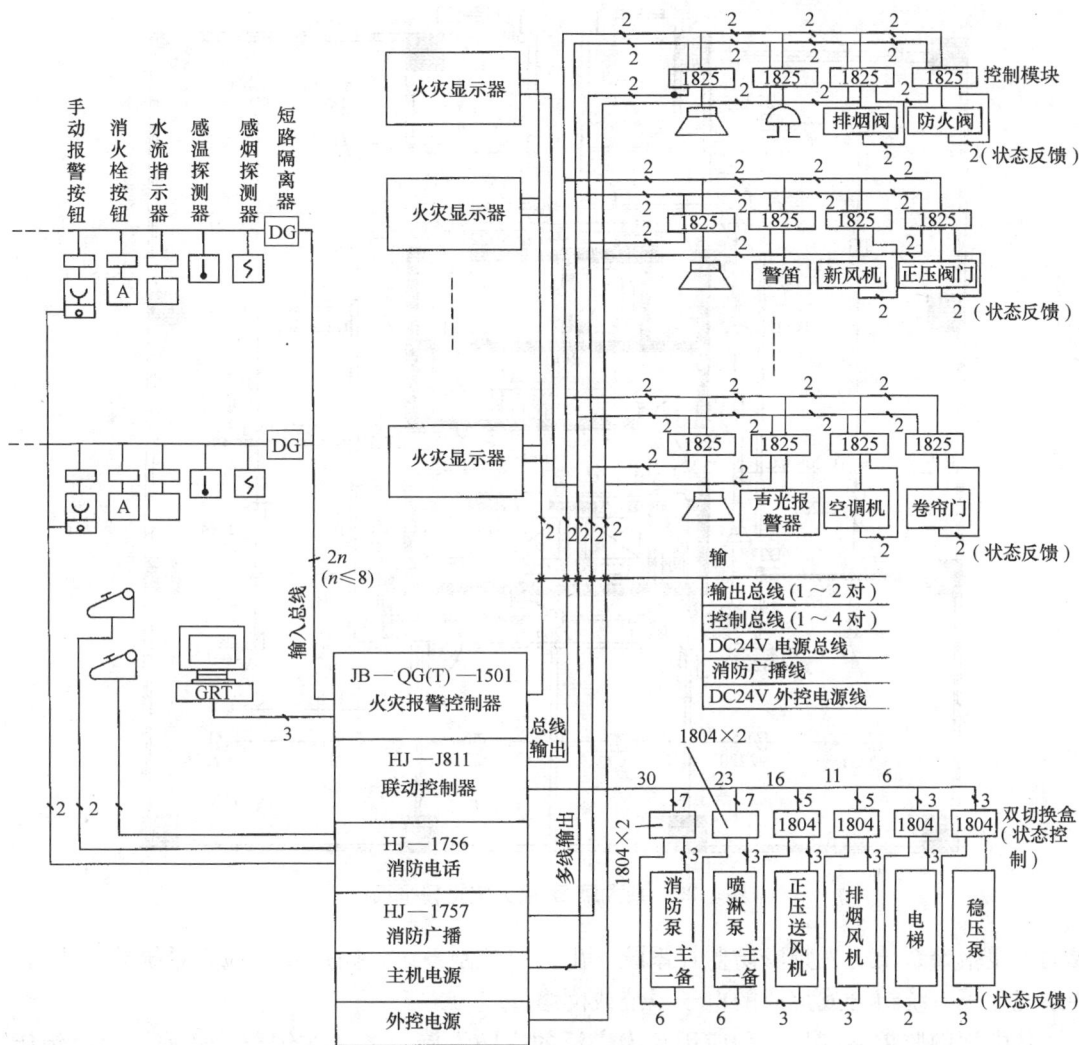

图 7-38　火灾自动报警及消防联动控制系统图

底座的感烟探测器，采用二总线制，用塑料护套屏蔽电缆 RVVP—2×1.0 穿电线管（TC20）敷设，接线时要注意正负极性，在走廊顶设置了 8 个消防广播，可用于通知、背景音乐和紧急时广播，用 2×1.5mm² 的塑料软线穿 φ20 的电线管在屋顶中敷设。在走廊内设置了 4 个消火栓箱，箱内装有带指示灯的报警按钮，发生火警时，只要敲碎按钮箱玻璃即可报警。消火栓按钮线用 4×2.5mm² 塑料铜芯线穿 φ25 电线管，沿筒体垂直敷设至消防中心或消防泵控制器。D 为控制模块，D221 为前室正压送风阀控制模块，D222 为电梯厅排烟阀控制模块，由弱电竖井接线箱敷设 φ20 电线管至控制模块，内穿 BV—4×1.5导线。F 为水流指示器，通过输入模块与二总线连接。SA 为消火栓按钮箱；B 为消防扬声器；SB 为带指示灯的报警按钮，含有输入模块；Y 为感烟探测器；ARL 为楼层显示器（或区域报警器）。

三、安全防范系统

安全防范系统是以维护社会公共安全为目的，运用安全防范产品和其他相关产品所构

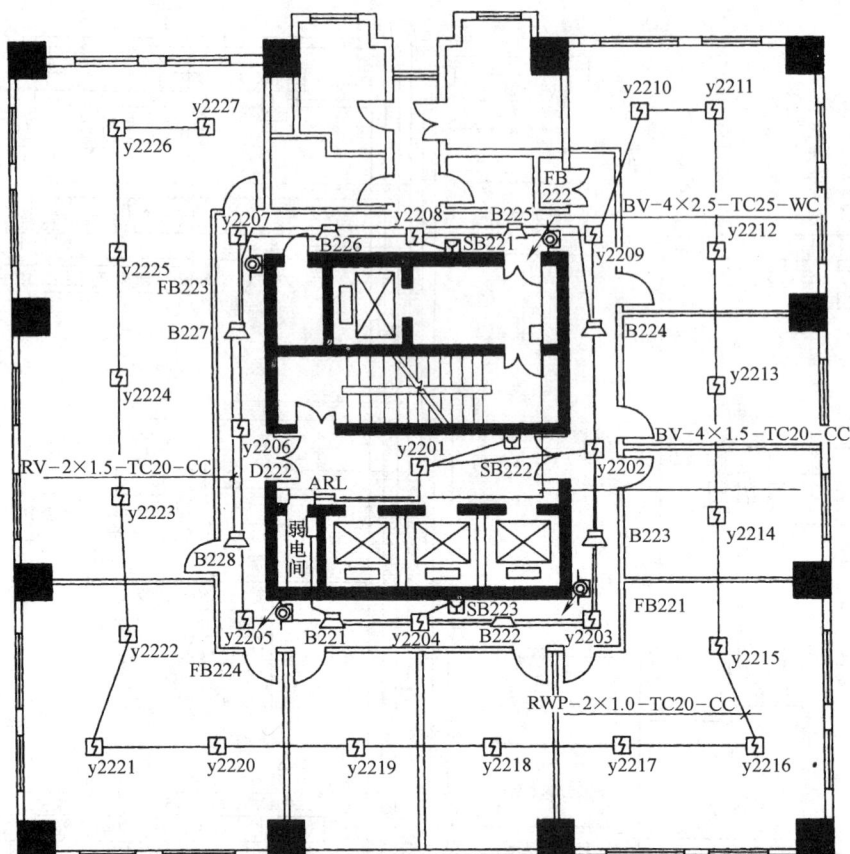

图 7-39 某大厦 22 层火灾报警平面图

成的入侵报警系统、视频安防监控系统、出入口控制系统、防爆安全检查系统等；或由这些系统为子系统组合或集成的电子系统或网络。

其中视频监控系统是一种应用较为广泛的安防设施，尤其在银行、政府、星级饭店、重要交通路口等环境下。

1. 视频监控系统的定义

视频监控系统是利用视频技术探测、监视设防区域并实时显示、记录现场图像的电子系统或网络。

2. 视频监控系统的基本组成

视频监控系统通常由摄像、传输、控制、显示四部分组成。

3. 视频监控方式与部位

视频监控分为一般性监控和密切监控两类，在建筑的出入口、周界、主要通道、车库等重要场所安装摄像机，将监测区域的情况以图像方式实时传送到建筑的值班管理中心，值班人员通过电视屏幕可以随时了解这些重要场所的情况。

4. 视频监控系统的技术分类

（1）模拟矩阵方式，系统架构参见图 7-40。

（2）模拟矩阵加 DVR 的混合方式，系统架构参见图 7-41。

（3）全数字化方式，系统架构参见图 7-42。

（4）网络化方式，系统架构参见图 7-43。

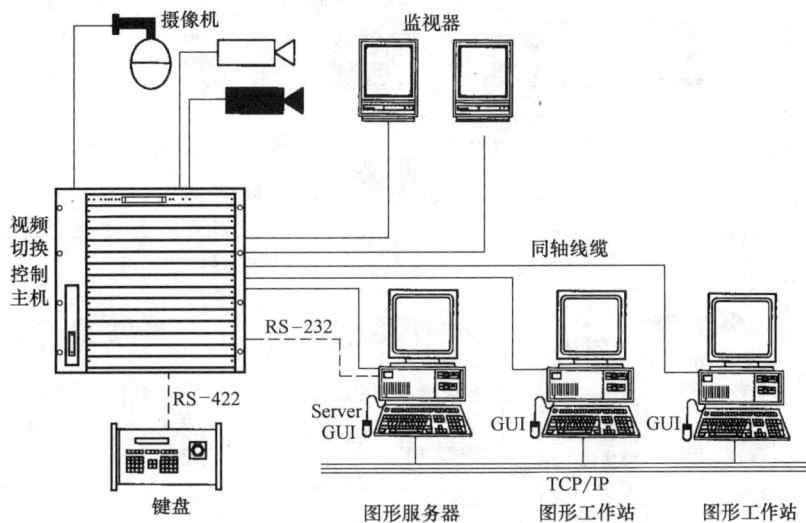

图 7-40　视频监控系统结构 1（模拟矩阵）

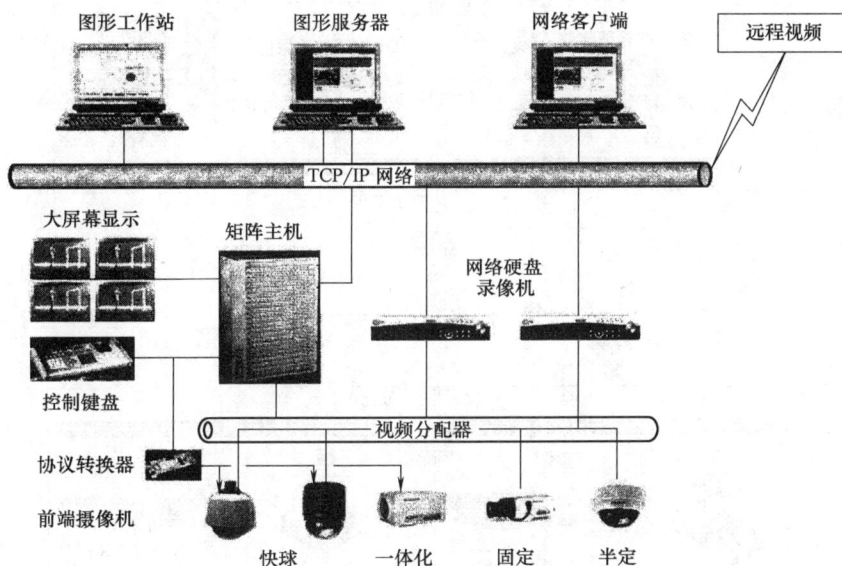

图 7-41　视频监控系统结构 2（模拟矩阵＋DVR）

四、综合布线系统

（一）综合布线的基本概念及系统构成

1. 综合布线的基本概念

综合布线是由线缆和相关连接件组成信息传输通道。它既能使语音、数据、视频设备与其他信息管理系统彼此相连，也能使这些设备与外部通信网相连接。它包括建筑物外部网络和电信线路的连线点与应用系统设备之间的所有线缆以及相关的连接部件。

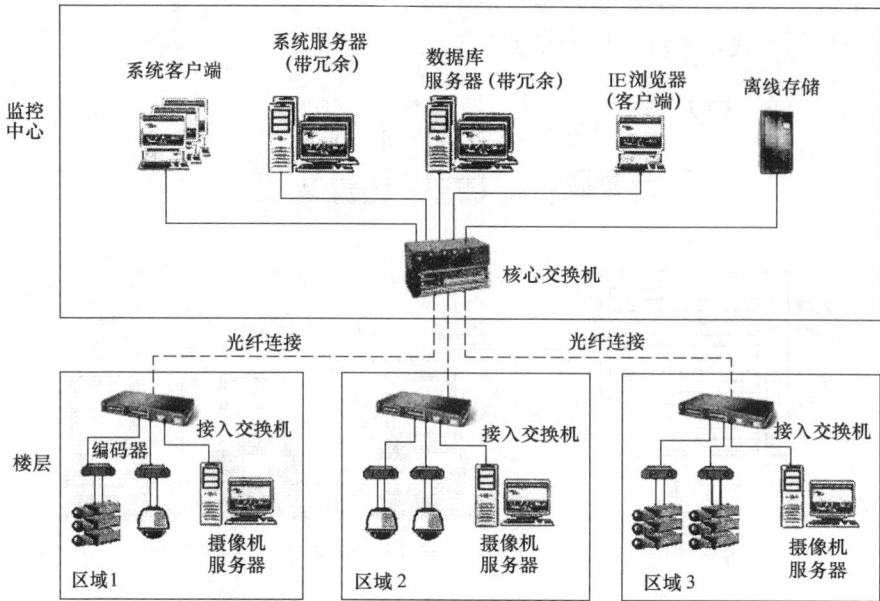

图 7-42　视频监控系统结构 3（全数字化方案）

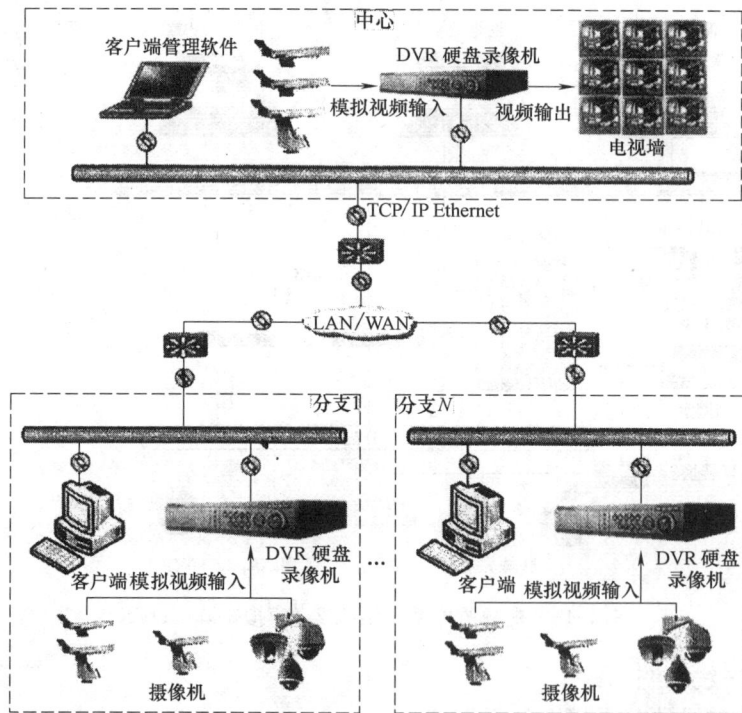

图 7-43　视频监控系统结构 4（网络化方案）

　　综合布线是由不同系列和规格的部件组成，其中包括：传输介质、相关连接硬件（如配线架、连接器、插座、插头、适配器）以及电气保护装置等。这些部件可用来构建各个子系统。

为了便于设计和施工管理，综合布线系统工程一般逻辑性地分为7个模块化结构，即工作区、配线子系统（水平子系统）、干线子系统、建筑群子系统、设备间、进线间和管理子系统。

① 工作区：一个独立的需要设置终端设备（TE）的区域宜划分为一个工作区。工作区应由配线子系统的信息插座模块（TO）延伸到终端设备处的连接缆线及适配器组成。

② 配线子系统：配线子系统应由工作区的信息插座模块、信息插座模块至电信间配线设备（FD）的配线电缆和光缆、电信间的配线设备及设备缆线和跳线等组成。

③ 干线子系统：干线子系统应由设备间至电信间的干线电缆和光缆，安装在设备间的建筑物配线设备（BD）及设备缆线和跳线组成。

④ 建筑群子系统：建筑群子系统应由连接多个建筑物之间的主干电缆和光缆、建筑群配线设备（CD）及设备缆线和跳线组成。

⑤ 设备间：设备间是在每幢建筑物的适当地点进行网络管理和信息交换的场地。对于综合布线系统工程设计，设备间主要安装建筑物配线设备。电话交换机、计算机主机设备及入口设施也可与配线设备安装在一起。

⑥ 进线间：进线间是建筑物外部通信和信息管线的入口部位，并可作为入口设施和建筑群配线设备的安装场地。

⑦ 管理：管理应对工作区、电信间、设备间、进线间的配线设备、缆线、信息插座模块等设施按一定的模式进行标识和记录。

2. 综合布线系统构成

综合布线系统信道应由最长90m水平缆线、最长10m的跳线和设备缆线及最多4个连接器件组成，永久链路则由90m水平缆线及3个连接器件组成。连接方式如图7-44所示。

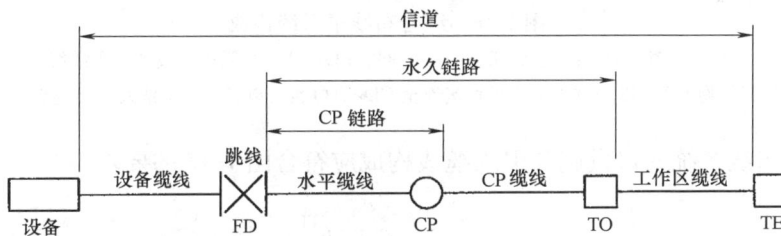

图 7-44　布线系统信道、永久链路、CP链路构成

（1）综合布线系统的构成应符合以下要求：

1）综合布线系统基本构成应符合图7-45的要求。

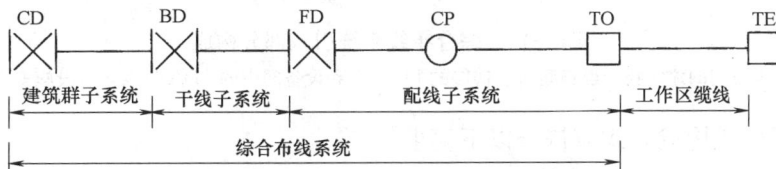

图 7-45　综合布线系统基本构成

注：配线子系统中可以设置集合点（CP点），也可不设置集合点。

2）综合布线子系统构成应符合图7-46的要求。

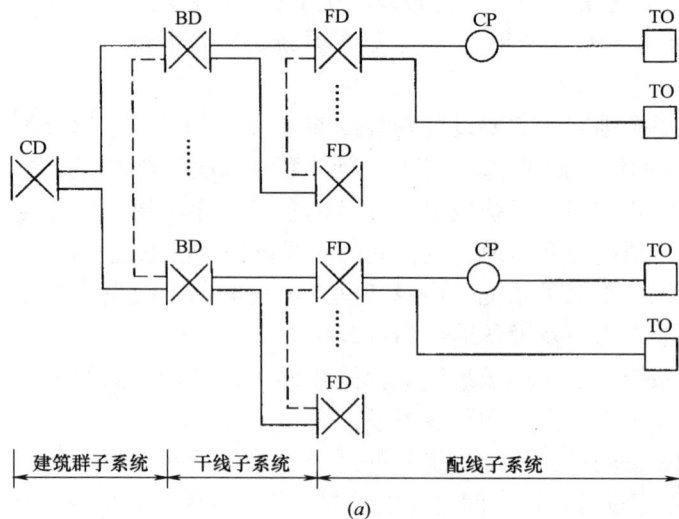

(a)

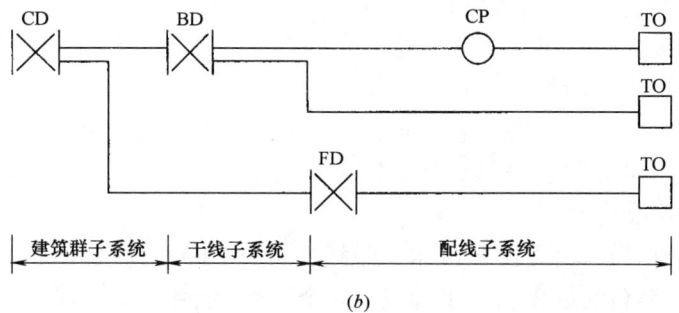

(b)

图 7-46　综合布线子系统构成

注：1. 图中的虚线表示 BD 与 BD 之间、FD 与 FD 之间可以设置主干缆线。

2. 建筑物 FD 可以经过主干缆线直接连至 CD，TO 也可以经过水平缆线直接连至 BD。

3）综合布线系统入口设施及引入缆线构成应符合图 7-47 的要求。

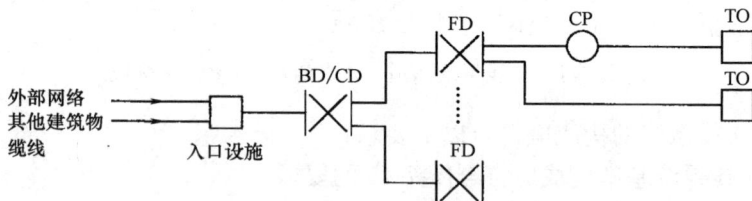

图 7-47　综合布线系统引入部分构成

注：对设置了设备间的建筑物，设备间所在楼层的 FD 可以和设备间中的 BD/CD 及入口设施安装在同一场地。

（2）光纤信道构成方式应符合以下要求：

1）水平光缆和主干光缆至楼层电信间的光纤配线设备应经光纤跳线连接构成（图 7-48）。

2）水平光缆和主干光缆在楼层电信间应经端接（熔接或机械连接）构成（图 7-49）。

3）水平光缆经过电信间直接连至大楼设备间光配线设备构成（图 7-50）。

242

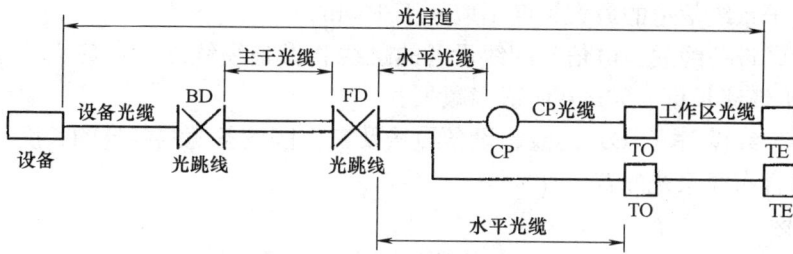

图 7-48　光纤信道构成（一）（光缆经电信间 FD 光跳线连接）

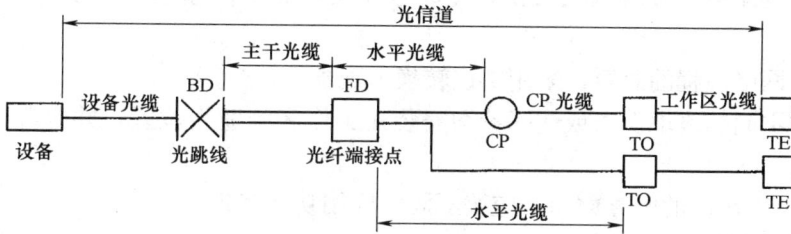

图 7-49　光纤信道构成（二）（光缆在电信间 FD 做端接）

注：FD 只设光纤之间的连接点。

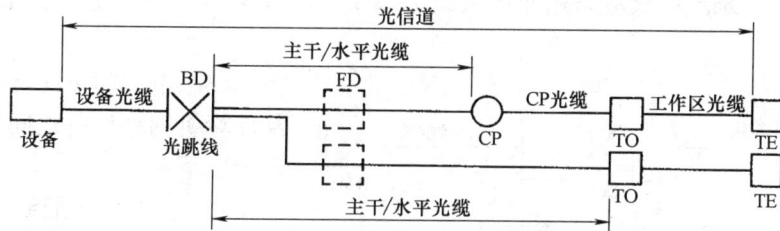

图 7-50　光纤信道构成（三）（光缆经过电信间 FD 直接连接至设备间 BD）

注：FD 安装于电信间，只作为光缆路径的场合。

4）当工作区用户终端设备或某区域网络设备需直接与公用数据网进行互通时，宜将光缆从工作区直接布放至电信入口设施的光配线设备。

（二）综合布线系统缆线长度划分

（1）综合布线系统水平缆线与建筑物主干缆线及建筑群主干缆线之和所构成信道的总长度不应大于 2000m。

（2）建筑物或建筑群配线设备之间（FD 与 BD、FD 与 CD、BD 与 BD、BD 与 CD 之间）组成的信道出现 4 个连接器件时，主干缆线的长度不应小于 15m。

（3）配线子系统各缆线长度应符合图 7-51 的划分并应符合下列要求：

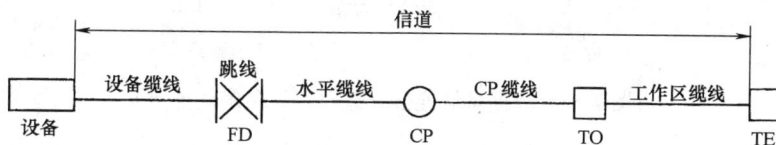

图 7-51　配线子系统缆线划分

243

1）配线子系统信道的最大长度不应大于100m。

2）工作区设备缆线、电信间配线设备的跳线和设备缆线之和不应大于10m，当大于10m时，水平缆线长度（90m）应适当减少。

3）楼层配线设备（FD）跳线、设备缆线及工作区设备缆线各自的长度不应大于5m。

（三）综合布线系统配置设计

1. 工作区

（1）工作区适配器的选用宜符合下列规定：

1）设备的连接插座应与连接电缆的插头匹配，不同的插座与插头之间应加装适配器。

2）在连接使用信号的数模转换，光、电转换，数据传输速率转换等相应的装置时，采用适配器。

3）对于网络规程的兼容，采用协议转换适配器。

4）各种不同的终端设备或适配器均安装在工作区的适当位置，并应考虑现场的电源与接地。

（2）每个工作区的服务面积，应按不同的应用功能确定。

2. 配线子系统

（1）根据工程提出的近期和远期终端设备的设置要求、用户性质、网络构成及实际需要确定建筑物各层需要安装信息插座模块的数量及其位置，配线应留有扩展余地。

（2）配线子系统缆线应采用非屏蔽或屏蔽4对对绞电缆，在需要时也可采用室内多模或单模光缆。

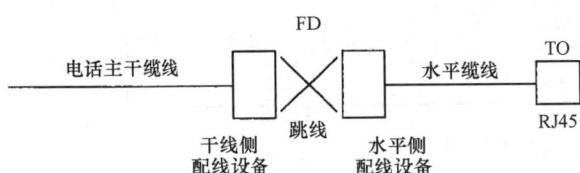

图7-52　电话系统连接方式

（3）电信间FD与电话交换配线及计算机网络设备之间的连接方式应符合以下要求：

1）电话交换配线的连接方式应符合图7-52要求。

2）计算机网络设备连接方式。

① 经跳线连接应符合图7-53的要求。

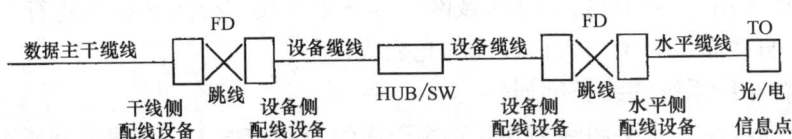

图7-53　数据系统连接方式（经跳线连接）

② 经设备缆线连接方式应符合图7-54的要求。

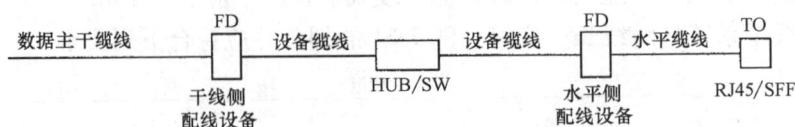

图7-54　数据系统连接方式（经设备缆线连接）

（4）每一个工作区信息插座模块（电、光）数量不宜少于两个，并满足各种业务的需求。

（5）底盒数量应以插座盒面板设置的开口数确定，每一个底盒支持安装的信息点数量不宜大于2个。

（6）光纤信息插座模块安装的底盒大小应充分考虑到水平光缆（2芯或4芯）终接处的光缆盘留空间和满足光缆对弯曲半径的要求。

（7）工作区的信息插座模块应支持不同的终端设备接入，每一个8位模块通用插座应连接1根4对对绞电缆；对每一个双工或两个单工光纤连接器件及适配器连接1根2芯光缆。

（8）从电信间至每一个工作区水平光缆宜按2芯光缆配置。光纤至工作区域满足用户群或大客户使用时，光纤芯数至少应有2芯备份，按4芯水平光缆配置。

（9）连接至电信间的每一根水平电缆/光缆应终接于相应的配线模块，配线模块与缆线容量相适应。

（10）电信间FD主干侧各类配线模块应按电话交换机、计算机网络的构成及主干电缆/光缆的所需容量要求及模块类型和规格的选用进行配置。

（11）电信间FD采用的设备缆线和各类跳线宜按计算机网络设备的使用端口容量和电话交换机的实装容量、业务的实际需求或信息点总数的比例进行配置，比例范围为25%～50%。

3. 干线子系统

（1）干线子系统所需要的电缆总对数和光纤总芯数，应满足工程的实际需求，并留有适当的备份容量。主干缆线宜设置电缆与光缆，并互相作为备份路由。

（2）干线子系统主干缆线应选择较短的安全的路由。主干电缆宜采用点对点终接，也可采用分支递减终接。

（3）如果电话交换机和计算机主机设置在建筑物内不同的设备间，宜采用不同的主干缆线来分别满足语音和数据的需要。

（4）在同一层若干电信间之间宜设置干线路由。

（5）主干电缆和光缆所需的容量要求及配置应符合以下规定：

1）对语音业务，大对数主干电缆的对数应按每一个电话8位模块通用插座配置1对线，并在总需求线对的基础上至少预留约10%的备用线对。

2）对于数据业务应以集线器（HUB）或交换机（SW）群（按4个HUB或SW组成1群）；或以每个HUB或SW设备设置1个主干端口配置。每1群网络设备或每4个网络设备宜考虑1个备份端口。主干端口为电端口时，应按4对线容量，为光端口时则按2芯光纤容量配置。

3）当工作区至电信间的水平光缆延伸至设备间的光配线设备（BD/CD）时，主干光缆的容量应包括所延伸的水平光缆光纤的容量在内。

4）建筑物与建筑群配线设备处各类设备缆线和跳线宜按计算机网络设备的使用端口容量和电话交换机的实装容量、业务的实际需求或信息点总数的比例进行配置，比例范围为25%～50%。

4. 建筑群子系统

（1）CD宜安装在进线间或设备间，并可与入口设施或BD合用场地。

（2）CD 配线设备内、外侧的容量应与建筑物内连接 BD 配线设备的建筑群主干缆线容量及建筑物外部引入的建筑群主干缆线容量相一致。

5．设备间

（1）在设备间内安装的 BD 配线设备干线侧容量应与主干缆线的容量相一致。设备侧的容量应与设备端口容量相一致或与干线侧配线设备容量相同。

（2）BD 配线设备与电话交换机及计算机网络设备的连接方式应符合，电信间 FD 与电话交换配线及计算机网络设备之间的连接方式。

6．进线间

（1）建筑群主干电缆和光缆、公用网和专用网电缆、光缆及天线馈线等室外缆线进入建筑物时，应在进线间成端转换成室内电缆、光缆，并在缆线的终端处可由多家电信业务经营者设置入口设施，入口设施中的配线设备应按引入的电、光缆容量配置。

（2）电信业务经营者在进线间设置安装的入口配线设备应与 BD 或 CD 之间敷设相应的连接电缆、光缆，实现路由互通。缆线类型与容量应与配线设备相一致。

（3）在进线间缆线入口处的管孔数量应满足建筑物之间、外部接入业务及多家电信业务经营者缆线接入的需求，并应留有 2～4 孔的余量。

7．管理

（1）对设备间、电信间、进线间和工作区的配线设备、缆线、信息点等设施应按一定的模式进行标识和记录，并宜符合下列规定：

1）综合布线系统工程宜采用计算机进行文档记录与保存，简单且规模较小的综合布线系统工程可按图纸资料等纸质文档进行管理，并做到记录准确、及时更新、便于查阅；文档资料应实现汉化。

2）综合布线的每一电缆、光缆、配线设备、端接点、接地装置、敷设管线等组成部分均应给定唯一的标识符，并设置标签。标识符应采用相同数量的字母和数字等标明。

3）电缆和光缆的两端均应标明相同的标识符。

4）设备间、电信间、进线间的配线设备宜采用统一的色标区别各类业务与用途的配线区。

（2）所有标签应保持清晰、完整，并满足使用环境要求。

（3）对于规模较大的布线系统工程，为提高布线工程维护水平与网络安全，宜采用电子配线设备对信息点或配线设备进行管理，以显示与记录配线设备的连接、使用及变更状况。

（4）综合布线系统相关设施的工作状态信息应包括：设备和缆线的用途、使用部门、组成局域网的拓扑结构、传输信息速率、终端设备配置状况、占用器件编号、色标、链路与信道的功能和各项主要指标参数及完好状况、故障记录等，还应包括设备位置和缆线走向等内容。

（四）综合布线安装工艺要求

1．工作区

（1）工作区信息插座的安装宜符合下列规定：

1）安装在地面上的接线盒应防水和抗压。

2）安装在墙面或柱子上的信息插座底盒、多用户信息插座盒及集合点配线箱体的底部离地面的高度宜为 300mm。

（2）工作区的电源应符合下列规定：

1）每 1 个工作区至少应配置 1 个 220V 交流电源插座。

2）工作区的电源插座应选用带保护接地的单相电源插座，保护接地与零线应严格分开。

2. 电信间

（1）电信间的数量应按所服务的楼层范围及工作区面积来确定。如果该层信息点数量不大于 400 个，水平缆线长度在 90m 范围以内，宜设置一个电信间；当超出这一范围时宜设两个或多个电信间；每层的信息点数量较少，且水平缆线长度不大于 90m 的情况下，宜几个楼层合设一个电信间。

（2）电信间应与强电间分开设置，电信间内或其紧邻处应设置缆线竖井。

（3）电信间的使用面积不应小于 5m²，也可根据工程中配线设备和网络设备的容量进行调整。

（4）电信间的设备安装和电源要应符合下列要求：

1）电信间应提供不少于两个 220V 带保护接地的单相电源插座，但不作为设备供电电源。

2）电信间如果安装电信设备或其他信息网络设备时，设备供电应符合相应的设计要求。

（5）电信间应采用外开丙级防火门，门宽大于 0.7m。电信间内温度应为 10～35℃，相对湿度宜为 20％～80％。如果安装信息网络设备时，应符合相应的设计要求。

3. 设备间

（1）设备间位置应根据设备的数量、规模、网络构成等因素，综合考虑确定。

（2）每幢建筑物内应至少设置 1 个设备间，如果电话交换机与计算机网络设备分别安装在不同的场地或根据安全需要，也可设置两个或两个以上设备间，以满足不同业务的设备安装需要。

（3）建筑物综合布线系统与外部配线网连接时，应遵循相应的接口标准要求。

（4）设备间的设计应符合下列规定：

1）设备间宜处于干线子系统的中间位置，并考虑主干缆线的传输距离与数量。

2）设备间宜尽可能靠近建筑物线缆竖井位置，有利于主干缆线的引入。

3）设备间的位置宜便于设备接地。

4）设备间应尽量远离高低压变配电、电机、X 射线、无线电发射等有干扰源存在的场地。

5）设备间室内温度应为 l0～35℃，相对湿度应为 20％～80％，并应有良好的通风。

6）设备间内应有足够的设备安装空间，其使用面积不应小于 10m²，该面积不包括程控用户交换机、计算机网络设备等设施所需的面积在内。

7）设备间梁下净高不应小于 2.5m，采用外开双扇门，门宽不应小于 1.5m。

（5）设备间应防止有害气体（如氯、碳水化合物、硫化氢、氮氧化物、二氧化碳等）侵入，并应有良好的防尘措施，尘埃含量限值宜符合表 7-6 的规定。

尘埃限值				表 7-6
1 尘埃颗粒的最大直径(μm)	0.5	1	3	5
1 灰尘颗粒的最大浓度(粒子数/m³)	1.4×107	7×105	2.4×105	1.3×105

注：灰尘粒子应是不导电的，非铁磁性和非腐蚀性的。

(6) 在地震区的区域内，设备安装应按规定进行抗震加固。

(7) 设备安装宜符合下列规定：

1) 机架或机柜前面的净空不应小于 800mm，后面的净空不应小于 600mm。

2) 壁挂式配线设备底部离地面的高度不宜小于 300mm。

(8) 设备间应提供不少于两个 220V 带保护接地的单相电源插座，但不作为设备供电电源。

(9) 设备间如果安装电信设备或其他信息网络设备时，设备供电应符合相应的设计要求。

4. 进线间

(1) 进线间应设置管道入口。

(2) 进线间应满足缆线的敷设路由、成端位置及数量、光缆的盘长空间和缆线的弯曲半径、充气维护设备、配线设备安装所需的场地空间和面积。

(3) 进线间的大小应按进线间的进局管道最终容量及入口设施的最终容量设计。同时应考虑满足多家电信业务经营者安装入口设施等设备的面积。

(4) 进线间宜靠近外墙和在地下设置，以便于缆线引入。进线间设计应符合下列规定：

1) 进线间应防止渗水，宜设有抽排水装置。

2) 进线间应采用相应防火级别的防火门，门向外开，宽度不小于 1000mm。

3) 进线间应设置防有害气体措施和通风装置，排风量按每小时不小于 5 次容积计算。

(5) 与进线间无关的管道不宜通过。

(6) 进线间入口管道口所有布放缆线和空闲的管孔应采取防火材料封堵，做好防水处理。

(7) 进线间如安装配线设备和信息通信设施时，应符合设备安装设计的要求。

5. 缆线布放

(1) 配线子系统缆线宜采用在吊顶、墙体内穿管或设置金属密封线槽及开放式（电缆桥架，吊挂环等）敷设，当缆线在地面布放时，应根据环境条件选用地板下线槽、网络地板、高架（活动）地板布线等安装方式。

(2) 干线子系统垂直通道穿过楼板时宜采用电缆竖井方式，也可采用电缆孔、管槽的方式，电缆竖井的位置应上、下对齐。

(3) 建筑群之间的缆线宜采用地下管道或电缆沟敷设方式，并应符合相关规范的规定。

(4) 缆线应远离高温和电磁干扰的场地。

(5) 管线的弯曲半径应符合表 7-7 的要求。

缆线类型	弯曲半径(mm)/倍	缆线类型	弯曲半径(mm)/倍
2 芯或 4 芯水平光缆	＞25mm	4 对屏蔽电缆	不小于电缆外径的 8 倍
其他芯数和主干光缆	不小于光缆外径的 10 倍	大对数主干电缆	不小于电缆外径的 10 倍
4 对非屏蔽电缆	不小于电缆外径的 4 倍	室外光缆、电缆	不小于缆线外径的 10 倍

注：当缆线采用电缆桥架布放时，桥架内侧的弯曲半径不应小于 300mm。

（6）缆线布放在管与线槽内的管径与截面利用率，应根据不同类型的缆线做不同的选择。管内穿放大对数电缆或 4 芯以上光缆时，直线管路的管径利用率应为 50％～60％，弯管路的管径利用率应为 40％～50％。管内穿放 4 对对绞电缆或 4 芯光缆时，截面利用率应为 25％～30％。布放缆线在线槽内的截面利用率应为 30％～50％。

（五）综合布线系统工程图

综合布线系统的工程图，主要包括系统图和平面图两部分。

1. 综合布线系统图

综合布线系统图应包括以下几方面的主要内容：

（1）工作区子系统：各层的插座型号和数量；

（2）水平子系统：各层水平电缆型号和根数；

（3）干线子系统：从主跳线连接配线架到各水平跳线连接配线架的干线电缆（铜缆或/和光缆）的型号和根数；

（4）管理子系统；主跳线连接配线架和水平跳线连接配线架所在楼层、型号和数量。

布线系统图即所有配线架和电缆线路的全部通信空间的立面详图。系统图是全面概括布线系统全貌的示意图，在系统图中要反映如下几点：

（1）总配线架（MDF）、楼层分配线架（IDF）以及其他种类配线架、光纤互联单元的数量、分布位置。

（2）水平电缆（屏蔽电缆还是非屏蔽电缆）的类型和垂直电缆（光纤还是大对数双绞线）的类型。

（3）主要设备的位置，包括电话交换机（PBX）和网络设备（HUB 或 SWITCH 网络交换机等网络设备）。

（4）垂直干线的路由。

（5）电话局电话进线位置。

（6）图例说明。

图 7-55 是综合布线系统的一张系统图，从图中可以得出以下结论：

（1）系统语音传输采用双绞线，数据部分采用光纤。

（2）水平系统全部采用 5 类双绞线。

（3）每个分配线架完成两个楼层的配线

（4）电话机房和计算机房设置在一个房间内，机房位于首层。

但是，图中尚有如下一些具体问题没有确定：

（1）采用哪个厂家的产品？

（2）产品型号是什么？

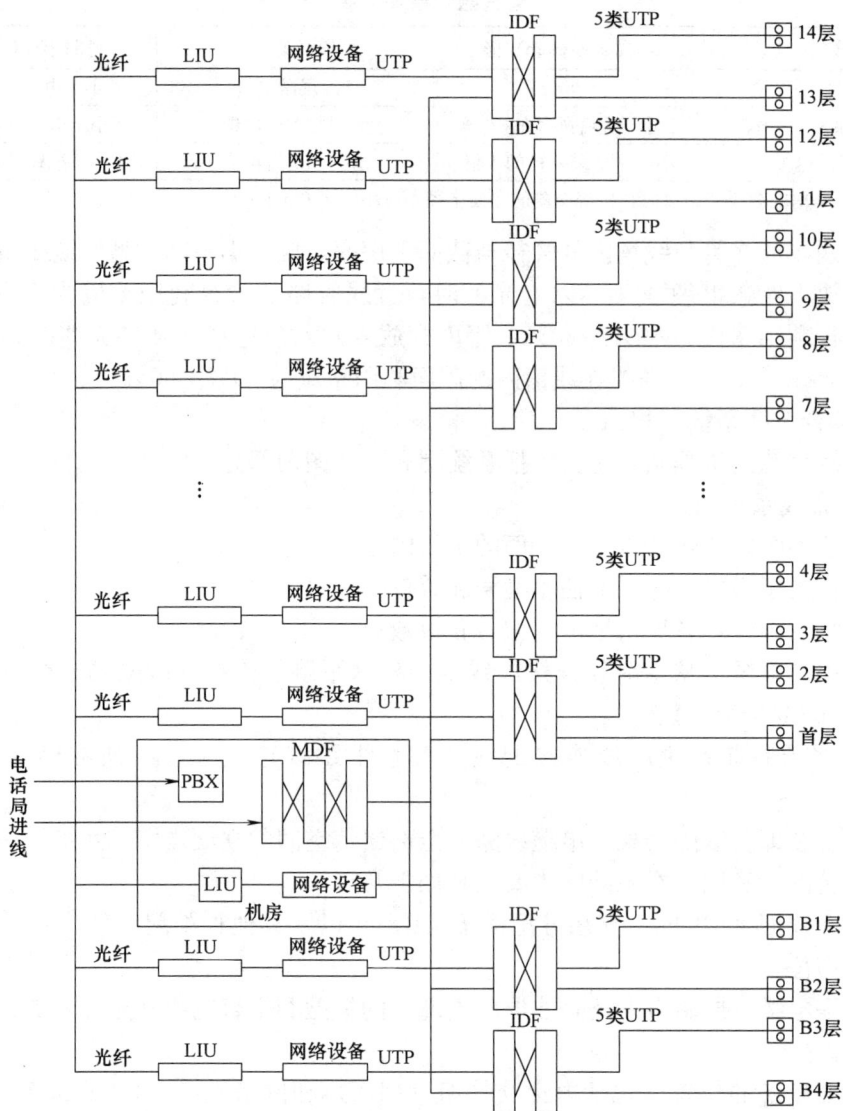

图 7-55　综合布线系统图

（3）总配线架（MDF）和分配线架（IDF）的数量是多少？

（4）光纤、大对数双绞线的规格和使用多少根数？

（5）每层光纤配线架（LIU）、网络设备、分配线架（IDF）的安装位置在什么地方？

（6）电话局进线的基本位置在哪里（是否在首层）？

2. 综合布线系统平面图

在做设计或施工以前首先应该清楚系统采用的是什么厂家的设备，以确定所需线槽的大小尺寸。因为不同品牌，相同等级的双绞线（或大对数）外径尺寸、重量并不相同，因此在实际的布线设计和施工中需要注意这一区别。

结合所使用的产品，可以确定新建楼宇综合布线系统施工平面图纸中应注意的主要问题：

（1）确定预埋管线的管径，具体可以参考以下标准：

1）1～2 根双绞线穿管 15～20mm 钢管；

2）3～4 根双绞线穿管 20～25mm 钢管；

3）5～8 根双绞线穿管 25～32mm 钢管（32mm 钢管建议不要穿 10 根以上双绞线）；

4）8 根以上双绞线最好走线槽；

5）单根 32 钢管可以由两根 20 管代替。

所有金属管线不能以串联方式连接，必须有水平线槽分别走线。

（2）由电话局到电话交换机机房要设计走线线槽，线槽可以敷设在弱电竖井中。

（3）当有源设备放在竖井中时，应该注意为竖井解决以下问题：

1）照明；

2）设备用电（UPS 不间断电源）；

3）通风；

4）接地；

5）设备防盗、防破坏。

综合布线系统的施工平面图是施工的依据，综合布线系统的平面图可以和其他弱电系统的平面图在一张图上表示。

通过对平面图的设计或阅读应该明确以下问题：

① 电话局进线的具体位置、标高、进线方向、进线管道数目、管径。

② 电话机房和计算机房的位置，由机房引出线槽的位置。

③ 电话局进线到电话机房的路由，采用托线盘的尺寸、规格、数量。

④ 每层信息点的分布、数量，插座的样式（单孔还是双孔或是多孔，墙上型还是地面型）、安装标高、安装位置、预埋底盒。

⑤ 水平线缆的路由。由线槽到信息插座之间管道的材料、管径、安装方式、安装位置。如果采用水平线槽，那么应当标明线槽的规格、安装位置、安装形式。

⑥ 弱电竖井的数量、位置、大小，是否提供照明电源、220V 设备电源、地线、有无通风设施。

⑦ 当设备需要安装在弱电竖井里时，需要确定的设备分布图。

⑧ 弱电竖井中的金属梯架的规格、尺寸、安装位置。

设计或阅读平面图时还需要注意如下因素：

① 弱电避让强电线路、暖通设备、给排水设备。

② 线槽的路由和安装位置应便于设备提供厂商的安装调试。

弱电图纸总说明中要说明电话线的情况（中继线数量、直拨电话数量等），以及布线材料的设备安装总体说明。

第五节　安全用电与建筑防雷

一、安全用电

电能广泛应用于国民经济的各个部门和人们日常生活中，必须对电气安全做到思想重视，严格按标准、规范、规程设计、施工和操作，提高电气安全的专业水平，加强管理，从而防止电气事故，避免人身触电。因而，安全用电是极其重要的。

（一）触电的形式和对人体的伤害

1. 触电事故的发生及触电的概念

由于配电线路施工质量不好或由于绝缘损坏，使电机、电器或线路发生漏电，当人们触及到带电的金属外壳时，电流就会流过人体，从而发生触电事故。另外，工作人员如果不遵守操作规程，使身体和正常带电部分接触，且有电流通过人体，也会造成触电事故。综上所述，触电是指人体接触到带电体且有电流通过人体时所产生的电击事故。人身遭受电击将产生病理性的生理反应，例如肌肉收缩、呼吸困难、心室颤动直至死亡。电流流过心脏引起心室纤维性颤动是电击死亡的主要原因。

2. 人体允许电流

人体允许电流还不是一个完全成熟的概念。一般情况下，只能理解为在可能的持续时间内不会直接或间接，对人体引起严重危险的电流。这个电流除决定于影响人体电流效应的诸因素外，还与工作位置、使用场所、周围条件、保护设计等诸多因素有关。因而，简单地确定某一限值为人体允许电流是不妥当的。

一般来说，只要流过人体的电流不大于摆脱电流值，触电人都能自主地摆脱电源，从而就可以避免触电的危险。因此，一般可以把摆脱电流值看做是人体的允许电流。但为了安全起见，成年男性的允许工频电流为 9mA，成年女性的允许工频电流为 6mA。在空中、水面等处可能因电击导致高空摔跌、溺死等二次伤害的地方，人体的允许工频电流为 5mA。当供电网络中装有防止触电的速断保护装置时，人体的允许工频电流为 30mA。对于直流电源，人体允许电流为 50mA。

3. 安全电压

安全电压是指对人体一般不会造成致命性危害的电压系列，又称特低电压。国家标准《安全电压》（GB 3805）规定，工频交流电安全电压的上限值为 50V（有效值），系列值为 42，36，24，12，6V，供用户根据不同的使用条件选用。安全电压主要用于安全照明、有特别触电危险环境中的小型电动机械或工具，如混凝土振捣棒、手电钻。

安全电压标准是根据既保障安全用电，又不过多增加电能损耗和用电设备生产成本的原则，考虑到成人人体电阻的典型值为 1.7kΩ、人体安全电流的典型值为 30mA 而制定的。

需要注意的是，安全电压不是绝对安全的，如人体电阻过小、触电时间过长，则触电电压超过 24V 也可能造成死亡事故。

4. 人体的触电方式

按照人体触及带电体的方式，电击可分为以下几种情况：

（1）单相触电

这是指人体接触到地面或其他接地导体的同时，人体另一部位触及某一相带电体所引起的电击（见图 7-56）。根据国内外的统计资料，单相触电事故占全部触电事故的 70% 以上。因此，防止触电事故的技术措施应将单相触电作为重点。

（2）两相触电

这是指人体的两个部位同时触及两相带电体所引起的电击（图 7-57）。在此情况下，人体所承受的电压为三相系统中的线电压，因电压相对较高，其危险性也较大。

（3）跨步电压与接触电压触电

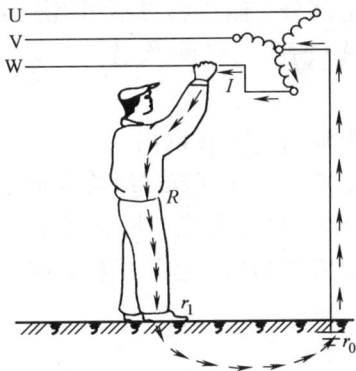

图 7-56 单相触电示意图

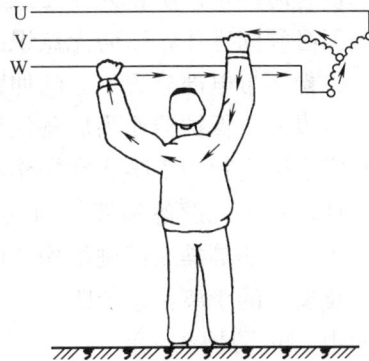

图 7-57 两相触电示意图

人体进入地面带电的区域时，两脚之间承受的电压称为跨步电压。由跨步电压造成的电击称为跨步电压电击（图 7-58）。当电源对地短路，电流经接地装置流入大地时，电流自接地体向四周流散，于是，接地点周围的土壤中将产生电压降，接地点周围地面将带有不同的对地电压。接地体周围各点对地电压与至接地体的距离大致保持反比关系。因此人站在接地点周围时，两脚之间可能承受一定的电压，遭受跨步电压电击。

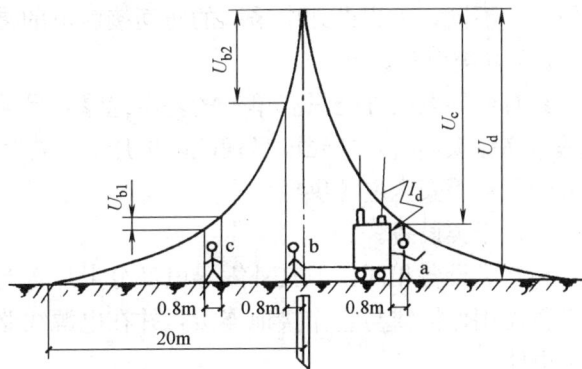

图 7-58 跨步电压与接触电压示意图

下列情况和部位可能发生跨步电压电击：

1）带电导体特别是高压导体故障接地时，或接地装置流过故障电流时，流散电流在附近地面各点产生的电位差可造成跨步电压电击。

2）正常时有较大工作电流流过的接地装置附近，流散电流在地面各点产生的电位差可造成跨步电压电击。

3）防雷装置遭受雷击或高大设施、高大树木遭受雷击时，极大的流散电流在其接地装置或接地点附近地面产生的电位差可造成跨步电压电击。

接触电压指电气设备的绝缘损坏时，在人体可同时触及的两部分之间出现的电位差。例如人站在发生接地故障的设备旁边，手触及设备的金属外壳，则人手与脚之间所呈现的电位差，即为接触电压。

（二）触电防护措施

1. 直接触电防护

直接触电是指人体与正常工作中的裸露带电部分直接接触而遭受电击。其主要防护措施如下：

（1）将裸露带电部分包以适合的绝缘。

（2）设置遮拦或外护物以防止人体与裸露带电部分接触。

（3）设置阻挡物以防止人体无意识地触及裸露带电部分。阻挡物可不用钥匙或工具就能移动，但必须固定住，以防无意识的移动。这一措施只适用于专业人员。

（4）将裸露带电部分置于人的伸臂范围以外。

（5）装设漏电保护器作为后备保护，其额定动作电流为 30mA 以内。

（6）安全距离：为了防止在操作和维修中触及带电部分，保证操作维修人员动作的功效或舒适性，在电气设备和部件的安装定位时，在带电部分与人或与所在场所的墙壁之间；在开关、手柄等操纵控制机构与墙壁之间；在相对安置的操纵控制机构之间，都应留有符合安全要求的距离，这个距离就是安全距离。

2. 间接触电防护

因绝缘损坏，致使相线与 PE 线、外露可导电部分、装置外可导电部分以及大地间的短路称为接地故障。这时原来不带电压的电气装置外露可导电部分或装置外可导电部分将呈现故障电压。人体与之接触而招致的电击称之为间接触电。

因电气设备本身防电击类别（类别的数字不反映设备的安全水平，只反映获得安全的手段）的不同，工程设计中采取的防间接触电的措施也不同，简述如下：

（1）0 类设备。

具有可导电的外壳只有单一的基本绝缘，且无保护端子（例如无保护线的金属台灯），当基本绝缘损坏时，外壳即呈现故障电压。0 类设备只能在对地绝缘的环境中使用，或用隔离变压器等安全电源供电。

（2）Ⅰ类设备。

和 0 类设备相同，但其外露导电部分上配置有连接保护线的端子。在工程设计中对此类设备需用保护线与它作接地连接，并在电源线路装设保护电器，使其在规定时间内切断故障电路。

（3）Ⅱ类设备。

除基本绝缘外，还增设附加绝缘以组成双重绝缘，或设置相当于双重绝缘的加强绝缘，或在设备结构上作相当于双重绝缘的等效处理，使这类设备不会因绝缘损坏而发生接地故障，因此在工程设计中不需再采取防护措施。

（4）Ⅲ类设备。

额定电压采用 50V 及以下的特低电压，此电压与人体的接触不致造成伤害。在工程设计中常用一次为 380V 或 220V 的隔离变压器供电。

（三）低压配电系统的接地形式

在三相交流电力系统中，作为供电电源的发电机和变压器的中性点有三种运行方式：一种是电源中性点不接地，一种是中性点经阻抗接地，再有一种是中性点直接接地。前两种合称为小接地电流系统，亦称中性点非有效接地系统，或中性点非直接接地系统。后一种中性点直接接地系统，称为大接地电流系统，亦称中性点有效接地系统。

我国 220/380V 低压配电系统，广泛采用中性点直接接地的运行方式，而且引出有中性线（代号 N）、保护线（代号 PE）或保护中性线（代号 PEN）。

中性线（N 线）的功能，一是用来接用额定电压为相电压的单相用电设备，二是用来传导三相系统中的不平衡电流和单相电流，三是减小负荷中性点的电位偏移。

保护线（PE 线）的功能，是为保障人身安全、防止发生触电事故用的接地线。系统中所有设备的外露可导电部分（指正常不带电压但故障情况下能带电压的易被触及的导电部分，如金属外壳、金属构架等）通过保护线（PE 线）接地，可在设备发生接地故障时减小触电危险。保护中性线（PEN 线）兼有中性线（N 线）和保护线（PE 线）的功能。这种保护中性线在我国通称为"零线"，俗称"地线"。

低压配电系统，按保护接地形式，分为 TN 系统、TT 系统和 IT 系统。

TN 系统中的所有设备的外露可导电部分均接公共保护线（PE 线）或公共的保护中性线（PEN 线）。这种接公共 PE 线或 PEN 线也称"接零"。如果系统中的 N 线与 PE 线全部合为 PEN 线，则此系统称为 TN—C 系统，如图 7-59（a）所示。如果系统中的 N 线与 PE 线全部分开，则此系统称为 TN—S 系统，如图 7-59（b）所示。如果系统的前一部分，其 N 线与 PE 线合为 PEN 线，而后一部分线路，N 线与 PE 线则全部或部分地分开，则此系统称为 TN—C—S 系统，如图 7-59（c）所示。

TT 系统中的所有设备的外露可导电部分均各自经 PE 线单独接地，如图 7-60 所示。

IT 系统中的所有设备的外露可导电部分也都各自经 PE 线单独接地，如图 7-61 所示。它与 TT 系统不同的是，其电源中性点不接地或经 1000Ω 阻抗接地，且通常不引出中性线。凡引出有中性线的三相系统，包括 TN 系统、TT 系统，属于三相四线制系统。没有中性线的三相系统，如 IT 系统，属于三相三线制系统。

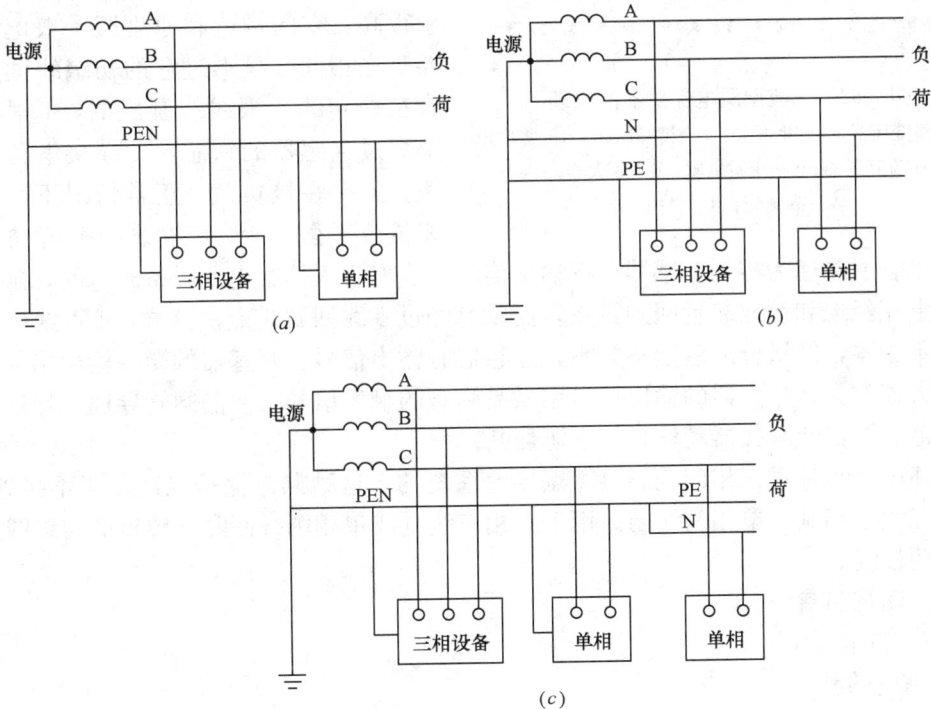

图 7-59　低压配电的 TN 系统

（a）TN—C 系统；（b）TN—S 系统；（c）TN—C—S 系统

（四）漏电保护器

漏电保护器（或称漏电开关），能大大减轻人体触电和设备漏电事故的危害。漏电保

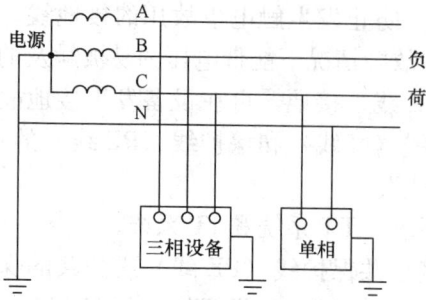

图 7-60　低压配电的 TT 系统

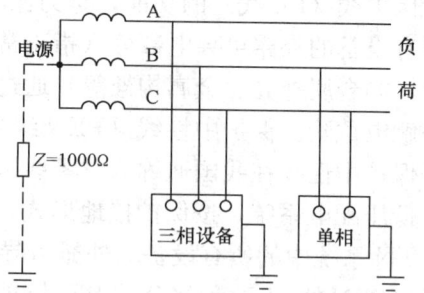

图 7-61　低压配电的 IT 系统

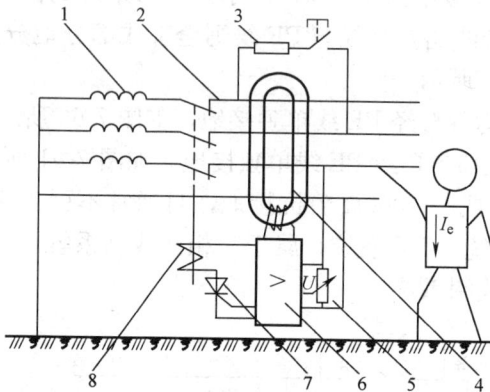

图 7-62　电流型漏电保护器的原理

1—电源变压器；2—主开关；3—试验回路；4—零序电
流互感器；5—压敏电阻；6—放大器；
7—晶闸管；8—脱扣器

护器有电压型和电流型两种，电压型应用面窄，且缺点较多，电流型有多种，其中带零序电流互感器能适用于接地和不接地两种系统者，性能较好，被普遍使用，图 7-62 为其工作原理图，保护器由零序电流互感器、电子放大器、晶闸管和脱扣器等部分组成。

零序电流互感器是关键器件，制造要求很高。它的构造和原理跟一般电流互感器基本相同。只不过它的初级线圈是用绞合在一起的 4 根线绕制成的，4 根线要全部穿过互感器的铁芯，一端接电源的主开关，另一端接负载。正常情况下，不管三相负载平衡与否，4 根线的电流矢量和为零，结果合成磁通为零，互感器没有输出信号。当发生人体触电或设备漏电时，触电电流或漏电电流经地和接地装置回到零点，而没有经过零线回到零点。这样，4 根线中的电流矢量和不为零，结果合成磁通不为零，互感器有输出信号。互感器的微弱输出信号输入到电子放大器放大，放大器的输出信号用做晶闸管的触发信号，使晶闸管导通，导通电流流过脱扣器线圈，使脱扣器动作，将电源切断。

上述电路是针对三相四线制、零点接地系统的，这种漏电保护也适用于不接地系统，适用于三线三相制和单相两线制。用于三相三线制或单相两线制时互感器的初级线圈为三根线和两根线。

二、建筑防雷

（一）雷电现象

1. 雷电的种类

雷电的种类可分为直击雷、感应雷、雷电波侵入及球形雷四种。

（1）直击雷

有时雷云较低，周围又没有带异性电荷的云层，而在地面上突出的树木或建筑物等，感应出异性电荷，雷云就会通过这些物体与大地之间直接放电，这种直接击在建筑物或其他物体的雷击，称为直击雷。

由于受直接雷击，被击物体产生很高的电位，而引起过电压，流过的雷电流可达几十千安甚至几百千安，对设备、架空线及建筑物等产生极大的破坏作用，如架空线上产生几千千伏的高压后，会引起线路的闪络放电，发生短路事故，而且会波及变电所、发电厂，引起严重的后果。

雷击放电大多数具有"重复放电"的性质。产生极大的雷电流，引起地面建筑物和构筑物的损坏，甚至发生爆炸和引起火灾。

（2）感应雷

感应雷又称雷电感应，它是由于雷电流的强大电场和磁场变化产生的静电感应和电磁感应引起的。它能造成金属部件之间产生电火花放电。静电感应的特点是，当雷云出现在导体的上空时，由于感应作用，使导体上感应带有与雷云的异性电荷，雷云放电时，在导体上的感应电荷得不到释放，致使导体与地面之间形成很高的电位差。电磁感应的特点是，由于雷电流的幅值和陡度迅速变化，在它周围的空间里，会产生强大的变化的电磁场，在其中的导体感应产生极大的电动势，若有回路，则产大很大的感应电流，而产生危害。

（3）雷电波侵入

由于雷电对架空线路或金属导体的作用，所产生的雷电波就可能沿着这些导体侵入建筑物内，危及人身安全或损坏设备。

雷电波侵入的事故时有发生，在雷害事故中占相当大的比例。

（4）球形雷

通常认为球形雷是一个炽热的等离子体，温度极高，并发出橙色或红色光的发光球体，直径一般约为 $10 \sim 20cm$，最大的直径可达 $1.0m$。

球形雷常沿地面滚动或在空气中飘动，能通过烟囱、门、窗或其他孔洞进入建筑物内部，或无声消失，或伤害人身和破坏物体，甚至发生剧烈的燃烧或爆炸，引起严重的后果。

2. 雷电的危害

雷电有时带来严重的危害，就其破坏因素来说，雷电有以下三方面的破坏作用。

（1）电效应

数十万至数百万伏的冲击电压可击毁电气设备的绝缘，烧断电线或劈裂电杆，造成大规模的停电；绝缘损坏还可能引起短路，导致火灾或爆炸事故，巨大的雷电流流经防雷装置时会造成防雷装置的电位升高，这样的高电位同样可以作用在电气线路、电气设备或其他金属管道上，它们之间产生放电。这种接地导体由于电位升高，而向带电导体或与地绝缘的其他金属物放电的现象，叫做反击。反击能引起电气设备绝缘破坏，造成高压窜入低压系统，可能直接导致接触电压和跨步电压造成事故。可使金属管道烧穿，甚至造成易燃易爆物品着火和爆炸。

雷电流的电磁效应，在它的周围空间里就会产生强大而变化的磁场，处于这电磁场中间的导体就会感应出很高的电动势。这种强大的感应电动势可以使闭合回路的金属导体产生很大的感应电流，引起发热及其他破坏。

当雷电流入大地时，在地面上就会因雷电流引起跨步电压，造成人身触电事故。

（2）热效应

巨大的雷电流（几十至几百千安）通过导体，在极短的时间内转换成大量的热能。雷击点的发热量约为 500～2000J，造成易爆物品燃烧或造成金属熔化、飞溅而引起火灾或爆炸事故。

（3）机械效应

被击物遭到严重破坏，这是由于巨大的雷电流通过被击物时，使被击物缝隙中的气体剧烈膨胀，被击物中的水分也急剧蒸发为大量气体，因而在被击物体内部出现强大的机械压力，致使被击物体遭受严重破坏或发生爆炸。

（二）建筑防雷

1. 建筑物的防雷分类

建筑物根据其重要性、使用性质和类别、发生雷电事故的可能性和后果，按防雷要求分为三类。

（1）一类防雷建筑物

凡符合下列情况之一时，为一类防雷建筑物：

1）凡制造、使用或贮有炸药、火药、起爆药、火工品等大量爆炸物质的建筑物，因电火花而引起爆炸，会造成巨大破坏和人身伤亡者。

2）具有 0 区或 10 区爆炸危险环境的建筑物。

3）具有 1 区爆炸危险环境的建筑物，因电火花而引起爆炸，会造成巨大破坏和人身伤亡者。

（2）二类防雷建筑物

凡属于下列情况之一时，应划为第二类防雷建筑物：

1）国家级重点文物保护的建筑物。

2）国家级的会堂、办公建筑物、大型展览和博览建筑物、大型火车站、国宾馆、国家级档案馆、大型城市的重要给水水泵房等特别重要的建筑物。

3）国家级计算中心、国际通信枢纽等对国民经济有重要意义且装有大量电子设备的建筑物。

4）制造、使用或贮存爆炸物质的建筑物，且电火花不易引起爆炸或不致造成巨大破坏和人身伤亡者。

5）具有 1 区爆炸危险环境的建筑物，且电火花不易引起爆炸或不致造成巨大破坏和人身伤亡者。

6）具有 2 区或 11 区爆炸危险环境的建筑物。

7）工业企业内有爆炸危险的露天钢质封闭气罐。

8）预计雷击次数大于 0.06 次/a 的部、省级办公建筑物及其他重要或人员密集的公共建筑物。

9）预计雷击次数大于 0.3 次/a 的住宅、办公楼等一般性民用建筑物。

（3）三类防雷建筑物

凡属于下列情况之一时，应划为第三类防雷建筑物：

1）省级重点文物保护的建筑物及省级档案馆。

2）预计雷击次数大于或等于 0.012 次/a，且小于或等于 0.06 次/a 的部、省级办公建筑物及其他重要或人员密集的公共建筑物。

3）预计雷击次数大于或等于 0.06 次/a，且小于或等于 0.3 次/a 的住宅、办公楼等一般性民用建筑物。

4）预计雷击次数大于或等于 0.06 次/a 的一般性工业建筑物。

5）根据雷击后对工业生产的影响及产生的后果，并结合当地气象、地形、地质及周围环境等因素，确定需要防雷的 21 区、22 区、23 区火灾危险环境。

6）在平均雷暴日大于 15d/a 的地区，高度在 15m 及以上的烟囱、水塔等孤立的高耸建筑物；在平均雷暴日小于或等于 15d/a 的地区，高度在 20m 及以上的烟囱、水塔等孤立的高耸建筑物。

2. 建筑物的防雷措施

（1）第一类防雷建筑物的防雷措施

1）防直击雷的措施

第一类防雷建筑物防直击雷的措施如下：

① 应装设独立避雷针或架空避雷线（网），使被保护的建筑物及风帽、放散管等突出屋面的物体均处于接闪器的保护范围内。架空避雷网的网格尺寸不应大于 5m×5m 或 6m×4m。

② 排放爆炸危险气体、蒸气或粉尘的放散管、呼吸阀、排风管等的管口外的以下空间应处于接闪器的保护范围内。当有管帽时应按表 7-8 确定；当无管帽时，应为管口上方半径 5m 的半球体。接闪器与雷闪的接触点应设在上述空间之外。

有管帽的管口外处于接闪器保护范围内的空间　　　　　表 7-8

装置内的压力与周围空气压力的压力差（kPa）	排放物的比重	管帽以上的垂直高度（m）	距管口处的水平距离（m）
＜5	大于空气	1	2
5～25	大于空气	2.5	5
≤25	小于空气	2.5	5
＞25	重或轻于空气	5	5

③ 排放爆炸危险气体、蒸气或粉尘的放散管、呼吸阀、排风管等，当其排放物达不到爆炸浓度、长期点火燃烧、一排放就点火燃烧时，及发生事故时排放物才达到爆炸浓度的通风管、安全阀，接闪器的保护范围可仅保护到管帽，无管帽时可仅保护到管口。

④ 独立避雷针的杆塔、架空避雷线的端部和架空避雷网的各支柱处应至少设一根引下线。对用金属制成或有焊接、绑扎连接钢筋网的杆塔、支柱，宜利用其作为引下线。

⑤ 独立避雷针和架空避雷线（网）的支柱及其接地装置至被保护建筑物及与其有联系的管道、电缆等金属物之间的距离（图 7-63），应符合下列表达式的要求，但不得小于 3m：

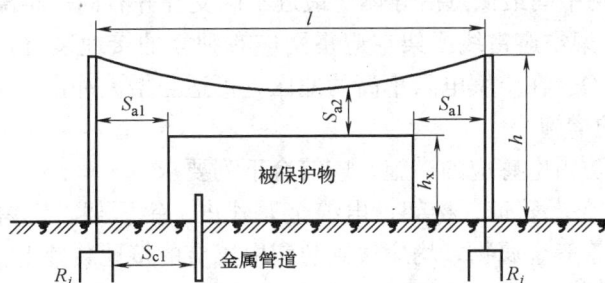

图 7-63　防雷装置至被保护物的距离

A. 地上部分：当 $h_x < 5R_i$ 时

$$S_{al} \geqslant 0.4(R_i + 0.1h_x) \tag{7-9}$$

当 $h_x \geqslant 5R_i$ 时

$$S_{al} \geqslant 0.1(R_i + h_x) \tag{7-10}$$

B. 地下部分：$\qquad S_{el} \geqslant 0.4R_i \tag{7-11}$

式中　S_{al}——空气中距离，m；

$\qquad S_{el}$——地中距离，m；

$\qquad R_i$——独立避雷针或架空避雷线（网）支柱处接地装置的冲击接地电阻，Ω；

$\qquad h_x$——被保护物或计算点的高度，m。

⑥ 架空避雷线至屋面和各种突出屋面的风帽、放散管等物体之间的距离（图 7-63），应符合下列表达式的要求，但不应小于 3m：

A. 当 $\left(h + \dfrac{l}{2}\right) < 5R_i$　时

$$S_{a2} \geqslant 0.2R_i + 0.03\left(h + \frac{l}{2}\right) \tag{7-12}$$

B. 当 $\left(h + \dfrac{l}{2}\right) \geqslant 5R_i$　时

$$S_{a2} \geqslant 0.05R_i + 0.06\left(h + \frac{l}{2}\right) \tag{7-13}$$

式中　S_{a2}——避雷线（网）至被保护物的空气中距离，m；

$\qquad h$——避雷线（网）的支柱高度，m；

$\qquad l$——避雷线的水平长度，m。

⑦ 架空避雷网至屋面和各种突出屋面的风帽、放散管等物体之间的距离，应符合下列表达式的要求，但不应小于 3m：

当 $(h + l_1) \leqslant 5R_i$ 时

$$S_{a2} \geqslant \frac{1}{n}[0.4R_i + 0.06(h + l_1)] \tag{7-14}$$

当 $(h + l_1) \geqslant 5R_i$ 时

$$S_{a2} \geqslant \frac{1}{n}[0.1R_i + 0.12(h + l_1)] \tag{7-15}$$

式中　l_1——从避雷网中间最低点沿导体至最近支柱的距离，m；

$\qquad n$——从避雷网中间最低点沿导体至最近不同支柱并有同一距离 l_1 的个数。

⑧ 独立避雷针、架空避雷线或架空避雷网应有独立的接地装置，每一引下线的冲击接地电阻不宜大于 10Ω。在土壤电阻率高的地区，可适当增大冲击接地电阻。

2) 防雷电感应的措施

一类防雷建筑物防雷电感应的措施，应符合下列要求：

① 建筑物内的设备、管道、构架、电缆金属外皮、钢屋架、钢窗等较大金属物和突出屋面的放散管、风管等金属物，均应接到防雷电感应的接地装置上。

金属屋面周边每隔 18~24m 应采用引下线接地一次。

现场浇制的或由预制构件组成的钢筋混凝土屋面，其钢筋宜绑扎或焊接成闭合回路，并应每隔 18～24m 采用引下线接地一次。

② 平行敷设的管道、构架和电缆金属外皮等长金属物，其净距小于 100mm 时应采用金属线跨接，跨接点的间距不应大于 30m；交叉净距小于 100mm 时，其交叉处亦应跨接。

当长金属物的弯头、阀门、法兰盘等连接处的过渡电阻大于 0.03Ω 时，连接处应用金属线跨接。对有不少于 5 根螺栓连接的法兰盘，在非腐蚀环境下，可不跨接。

③ 防雷电感应的接地装置应和电气设备接地装置共用，其工频接地电阻不应大于 10Ω。防雷电感应的接地装置与独立避雷针、架空避雷线或架空避雷网的接地装置之间的距离应符合要求。

屋内接地干线与防雷电感应接地装置的连接，不应少于两处。

3）防雷电波侵入的措施

一类防雷建筑物防止雷电波侵入的措施，应符合下列要求：

① 低压线路宜全线采用电缆直接埋地敷设，在入户端应将电缆的金属外皮、钢管接到防雷电感应的接地装置上。当全线采用电缆有困难时，可采用钢筋混凝土杆和铁横担的架空线，并应使用一段金属铠装电缆或护套电缆穿钢管直接埋地引入，其埋地长度应符合下列表达式的要求，但不应小于 15m：

$$l \geqslant 2\sqrt{\rho} \tag{7-16}$$

式中　l——金属铠装电缆或护套电缆穿钢管埋于地中的长度，m；

　　　ρ——埋电缆处的土壤电阻率，Ω·m。

在电缆与架空线连接处，尚应装设避雷器。避雷器、电缆金属外皮、钢管和绝缘子铁脚、金具等应连在一起接地，其冲击接地电阻不应大于 10Ω。

② 架空金属管道，在进出建筑物处，应与防雷电感应的接地装置相连。距离建筑物 100m 内的管道，应每隔 25m 左右接地一次，其冲击接地电阻不应大于 20Ω，并宜利用金属支架或钢筋混凝土支架的焊接、绑扎钢筋网作为引下线，其钢筋混凝土基础宜作为接地装置。

埋地或地沟内的金属管道，在进出建筑物处亦应与防雷电感应的接地装置相连。

4）防侧击雷的措施

① 从 30m 起每隔不大于 6m 沿建筑物四周设水平避雷带并与引下线相连；

② 30m 及以上外墙上的栏杆、门窗等较大的金属物与防雷装置连接。

（2）第二类防雷建筑物的防雷措施

1）防直击雷措施

① 第二类防雷建筑物防直击雷措施，宜采用装设在建筑物上的避雷网（带）或避雷针，或由这两种混合组成的接闪器。避雷网（带）应沿屋角、屋脊、屋檐和檐角等易受雷击的部位敷设，并应在整个屋面组成不大于 10m×10m 或 12m×8m 的网格。所有避雷针应采用避雷带相互连接。

② 突出屋面的放散管、风管、烟囱等物体，保护方式注意下列事项：

A. 排放爆炸危险气体、蒸气或粉尘的放散管、呼吸阀、排风管等管道应符合设计要求。

B. 排放无爆炸危险气体、蒸气或粉尘的放散管、烟囱，爆炸危险环境的自然通风管，装有阻火器的排放爆炸危险气体，蒸气或粉尘的放散管、呼吸阀、排风管，其金属物体可不装接闪器，但应和屋面防雷装置相连。另外在屋面接闪器保护范围之外的非金属物体应装接闪器，并和屋面防雷装置相连。

③ 引下线不得少于两根，并应沿建筑四周均匀和对称布置，其间距不应大于18m。当仅利用建筑四周的钢柱或柱子钢筋作为引下线时，可按跨度设引下线，但引下线的平均间距不应大于18m。

④ 每根引下线的冲击接地电阻不应大于10Ω。防直击雷接地应和防雷电感应、电气设备等接地共用同一接地装置，并应与埋地金属管道相连；当不共用、不相连时，两者间在地中的距离应符合下列表达式的要求，但不应小于2m。

$$S_{e2} \geqslant 0.3k_cR_i \tag{7-17}$$

式中 S_{e2}——地中距离，m；

k_c——分流系数。单根引下线应为1，两根引下线及接闪器不成闭合环的多根引下线应为0.66，接闪器成闭合环或网状的多根引下线应为0.44。

在共用接地装置与埋地金属管道相连的情况下，接地装置应围绕建筑物敷设成环形接地体。

⑤ 利用建筑物的钢筋作为防雷装置时应符合下列规定：

A. 建筑物宜利用钢筋混凝土屋面、梁、柱、基础内的钢筋作为引下线。通常所规定的建筑物尚宜利用其作为接闪器。

B. 当基础采用硅酸盐水泥和周围土壤的含水量不低于4%及基础的外表面无防腐层或有沥青质的防腐层时，宜利用基础内的钢筋作为接地装置。

C. 敷设在混凝土中作为防雷装置的钢筋或圆钢，当仅一根时，其直径不应小于10mm。被利用作为防雷装置的混凝土构件内有箍筋连接的钢筋，其截面积总和不应小于一根直径为10mm钢筋的截面积。

D. 利用基础内钢筋网作为接地体时，在周围地面以下距地面不小于0.5m，每根引下线所连接的钢筋表面积总和应符合下列表达式的要求：

$$S \geqslant 4.24K_c^2 \tag{7-18}$$

式中 S——钢筋表面积总和，m²。

E. 当在建筑物周边的无钢筋的闭合条形混凝土基础内敷设人工基础接地体时，接地体的规格尺寸不应小于表7-9的规定。

第二类防雷建筑物环形人工基础接地体的规格尺寸   表 7-9

闭合条形基础的周长（m）	扁钢（mm）	圆钢，根数×直径（mm）
≥60	4×25	2×φ10
≥40 至 <60	4×50	4×φ10 或 3×φ12
<40	钢材表面积总和≥4.24m²	

注：1. 当长度相同、截面相同时，宜优先选用扁钢。
　　2. 采用多根圆钢时，其敷设净距不小于直径的2倍。
　　3. 利用闭合条形基础内的钢筋作接地体时可按本表校验。除主筋外，可计入箍筋的表面积。

F. 构件内有箍筋连接的钢筋或成网状的钢筋，其箍筋与钢筋的连接、钢筋与钢筋的连接应采用土建施工的绑扎法连接或焊接。单根钢筋或圆钢或外引预埋连接板、线与上述钢筋的连接应焊接或采用螺栓紧固的卡夹器连接。构件之间必须连接成电气通路。

⑥ 当土壤电阻率 ρ 小于或等于 3000Ω·m 时，在防雷的接地装置同其他接地装置和进出建筑物的管道相连的情况下，防雷的接地装置可不计及接地电阻值，但其接地体应符合下列规定之一：

A. 防直击雷的环形接地体的敷设应符合设计要求，但土壤电阻率 ρ 的适用范围应放大到小于或等于 3000Ω·m。

B. 利用槽形、板形或条形基础的钢筋作为接地体，当槽形、板形基础钢筋网在水平面的投影面积或成环的条形基础钢筋所包围的面积 A 大于或等于 80m² 时，可不另加接地体。

C. 对 6m 柱距或大多数柱距为 6m 的单层工业建筑物，当利用柱子基础的钢筋作为防雷的接地体并同时符合下列条件时，可不另加接地体：

a. 利用全部或绝大多数柱子基础的钢筋作为接地体；

b. 柱子基础的钢筋网通过钢柱、钢屋架、钢筋混凝土柱子、屋架、屋面板、吊车梁等构件的钢筋或防雷装置互相连成整体；

c. 在周围地面以下距地面不小于 0.5m，每一柱子基础内所连接的钢筋表面积总和大于或等于 0.82m²。

2) 防雷电感应的措施

① 第二类防雷建筑物的防雷电感应的措施应符合下列要求：

A. 建筑物内的设备、管道、构架等主要金属物，应就近接至防直击雷接地装置或电气设备的保护接地装置上，可不另设接地装置。

B. 平行敷设的管道、构架和电缆金属外皮等长金属物应符合设计要求，但长金属物连接处可不跨接。

C. 建筑物内防雷电感应的接地干线与接地装置的连接不应少于两处。

② 防止雷电流流经引下线和接地装置时产生的高电位对附近金属物或电气线路的反击，应符合下列要求：

A. 当金属物或电气线路与防雷的接地装置之间不相连时，其与引下线之间的距离应按下列表达式确定：

当 $l_x < 5R_i$ 时

$$S_{a3} \geqslant 0.3K_c \ (R_i + 0.1l_x) \tag{7-19}$$

当 $l_x \geqslant 5R_i$ 时

$$S_{a3} \geqslant 0.75K_c \ (R_i + l_x) \tag{7-20}$$

式中　S_{a3}——空气中距离，m；

　　　R_i——引下线的冲击接地电阻，Ω；

　　　l_x——引下线计算点到地面的长度，m。

B. 当金属物或电气线路与防雷的接地装置之间相连或通过过电压保护器相连时，其与引下线之间的距离应按下列表达式确定：

$$S_{a4} \geqslant 0.075K_cl_x \tag{7-21}$$

式中　S_{a4}——空气中距离，m；

　　　l_x——引下线计算点到连接点的长度，m。

当利用建筑物的钢筋或钢结构作为引下线,同时建筑物的大部分钢筋、钢结构等金属物与被利用的部分连成整体时,金属物或线路与引下线之间的距离可不受限制。

C. 当金属物或线路与引下线之间有自然接地或人工接地的钢筋混凝土构件、金属板、金属网等静电屏蔽物隔开时,金属物或线路与引下线之间的距离可不受限制。

D. 当金属物或线路与引下线之间有混凝土墙、砖墙隔开时,混凝土墙的击穿强度应与空气击穿强度相同;砖墙的击穿强度应为空气击穿强度的1/2。当距离不能满足设计要求时,金属物或线路应与引下线直接相连或通过过电压保护器相连。

E. 在电气接地装置与防雷的接地装置共用或相连的情况下,当低压电源线路用全长电缆或架空线换电缆引入时,宜在电源线路引入的总配电箱处装设过电压保护器;当变压器的接线方式为Y、yn0或D、yn11型,并设在本建筑物内或附设于外墙处时,在高压侧采用电缆进线的情况下,宜在变压器高、低压侧各相上装设避雷器;在高压侧采用架空进线的情况下,除按国家现行有关规范的规定在高压侧装设避雷器外,尚宜在低压侧各相上装设避雷器。

3) 防雷电波侵入的措施

第二类防雷建筑物防雷电波侵入的措施,应符合下列要求:

① 当低压线路全长采用埋地电缆或敷设在架空金属线槽内的电缆引入时,在入户端应将电缆金属外皮、金属线槽接地;对有爆炸危险的第二类防雷建筑物,上述金属物尚应与防雷的接地装置相连。

② 通常对有爆炸危险的第二类防雷的建筑物,其低压电源线路应符合下列要求:

A. 低压架空线应改换一段埋地金属铠装电缆或护套电缆穿钢管直接埋地引入,其埋地长度应符合设计计算的要求,但电缆埋地长度不应小于15m。入户端电缆的金属外皮、钢管应与防雷的接地装置相连。在电缆与架空线连接处尚应装设避雷器。避雷器、电缆金属外皮、钢管和绝缘子铁脚、金具等应连在一起接地,其冲击接地电阻不应大于10Ω。

B. 平均雷暴日小于30d/a地区的建筑物,可采用低压架空线直接引入建筑物内,但应符合下列要求:

a. 在入户处应装设避雷器或设2～3mm的空气间隙,且应与绝缘子铁脚连在一起接到防雷的接地装置上,其冲击接地电阻不应大于5Ω。

b. 入户处的三基电杆绝缘子铁脚、金具应接地,靠近建筑物的电杆,其冲击接地电阻不应大于10Ω,其余电杆不应大于20Ω。

③ 对国家级重点保护的第二类防雷建筑物的低压电源线路应符合下列要求:

A. 当低压架空线转换金属铠装电缆或护套电缆穿钢管直接埋地引入时,其埋地长度应大于或等于15m。

B. 当架空线直接引入时,在入户处应加装避雷器,并将其与绝缘子铁脚、金具连在一起接到电气设备的接地装置上。靠近建筑物的两基电杆上的绝缘子铁脚应接地,其冲击接地电阻不应大于30Ω。

④ 架空和直接埋地的金属管道在进出建筑物处应就近与防雷的接地装置相连;当不相连时,架空管道应接地,其冲击接地电阻不应大于10Ω。对有爆炸危险的第二类防雷建筑物引入、引出该建筑物的金属管道在进出处应与防雷的接地装置相连;对架空金属管道尚应在距建筑物约25m处接地一次,其冲击接地电阻不应大于10Ω。

4）防侧击雷的措施

高度超过 45m 的钢筋混凝土结构、钢结构的第二类防雷建筑物，尚应采取以下防侧击和等电位的保护措施：

① 钢构架和混凝土的钢筋应互相连接；

② 应利用钢柱或柱子钢筋作为防雷装置引下线；

③ 应将 45m 及以上外墙上的栏杆、门窗等较大的金属物与防雷装置连接；

④ 竖直敷设的金属管道及金属物的顶端和底端与防雷装置连接。

（3）第三类防雷建筑物的防雷措施

1）防直击雷的措施

① 第三类防雷建筑物防直击雷的措施，宜采用装设在建筑物上的避雷网（带）或避雷针，或由这两种混合组成的接闪器。避雷网（带）应沿屋角、屋脊、屋檐和檐角等易受雷击的部位敷设。并应在整个屋面组成不大于 20m×20m 或 24m×16m 的网格。

平屋面的建筑物，当其宽度不大于 20m 时，可仅沿周边敷设一圈避雷带。

② 每根引下线的冲击接地电阻不宜大于 30Ω，对要求较高的建筑物则不宜大于 10Ω。其接地装置宜与电气设备等接地装置共用。防雷的接地装置宜与埋地金属管道相连。当不共用、不相连时，两者间在地中的距离不应小于 2m。

在共用接地装置与埋地金属管道相连的情况下，接地装置宜围绕建筑物敷设成环形接地体。

③ 建筑物宜利用钢筋混凝土屋面板、梁、柱和基础的钢筋作为接闪器、引下线和接地装置，并应符合下列规定：

A. 利用基础内钢筋网作为接地体时，在周围地面以下距地面不小于 0.5m，每根引下线所连接的钢筋表面积总和应符合下列表达式的要求：

$$S \geqslant 1.89K_c^2 \tag{7-22}$$

式中　S——钢筋表面积总和，m^2。

B. 当在建筑物周边的无钢筋的闭合条形混凝土基础内敷设人工基础接地体时，接地体的规格尺寸不应小于表 7-10 的规定。

第三类防雷建筑物环形人工基础接地体的规格尺寸　　　　　　　表 7-10

闭合条形基础的周长（m）	扁钢（mm）	圆钢，根数×直径（mm）
≥60		1×φ10
≥40 至<60	4×20	2×φ8
<40	钢材表面积总和≥1.89m²	

注：1. 当长度相同、截面相同时，宜优先选用扁钢。

　　2. 采用多根圆钢时，其敷设净距不小于直径的 2 倍。

　　3. 利用闭合条形基础内的钢筋作接地体时可按本表校验。除主筋外，可计入箍筋的表面积。

④ 当土壤电阻率 ρ 小于或等于 3000Ω·m 时，在防雷的接地装置同其他接地装置和进出建筑物的管道相连的情况下，防雷的接地装置可不计及接地电阻值，其接地体应符合设计要求，钢筋表面积总和常为大于或等于 0.37m²。

⑤ 突出屋面的物体的保护方式应符合设计要求。

⑥ 砖烟囱、钢筋混凝土烟囱，宜在烟囱上装设避雷针或避雷环保护。多支避雷针应

连接在闭合环上。

当非金属烟囱无法采用单支或双支避雷针保护时，应在烟囱口装设环形避雷带，并应对称布置三支高出烟囱口不低于0.5m的避雷针。

钢筋混凝土烟囱的钢筋应在其顶部和底部与引下线和贯通连接的金属爬梯相连。

高度不超过40m的烟囱，可只设一根引下线，超过40m时应设两根引下线。可利用螺栓连接或焊接的一座金属爬梯作为两根引下线用。

金属烟囱应作为接闪器和引下线。

⑦ 引下线不应少于两根，但周长不超过25m且高度不超过40m的建筑物可只设一根引下线。引下线应沿建筑物四周均匀或对称布置，其间距不应大于25m。当仅利用建筑物四周的钢柱或柱子钢筋作为引下线时，可按跨度设引下线，但引下线的平均间距不应大于25m。

⑧ 防止雷电流流经引下线和接地装置时产生的高电位对附近金属物或线路的反击，应符合下列要求：

A. 当金属物或电气线路与防雷的接地装置之间不相连时，其与引下线之间的距离应按下列表达式确定：

当 $l_x < 5R_i$ 时

$$S_{a3} \geqslant 0.2K_c(R_i + 0.1l_x) \tag{7-23}$$

当 $l_x \geqslant 5R_i$ 时

$$S_{a3} \geqslant 0.05K_c(R_i + l_x) \tag{7-24}$$

式中 S_{a3}——空气中距离，m；

R_i——引下线的冲击接地电阻，Ω；

l_x——引下线计算点到地面的长度，m。

B. 当金属物或电气线路与防雷的接地装置之间相连或通过过电压保护器相连时，其与引下线之间的距离应按下列表达式确定：

$$S_{a4} \geqslant 0.05K_c l_x \tag{7-25}$$

式中 S_{a4}——空气中距离，m；

l_x——引下线计算点到连接点的长度，m。

当利用建筑物的钢筋或钢结构作为引下线，同时建筑物的大部分钢筋、钢结构等金属物与被利用的部分连成整体时，金属物或线路与引下线之间的距离可不受限制。

2）防雷电波侵入的措施

① 对电缆进出线，应在进出端将电缆的金属外皮、钢管等与电气设备接地相连。当电缆转换为架空线时，应在转换处装设避雷器；避雷器、电缆金属外皮和绝缘子铁脚、金具等应连在一起接地，其冲击接地电阻不宜大于30Ω。

② 对低压架空进出线，应在进出处装设避雷器并与绝缘子铁脚、金具连在一起接到电气设备的接地装置上。当多回路架空进出线时，可仅在母线或总配电箱处装设一组避雷器或其他形式的过电压保护器，但绝缘子铁脚、金具仍应接到接地装置上。

③ 进出建筑物的架空金属管道，在进出处应就近接到防雷或电气设备的接地装置上或独自接地，其冲击接地电阻不宜大于30Ω。

3）防侧击雷的措施

高度超过 60m 的建筑物，尚应采取以下防侧击和等电位的保护措施：

并应将 60m 及以上外墙上的栏杆、门窗等较大的金属物与防雷装置连接。

① 钢构架和混凝土的钢筋应互相连接。

② 应利用钢柱或柱子钢筋作为防雷装置引下线；

③ 竖直敷设的金属管道及金属物的顶端和底端与防雷装置连接。

（4）其他防雷措施

1）当一座防雷建筑物中兼有第一、二、三类防雷建筑物时，其防雷分类和防雷措施宜符合下列规定：

① 当第一类防雷建筑物的面积占建筑物总面积的 30％ 及以上时，该建筑物宜确定为第一类防雷建筑物。

② 当第一类防雷建筑物的面积占建筑物总面积的 30％ 以下，且第二类防雷建筑物的面积占建筑物总面积的 30％ 及以上时，或当这两类防雷建筑物的面积均小于建筑物总面积的 30％，但其面积之和又大于 30％ 时，该建筑物宜确定为第二类防雷建筑物。但对第一类防雷建筑物的防雷电感应和防雷电波侵入，应采取第一类防雷建筑物的保护措施。

③ 当第一、二类防雷建筑物的面积之和小于建筑物总面积的 30％，且不可能遭直接雷击时，该建筑物可确定为第三类防雷建筑物；但对第一、二类防雷建筑物的防雷电感应和防雷电波侵入，应采取各自类别的保护措施；当可能遭直接雷击时，宜按各自类别采取防雷措施。

2）当一座建筑物中仅有一部分为第一、二、三类防雷建筑物时，其防雷措施宜符合下列规定：

① 当防雷建筑物可能遭直接雷击时，宜按各自类别采取防雷措施。

② 当防雷建筑物不可能遭直接雷击时，可不采取防直击雷措施，可仅按各自类别采取防雷电感应和防雷电波侵入的措施。

3）当采用接闪器保护建筑物、封闭气罐时，其外表面的 2 区爆炸危险环境可不在滚球法确定的保护范围内。

4）固定在建筑物上的节日彩灯、航空障碍信号灯及其他用电设备的线路，应根据建筑物的重要性采取相应的防止雷电波侵入的措施。并应符合下列规定：

① 无金属外壳或保护网罩的用电设备宜处在接闪器的保护范围内，不宜布置在避雷网之外，并不宜高出避雷网。

② 从配电盘引出的线路宜穿钢管。钢管的一端宜与配电盘外壳相连；另一端宜与用电设备外壳、保护罩相连，并宜就近与屋顶防雷装置相连。当钢管因连接设备而中间断开时宜设跨接线。

③ 在配电盘内，宜在开关的电源侧与外壳之间装设过电压保护器。

5）在独立避雷针、架空避雷线（网）的支柱上严禁悬挂电话线、广播线、电视接收天线及低压架空线等。

3. 建筑防雷装置

（1）防直击雷的防雷装置

建筑物防直击雷的防雷装置由接闪器、引下线、接地装置三部分组成。

1）接闪器

接闪器是吸引和接受雷电流的金属导体，常见接闪器的形式有避雷针、避雷带、避雷网或金属屋面等。

避雷针通常由钢管制成，针尖加工成锥体。当避雷针较高时，则加工成多节，上细下粗，固定在建筑物或构筑物上。

避雷带一般安装在建筑物的屋脊、屋角、屋檐、山墙等易受雷击部位或建筑物要求美观、不允许装避雷针的地方。

避雷带由直径不小于 ϕ8mm 的圆钢或截面不小于 48mm^2 并且厚度不小于 4mm 的扁钢组成，在要求较高的场所也可以采用 ϕ20mm 镀锌钢管。装于屋顶四周的避雷带，应高出屋顶 100~150mm，砌外墙时每隔 1.0m 预埋支持卡子，转弯处支持卡子间距不宜大于 0.5m。装于平面屋顶中间的避雷网，为了不破坏屋顶的防水防寒层，需现场制作混凝土块，做混凝土块时也要预埋支持卡子，然后将混凝土块每间隔 1.5~2m 摆放在屋顶需装避雷带的地方，再将避雷带焊接或卡在支持卡子上。

2）引下线

引下线的作用是将接闪器收到的雷电流引至接地装置。引下线一般采用不小于 ϕ8mm 的圆钢或截面不小于 48mm^2 并且厚度不小于 4mm 的扁钢，烟囱上的引下线宜采用不小于 ϕ12mm 的圆钢或截面不小于 100mm^2 并且厚度不小于 4mm 的扁钢。

引下线的安装方式可分为明敷设和暗敷设。明敷设是沿建筑物或构筑物外墙敷设。暗敷设是将引下线筑于墙内或利用建筑物柱内的主筋可靠连接而成。

建筑物上至少要设两根引下线，明设引下线距地面 0.3~1.8m 处装设断接卡子（一般不少于两处）。若利用柱内钢筋作引下线时，可不设断接卡子，但应在外墙距地面适当位置处设连接板，以便测量接地电阻。明设引下线从地面以下 0.3m 至地面以上 1.7m 处应套保护管。

3）接地装置

接地装置的作用是接收引下线传来的雷电流，并以最快的速度泄入大地。接地装置包括接地母线和接地体两部分，接地母线是用来连接引下线与接地体的金属线，常用截面不小于 25mm×4mm 的扁钢。

接地体分为自然接地体和人工接地体。自然接地体是利用基础内的钢筋焊接而成；人工接地体是人工专门制作的，又分为水平和垂直接地体两种。水平接地体是指接地体与地面水平，而垂直接地体是指接地体与地面垂直。人工接地体水平敷设时一般用扁钢或圆钢，垂直敷设时一般用角钢或钢管或圆钢。

人工垂直接地体长度一般为 2.5m。为减少相邻接地体的屏蔽作用，人工垂直接地体间的距离及水平接地体间的距离宜为 5m，埋深应不小于 0.5m。防直击雷的人工接地体距建筑物出入口或人行道不应小于 3m。当小于 3m 时应采取下列措施之一：

① 水平接地体局部深埋不应小于 1m；

② 水平接地体局部应包绝缘物，可采用 50~80mm 厚的沥青层；

③ 采用沥青碎石地面或在接地体上面敷设 50~80mm 厚的沥青层，其宽度应超过接地体 2m。

埋在土壤中的接地装置，其连接应采用焊接，并在焊接处作防腐处理。

（2）避雷器

避雷器是一种过电压保护设备，主要有阀式和排气式等。通常用避雷器来防止雷电产生的过电压波沿线路侵入变配电所或其他建筑物内，以免危及被保护设备的绝缘。避雷器应与被保护设备并联，装在被保护设备的电源侧，其放电电压低于被保护对象的耐压值。如图 7-64 所示，当线路上出现危及设备绝缘的雷电过电压时，避雷器的火花间隙就被击穿，或由高阻变为低阻，使过电压对大地放电，从而保护了设备的绝缘。

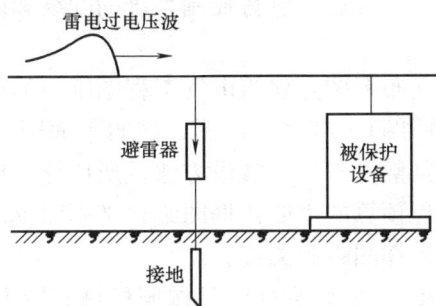

图 7-64　避雷器的连接

第六节　建筑电气施工图识读

建筑电气工程图是描述建筑电气系统的基本原理，反映建筑电气产品的构成和功能，用来指导各种电气设备、电气线路的安装、运行、维护和管理的图纸。要看懂建筑电气工程图，必须掌握有关电气图的基本知识，了解各种电气图形符号，了解电气图的组成、种类、特点以及在建筑工程中的作用，还要了解电气图的基本规定和常用术语，以及看图的基本步骤和方法。

一、建筑电气工程图的阅读程序

阅读建筑电气工程图，除了要了解建筑电气工程图的图形符号和文字符号等特点外，还应该按照一定的顺序进行阅读，才能比较迅速全面地读懂图纸，完全实现读图的意图和目的。

一套建筑电气工程图所包含的内容比较多，图纸往往有很多张，一般应按以下顺序依次阅读和必要的相互对照参阅。

（1）看标题栏和图纸目录。了解工程名称、项目内容、设计日期等。关于电气技术领域的图形符号、文字符号和项目代号，分别参见《电气图用图形符号》（GB 4728）、《电气技术中的文字符号制订通则》（GB 7159—87）和《电气技术中的项目代号》（GB 5094—85），在此就不作详细介绍了。

（2）看总说明。了解工程总体概况及设计依据，了解图纸中未能表达清楚的有关事项。如供电电源的来源、电压等级、线路敷设方式、设备安装高度及安装方式，补充使用的非国标图形符号，施工时应注意的事项等。有些分项局部问题是在各分项工程的图纸上说明的，看分项工程图纸时，也要先看设计说明。

（3）看系统图。各分项工程的图纸中都包含系统图，如变配电工程的供电系统图，电力工程的电力系统图，电气照明工程的照明系统图以及各种弱电工程的系统图等。看系统图的目的是了解系统的基本组成、主要电气设备、元件等连接关系及它们的规格、型号、参数等，掌握该系统的基本概况。

（4）看电路图和接线图。了解各系统中用电设备的电气自动控制原理，用来指导设备的安装和控制系统的调试工作。因电路图多是采用功能布局法绘制的，看图时应该依据功能关系从上至下或从左至右一个回路、一个回路地阅读。若能熟悉电路中各电器的性能和特点，对读懂图纸将有很大的帮助。在进行控制系统的配线和调试工作中，还可以配合阅读接线图和端子图进行。

（5）看平面布置图。平面布置图是建筑电气工程图纸中的重要图纸之一，如变配电站设备安装平面图（还应有剖面图）、电力平面图、照明平面图、防雷接地平面图等，都是用来表示设备安装位置、线路敷设部位、敷设方法及所用导线型号、规格、数量、管径大小的，是安装施工、编制工程预算的主要依据图纸，必须熟读。对于施工经验还不太丰富的人员，可对照相关的安装大样图一起阅读。

（6）看安装大样图（详图）。安装大样图是按照机械制图方法绘制的用来详细表示设备安装方法的图纸，也是用来指导施工和编制工程材料计划的重要图纸。特别是对于初学安装的人员更显重要，甚至可以说是不可缺少的。安装大样图多是采用全国通用电气装置标准图集。

（7）看设备材料表。设备材料表是提供了该工程所使用的设备、材料的型号、规格和数量，编制购置主要设备、材料计划的重要依据之一。

阅读图纸的顺序没有统一的规定，可以根据需要，自己灵活掌握，并应有所侧重。在读图的方法上，可以采取先粗读，后细读，再精读的步骤。

首先是粗读，也就是将施工图从头到尾大概浏览一遍，主要了解工程的概况，做到心中有数。

其次是细读，也就是按照读图程序和要点仔细阅读每一张施工图，有时一张图纸需反复阅读多遍。为更好地利用图纸指导施工，使之安装质量符合要求，阅读图纸时，还应该配合阅读有关施工及检验规范、质量检验评定标准以及全国通用电气装置标准图集，以详细了解安装技术要求及具体安装方法等。

最后是精读，即将施工图中的关键部位及设备、贵重设备及元件、电力变压器、大型电机及机房设施、复杂控制装置的施工图重新仔细阅读，系统掌握中心作业内容和施工图要求，不但做到了如指掌，而还应做到胸有成竹、滴水不漏。

二、电气工程图分析

（一）变配电工程图分析

图 7-65～图 7-69 为某大楼地下变电所（10kV）工程图。变电所设在地下一层。该变电电压等级所为 10kV，有两台三相干式变压器，型号为 SC—2000—10/0.4，每台变压器的容量为 2000kVA。有 6 台高压柜，14 台低压柜，1 台柴油发电机，5 台应急配电柜。配电设备的平面布置见图 7-65。高压进线为两路 10kV，用 YJV22—3×95 电缆引入，到高压进线柜（计量柜）1 号和 6 号柜，进线柜为固定式，内装有隔离开关，手动操作，另外装有电压互感器和电流互感器，用于计量，规格由供电部门决定。2 号和 5 号柜为 PT 柜，内装有电压互感器和避雷器，用于继电保护。高压出线柜为 3 号和 4 号柜，采用手车式高压柜，内装有氯氟化硫断路器、电流互感器、放电开关等。配电到变压器的高压电缆用交

联聚乙烯外钢带铠装电缆（YJV22～3×95）3根95mm²。

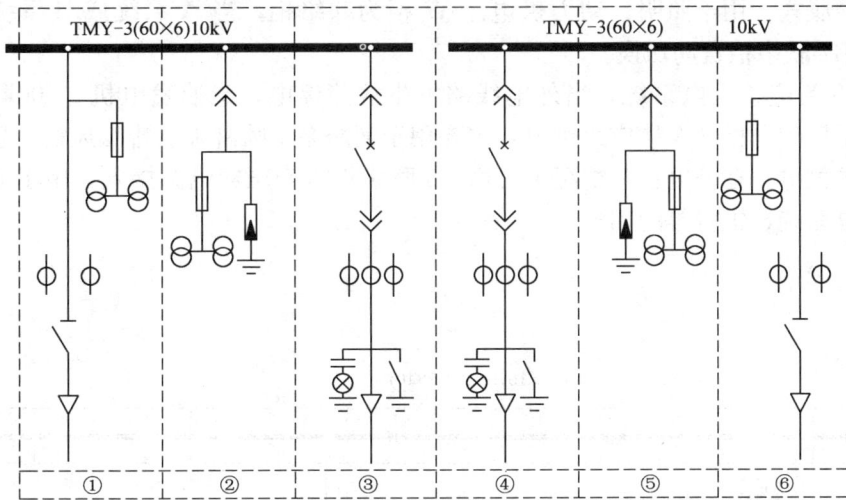

图 7-65　高压配电系统图

低压配电系统共有 14 个低压柜，分为 A 组和 B 组。A1 和 B1 为低压总开关柜，采用抽屉式低压柜，变压器低压侧到总开关柜用低压紧密式母线槽，容量为 3000A。低压供电为三相五线制（TN—S 系统）。低压进线柜装有空气断路器和电流互感器，用于分合电路、计量和继电保护，见图 7-66 和图 7-67。A2 和 B2 为静电电容器柜，用于供电系统功

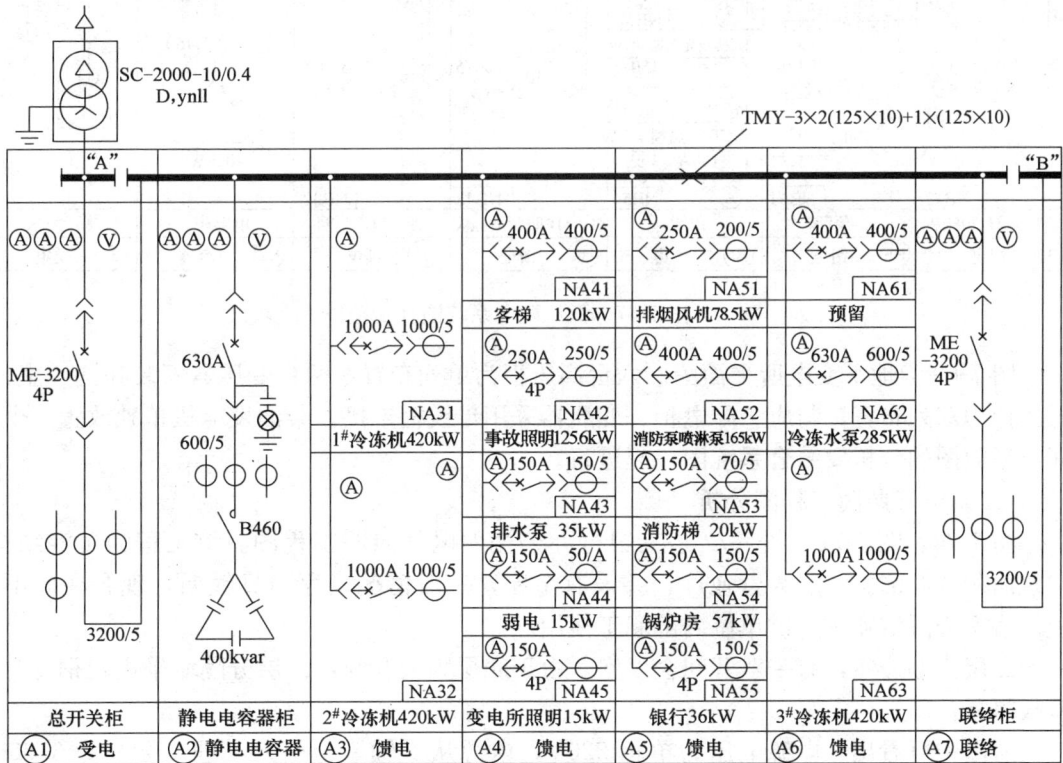

图 7-66　低压配电系统图（一）

271

率因数补偿。柜内装有空气断路器和交流接触器、电流互感器等。低压输出配电柜有 9 台，采用抽屉式，用于照明、动力供电。A7 柜为联络柜，当 A 系统或 B 系统发生故障时，通过 A7 联络柜自动切换。

图 7-68 为应急配电系统，当外电线路发生故障停电，柴油发电机（500kW）启动，通过 5 个低压配电柜向大楼应急供电，主要用于消防泵、喷淋泵、排烟风机、事故照明等重要场所的供电。在外电正常情况下可由 E5 联络柜将变压器电源接入，用于变电所、锅炉房、弱电系统、银行等的用电。

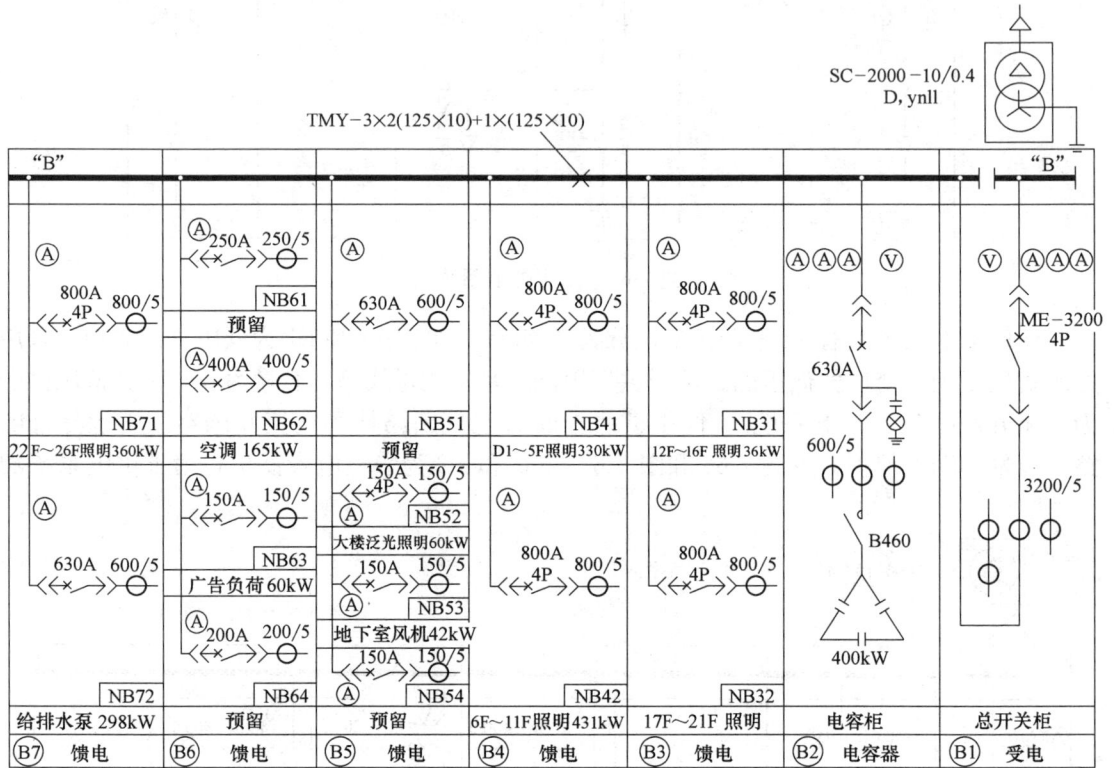

图 7-67　低压配电系统图（二）

图 7-69 为地下变电所平面图。六台高压柜为单列布置，两台变压器安装在同一室内，低压柜为双列布置，与应急配电柜、变压器采用母线槽连接。柴油发电机单独放置一个房间，平面图的分析要结合系统图一起进行。

（二）电气照明工程图分析

图 7-70、图 7-71、图 7-72 是某银行办公楼的电气照明工程图。该工程为砖混结构，建筑面积 320m²。一层为营业厅，并设有金库，一般情况只存当日钱票，现金在此不过夜。浴室为淋浴喷头，供单位内部职工使用。

二层为办公室，有一双开间会议室。由于底层为大开间，二层分隔墙采用轻钢龙骨石膏板隔断。

从图中可看出，电源电压为单相 220V，电源从 1 轴墙上引入，进户标高为 3.80m。进户电源线选用塑料铜芯线（BV 型），3 根 10mm² 铜芯线，1 根相线，1 根零线，1 根保

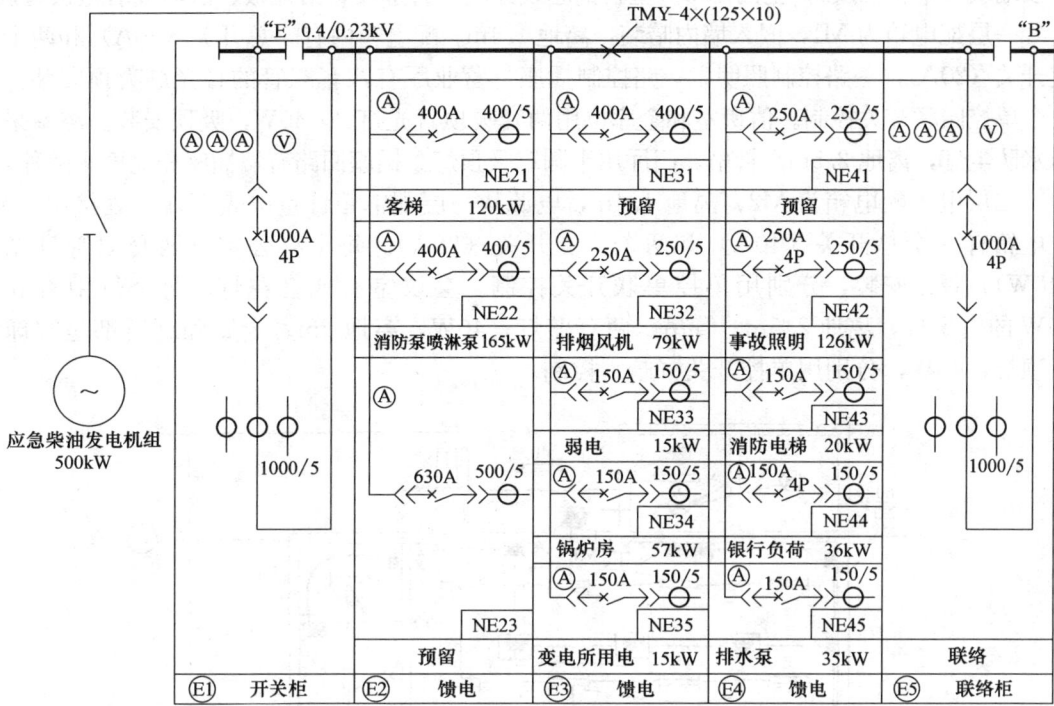

图 7-68　应急配电系统图

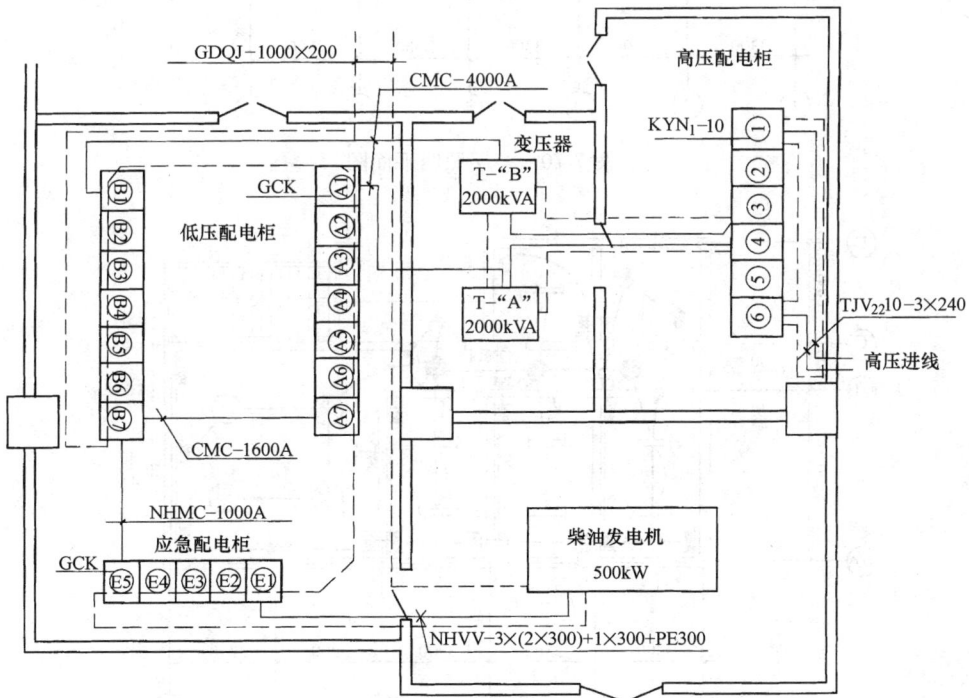

图 7-69　变电所平面图

护接地线（单相三线），室内用 BV 塑料铜芯线穿电线管敷设，沿地板、沿墙或沿屋顶暗敷。

一层配电箱为 M1，嵌入墙内暗装，离地 1.4m。配电箱内有一总开关（40A）和两个分支开关（20A），一路控制照明，一路控制插座。营业厅有八套双管的日光灯吸顶安装，用一个单控四联开关控制。值班室和金库也用两套吸顶日光灯 2×40W，吸顶安装。浴室采用防水防尘灯，离地 2.5m，管吊。门厅用半圆罩吸顶灯。插座回路有墙插座和地插座两种。

二层电力配电箱为 M2，离地 1.4m，电源从一层配电箱计量电表下端子处接出。M2 配电箱有一个总开关（40A）和两个分支开关（20A）。每个办公室有两套双管日光灯（40W），吸顶安装，分别用单控单联开关控制。会议室有四套花灯，每个灯中有五个 25W 的白炽灯，离地 2.5m，管吊。两套壁灯，40W，离地 2m。走廊和厕所都是圆球形吸顶灯，40W，分别用单控开关（暗）控制。

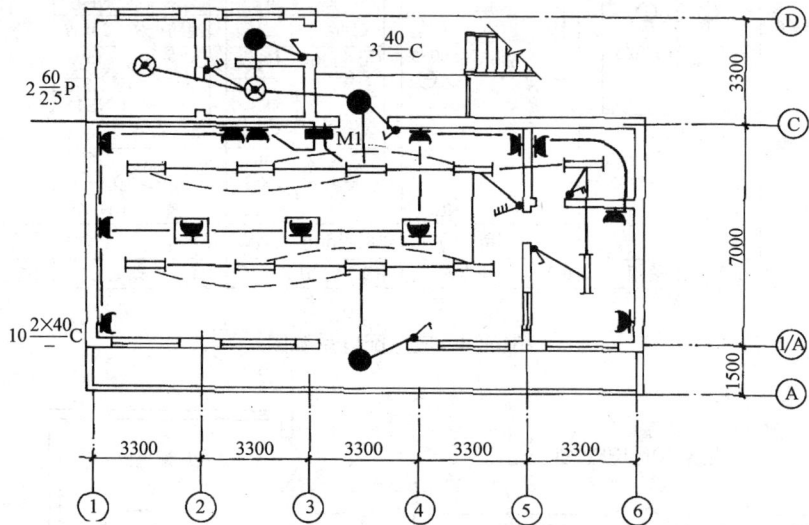

图 7-70　一层照明平面图

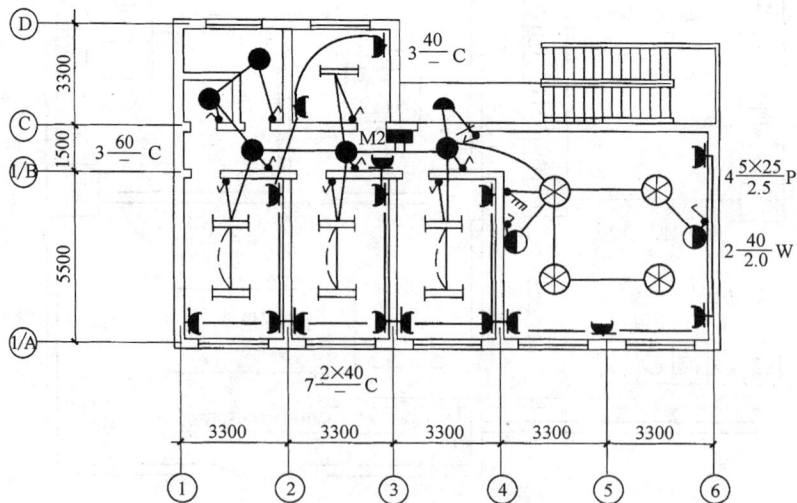

图 7-71　二层照明平面图

回路	容量(kW)	备注
n_{21}	1.2	灯
n_{22}	1.6	插座
n_{11}	1.42	灯
n_{12}	1.30	插座

M2 $\dfrac{PZ30R-9}{2.8kW}$ C45N/2P 40A

$P_{js}=2.4kW$

C45N/2P 20A BV-2×2.5-TC20-CC

C45N/2P 20A BV-2×2.5+PE2.5-TC20-FC

BV-2×10+PE10 -TC32 kWh

C45N/2P 40A

C45N/2P 20A BV-2×2.5-TC20-CC

C45N/2P 20A BV-2×2.5-PE2.5-TC20-FC

M1 $\dfrac{PZ30R-9}{2.72kW}$

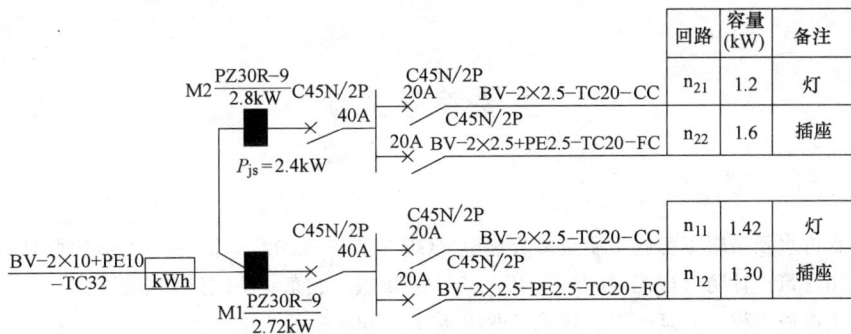

图 7-72　电气系统图

复习思考题

1. 简述建筑电气的含义及作用。

2. 试述建筑电气系统的分类有哪些？

3. 简述建筑电气系统的基本组成。

4. 什么是建筑弱电系统，它主要包括哪些内容？

5. 常用的低压控制设备有哪些？

6. 三相电力变压器的额定容量如何选择？

7. 简述供配电系统的基本组成。

8. 简述负荷分级和各级负荷的供电要求。

9. 简述照明方式及其选择原则。

10. 简述室内布灯时要考虑的要素，以及室内照明灯具安装的要求。

11. 简述火灾自动报警系统的基本组成及其工作原理？

12. 多线制火灾报警与灭火控制系统的缺点是什么？总线制系统的优点有哪些？总线制系统一般有哪几种？目前常用的是哪一种？

13. 火灾自动报警系统的基本设计形式有哪几种？

14. 消防联动控制的内容有哪些？

15. 简述综合布线安装工艺要求？

16. 什么是安全防范？

17. 什么叫跨步电压和和接触电压？

18. 什么是人体允许电流？对不同性别的人允许工频电流为多少？

19. 什么叫安全电压？我国规定的安全电压等级有哪些？

20. 简述雷电的种类？

21. 简述建筑物的防雷措施？

22. 建筑物的防雷装置由哪几部分组成？

主要参考文献

[1] 建筑给水排水及采暖工程施工质量验收规范（GB 50242—2002）. 北京：中国计划出版社，2002.

[2] 高层民用建筑设计防火规范（GB 50045—95）2001 版. 北京：中国计划出版社.

[3] 建筑卫生设备工程. 北京：中国建筑工业出版社，2005.

[4] 安全防范工程技术规范（GB 50348—2004）. 北京：中国计划出版社，2004.

[5] 给排水标准设计图集（省标）05S1，S3，S4，S8，S9. 太原：山西省建筑标准设计办公室，2005.

[6] 民用建筑电气设计规范（JGJ/T 16—92）. 北京：中国计划出版社，1993.

[7] 刘玲主编. 建筑电气. 北京：中国建筑工业出版社，2005.

[8] 建筑电气工程施工质量验收规范（GB 50303—2002）. 北京：中国计划出版社，2002.

[9] 智能建筑设计标准（GB/T 50314—2006）. 北京：中国建筑工业出版社，2003.

[10] 综合布线系统工程设计规范（GB 50311—2007）. 北京：中国计划出版社，2007.

[11] 建筑防雷设计规范（GB 50057—94）. 北京：中国计划出版社，2001.

[12] 王增长主编. 建筑给水排水工程. 北京：中国建筑工业出版社，2004.

[13] 王继明等主编. 建筑设备. 北京：中国建筑工业出版社，2006.

[14] 马志彪等主编. 建筑卫生设备. 呼和浩特：内蒙古人民出版社，2005.

[15] 中华人民共和国国家标准. 建筑给水排水设计规范（GB 50015—2003）. 北京：中国计划工业出版社，2003.

[16] 中华人民共和国国家标准. 建筑设计防火规范（GB 50016—2006）. 北京：中国计划工业出版社，2003.

尊敬的读者：

感谢您选购我社图书！建工版图书按图书销售分类在卖场上架，共设22个一级分类及43个二级分类，根据图书销售分类选购建筑类图书会节省您的大量时间。现将建工版图书销售分类及与我社联系方式介绍给您，欢迎随时与我们联系。

★建工版图书销售分类表（详见下表）。

★欢迎登陆中国建筑工业出版社网站www.cabp.com.cn，本网站为您提供建工版图书信息查询，网上留言、购书服务，并邀请您加入网上读者俱乐部。

★中国建筑工业出版社总编室　电　话：010—58337016
　　　　　　　　　　　　　　　　传　真：010—68321361

★中国建筑工业出版社发行部　电　话：010—58337346
　　　　　　　　　　　　　　　　传　真：010—68325420
　　　　　　　　　　　　　　　　E-mail：hbw@cabp.com.cn

建工版图书销售分类表

一级分类名称（代码）	二级分类名称（代码）	一级分类名称（代码）	二级分类名称（代码）
建筑学（A）	建筑历史与理论（A10）	园林景观（G）	园林史与园林景观理论（G10）
	建筑设计（A20）		园林景观规划与设计（G20）
	建筑技术（A30）		环境艺术设计（G30）
	建筑表现·建筑制图（A40）		园林景观施工（G40）
	建筑艺术（A50）		园林植物与应用（G50）
建筑设备·建筑材料（F）	暖通空调（F10）	城乡建设·市政工程·环境工程（B）	城镇与乡（村）建设（B10）
	建筑给水排水（F20）		道路桥梁工程（B20）
	建筑电气与建筑智能化技术（F30）		市政给水排水工程（B30）
	建筑节能·建筑防火（F40）		市政供热、供燃气工程（B40）
	建筑材料（F50）		环境工程（B50）
城市规划·城市设计（P）	城市史与城市规划理论（P10）	建筑结构与岩土工程（S）	建筑结构（S10）
	城市规划与城市设计（P20）		岩土工程（S20）
室内设计·装饰装修（D）	室内设计与表现（D10）	建筑施工·设备安装技术（C）	施工技术（C10）
	家具与装饰（D20）		设备安装技术（C20）
	装修材料与施工（D30）		工程质量与安全（C30）
建筑工程经济与管理（M）	施工管理（M10）	房地产开发管理（E）	房地产开发与经营（E10）
	工程管理（M20）		物业管理（E20）
	工程监理（M30）	辞典·连续出版物（Z）	辞典（Z10）
	工程经济与造价（M40）		连续出版物（Z20）
艺术·设计（K）	艺术（K10）	旅游·其他（Q）	旅游（Q10）
	工业设计（K20）		其他（Q20）
	平面设计（K30）	土木建筑计算机应用系列（J）	
执业资格考试用书（R）		法律法规与标准规范单行本（T）	
高校教材（V）		法律法规与标准规范汇编/大全（U）	
高职高专教材（X）		培训教材（Y）	
中职中专教材（W）		电子出版物（H）	

注：建工版图书销售分类已标注于图书封底。